住房城乡建设部土建类学科专业“十三五”规划教材
高等学校房地产开发与管理和物业管理学科专业指导委员会规划推荐教材

智能建筑的物业管理

（物业管理专业适用）

韩　朝　张德春　主　编
张新爱　薛　立　夏春锋
姚铭宣　吴怀玉　副主编
谭继存　主　审

中国建筑工业出版社

图书在版编目（CIP）数据

智能建筑的物业管理/韩朝，张德春主编.—北京：中国建筑工业出版社，2019.1（2022. 7 重印）
住房城乡建设部土建类学科专业“十三五”规划教材，高等学校房地产开发与管理和物业管理学科专业指导委员会规划推荐教材
ISBN 978-7-112-22985-7

Ⅰ.①智… Ⅱ.①韩… ② 张… Ⅲ.①智能化建筑—物业管理—高等学校—教材 Ⅳ.①TU18 ②F293.33

中国版本图书馆CIP数据核字（2018）第269157号

本教材从介绍智能建筑与物业管理的概述开始，重点介绍了构成智能建筑的5个系统，即楼宇自动化系统（BAS）、公共安防系统（SAS）、火灾防控系统（FAS）、办公自动化系统（OAS）和综合布线系统（GCS）的组成、原理和功能；同时，介绍了智慧社区和智能建筑设备管理的基本理论。

本教材主要用于高等学校物业管理专业日常教学，也可以作为物业服务行业、企业为工程技术人员进行培训的教材，还可以作为继续教育、自学考试教材用书、物业管理专业技能考试教学培训用书等。

为更好地支持相应课程的教学，我们向采用本书作为教材的教师提供教学课件，有需要者可与出版社联系，邮箱：jckj@cabp.com.cn，电话：（010）58337285，建工书院http://edu.cabplink.com。

责任编辑：王　跃　张　晶
责任校对：姜小莲

住房城乡建设部土建类学科专业“十三五”规划教材
高等学校房地产开发与管理和物业管理学科专业指导委员会规划推荐教材
智能建筑的物业管理
（物业管理专业适用）
韩　朝　张德春　主　编
张新爱　薛　立　夏春锋　姚铭宣　吴怀玉　副主编
谭继存　主　审
*
中国建筑工业出版社出版、发行（北京海淀三里河路9号）
各地新华书店、建筑书店经销
北京建筑工业印刷厂制版
北京建筑工业印刷厂印刷
*
开本：787×1092毫米　1/16　印张：27　字数：554千字
2019年4月第一版　2022年7月第三次印刷
定价：58.00元（赠教师课件）
ISBN 978－7－112－22985－7
（33065）

教材编审委员会名单

出版说明

20世纪90年代初，我国房地产业开始快速发展，国内部分开设工程管理、工商管理等本科专业的高等院校相继增设物业管理课程或开设物业管理专业方向。进入21世纪后，随着物业管理行业的发展壮大，对高层次物业管理专业人才的需求与日俱增，对该专业人才培养的要求也不断提高。教育部为适应社会和行业对物业管理专门人才的数量需求和人才培养层次要求，于2012年将物业管理专业正式列入本科专业目录。为全面贯彻落实《国家中长期教育改革和发展规划纲要（2010–2020年）》和教育部《全面提高高等教育质量的若干意见》的精神，规范全国高等学校物业管理本科专业办学行为，促进全国高等学校物业管理本科专业建设和发展，提升该专业本科层次人才培养质量，按照教育部、住房城乡建设部的部署，高等学校房地产开发与管理和物业管理学科专业指导委员会（以下简称专指委）组织编制了《高等学校物业管理本科指导性专业规范》（以下简称《专业规范》）。

为了形成一套与《专业规范》相匹配的高水平物业管理教材，专指委于2015年8月在大连召开会议，研究确定了物业管理本科专业核心系列教材共12册，作为“高等学校房地产开发与管理和物业管理学科专业指导委员会规划推荐教材”，并在全国高校相关专业教师中遴选教材的主编和参编人员。2015年11月，专指委和中国建筑工业出版社在济南召开教材编写工作会议，对各位主编提交的教材编写大纲进行了充分讨论，力求使教材内容既相互独立，又相互协调，兼具科学性、规范性、普适性、实用性和适度超前性，与《专业规范》严格匹配。为保证教材编写质量，专指委和出版社共同决定邀请相关领域的专家对每本教材进行审稿，严格贯彻了《专业规范》的有关要求，融入物业管理行业多年的理论与实践发展成果，内容充实、系统性强、应用性广，对物业管理本科专业的建设发展和人才培养将起到有力的推动作用。

本套教材已入选住房城乡建设部土建类学科专业“十三五”规划教材，在编写过程中，得到了住房城乡建设部人事司及参编人员所在学校和单位的大力支持和帮助，在此一并表示感谢。望广大读者和单位在使用过程中，提出宝贵意见和建议，促使我们不断提高该套系列教材的重印再版质量。

高等学校房地产开发与管理和物业管理学科专业指导委员会

中国建筑工业出版社

2016年12月

前 言

《智能建筑的物业管理》是物业管理专业的一门专业课程，物业管理专业的学生掌握智能建筑与物业管理的相关知识、技能是十分必要的。本书为全国高等院校物业管理专业本科系列教材之一，定位于普通高等学校物业管理专业的本科生，教材逻辑结构合理，理论与实践结合紧密，各个学校可以根据本校物业管理本科专业设置的历史背景选择施教深度和广度。

现如今，人们的生活已经进入"互联网+"的时代，先进的科学技术与现代建筑技术的完美结合，给人们提供了舒适、安静、节能、便利的工作、生活环境，同时，也给智能建筑的发展带来了前所未有的机遇。以京津冀地区为例，在新建的高层建筑中，智能建筑比例达到25%。但是，当前智能建筑在建设与管理中仍然存在不少的问题，统计显示，有70%以上智能建筑中的智能系统处于瘫痪或者半瘫痪状态。

目前，智能建筑领域重建设轻管理是普遍存在的现象，并且大多数业主和物业公司对智能建筑管理的意识相对落后，懂技术的专业管理人才匮乏等是目前我国智能建筑物业管理中存在的主要问题。

本教材在编写的过程中，严格按照高等学校房地产开发与管理和物业管理学科专业指导委员会制定的《高等学校物业管理本科指导性专业规范》中对本科物业管理专业人才培养目标的要求进行编写的。《智能建筑的物业管理》是一门应用性很强的专业课程，强调理论与实践紧密结合，通过课程学习，使学生全面掌握智能建筑管理的基本理论与技能，能够理论联系实际，切实能够应用所学的专业知识解决智能建筑管理中的实际问题。

本教材主要用于高等学校物业管理本科专业日常教学，也可以作为物业服务行业、企业为工程技术人员进行培训的教材，还可以作为继续教育、自学考试教材用书、物业管理专业技能考试教学培训用书等。

为了使读者充分了解智能建筑的基本组成、功能和原理，本教材从介绍智能建筑与物业管理的概述开始，重点介绍了构成智能建筑的5个系统，即楼宇自动化系统（BAS）、公共安防系统（SAS）、火灾防控系统（FAS）、办公自动化系统（OAS）和综合布线系统（GCS）的组成、原理和功能；同时，介绍了智慧社区和智能建筑设备管理的基本理论。

本书由韩朝、张德春主编，由山东财经大学谭继存教授主审。张新爱、薛立、姚铭宣、夏春锋、苟亚曦参与了编写工作，具体分工如下：韩朝教授编写了第4章、第9章、第10章，并全文统稿。张德春编写了第5章、第6章、第7章和第

8章，张新爱编写了第11章、第13章，薛立、夏春锋编写了第2章、第12章、第14章，韩朝、姚铭宣、郭汉兴、陶奎桑、蒋针、曲橙橙、张丽娟、刑力文、张青山编写了第15章，夏春锋编写了第1章，韩朝、夏春锋、苟亚曦编写了第3章，韩朝、吴怀玉、叶怀远、温磊、王立娜、董岩岩、郭翔编写了第16章。

在本书的编写过程中参考了国内许多学者同仁的编著，并列于书末，以便读者在使用本书过程中进一步查阅相关资料，同时对各参考文献的作者表示衷心的感谢。

由于编者水平有限，本书不当之处在所难免，诚意接受广大读者批评指正，以便共同为我国智能建筑及其物业管理事业作出贡献。

2018年5月

目 录

1 智能建筑概述

学习目的

1. 了解建筑业在国民经济中的地位；

2. 了解当前智能建筑在建设与管理、人才队伍建设中存在的问题；

3. 掌握智能建筑物业管理与传统建筑物业管理的区别；

4. 认识国内外智能建筑的发展情况。

本章要点

智能建筑在建设与管理过程中存在的问题；智能建筑物业管理与传统建筑物业管理的区别；中国智能建筑的发展情况等。

1.1 建筑业在国民经济中的重要地位

1.1.1 国民经济的构成

国民经济是指一个现代国家范围内各社会生产部门、流通部门和其他经济部门所构成的互相联系的总体，构成这个整体的各个部门，构成各个部门的各个行业，构成每个行业的各个企业，都是环环相扣、紧密联系、相互制约的。《国民经济行业分类》于1984年首次发布，分别于1994年、2002年、2011年、2017年进行修订。2017年6月30日由国家质量监督检验检疫总局和中国国家标准化管理委员会联合发布的《国民经济行业分类》GB/T4754—2017从2017年10月1日起实施。根据国家标准《国民经济行业分类》GB/T4754—2017，国民经济行业构成如图1–1所示。

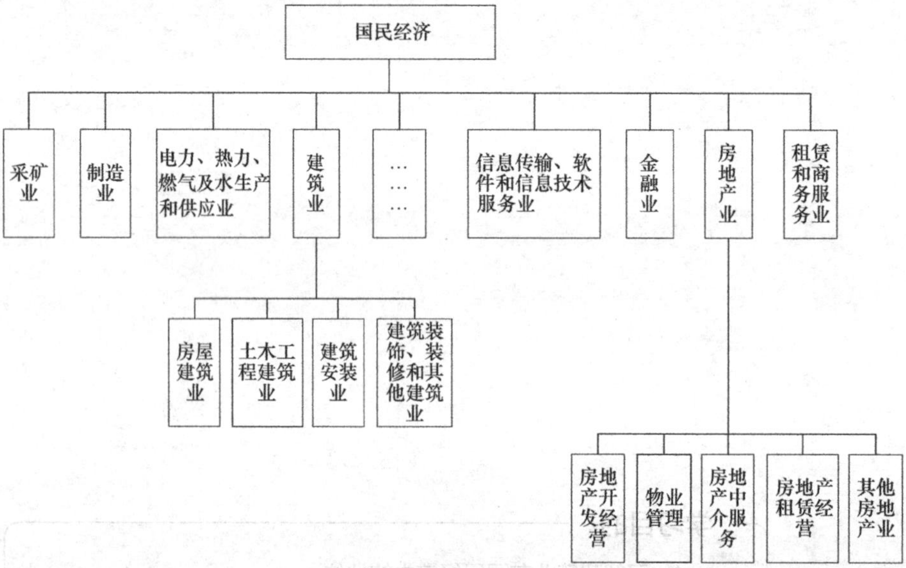

图1–1 国民经济的构成

国民经济可分为物质生产领域和非物质生产领域。物质生产领域由农林牧渔业、制造业、采矿业、建筑业、交通运输、仓储和邮政业等物质生产部门所构成。非物质生产领域由金融业、文化、体育与娱乐业、教育、卫生和社会工作、租赁和商业服务业、公共管理、社会保障和社会组织等部门所构成。所有这些部门之间的对比关系和结合状况形成国民经济中的部门结构。物质生产领域和非物质生产领域的对比关系和结合状况，是国民经济结构的基本方面。前者是后者赖以存在和发展的基础和前提，而后者的发展状况则对前者的发展起着重要的作用，或者促进其发展，或者阻碍其发展。

随着社会分工和生产社会化的不断发展，国民经济的结构也在不断变化。在近代和现代国家的国民经济中，在一般情况下，农业是国民经济的基础，工业是国民经济的主导，农业和工业的发展带动了运输业、建筑业等的发展，然后商业和服务业也随着发展起来，并且在整个国民经济中所占的比重愈来愈大。现代科学技术的发展，社会分工的进一步扩大，新的生产活动和非生产活动又不断地分化出来，形成新的生产部门与非生产部门。因此，一个国家国民经济的部门结构，可以反映出国民经济现代化的水平。

1.1.2 建筑行业在国民经济中的重要地位

建筑业是专门从事土木工程、房屋建设和设备安装以及工程勘察设计工作的生产部门。其产品是各种工厂、矿井、铁路、桥梁、港口、道路、管线、住宅以及公共设施的建筑物、构筑物和设施。

国民经济是一个统一的整体，而建筑行业在一国的国民经济中占据重要地位。建筑业是国民经济的重要支柱产业和富民产业，是推动经济社会发展的重要力量。建筑业支柱产业的地位和作用日益突显，其关联度高、带动性强、辐射影响力广，特别是在促进社会就业、转移农村劳动力方面具有不可替代的重要作用。尤其是智能建筑，覆盖的产业广泛，受益面庞大。从细分领域来看，主要包括安防监控、数字医疗、智能电网、智能家居、智能环保节能等众多领域。其产业链上下游涵盖从RFID等芯片制造商，传感器、物联网终端制造商，电信网络设备、IT设备提供商，终端应用软件开发商、系统集成商、相关业务运营商，以及顶层规划服务提供商等多种科技型企业。其涵盖了网络通信、建筑电气控制等方面的最先进技术，智能楼宇内的通信、电力控制、安防、消防、视频监控等协调工作。

世界各国经济发展的实践证明：一个产业要成为国民经济的支柱，必须具备基础作用、带动作用和先导作用。建国60多年来，随着大规模经济建设的兴起，建筑业迅速成长壮大，成为我国各行业中一支不可缺少的技术大军。特别是近年来，我国建设规模空前巨大，更加促进了建筑安装业技术的繁荣和发展。全国各地一批又一批规模宏大、技术复杂的基础设施、大型公用工程和住宅、石油化工、核电站、奥运工程、超高层的钢结构工程与大跨度双向张弦的钢屋盖工程的相继建成，大大地增强了我国的国力，使广大人民的物质文化生活水平和城乡面貌得到了显著的改善和提高。

1．对经济增长贡献突出

按照国际惯例，如果某个产业增加值占GDP的比重达到6%～8%，则可列入支柱产业。自2009年以来，建筑业增加值占国内生产总值比例始终保持在6.5%以上。2016年，我国GDP为744127亿元，建筑业增加值为49522亿元，建筑业增加值占GDP的比重为6.66%，虽然比上年回落了0.11个百分点，但仍然达到了6.66%的较高点，高于2010年以前的水平（如图1-2所示），建筑业国民经济支柱产业的地位稳固。

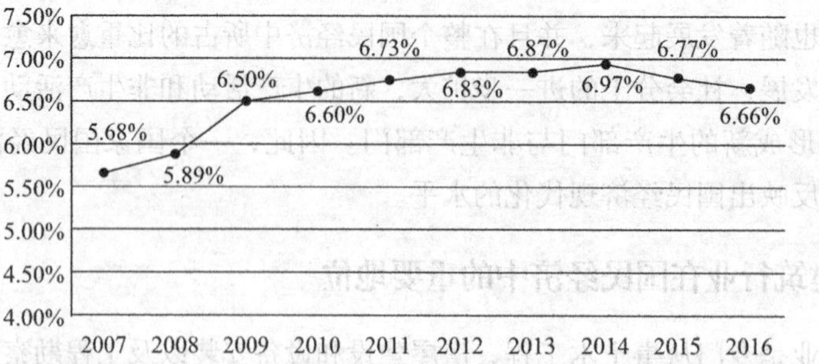

图1-2 2007～2016年建筑业增加值占国内生产总值比重

数据来源：住房城乡建设部计划财务与外事司和中国建筑业协会联合发布的《2016年建筑业发展统计分析》报告，2017年6月5日。

2．吸纳就业能力强

建筑业在吸纳农村转移人口就业、推进新型城镇化建设和维护社会稳定等方面持续发挥显著作用。2016年底，全社会就业人员总数77603万人，其中，建筑业从业人数5185.24万人，比上年末增加91.57万人，增长1.8%。建筑业从业人数占全社会就业人员总数的6.68%，比上年提高0.10个百分点，占比创新高（如图1–3所示）。

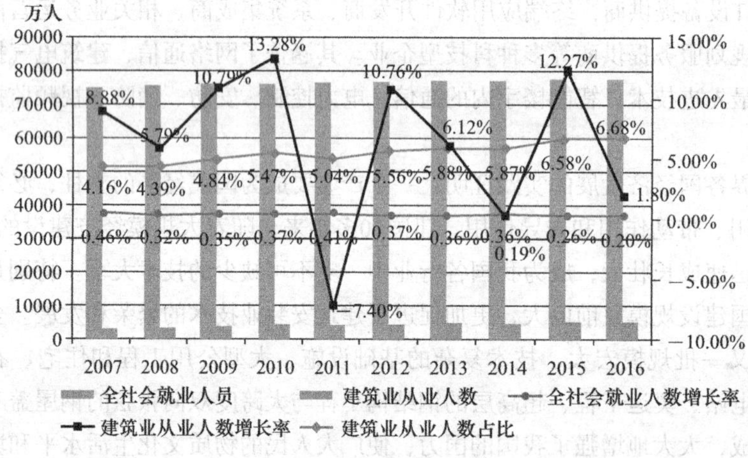

图1–3 2007～2016年全社会就业人员总数、建筑业从业人数增长情况

数据来源：住房城乡建设部计划财务与外事司和中国建筑业协会联合发布的《2016年建筑业发展统计分析》报告，2017年6月5日。

3．对国民经济其他部门的影响大，受其他部门影响小

建筑业感应度系数是当国民经济部门增加1个单位的最终使用时，建筑业部门需要为其他部门生产提供的产出量，即建筑业受到的需求感应程度。建筑业影响力系数是建筑业部门增加1个单位的最终使用时，需要国民经济各部门为其生产提供的产出量，反映了建筑业对国民经济其他产业的影响力。国民经济17个部门的影响力系数和感应度系数如图1–4所示，由图可知，建筑业影响力系数在我

国国民经济部门中处于较高水平，感应度系数则明显低于其他行业。这说明，建筑业对其他行业发展的影响力较大，但对其他行业发展的感应力很小。还表明，建筑业发展带动了我国整体经济的发展，同时，由于其发展受其他行业的影响较小，故又对我国经济发展的稳定性起到了积极作用。

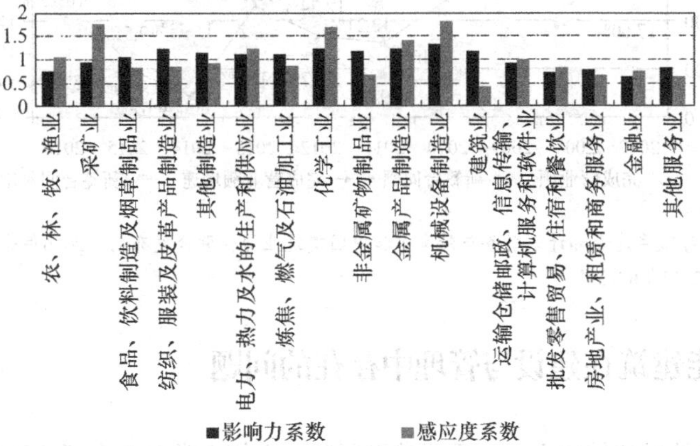

图1-4 国民经济17个部门的影响力系数和感应度系数

数据资料来源：田成诗.建筑业在我国经济中的支撑作用及趋势展望[J].建筑经济，2016，1.

4．服务于国家“一带一路”战略，缓解基建产能过剩

“一带一路”战略构想意味着我国对外开放实现战略转变，顺应了中国要素流动转型和国际产业转移的需要，将中国的生产要素，尤其是优质的过剩产能输送出去，让沿“带”沿“路”的发展中国家和地区共享中国发展的成果。“一带一路”辐射范围涵盖东盟、南亚、西亚、中亚、北非和欧洲。

“基建产业链”是“一带一路”战略国内产业发展的五大主题机遇之一，包含建筑业（建筑及基础设施工程），装备制造业（设备及配套类装备制造），基建材料（钢铁、建材、有色等）。从需求端来看，“一带一路”的沿线国家，无论是从国内需求或是未来区域经济合作的角度分析，这些国家对于基础设施建设的需求均极其旺盛。从供给端来看，伴随着固定资产投资增速下台阶，我国建筑业产能过剩的问题日趋严重，“基建输出”能够大幅缓解我国建筑业的产能过剩问题。主观意愿和客观条件形成合力，未来我国建筑业企业“走出去”的步伐将大幅加快，海外市场广阔的产业扩张前景将逐渐打开。在“一带一路”的战略政策支持下，对外工程承包施工企业“走出去”能形成较大的出口拉动，有效对冲国内需求端的下滑，从而带动整个“基建产业链”。2016年全年对外承包工程业务完成营业额为1594亿美元，比上年增长3.5%，新签合同额2440.1亿美元，比上年增长16.15%。其中，对“一带一路”沿线国家完成营业额760亿美元，增长9.7%，占对外承包工程业务完成营业额比重为47.7%，新签合同总额1260.3亿美元，占同期我国对外承包工程新签合同总额的51.6%，同比增长36%，如图1-5所示。

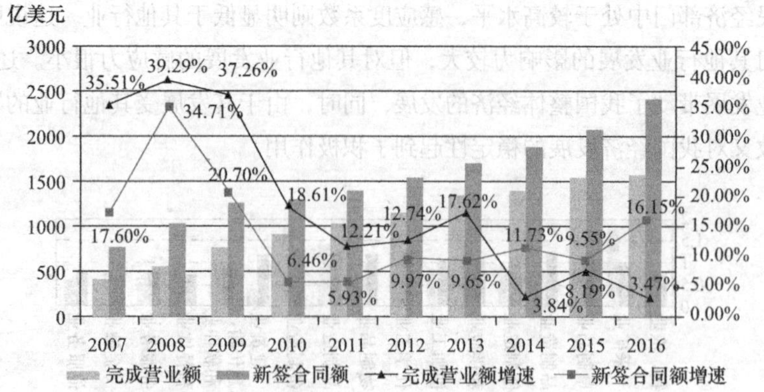

图1-5　2007～2016年对外承包工程业务走势

数据来源：住房城乡建设部计划财务与外事司和中国建筑业协会联合发布的《2016年建筑业发展统计分析》报告，2017年6月5日。

1.2　智能建筑在建设与管理中存在的问题

智能建筑是建筑史上一个重要的里程碑，它使人类的工作环境和生活质量出现了前所未有的质的飞跃，在社会经济发展、信息技术发展的带动下，大量的智能建筑出现在我国在建和已建建筑中。以京津冀地区为例，新建高层中，智能建筑已经占到25%。智能建筑是为居住者创造舒适、安静、节能及便利的环境而生，但是在我国已经竣工的智能建筑中不能有效运转的占70%以上，当前智能建筑在建设与管理中仍然存在不少的问题。

1.2.1　整体水平不高，设计质量低

智能建筑技术应用的整体水平不高，地区发展不平衡，产业化水平很低，相关技术产品尚不适应市场需求与合理滞后的矛盾，具有自主知识产权的智能建筑硬、软件产品相对比较缺乏。

许多建设单位盲目追求高标准智能建筑，超过建筑物功能与实际规模的智能化要求，对智能建筑的期望过高，设计人员因不熟悉智能化设备的技术与智能建筑设计方法，不能高水平地完成智能建筑的设计，智能化建筑竣工后出现应用效果差的问题。如智能化系统出现集成性差，监控点配置不合理，控制精度低，致使智能建筑的物业管理实施困难。

1.2.2　设计、施工和验收标准不健全

智能建筑的四个组成系统BAS（楼宇自动化系统）、CNS（通信网络系统）、OAS（办公自动化系统）、IS（集成系统）与计算机、通信等新技术紧密联系。由于技术发展迅速，相关设备与系统的规范和标准尚不健全。在工程规划、设计、施工、管理、质量监督、竣工验收等环节，缺少一整套完善的行之有效的可操作的设计、施工和验收标准。

现有的智能建筑设计、施工验收标准有《综合布线系统工程设计规范》GB 50311—2016、《智能建筑设计标准》GB/T 50314—2015、《建筑电气工程施工质量验收规范》GB 50303—2015、《安全防范工程技术规范》GB 50348—2018、《火灾自动报警系统设计规范》GB 50116—2013、《智能建筑工程质量验收规范》GB 50339—2013、《公共建筑节能监测系统技术规范》DBJ/T14—071—2010、《民用建筑电气设计规范》JGJ 16—2008、《综合布线系统工程验收规范》GB/T 50312—2016、《火灾自动报警系统施工及验收规范》GB 50166—2007、《建筑内部装修防火施工及验收规范》GB 50354—2005等。这些国家、行业标准对智能建筑的设计、施工、验收起到了很大的积极作用，但设计、施工、验收标准和规范仍然面临着统一性、协调性、时效性、完整性等问题，同时现行的《智能建筑设计标准》针对不同类型的智能建筑的可操作性方面还存在不足。

1.2.3 设计、施工、运行之间协调不足

目前智能建筑在规划设计阶段、施工建造阶段和运行维护这三个阶段对运行维护的衔接和协调不足，需要加强。规划设计阶段的成果主要是设计文件和图纸，注重施工和建造的要求，对于使用和运行要求表述的内容较少，缺少智能建筑的运行维护专篇和使用说明书，从而造成规划设计意图不能贯彻到运行维护阶段。

施工建造阶段的成果是将图纸设计内容实物化，建造完成建筑实体和相关设备和系统，对于设备和系统的安装做到按图纸要求施工。这个阶段，主要工作是设备采购安装到位和系统构建完成，对设备性能和系统运行情况关注程度低，特别对系统的调试过程简单，只是设备单机运行和系统处于空态下进行调试，对于设备和系统是否能满足设计和使用要求，缺少验证和调试过程。工程建造完成后的交付缺少内容和程序的文件化规定，及相关运行过程的培训，没有标准化的要求，导致工程交付状况和质量状况差别很大。

运行维护阶段是建筑功能与使用功能协调一致的应用阶段，需要将设计阶段和建造阶段所完成的建筑实体应以满足使用要求为目标，建筑的各种功能运行正常，建筑中的各个系统联动配合，需要有标准化的管理程序和要求，人员要求、运行技术应用、系统维护、各相关方的职责等都有待在这个阶段落实，这些措施的落实程度决定了建筑的运行维护水平。

从目前我国智能建筑工程的建设管理程序来看，大部分工程在规划设计阶段、施工建造阶段和运行维护三个阶段的实施主体是不同的单位，其关心的阶段目标不同，对于建筑的运行维护的衔接和协调不到位，为后期的建筑运行留下隐患。

另外，在整个建设过程中，智能建筑的功能需求由业主提出，设计通常由具有智能化设计资质总承包单位的设计院来承担，再由集成商进行多次的深化设计并交设计总承包单位审查方可招标施工，但普遍存在不协调甚至脱节的问题。目

前建筑智能化系统大多数是单独招标、独立签约，中标后集成商自行采购、自行设计、自行施工、自行管理、自行约束，这种没有智能化资质的监理公司监理的智能建筑，将给今后的弱电系统的安装、调试、运行、维护管理带来无穷的后患。当前由土建监理公司代替有智能化资质的监理公司监理的现象还很普遍，它将会给智能化系统工程带来设计方案失控、采购产品失控、施工进度失控、工程质量失控等弊端。

1.2.4 重建设轻管理

重建设轻管理是智能建筑领域普遍存在的现象。大多数业主对智能建筑的物业管理意识落后，对选择物业管理公司时无法提供具体的智能化建筑管理目标。有的物业服务企业从短期经济利益出发，在智能化专业技术人员配置人数和知识层次上降低要求，智能化系统不能有效的正常工作，使得物业智能化系统难以发挥真正的作用，无法实现智能建筑给投资者带来的好处。

1.2.5 智能化系统售后服务有待提升

智能建筑所选用的系统及产品的质量，以及售后服务等也是影响其正常运行的原因之一。在工程建设中，必须要选择质量过关而且耐久性强的材料，因为无论是质量还是耐久性都可能会导致设备运行时出现故障。当前我国智能建筑建设中选用的楼宇自动化系统（BAS）大部分都是从国外引进的，从系统软件到产品的原配件都是成套供应的，质量上可以得到保证。但是在安装调试结束后，相关技术人员就已完成使命，当系统或产品在运行过程中发生问题后，协调维护比较困难，存在维护时效性或者维护价格过高的问题，给系统的正常运行造成了严重的影响。近年来，随着服务意识的增强及代理加盟商的介入，相关系统的正常投运率得到了很大的提高，但在售后服务的水平和效率方面仍然需要极大的提升。

1.2.6 智能化管理专业技术人员缺乏

国家信息化发展，特别是城市数字化发展，使我国智能建筑的市场容量迅速发展。2014年国内智能建筑系统市场规模已达到4000亿元，到2015年为止，智能建筑系统集成商约为5000～6000多家。智能建筑行业的发展，直接拉动了对智能化管理专业技术人才的需求。

目前，物业服务企业对建筑智能化管理的认识不足。有些简单地将智能化物业管理理解为物业收费的计算机化、办公室或管理处配置了计算机、传真机、复印机等计算机硬件设备，不需要有专门的技术人员，只需对岗位进行短期的专业培训就能担当智能化物业管理的工作。许多从事智能建筑物业管理的企业不重视技术人才的引进和培养，导致技术力量薄弱，管理水平不高，服务质量较低，开发商或业主对其意见很大。

现阶段，服务于国内智能建筑行业的人员数量已达到约100万人。其中，大中城市的智能建筑从业人员较多。但是，该行业从业人员的整体水平并不理想，普遍呈现专业化水平低的状况。大部分运行维护人员还不适应智能化技术的应用，在进行智能建筑的运行和维护之前绝大部分人员未进行过系统的知识培训和专业培训，因此，我国运行人员的问题直接制约着我国智能建筑运营维护水平。或者，在物业管理开支不足情况下，在智能化专业技术人员配置人数和知识层次上降低要求，智能化系统不能有效的正常工作，难以真正发挥智能建筑的安全、舒适、便捷和高效服务的功能。

1.3 智能建筑物业管理对人才的需求

智能建筑不仅具有传统建筑的功能，而且具有“拟人智能”特性或功能。智能建筑建立在行为科学、信息科学、环境科学、社会工程学、系统工程学、人类工程学等多种学科相互渗透的基础上，是建筑技术、计算机技术、信息技术、自动控制技术等多种技术彼此交叉、综合运用的结果。因此，智能建筑具有传统建筑无可比拟的优越性，不仅可以提供强大的功能，而且可以最大限度地节约能源，能够按照用户要求灵活变动、适应性极强。

因而，针对智能建筑的物业管理，涉及的知识面广、专业性较强。从物业管理角度来看，涉及经济、管理、心理、公共关系、系统工程、法学、人文等知识背景；从智能建筑角度来看，涉及城乡规划、建筑、建筑结构以及设备、电气、空调、给排水、通信、自动控制、计算机应用等学科或专业技术成分。所以，智能建筑的物业管理需要一大批高素质的、知识型的复合型人才，既要具有较好的经济管理、物业管理等管理理论知识与方法，又需要掌握一些计算机、通信、自动控制、图像显示技术、综合布线、系统集成等现代信息技术。

1.4 智能建筑与传统建筑物业管理的功能比较

智能建筑物业管理包括对智能化设备系统的操作、维护和功能提升，是在传统物业管理服务内容基础上的改进和提升，增加了信息服务与管理、机电设备自动化监控管理、三表数据远程与收费管理等内容，体现出管理科学规范、服务优质高效的特点，如表1-1所示。

智能建筑物业管理与传统建筑物业管理的功能比较　　表1-1

功能	传统建筑物业管理	智能建筑物业管理
系统集成性	系统部分集成或无集成管理	智能建筑中分离的设备、子系统、功能、信息通过计算机网络集成为一个相互关联的统一协调的系统，各智能化系统高度集成，实现自动监控和集中远程管理

续表

功能	传统建筑物业管理	智能建筑物业管理
节能管理	无节能设备或手工实现节能管理或通过设备改造实现节能管理	利用自然光和大气冷量（热量）来调节室内环境，区分“工作”和“非工作”时间，对室内环境实施不同标准的自动控制，利用空调与控制等最新技术，最大限度地实现对能源的节约管理
智能化管理	基本上无智能化管理，人工管理成本高	智能化管理功能，降低机电设备的维护成本，系统的操作和管理高度集中，降低人工成本
设备管理	设备档案管理，设备维修与保养管理	设备自动化监控和远程管理；设备故障自动诊断；能源自动化管理
保安管理	保安人员管理，治安事件管理，保安值班管理	公共场所与家庭安全报警管理、闭路电视监控管理，IC卡门禁对讲管理，保安巡更管理，实时报警与治安事件处理管理，110报警管理，保安人员管理
环境卫生与绿化管理	环境卫生管理，保洁人员管理，绿化植被管理，绿化带管理，绿化工程管理	环境卫生指数自动化监控，环境卫生指数公告，保洁人员管理，绿化植被管理，自动浇花系统，绿化工程管理
物业管理服务	人事管理，档案管理，财产管理等计算机管理模块	完善的计算机网络系统配置，使得物业管理服务与被服务双方的信息交互沟通更加便捷；物业管理信息化和办公自动化系统，与房产管理、财务管理、设备管理等管理系统联网，实现信息共享
一卡通管理	无一卡通	实行住户认证、出入口管理、停车场管理、收费管理，一卡通管理
三表自动计量	物业管理人员上门抄表	实现多表数据自动采集、传输、计费，配以一卡通系统缴费；住户通过网络查询三表数据记录及收费金额
电子商务和社区O2O	无电子商务平台	提供B2B、B2C、O2O电子商务，提供配送服务及财务结算，提供智能化社区网络平台等

1.5 国际智能建筑现状及发展

进入20世纪80年代，信息技术飞速发展，极大地促进了社会生产力的变革，人们的生产、生活方式也随之发生了日新月异的变化。全球出现信息革命的高潮，知识经济、可持续发展已引起广泛关注，智能建筑就是在这样的技术背景下产生的。由于智能建筑具有安全、便捷、高效、节能、舒适等突出优点，一出现就引起了普遍重视，近几十年来在世界各地迅速发展。

国际智能建筑协会（IIBA）副主席凯文·卡瓦莫托指出：“建筑业从未经历过像今天这样的重大冲击，可以预见智能建筑将成为建筑革命的先声，成为21世纪的重要产业部门，并进而带动其他行业的发展，乃至成为一个国家科学技术与文化发展水平的重要标志。”智能建筑在国际的发展方兴未艾，前景广阔，当今世界各国竞相研究和开发智能建筑产业与技术。

1.5.1 主要国家与地区智能建筑发展状况

1. 美国

美国是世界上第一个出现智能建筑的国家，也是智能建筑发展最迅速的国家。智能建筑（IB——Intelligent Building）一语，首次出现于美国联合科技集团UTBS公司于1984年1月在康涅狄格州首府哈特福德市改建完成的City Place（都市大厦）大楼的宣传词中。

该大楼原是一栋38层的金融办公大厦，改建后以当时最先进的技术来控制空调设备、照明设备、防灾和防盗系统、垂直交通运输（电梯）设备、通信和办公自动化设备等，除可实现舒适性、安全性的办公环境外，并具有高效出租率、投资回收率、经济效益等特点。大楼用户可获得语音、文字、数据等各类信息服务，而大楼内的空调、供水、防火防盗、供配电系统均为电脑控制，实现了自动化综合管理，使用户感到舒适、方便和安全，引起了世人的注目。从此诞生了世界公认的第一座智能建筑，它是时代发展和国际竞争的产物。

随后，智能建筑在美国蓬勃发展，而且一直处于世界领先水平。"为了适应信息时代的要求，美国各公司纷纷建成或改建具有高科技装备的智能大厦，如美国国家安全局和五角大楼等"。美国绿色建筑协会主席兼首席执行官尼理查·S·费德里齐介绍，"同时，高科技公司为了增强自身的应变能力，也对办公或环境进行了创新和改进。"近年来，在美国新建和改建的办公大楼中，有近70%以上是智能型的。据估计，迄今已超过一万幢，如IBM、AT&T公司总部大厦等。目前，美国有全球最大的智能化住宅群，其占地3359hm^2，由约8000栋小别墅组成，每栋别墅设置有16个信息点，仅综合布线造价就达2200万美元。

为了加速智能建筑的发展，美国公布了《21世纪的技术：计算机、通信》研究报告书，为21世纪高新技术在智能建筑中的应用与发展指出了方向。专家认为，网络技术、控制网络技术、智能卡技术、可视化技术、流动办公技术、家庭智能化技术、无线局域网技术、数据卫星通信技术以及双向电视传输技术这些高新技术将在21世纪的美国智能建筑中具有广泛的应用和持续的发展前景。

2015年9月美国政府宣布了《白宫智慧城市行动倡议》，该倡议提出联邦政府将投入超过1.6亿美元进行智慧城市研究，并推动相关25项以上的新技术合作。2015年10月21日美国政府又公布一项《美国创新战略》，该战略重点描绘了智慧城市发展的愿景、面临的挑战和将要采取的路线图，其中华盛顿、纽约长岛、哥伦布市与迪比克市将建设成美国第一批智慧城市。

2. 日本

日本第一次引进智能建筑的概念是在1984年夏，并于1985年开始建设智能建筑，1995年底日本还成立了国家智能建筑专业委员会。日本的第一幢智能大厦是1985年建成的东京"本田青山大厦"。1986年日本建成智能化办公大楼面积约90万m^2，占当年新建办公楼总面积的6%，1988年该比例上升到18%。近十多年来，日本新建的大厦中有近70%为智能型，相继建成了墅村证券大厦、安田大厦、KDD通信大厦、标致大厦、NEC总公司大楼、东京市政府大厦、文京城市中心、ARK森大楼、本田青山大楼、NTT总公司的幕张大厦以及东京国际展示场等。此外，日本还在积极开展旧办公楼的智能化改造工作。

日本是在智能建筑领域进行全面的综合研究并提出有关理论和进行实践的最具有代表性的国家之一。日本政府也积极推动，制定了四个层次的发展规划，即智能城市、智能建筑、智能家庭和智能学校。

以日本的柏之叶智能城市为例，日本三井不动产公司用了17年的时间打造了柏之叶智能城市。该区全部采用智能化建筑，每栋楼都配备了完善的控制系统、通信系统等，能够完全达到通过人工控制整栋楼的运作。并且柏之叶的建筑设施间还可相互调度自身太阳能发电的电力。每栋建筑所配备的太阳能设施可以供应建筑日常的用电，在紧急情况下还可以转化为备用电源，也可为住宅设施供电，因此当发生灾害事故时，可以帮助人们逃生作准备。高度的智能化建筑使得该地区成为日本智能建筑的典范。

3．欧洲

欧洲国家智能建筑的发展基本上与日本同步启动，智能建筑主要集中在各国的现代化都市，英国、法国、瑞典、德国在20世纪80年代末和90年代初先后落成具有本国特色的智能建筑。1999年在西欧的智能建筑面积中伦敦占23%，巴黎占19%，法兰克福和马德里分别占16%。进入21世纪以后，法国、瑞典、英国等欧洲国家以及德国等地的智能大厦如雨后春笋般地出现。

在法国，巴黎政府正在实施“2050巴黎智能城市”项目，该项目将高耸入云的城市大厦设计为八座不同类型的绿色智慧塔楼。荷兰政府的智慧城市新远景规划是《2040年兰斯塔德战略议程》，该议程特别强调兰斯塔德地区建成智慧城市是可持续发展和获取竞争力的关键。丹麦政府在哥本哈根与奥尔胡斯的规划是：分别在两大城市设立在2025年与2030年实现低碳智慧城市的宏大目标。

4．亚洲地区

亚洲地区智能建筑则主要集中在首尔、曼谷、中国香港、雅加达、吉隆坡等中心城市，形成了世界建筑业中智能建筑一枝独秀的局面。新加坡政府投入巨资对智能建筑进行研究，规划将新加坡建成“智能城市公园”。韩国制定“智能岛”计划，印度也于2005年起在加尔各答的盐湖开始建设“智能城”计划。泰国智能建筑普及率高，截至2000年泰国新建大楼中，有近60%为智能建筑。

在智能城市方面，韩国有SongdoIDB智能城市，中国有36座智能城市正在建设。到2050年，新加坡将成为智能国家，马来西亚的Iskanda已经成为其旗舰智能城市。德里、孟买工业带将成为未来印度的智能城市。

1.5.2 国际建筑智能的发展历程

在智能建筑的发展演变进程中，其建筑智能化技术的宗旨是满足于可持续性创新原则的要求。因此，随着人们对工作和生活环境的需求越来越高，以及现代技术地不断发展，推动了智能化技术的逐步发展。IIBA副主席凯文·卡瓦莫托认为：国际建筑智能化的发展历程大体可以分为三个阶段。

1．传统智能化发展阶段

在20世纪80年代末与90年代初，随着人们对工作和生活环境的要求不断提高，一个安全、高效、舒适的工作和生活环境已成为人们的迫切需要；同时随着科学技术不断发展，特别是以微电子技术为基础的计算机技术、通信技术和控制技术的迅猛发展，为满足人们这些需要提供了技术基础。此期间人们对建筑智能化的理解主要包括：在建筑内设置程控交换机系统和有线电视系统等通信系统将电话、有线电视等接到建筑中来，为建筑内用户提供通信手段；在建筑内设置广播、计算机网络等系统，为建筑内用户提供必要的现代化办公设备；同时利用计算机对建筑中机电设备进行控制和管理，设置火灾报警系统和安防系统为建筑和其中人员提供保护手段等。这时建筑中各个系统是独立的，相互之间没有联系。

2．定制智能化发展阶段

在20世纪90年代中后期的信息与网络技术开发热潮中，除了在建筑中设置上述各种系统以外，主要是强调对建筑中各个系统进行系统集成，广泛采用综合布线系统以及信息化技术的应用。这个时期，经济高速发展，不同形态建筑对智能化系统有着不同的需求。为了满足用户的不同需求，提供个性化的智能化系统，智能化的发展开始进入定制化发展时代，为不同建筑类型用户提供定制化的解决方案，以满足用户的个性需求。

3．可持续智能化发展阶段

当今社会强调绿色、低碳的人居环境。将智能建筑与绿色建筑结合起来，是可持续的基本要求，也是现代建筑智能化发展的必然方向。所谓可持续智能化技术是指绿色建筑具有可持续发展的特点，它所倡导的技术符合可持续发展的原则。绿色建筑中引进了智能化、信息化系统，它们的配置既着眼现在，也放眼未来，即满足开放性原则的要求，对于系统中增加或更新设备都有适应性和兼容性，具有超前性、扩张性和灵活性。

随着信息化社会进程的发展，智能建筑中所包含的信息化、人性化、智慧化和绿色生态的水平将进一步提高。智能建筑的未来发展，将主要体现在智能建筑技术及其相关技术的融合发展、智能建筑产业及其相关产业的持续发展和智能技术与智慧创新有机结合的应用发展等方面。

1.5.3 国际智能建筑的技术标准

智能建筑当前仍未有统一的定义，其主要的原因在于当今科学技术正处于高速发展阶段，其中相当多的成果将不断应用于智能建筑，使其具体内容与形式相应提高并不断发展。因此，LonMark国际协会、美国暖通空调制冷工程师学会

（ASHRAE）、美国国家标准局（ANSI）、美国电信工业协会（TIA）和ETA组织相继对智能建筑制定了一系列规范化标准。其主要标准有：

1. 规范化布线系统标准（SCSS）：由美国电信工业协会（TIA）和ETA组织制定的这套标准，主要是将所有语音、图像、消防、监控等布线组织在一套标准块的布线系统上，使建筑物中各种通信自动化（CA）、办公自动化（OA）和楼宇自动化（BA）系统设备的连续线材接插件、跳线架使用统一标准、规格的产品，计算机线路、保安监控视像等无需重新拉线，只在配线间或主控机房的线路板上做对应的接口跳线转换即可。

2. LonMarK标准：LonWorks技术是美国Echelon公司在1993年推出的局部操作网技术（Local Operating Network），最初应用于建筑物自动化领域，后来迅速扩展到其他各个行业的控制领域。

为了维护LonWorks技术在应用层的互操作性，在1994年5月，由36家公司发起，成立了国际LonMarK互操作协会（LonMark Interoperability Association），旨在指导各生产厂商的产品开发，推广LonMarK互操作性。1999年，美国ANSI/EIA将LonTalK协议定义为EIA709.1-A-1999国际公开标准，使得LonWorks技术在全世界范围获得飞速的发展。2003年9月，国际LonMark互操作协会改组为LonMarK国际协会（LonMark International），该协会是世界上互操作系统的最先开发者和标准制定者。遵循Lon MarK标准，可以使世界上数千家Lonmarks技术生产的产品相互通信，相互替换，实现互操作。在智能建筑Lonmarks总线上联接若干智能节点，每个节点由一个神经元芯片、I/O电路、通信媒体收发器组成。中央监控计算机通过网络服务接口PCLTA总线与Lonmarks总线联接。现场控制器通过LonBus总线实现点到点之间的通信，它们之间没有主控制器。

3. BACnet标准：BACnet网络通信协议是由美国暖通空调制冷工程师学会（ASHRAE）发起制定并得到美国国家标准局（ANSI）批准。由楼宇自动化系统的生产厂商参与制定的一个开放性标准——一个管理信息领域的标准。通过在信息管理网一级上互联，解决不同厂家的自动化系统如何互相交换数据，实现集成。它比LonMark有更大量的数据通信，运作高级复杂的大量信息。但BACnet要支持暖通系统空调以外的其他监控系统，还需要进一步完善。

后两种开放性标准在楼宇设备的控制中具有互补性。在各子系统的设备中适于采用LonMark标准，而在信息管理领域方面，对于整个领域控制中众多子系统的集成，对于上层网际间的互联性则适于采用BACnet标准。目前这两种网络已经实现了和IP网的集成。特别是在控制网的标准化和开放性将不断提升的趋势下，LonMark和BACnet标准的实施更加受到关注。

1.6 中国智能建筑的发展

中国台湾地区智能建筑发展较早，到1991年已建成1300栋左右，其中以台北市居多。中国香港智能建筑建得也较早，相继出现了汇丰银行大厦、立法会大厦、中银大厦等一批智能化程度较高的智能建筑。中国大陆地区在1996年至2002年中开发的楼盘，绝大部分都配置了智能化子系统，在深圳几乎所有的大型楼盘都要实现智能化。

中国大陆地区智能建筑起步较晚，直到20世纪80年代末才开始发展。北京的发展大厦可谓是我国智能建筑的雏形，而后相继出现了上海的金茂大厦、青岛的中银大厦等具有相当高水平的智能建筑。当前国内的智能建筑开始转向大型公共建筑，例如，会展中心、图书馆、体育场馆等，据国外预测，21世纪全世界的智能建筑将有一半以上在中国建成。

我国建筑智能化的发展历程，经过初始发展阶段（1990—1995年）、规范管理阶段（1996—2000年）、快速发展阶段（2001—2010年），目前已进入第四个阶段，即持续发展阶段。国家信息化发展，特别是城市数字化发展，使我国智能建筑的市场容量迅速发展。2014年国内智能建筑系统市场规模已达到4000亿元。

1. **初始发展阶段**（1990—1995年）

我国在20世纪80年代末，由建设部编制的《民用建筑电气设计规范》中，实际上已开始涉及智能建筑的理念，提出了楼宇自动化和办公自动化，直到90年代初，随着国际智能建筑技术引入我国后，智能建筑这一概念才逐渐被越来越多的人所认识和接受，尤其是1993年以后，成为我国许多城市房地产开发商销售的热点。

智能建筑在我国的兴起还基于两方面的因素：一是随着改革开放，我国国民经济持续快速发展，综合国力不断增强，人民生活水平日益提高，人们迫切需要改善、提高工作和生活环境，而智能建筑正是适应这一需求的重要途径之一。二是由于现代通信技术、计算机及网络技术和控制技术的迅速发展，为智能建筑提供了充分的技术条件。智能建筑在我国的出现，受到政府部门、高等院校、科研设计院所、企业厂商等的极大关注和支持，并在上海、广州、深圳和北京等相继建成了一批具有一定智能化水平的智能建筑。为了适应智能建筑发展的需要，1995年3月，中国工程建设标准化协会通信工程委员会发布了《建筑与建筑综合布线系统和设计规范》。1995年7月华东建筑设计院制定了上海地区《智能建筑设计标准》。其后，中国工程建设标准化协会通信工程委员会颁布了《建筑结构化布线工程设计与验收规范》。这些标准规范的颁布，为智能建筑的设计、施工提供了依据。

2. **规范管理阶段**（1996～2000年）

自1996年以来，我国智能建筑取得了较大发展。智能建筑技术在全国范围内得到推广应用，其对象由宾馆、商务楼向银行、证券、办公、图书馆、博物馆、展览馆以及住宅（含住宅小区）等拓展。智能建筑队伍迅速成长，初步形成了一支具有一定规模的智能建筑设计、施工力量以及系统集成商和产品供应商。与此同时，建设部和上海、江苏、陕西、四川等省市先后成立智能建筑专业委员会及学术研究机构，对智能建筑的发展、规范管理起到了积极的推动作用。1997年11月，建设部颁布《1999—2010年建筑技术政策》，智能建筑作为开发新技术领域的建筑产品纳入该文件的《建筑技术政策纲要》中。其后，国家经贸委发布《“九五”国家重点技术开发指南》，智能建筑技术被列入其中。为了加强对建筑智能化工程的设计管理，规范工程设计行为，保障工程设计质量，1997年、1998年，建设部发布《建筑智能化系统工程设计管理暂行规定》和《智能建筑设计及系统集成资质管理规定》。2000年上半年，建设部颁发了《智能建筑设计标准》、信息产业部颁发了《建筑与建筑群综合布线系统工程设计规范》及《建筑与建筑群综合布线系统工程验收规范》。这些技术法规的制定，为我国智能建筑健康有序地发展奠定了技术基础。2000年8月，建设部修改了《建筑物防雷设计规范》，增加了智能建筑弱电系统防雷及浪涌部分的内容，提出了智能建筑各种电子设备的安全措施，解决了在建筑中大量电子产品防雷及防止浪涌设备的破坏问题。

同时，智能建筑技术迅速向住宅小区智能化延伸，已成为智能建筑发展的主要市场。为了指导住宅小区智能化建设，建设部住宅产业促进中心于1999年12月，编写了《全国住宅小区智能化系统示范工程建设要点与技术导则》，为智能住宅小区的快速发展提供了较好的保障。由于智能住宅小区的产品难以成套引进，促使国内产品供应商大量的开发适用智能住宅小区的各种产品，从而形成了新的智能建筑产业。为促进智能住宅小区健康有序的发展，建设部住宅产业促进中心及建设部科技委智能建筑技术开发推广中心在全国进行多个试点工程，取得了一定的效果。由于宽带网进入小区以及小区规模的扩大，提出了数字化社区的新理念，把智能化小区的发展推向了一个新阶段。

3．快速发展阶段（2001～2010年）

在21世纪信息时代的大环境下，中国智能建筑业取得了长足发展，并已呈现出巨大的市场潜力和商机。从2001年申奥成功和加入WTO、2001年在全国开展了“数字城市”的试点示范工作、2008年提出建设“数字奥运”的口号和2010年正式提出的“智慧城市”发展理念，都给我国的城市数字化与智能建筑提供了难得的发展机遇，也积极推进了我国智能建筑飞速发展的进程。

自2001年以来，我国智能建筑技术日趋成熟，各地积累了一定的工程经验，基本上适应了国内各类建筑对智能化的需求，我国不少智能楼宇技术研发成果接近国际水平，尤其在智能化技术应用方面，在北京、上海、广州等大城市的办公楼宇智能化建设方面已经达到发达国家标准，国内已建成的具有一定程度的智能化功能的建筑已经超过千座。人们对智能建筑开始注重理性化，对智能建筑有了更深入的理解，智能建筑的设计也较为注重理性化，对智能建筑有了更深入的理解，智能建筑的设计也较为注重切合实际，克服了过去贪大求全的做法。智能建筑技术产品也由过去的封闭状态向开放性、市场化、公平竞争方面转化，使智能建筑市场全面走向有序的发展轨道。

在中国智能建筑快速发展阶段，智能建筑相关标准、规范也在不断完善和发展中。已经制定的设计及验收规范包括《智能建筑设计标准》GB/T 50314—2015、《智能建筑工程质量验收规范》GB 50339—2013、《安全防范工程技术规范》GB 50348—2004、《安全防范系统验收规则》GA 308—2001、《居住区智能化系统配置与技术要求》CJ/T 174—2003等。

这一阶段的特点是智能建筑呈现网络化、IP化、IT化、数字化的趋势。随着现代IT技术的不断进步，智能建筑开始向网络化、集成化、智能化、协调化方向迈进，从最初的各子系统独立，发展到智能楼宇系统集成，将不同功能的智能楼宇系统，通过统一的信息平台实现集成，以形成具有信息汇集、资源共享及优化管理等综合功能的系统。智能建筑在技术上实现了跨越式发展，涌现出人工智能技术、信息网络技术、通信网络技术、无线技术、综合布线技术、数字视频传输技术等先进技术，有力提升了行业水平。数字家居向智能家居转换便是智能楼宇所取得的突破之一，20世纪90年代出现的数字家居，是将家电用一个遥控器连接起来。十年间，随着科技的进步，数字家居开始向智能家居过渡，即家庭中的各种通信产品、计算机产品、消费类电子产品，按照各类家庭数字化需求，形成家庭网络，通过与社会全方位的信息交互，组成家庭娱乐、控制服务和信息服务系统，使家居生活更舒适、更安全、更智能化。

4．持续发展阶段（2011年至今）

当前物联网技术、大数据、云计算、移动互联网技术等飞速发展，进一步拓展了智能建筑的发展空间，推动了智能建筑的升级。

与传统智能建筑相比，新技术的融入将使得智能建筑跨向智慧社区、智慧城市，从而实现家庭小网、社区中网、世界大网的有机结合。智能建筑将是智慧社区、智慧城市的一个单元。届时建筑的智能化特点不仅仅限于建筑内部，业主在智能建筑外部甚至异地均可对智能建筑进行控制和操作。

云计算、大数据以及物联网这些新技术的推广使得建筑“泛智能化”，这将推动整个行业市场空间的增长，为行业参与者带来需求增长。此外，随着这些新技术的不断推广，整个智能建筑的新技术的应用单价水平将不断降低，与传统的智能建筑相比，技术及设备的性价比将有所提高。

2013年2月5日，《国务院关于推进物联网有序健康发展的指导意见》（国发[2013]7号，以下简称《指导意见》）正式出台，引发了广泛关注。《指导意见》从宏观趋势、发展环境、财税政策扶持等六大方面为物联网的发展提出了保障性措施，这是行业发展迅速的表现，物联网行业发展前景乐观。其中，作为百姓生活密切相关的智能家居行业，近年来快速发展，俨然成为物联网在日常生活中的最普及的应用，有望在这股发展大潮中加速发展，提前普及。而智能化程度的大幅提高，将引领城市居民的全新生活方式。

值得一提的是，智能建筑已成为社会信息化发展的重要组成部分，物联网因其巨大的应用前景，将是智能建筑产业发展过程中一个比较现实的突破口。与物联网有着密切联系的智能建筑产业也将借助政策的支持，获得快速发展，甚至可以提前获得普及。

在持续发展阶段，关于智能建筑工程标准和规范进一步完善，有设计标准和规范、施工规范与操作规程、验收规范与评定标准、工程管理标准与规范、设计与施工图集等5大类型标准，对智能建筑的安全防范系统、有线电视系统、综合布线系统、建筑设备监控系统、广播扩声与会议系统、住宅智能化系统等从设计、施工、工程管理、验收等方面进行了较为详细的规定。在2015年3月，住房城乡建设部和国家质量监督检验检疫总局联合发布了国家标准《智能建筑设计标准》GB 50314—2015，自2015年11月起实施，对2006年的设计标准进行了最新的修订。

当前，国家主管部门和相关标准化委员会正在进行以政府主导制定的标准与市场自主制定的标准的协同发展为总体目标的改革，努力形成政府引导、市场驱动、社会参与、协同推进的标准化的工作格局，有效支撑统一市场体系，满足市场经济社会发展的需要。2016年，全国智能建筑及居住区数字化标准化技术委员会在智能建筑、智能家居、数字城管、城市智慧卡等领域开展了多项关键技术标准的研究。目前共归口管理在编标准23 项，其中8 项处于报批阶段，8 项处于编制阶段，7项处于立项阶段。

在持续发展阶段，中国正在形成的都市圈、城市群、城市带和中心城市的发展预示了中国城市化进程的高速腾飞，也预示了智能建筑领域更广阔的市场即将到来。据国际研究机构高德纳咨询公司的权威统计数据显示，2020年，亚洲的建筑市场份额将占全球的43%，其中中国、印度、日本和印度尼西亚将是发展最快的地区；到2020年，在城市化、智能城市、“一带一路进程”和政府减碳目标的推动下，必将大大驱动中国建筑智能化行业的迅猛发展。中国智能建筑产业未来将以20% 的年增长速度一路向前，预计到2020年中国将成为全球最大的智能建筑市场，约占全球市场的1/3，未来中国智能建筑行业将迎来爆发性增长。

本章小结

建筑业是国民经济的重要支柱产业和富民产业，是推动经济社会发展的重要力量，尤其是智能建筑，它覆盖的产业广泛，关联度高、带动性强、辐射影响力广，受益面大。智能建筑在国际的发展方兴未艾，前景广阔，包括中国在内的当今世界各国竞相研究和开发智能建筑产业与技术。随着新一代物联网技术、大数据、云计算、移动互联网技术等信息技术的飞速发展，进一步拓展了智能建筑的发展空间，推动了智能建筑的升级。

中国的智能建筑经历了初始发展、规范管理、快速发展等阶段，现正进入持续发展阶段，正在形成的都市圈、城市群、城市带和中心城市的建设将给智能建筑注入持续发展的动力。但是在我国已经竣工的智能建筑中不能有效运转的占70%以上，当前智能建筑在设计水平与质量，设计、施工与验收标准、规范及协调性方面，智能建筑系统的管理、维护与售后服务，专业技术人才队伍建设与培养等方面仍然面临着很大的挑战。

思考题

1. 建筑业在国民经济当中发挥着何种作用？
2. 当前智能建筑建设与管理当中存在何种问题？
3. 智能建筑物业管理与传统建筑物业管理有何区别？
4. 国内外智能建筑的发展有何特点？
5. 我国智能建筑发展经历了哪些阶段？
6. 当前，智能建筑的发展采用了那些通用的技术标准？
7. 新一代信息技术对智能建筑的发展有何影响？

2

智能建筑的基本概念

学习目的

1. 掌握智能建筑的定义、组成及功能；
2. 熟悉智能建筑的分类及其优越性；
3. 了解智能建筑的经济效益分析及智能建筑系统。

本章要点

本章节主要讲述了智能建筑的组成及功能、智能建筑的定义和特点、智能建筑的分类、智能建筑优势分析以及智能建筑系统。

2.1 智能建筑的组成及功能

2.1.1 智能建筑的组成

智能建筑是以建筑环境和系统集成为平台，主要通过综合布线系统作为传输网络基础通道，由各种信息技术与建筑环境的各种设施有机结合和综合运用形成各个子系统，从而构成了符合智能建筑功能等方面要求的建筑环境。它是由智能化建筑环境内系统集成中心IS（Integration Systems）利用结构化综合布线系统PDS（Premises Distribution System）的连接来控制3A系统。3A系统是由楼宇自动化系统BAS（ Building Automation System）、通信自动化系统CAS（Communication Automation System）和办公自动化系统OAS（Office Automation System）组成的。智能建筑组成示意图，如图2–1所示。

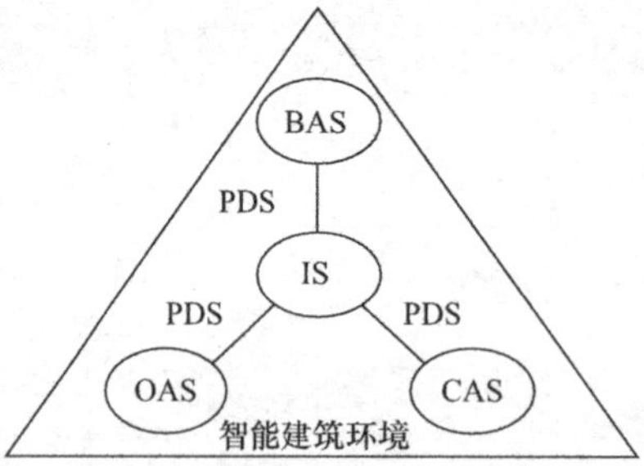

图2–1 智能建筑组成示意图

1．楼宇自动化系统BAS

实现建筑物本身应具备的自动化控制功能，包括感知、判断、决策、反应、执行的自动化过程，主要有环境设备监控系统和能源设备监控系统。能够保证大楼运行办公必备的供配电与照明系统监控，暖通空调系统的监控（HVAC），给排水系统监控，通风、电梯运行管制，停车场管理系统，公共广播与背景音乐系统，以及消防系统（FAS，Fire Automation System）、保安监控系统（SAS，Security Automation System）。

2．通信自动化系统CAS

智能建筑的信息通信系统是保证建筑物内语音、数据、图像传输的基础，同时与外部通信网（如电话公网、数据网、计算机网、卫星以及广电网）相连，与世界各地互通信息。通信网络系统包括固定电话通信系统、声讯服务通信系统、无线通信系统、卫星通信系统、多媒体通信系统、视讯服务系统、电视通信系统，由网络结构、网络硬件、网络协议和网络操作系统、网络安全等部分组成。智能建筑中的结构化布线系统基础有三部分组成：主干网、局域网、广域网，采用的计算机网络技术包括以太网、FDDI、异步传输模式（ATM）、综合业务数字网（ISDN）等。

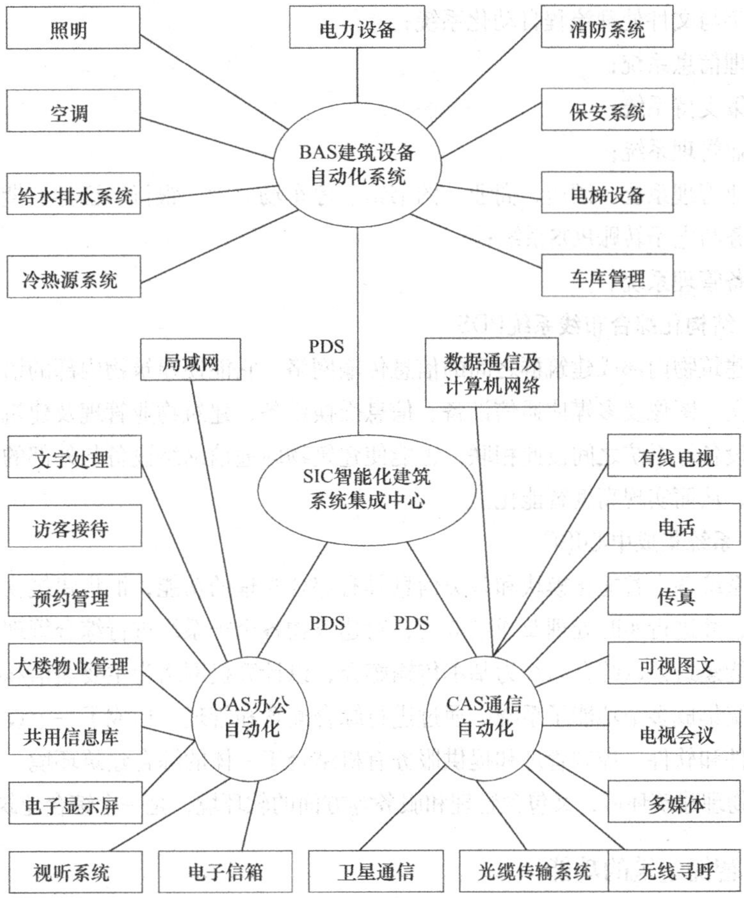

图2-2 智能建筑组成示意详图

3. 办公自动化系统OAS

智能建筑的办公自动化系统，可分为通用办公自动化系统和专用办公自动化系统。通用办公自动化系统，主要是对建筑物的物业管理营运信息及建筑物内各类公众事务服务和管理。通用办公自动化系统具有以下功能：建筑物的物业管理营运信息、电子账务、电子邮件、信息发布、信息检索、导引、电子会议以及文字处理、文档等的管理。专用办公自动化系统，主要是对专业型办公建筑物的专用业务领域的办公系统（如金融、外贸、政府部门等特定环境下的专用业务应用系统）。

利用先进的技术和设备来提高办公效率和办公质量，改善办公条件，减轻劳动强度，实现管理和决策的科学化，防止或减少人为的差错和失误。与传统办公系统的最本质区别在于利用计算机和网络技术使信息以数字化的形式存储和流动，软件系统管理各种设备自动地按照协议配合工作，使人们能够高效率地进行信息处理、传输和利用，实现无纸化办公。

办公自动化的模式包括：事务型办公系统、管理型办公系统、决策型办公系统。包括：

文字与文件处理流程自动化系统；

管理信息系统；

决策支持系统；

物业管理系统；

专业管理系统（酒店、商业、图书馆、停车场／库、银行、证券、期货等）；

财务与电子转账POS系统；

设备管理系统。

4．结构化综合布线系统PDS

是建筑物内部或建筑群之间的信息传输网络。它能使建筑物内部的语音、数据、图文、图像及多媒体通信设备、信息交换设备、建筑物业管理及建筑物自动化管理设备等系统之间彼此相联，也能使建筑物内通信网络设备与外部的通信网络相联，从而实现高度智能化。

5．系统集成中心ISC

对系统各个智能化模块和各类信息具有综合管理的功能，汇集建筑物内外各类信息，并进行实时处理及通信能力，对建筑物各个子系统进行综合管理。

智能建筑，以综合布线为基本传输媒介，以计算机网络为主要通信和控制手段，系统集成多个功能子系统，通过进行综合配置和管理，形成了一个设备和网络、硬件和软件、控制管理和提供服务有机结合于一体的综合建筑环境。既包含了设备物理建筑环境，又包含管理和服务等方面的软环境，是一个综合建筑环境。

2.1.2 智能建筑的功能

1．按照各部分的组成进行的功能划分

1）楼宇自动化系统BAS

包括以下三个子系统的功能：

（1）建筑物管理子系统。用于对建筑物内所有机电设备的运行状态进行监视和报表编制，并起到控制及维护保养、事故诊断分析的作用。

（2）安全保卫子系统。它采用身份卡、闭路电视、遥感、传感控制等来实现安全保卫要求。

（3）能源管理子系统。它的任务是在不降低舒适性的前提下，达到节能的目的。

2）通信自动化系统CAS

CAS能高速处理智能化建筑内外各种图像、文字、语言及数据之间的通信。

3）办公自动化系统OAS

处理智能化建筑中行政、财务、商务、档案、报表、文件等管理业务，以及安全保卫业务、防灾害业务。

4）结构化综合布线系统PDS

利用无屏蔽双绞线（UTP）或光纤来传输智能化建筑或建筑群内的语言、数据、监控图像和楼宇自控信号。它是智能化建筑连接3A系统各种控制信号必备的基础设施。

5）系统集成中心ISC

系统集成中心具有各个智能化系统信息总汇集和各类信息的综合管理的功能。具体要达到以下三个方面的要求。

（1）汇集建筑物内外各种信息。

（2）对建筑物各个智能化系统的综合管理。

（3）对建筑物内各种网络进行管理，必须具有很强的信息处理及数据通信能力。

2．按照提供的服务进行的功能划分

1）安全服务功能

防盗报警

出入口控制

闭路电视监视

保安巡更管理

电梯安全与运控

周界防卫

火灾报警

消防

应急照明

应急呼叫

2）舒适服务功能

空调通风

供热

给水排水

电力供应

闭路电视

多媒体音响

智能卡

停车场管理

体育、娱乐管理

3）便捷服务功能

办公自动化

通信自动化

计算机网络

结构化综合布线

商业服务

饮食业服务

酒店管理

2.2 智能建筑的定义和特点

2.2.1 智能建筑的定义

自从1984年美国出现了世界第一座智能建筑至今，世界尚无公认的智能建筑定义，这主要是因为随着信息技术的发展，智能建筑的含义也不断地变化，很难用一个抽象的概念对其内涵加以概括。

事实上，所有智能建筑所共有的惟一特性是“其结构设计可以适于便利、降低成本的变化”。智能只是一种手段，通过对建筑物智能功能的配备，强调高效率、低能耗、低污染，在真正实现以人为本的前提下，达到节约能源、保护环境和可持续发展的目标。如果离开节能和环保，再“智能”的建筑也将无法存在，每栋建筑的功能必须与由此能带给用户或业主的经济效益紧密相关。

以下是各国对智能建筑的理解：

1．美国

美国对智能建筑的定义：智能建筑是对建筑结构、建筑设备（机电系统）、供应和服务、管理水平这四个基本要素进行最优化组合，为用户提供一个高效率并具有经济效益的环境。

美国智能建筑协会AIBI（American Intelligent Building Institute）的定义：智能建筑是指通过将建筑物的结构、系统、服务和管理四项基本要求以及它们之间的内在关系进行最优化，从而提供一个投资合理，具有高效、舒适的、便利的环境的建筑。

2．欧共体

欧共体将智能建筑定义为：是使其用户发挥最高效率，同时又以最低的保养成本、最有效的管理本身资源的建筑，能够提供一个反应快、效率高和有支持力的环境以使用户达到其业务目标。

3．日本

智能建筑是指具备信息通信，办公自动化信息服务以及楼宇自动化各项功能，便于进行智力活动需要的建筑物。

日本对智能建筑的重点集中在如下4个方面：

（1）作为收发信息和提高管理效率的轨迹；

（2）确保在里面工作的人满意和便利；

（3）建筑管理合理化，以便用低廉的成本提供更周到的管理服务；

（4）针对变化的社会环境、复杂多样化的办公以及主动的经营策略做出快速灵活和经济的响应。

智能建筑应提供包括商业支持功能、通信支持功能等在内的高度通信服务，并能通过高度自动化的大楼管理体系保证舒适的环境和安全，以提高工作效率。

4．新加坡

新加坡对智能建筑定义规定必须具备三个条件：具有保安、消防与环境控制等自动化控制系统，以及自动调节大厦内的温度、湿度、灯光等参数的各种设施，以创造舒适安全的环境；具有良好的通信网络设施使数据能在大厦内流通；能提供足够的对外通信设施与能力。

智能建筑应有先进的自动控制系统来监控各种设施，包括空调、照明、火灾、保安等，以便于为住户提供舒适的工作环境；拥有良好的网络设施，以便于各楼层之间可以进行数据交换；建筑内提供足够的电信设施。

5．中国

中国认为智能建筑的重点是先进的技术对楼宇进行控制、通信和管理，强调实现楼宇三个方面自动化的功能，即建筑设备自动化（BA）、通信自动化（CA）和办公自动化（OA）的建筑物，称为3A智能化建筑或3A大厦。智能建筑的系统集成经历了从子系统功能集成到控制系统与控制网络的集成，再到当前的信息系统与信息网络集成的发展阶段。在媒体内容一级上进行综合与集成，可将它们无缝地统一在应用的框架平台下，并按应用的需求来进行连接、配置和整合，以达到系统的总体目标。

借鉴智能建筑多学科、多技术系统综合集成的特点，张瑞武教授推荐定义如下："智能建筑系统指利用系统集成方法，将智能型计算机技术、通信技术、信息技术与建筑艺术有机结合，通过对设备的自动监控，对信息资源的管理和对使用者的信息服务及其与建筑的优化组合，所获得的投资合理，适合信息社会需要，并且具有安全、高效、舒适、便利和灵活特点的建筑物。"

2000年，建设部和国家质量监督局共同制定、颁布了我国第一个智能建筑设计国家标准《智能建筑设计标准》，该标准将智能建筑的定义为："它是以建筑为平台，兼备建筑设备，办公自动化及通信网络系统，集结构、系统、服务、管理及它们之间的最优化组合，向人们提供一个安全、高效、舒适、便利的建筑环境。"如图2–3所示。

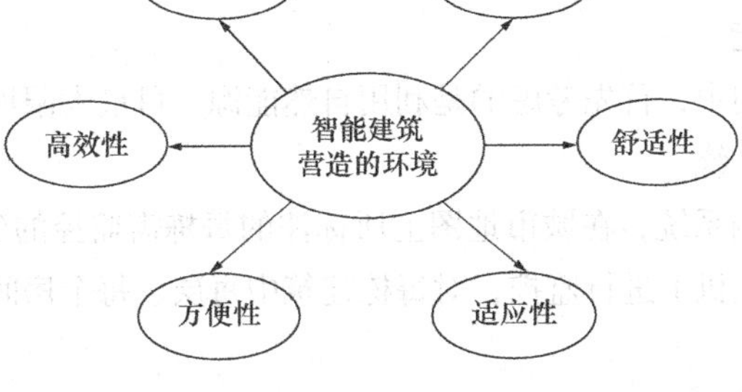

图2–3 智能建筑营造的办公和生活环境

6. **智能建筑物新定义**

认为智能建筑物是根据适当选择优质环境模块来设计和构造，通过设置适当的建筑设备，获取长期的建筑价值来满足用户的要求。他们提出智能建筑的核心是下列8个优质环境模块：

（1）环境友好——包括健康和能量；

（2）空间利用率和灵活性；

（3）生命周期成本——使用与维修；

（4）人的舒适性；

（5）工作效率；

（6）安全——火灾、保安与结构等；

（7）文化；

（8）高科技的形象。

从智能建筑的实质来看，智能建筑是以建筑环境为平台，应用现代4C技术，运用系统工程、系统集成等先进的科学原理，通过对建筑物的4个基本要素，即结构（建筑环境结构）、系统（各应用系统）、服务（用户需求服务等）和管理（物业管理等），以及它们之间的内在联系，以最优化的设计，提供一个投资合理又拥有高效率的幽雅舒适、便利快捷、高度安全的环境空间。使建筑管理者和拥有者在费用开支、生活舒适、商务活动和人身安全等方面得到最大的利益回报。其实质是信息、资源和任务的综合共享。

也可以说，智能建筑是以计算机和网络为核心的信息技术向建筑行业的应用与渗透，形成了既有安全舒适和高效特性，融合科技与文化，最终目标是系统集成，即将建筑物中用于综合布线、楼宇自控、计算机网络中所有分离的设备及其功能信息，有机地组合成一个既相互关联又统一协调的整体，各种硬件与软件资源被优化组合成一个能满足用户功能需要的完整体系，并朝着高速度、高集成度、高性能价格比的方向发展。

7. **国内外智能建筑的共同点及区别**

1）共同点

（1）生态和环保

在设计之初就遵循生态和环保的原则，尽量采用自然和再生材料，注重绿化。

（2）注重节能

在能源的利用中，首先考虑的是利用自然能源，可最大限度地节约能源。

（3）智能化系统

利用自动控制系统，在城市地图上所标注的每栋需监控的建筑，对其HVAC系统等可在系统主机上进行监控，对每栋建筑中每层、每个房间进行监控，体现管理的社会化。

2）区别

国外：

（1）智能建筑与节能环保以及业主的经济效益紧密相连。

（2）智能建筑充分体现“以人为本”的思想。是采用高科技来满足人的需求，改善和提高人工环境的质量，更好地为人服务。

国内：

（1）整体水平不高，设计质量低。

（2）技术水平和职业道德良莠不齐。

（3）轻视管理。

2.2.2 智能建筑的特点

1. 发展迅速，内涵容量大

各种高新技术和设备不断引入，例如多媒体电脑、宽带综合业务数字网等。

2. 灵活性大，适应变化能力强

表现在两方面：一是智能建筑环境具有适应变化的高度灵活性；二是管线架设具有适应变化的能力。

3. 能源利用率高，能运行在最经济、最可靠的状态

如空调系统采用了焓值控制、最优启停控制、设定值自动控制与多种节能优化控制系统，使能耗大幅度下降，从而获得巨大的经济效益。

4. 产生许多新功能

一是与远程通信结合，可用手机控制温度给定值；二是与办公自动化结合，局域网实现联动；三是远程通信系统与办公自动化系统的配合，可使信息上孤立的建筑物成为广域网的一个结点。

2.3 智能建筑的分类

智能建筑有狭义和广义之分。狭义的智能建筑，仅仅是指智能大厦或楼宇；广义的智能建筑，则是指所有具有智能化设施系统的建筑物或建筑群。更为广义的智能建筑，甚至包括智能城市和智能国家。更具体地说，按照不同的分类标准，智能建筑有不同的划分类型。

2.3.1 按智能建筑用途分类

1. 智能办公楼

按使用功能重合性还可以分为以下几种：

单纯型：指仅有办公功能的建筑。例如，政府部门办公楼——上海市人民政府办公的人民大厦。

商住型：指有办公和居住两种功能。例如，上海的启华大厦、北京的北京国际大厦。

综合型办公楼：指以办公为主，同时又有其他多种功能的办公楼。例如，上海的久事复兴大厦、上海的金钟广场。其中有办公室、有百货商场，还有餐饮、娱乐场所等。

2．智能化商业楼

智能化商业楼宇是在普通商业楼宇中配置了相应的智能化设备系统，使得商品流通活动更具安全、保密、快速、高效的特点。

3．智能住宅

它通过家庭总线（Home Distribution System，HDS）把家庭内的与信息相关的各种通信设备、家用电器和家庭安保装置都并入网络之中，进行集中或异地的监视控制和家庭事务性管理，并保持这些家庭设施与住宅环境的协调，提供工作、学习、娱乐等各项服务，营造出具有多功能的信息化居住空间，全面提高生活的质量。

4．智能化工业厂房

先进生产力的发展离不开先进的信息网络技术、自动控制和计算机技术。现代厂房所提供的生产手段是智慧型的，智能化系统是先进生产手段的基础。通常，我们指的工业厂房是生产企业、科研单位安置生产设备与实验设备进行生产活动或科学试验的物业及其附属设备设施，智能化厂房的建筑物内配置了完整的建筑自动化控制系统、信息网络系统、空气品质控制系统、消防和安全防范系统等。

5．智能化公共物业

在非住宅物业中，除办公楼宇、商业楼宇、工业厂房外，还有多种物业尚处在逐步走向企业化、社会化、专业化管理服务的进程之中。例如由政府出资或政府统一规划建造，提供给国民活动、受教育、集会、体育、广播、电视、医院及其他公共性的建筑物，是非居住物业以外的特殊物业，也可称为公共性物业。

2.3.2 按智能建筑发展层次分类

1．智能大楼

智能大楼主要是指将单栋办公类大楼建成综合智能化大楼。智能大楼的基本框架是将BA、CA、OA三个子系统结合成一个完整的整体，发展趋势则是向系统集成化、管理综合化和多元化以及智能城市化的方向发展，真正实现智能大楼作为现代办公和生活的理想场所。

2．智能广场

未来，智能建筑会从单幢转变为成片开发，形成一个位置相对集中的建筑群体，称之为智能广场（plaza）。而且不再局限于办公类大楼，会向公寓、酒店、商场、医院、学校等建筑领域扩展。

智能广场除具备智能大楼的所有功能外，还有系统更大、结构更复杂的特点。智能建筑集成管理系统IBMS，能对智能广场中所有楼宇进行全面和综合的管理。

3．智能化住宅

一般智能化住宅的发展分为三个层次，首先是家庭电子化（HE，Home Electronics）。其次是住宅自动化（HA，Home Automation），最后是住宅智能化，美国称其为智慧屋（WH，Wise House），欧洲则称为时髦屋（SH，Smart House）。

智能化住宅强调人的主观能动性，重视人与居住系统的协调活环境，全面提高生活的质量。

4．智能化小区

从多方面方便居住者的智能化小区是对有一定智能程度的住宅小区的笼统称呼。智能化小区的基本智能被定义为"居家生活信息化、小区物业管理智能化、IC卡通用化"。智能小区建筑物除满足基本生活功能外，还要考虑安全、健康、节能、便利、舒适五大要素，以创造出各种环境（绿色环境、回归自然的环境、多媒体信息共享环境、优秀的人文环境等），从而使小区智能化有着不同的等级。小区智能化将是一个过程，它将伴随着智能化技术的发展及人们需求的不断增长而增长和完善，它表明了可持续发展性应是小区智能化的重要特性。

5．智慧城市

在实现智能化住宅和智能化小区后，城市的智能化程度将被进一步强化，出现面貌一新以信息化为特征的智能城市。智慧城市的主要标准首先是通信的高度发达，光纤到路边FTTC（fiber to the curb）、光纤到楼宇FTTB（fiber to the building）、光纤到办公室FTTO（fiber to the office）、光纤到小区FTTZ（fiber to the zone）、光纤到家庭FTTH（fiber to the house）。其次是计算机的普及和城际网络化。届时，在经历了"统一的连接""实时业务的集成""完全统一"（Full Convergence）三个发展阶段后，将出现在网络的诸多方面进行统一的"统一网络"。计算机网络将主宰人们的工作、学习、办公、购物、炒股、休闲等几乎所有领域，电子商务成为时尚；最后是办公作业的无纸化和远程化。

6．智慧国家

智慧国家是在智慧城市的基础上将各城际网络互联成广域网，地域覆盖全国，从而可方便地在全国范围内实现远程作业、远程会议、远程办公。也可通过Internet或其他通信手段与全世界沟通，进入信息化社会，整个世界将因此而变成地球村一般。

2.3.3 按智能建筑面积大小划分

1．小型：建筑面积在1万m^2以下；

2．中型：建筑面积在1万m^2至3万m^2；

3．大型：建筑面积3万m^2以上；

4．超大型：建筑面积10万m^2以上。

2.4 智能建筑优势分析

2.4.1 智能建筑的优越性

智能大楼是理想的办公场所，它能提供更舒适的工作环境，节省更多的能源，更及时全面地实施商贸电子交易，从而获得更大的经济效益。智能大楼带来的优点，主要体现在以下几个方面。

1．提供安全、舒适、能提高工作效率的办公环境

智能大楼中有消防报警自动化系统和保安自动化系统，其所具备的智能化可确保人身和财产安全；空调系统能检测出空气中有害污染物的含量并能自动消毒，使之成为安全健康的大楼；智能大楼对温度、湿度、照度及空气中含氧量均能自动调节，甚至控制音响和色彩，使楼内人员心情舒畅，从而大大提高工作效率。此即从安全保障上带来的效益和节约。

2．节省能耗

节能是智能大楼高效和高回报率的具体体现。据统计，在发达国家中，建筑物的耗能占全国总耗能的30%～40%。而在建筑物的耗能中，采暖、空调、通风设备耗能占65%左右，是耗能大户；生活热水占15%；照明、电梯、电视占14%；厨事占6%。

在满足使用者对环境要求的前提下，智能大楼可通过其智能化，尽可能地利用自然光和大气冷热量来调节室内环境，最大限度减少能耗，并按事先编好的程序，区分工作和非工作时间，对室内的温度和湿度进行不同标准的自动控制。

同时由于系统属高度集成，系统操作和管理也高度集中，这样的人员安排可合理降低人工成本。这是人员利用动态适合需求而带来的经济效益。

3．提供现代化的通信手段和信息服务

信息时代，时间就是金钱。在智能大楼中，用户可通过国际直拨电话、电子邮件电视会议、卫星接收、二信息检索与统计分析等多种手段，及时获得全球性金融信息、商业情报、科技情报等最新动态，并可借助国际互联网和企业网，及时发布信息以及随时与世界各地的企业进行电子商贸等活动。这是使信息的收集、传播更及时更准确地创造效益。

4．能够满足多种用户对不同环境功能的要求

老式建筑是根据事先给定的功能要求，完成其建筑与结构设计。智能建筑要求其建筑结构设计除支持3A功能的实现外，必须是开放式、大跨度框架结构，允许用户迅速而方便地改变建筑物的使用功能或重新规划建筑物平面。

5．实现了家务的自动管理

家务劳动完全自动化，自动蒸调，水电煤气自动节能运行与自动计费。

6．建立先进与科学的综合管理机制

智能大楼内各类系统同时运行，其管理具有相当的难度。“智能大楼综合管理系统”为整个大楼提供了高度集成的实时监控以及全方位的物业管理，先进与科学的大楼综合管理从而将方便用户。此时更易于采用新技术而带来新的节约和效益提高。

2.4.2 智能建筑效益分析

智能建筑建成后，将会产生巨大的经济效益、社会效益和环境效益。

1．经济效益

1）节约能源

节能是建设智能化大楼的重要目标之一。这是因为人类对建筑的需求，经历了掩蔽所——舒适建筑——健康建筑——绿色建筑这样4个阶段，在经历高耗能的第二、三阶段后，人们认识到绿色建筑必须是大量利用再生能源（Renewable Energy）和未利用能源（Unused Energy）、亲近自然和保护环境的可持续建筑（Sustainable Construction），同时应有高能量效率（Energy efficiency）。为此可采取的节能措施有：

（1）对空调、照明、电梯系统的工况实时进行监测，由计算机智能管理建筑的能源；

（2）楼宇外及楼顶采用“恒温”概念技术和遮阳设备，使之有低热转移值（OTTV），合理设计楼宇暖通设备的设计容量，做到物尽其用，有条件时采用太阳能吸热板和高效低耗灯具；

（3）提高楼内温度的控制精度，避免夏季室温过冷与冬季室温过热的能源浪费。据统计，夏季设定温度下调1℃，将增加能耗9%；冬季设定温度上调1℃，将增加能耗12%；

（4）合理划分送风系统，控制建筑物的新风量，新风量的大小主要应保证大楼室内CO_2浓度低于1000μL/L，同时，有回风的空调系统可将新风量减少到33%；

（5）空调设备采用高效率设备，以变频调速控制电动机及合理的启停操作；此外在楼宇空调设备预冷和预热时，关闭室外新风阀，以减少加速新风的能量消耗。对热力和排气热量进行回收。

2）管理效益

据统计，智能建筑中智能系统的投资回收期为3年左右，远远高于建筑的其他部分；智能建筑的运行费用和能耗比常规建筑低30%～45%，而售房率和出租率比常规建筑高出15%。智能大楼在一定程度上是节省成本的策略，使用了建筑的智能功能后，要降低设备成本20%～30%，节省工程造价成本的30%，节省劳动力成本的60%。增加功能、改善服务高效益、降低成本已经是建筑物的一种发展趋势。智能建筑经济效益分析的两种观点如图2–4、图2–5所示。

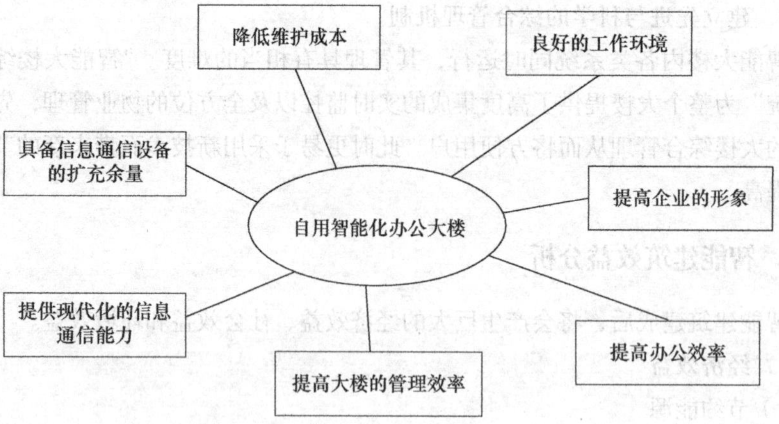

图2-4 智能建筑经济效益分析的第一种观点

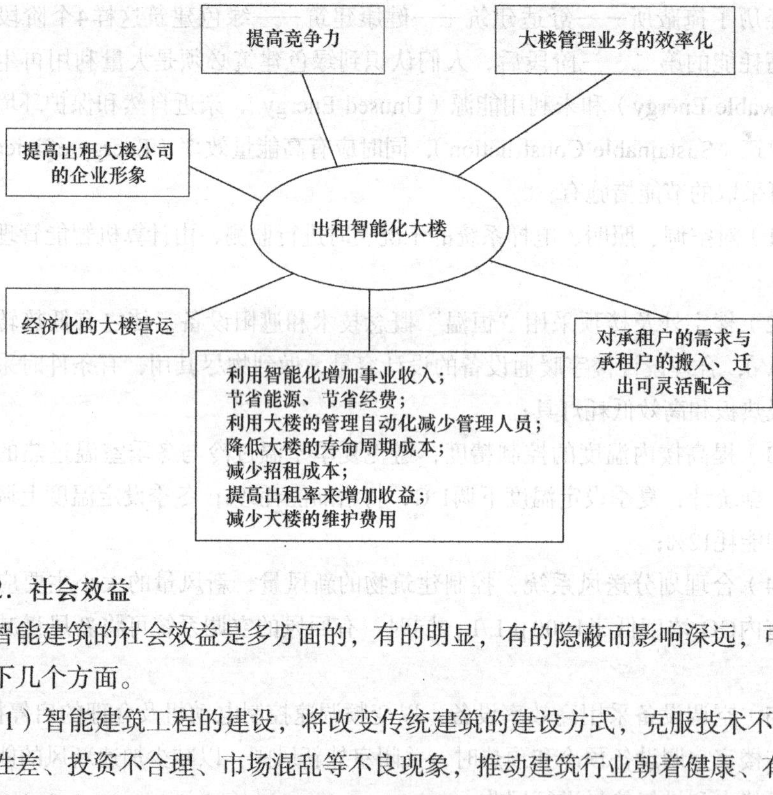

图2-5 智能建筑经济效益分析的第二种观点

2. 社会效益

智能建筑的社会效益是多方面的，有的明显，有的隐蔽而影响深远，可概括为以下几个方面。

（1）智能建筑工程的建设，将改变传统建筑的建设方式，克服技术不规范、实用性差、投资不合理、市场混乱等不良现象，推动建筑行业朝着健康、有序和协调的方向发展，形成具有中国特色的新的建筑行业，从而在整体上有利于中国建筑业的科技进步。

（2）通过智能建筑工程的建设，将逐步形成一个完整、科学和实用的智能化信息网，这对建立和完善我国城市现代化管理体系，促进建筑学科发展，具有重要的推动作用。

（3）在智能建筑建设过程中，可形成大量的工程技术研究成果，这些成果对有关部门制定智能建筑建设的各项政策、法规具有重要作用。

3．环境效益

智能建筑的环境效益至少体现在以下两方面：一是在房屋内部，自动控制的温度、湿度及新风量，可为人们提供安全舒适的办公环境，通信的现代化也可以提高办公效率；二是对外而言，智能建筑的节能性可直接减少能耗，从而对减少环境污染作出贡献。国外的所谓绿色照明工程，其实质就在于此。所以，搞智能建筑，是发展中国环保技术、美化城市环境的一项行之有效的措施。

2.5 智能建筑系统

2.5.1 智能建筑系统层次结构

智能建筑系统的层次结构通常分为五个层次，自下而上分别是建筑环境层、传输媒体层、通信网络层、自动控制层、管理应用层，如图2-6所示。

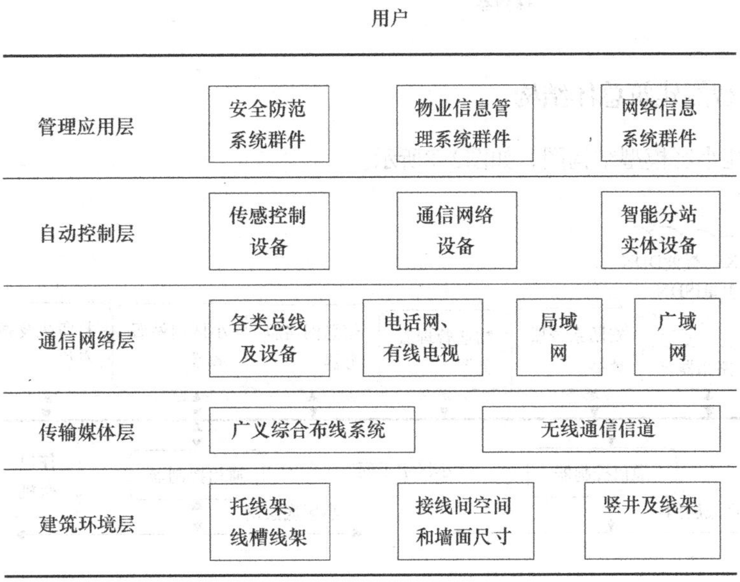

图2-6 智能建筑系统的层次结构

2.5.2 智能大厦的模型结构

智能建筑的组成通常包括三大基本组成要素，即BA、CA和OA。但更重要的是应以信息集成为核心，能够连接所有与之相关的对象，并根据需要综合地相互作用，以实现整体的目标。最新的技术是将智能大楼信息集成建立在建筑物内部网Intranet的基础上，通过Web服务器和浏览器技术来实现整个网络上的信息交互、综合与共享，实现统一的人机界面和跨平台的数据库访问，因此能够做到局域和远程信息的实时监控、综合共享数据资源，对全局事件作快速处理和一体化的科学管理。智能大厦系统模型结构如图2-7所示。

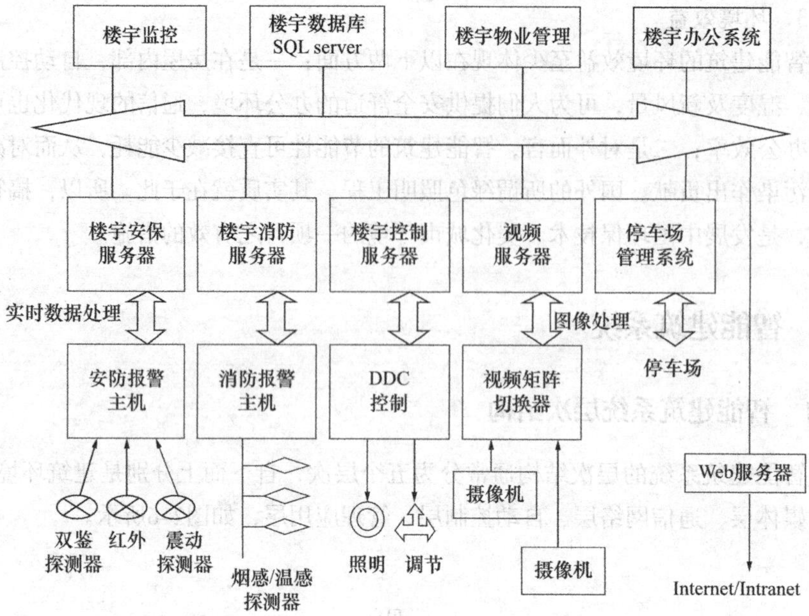

图2-7 智能建筑系统模型结构

2.5.3 智能建筑总体结构

智能小区模型结构图，如图2–8所示。

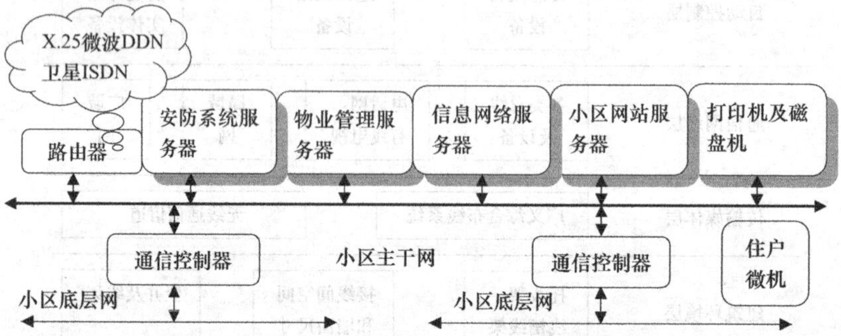

图2-8 智能小区模型结构图

2.5.4 智能建筑系统的关键技术

智能建筑是信息时代的必然产物，建筑物智能化程度随科学技术的发展而逐步提高。当今世界科学技术发展的主要标志是4C技术（即Computer计算机技术、Control控制技术、Communication通信技术、CRT图形显示技术（Cathode Ray Tube））。极大地促进了社会生产力的提高，也使人们的生产方式和生活方式产生了日新月异的变化，将4C技术综合应用于建筑物之中，诞生了智能建筑的概念。信息技术应用到智能建筑后，在家里或办公室里可以实现很多服务。如电子商务（网上购物、可视电话、电视会议、远程教育、远程医疗、家庭办公、网上游戏、视频点播）、办公自动化、物业管理自动化、设备自动化、便利的通信方式等。近年来，随着BIM技术在国内外的广泛推广使用，BIM技术在项目全寿命期中的应用也被业界普遍看好。在自能化建筑的管理中，BIM技术的应用，必然是将来的发展趋势。

1．计算机技术与通信技术、多媒体技术紧密地融合在一起，以信息、通信管理、控制等方式在智能建筑CNS、OAS、BAS中起重要作用。

以网络为基础（例如LONworks、BACnet等）连接计算机和建筑物内空调、电梯、消防和安全防范等设备完成自动监控管理和系统集成。在办公自动化方面，足不出户就可完成各种层次的办公事务，例如，业主对建筑物内各类设备的物业管理运营。

2．通信网络与多媒体联机数据库和计算机组成一体化高速网络。

通信技术本质是快速、准确地转移信息。通信技术应用于智能建筑形成了智能建筑通信网络系统CNS，通信网络和通信技术是智能建筑弱电技术的重要组成部分。主要应用于智能建筑的以下几个方面：

（1）公共场所（如候车室、候机室、会议厅等）大屏幕公告版

（2）娱乐场所（卡拉OK、歌舞厅、剧场、酒吧等）投影电视

（3）会议室、多功能厅、演播室等用大屏幕投影机

（4）电教中心教室、多媒体教室用、电视机、计算机等设备

（5）安全防范监控系统及中央监控室

（6）消防报警指挥中心及消防报警系统

（7）建筑设备监控系统BMS及其计算机网络系统

（8）智能建筑物业管理IBMS系统

（9）办公自动化及多媒体计算机系统

（10）多媒体通信系统（如CATV、VOD、可视电话、图文电视等）

（11）家庭住宅和影像通信多媒体系统（如多媒体计算机、CATV、可视对讲系统、VOD等）

3．综合布线技术是将所有电话、数据、图文、图像及多媒体设备的布线综合（或组合）在一套标准的布线系统上。

这种布线综合所有电话、数据、图文、图像及多媒体设备于一个综合布线系统中。实现了多种信息系统的兼容、共用和互换互调性能，是在建筑和建筑群环境下的一种信息有线传输技术。

4．系统集成指以计算机网络为组带的，对不同资源子系统进行组合，实现综合管理，统一控制的系统。

它往往应用于现代大中型信息系统，应用到建筑智能化领域就是智能建筑系统集成。智能建筑系统集成IBSI（Systems Integration of Intelligent Building）是将智能建筑内不同功能的智能化子系统在物理上、逻辑上和功能上连接在一起，以实现信息综合、资源共享的一种技术方法。智能建筑系统集成的对象是不同功能的智能化子系统（例如建筑设备自动化子系统）和相关的系统资源子网（如

建筑物自动化企业网EBI)，系统集成的途径是通过信息网络（包括计算机网络）汇集建筑物内外各处信息。系统集成的手段（或过程）是将资源子网以物理、逻辑、功能等方式组合起来连接在一起，传递各类需要的信息，并实现对各类信息的管理和控制。系统集成的目的是对建筑物内的各智能化子系统进行综合管理，对建筑物内外的信息实现资源共享。系统集成管理系统具有开放性、可靠性、容错性和可维护性等特点。它在建筑环境、建筑设备、建筑物业管理、各种建筑弱电等多方面进行综合化、整体化集成。

5．BIM技术在智能化建筑中的推广使用

美国国家BIM标准对BIM的完整定义为BIM是一个设施（建设项目）物理和功能特性的数字表达；它可以集成设施的相关信息，是一个共享的知识资源，是一个分享有关这个设施的信息，为该设施从概念到拆除的全生命周期中所有决策提供可靠依据的过程；在项目不同阶段，不同利益相关方通过在BIM中插入、提取、更新和修改信息，以支持和反映其各自职责的协同作业。

BIM的出现及发展，有利于实现建筑全生命周期管理，大大改善了建筑行业劳动生产率低、能耗大的问题。BIM平台所具有的协同性、可持续性能，使得BIM的应用具有广阔的市场前景。BIM是一个数据丰富，面向对象，智能化，参数数字化的模型架构，具有可视化、信息集成、信息共享、模拟性等特点。根据BIM的特点，在信息集成化的架构中，适应于查询、统计和分析各种项目信息，从而帮助管理者进行决策并提高信息传递的效率，建筑信息模型已发展到可以解决建筑设备整个生命周期中的信息有效管理问题。BIM技术在智能化建筑的物业管理中的优点如下：

1）实现信息集成和共享

BIM技术可以整合设计阶段和施工阶段的时间、成本、质量等不同时间段、不同类型的信息，并将设计阶段和施工阶段的信息高效、准确地传递到设施管理中，还能将这个信息与设施管理的相关信息相结合。

2）实现设施的可视化管理

BIM三维可视化的功能是BIM最重要的特征，BIM三维可视化将过去的二维CAD图纸以三维模型的形式展现给用户。当设备发生故障时，BIM可以帮助设施管理人员三维的、直观的查看设备的位置及设备周边的情况。BIM的可视化功能在翻新和整修过程还可以为设施管理人员提供可视化的空间显示，为设施管理人员提供预演功能。

3）定位建筑构件

设施管理中，在进行预防性维护或是设备发生故障进行维修时，首先需要维修人员找到需要维修的构件的位置以及该构件的相关信息，现在的设备维修人员常常凭借图纸和自己的经验来判断构件的位置，而这些构件往往在墙面或地板后面这些看不到的地方，位置很难确定。准确的定位设备对新员工或紧急情况是非常重要的。使用BIM技术不仅可以直接三维的定位设备还可以查询该设备的所有的基本信息及维修历史信息。维修人员在现场进行维修时，可以通过移动设备快速地从后台技术知识数据库中获得所需的各种指导信息，同时也可以将维修结果信息及时反馈到后台中央系统中，对提高工作效率很有帮助。

2010年，在美国建筑行业，排名前300的企业中，已经有80%的企业使用了BIM技术。而国内应用BIM的建筑企业不到10%，只在一些主要的项目中开始应用，但最近两三年，随着对信息化的需求，国内越来越多的企业和项目应用了BIM技术，相信在未来的智能化建筑物的管理中，会更多地使用BIM技术。

本章小结

伴随着我国经济的发展，我国的建筑业迅猛发展，智能建筑在今后的新建房屋中，所占的比例将越来越大，对智能建筑的定义、智能建筑的组成及功能也会不断地发展，其优势也会越来越明显。因此要求学生通过学习，要求学生更好地掌握智能建筑的定义、组成及功能，熟悉智能建筑的关键技术，为做好智能建筑的物业管理工作打下基础。

思考题

1. 智能建筑由哪些部分组成?
2. 智能建筑的功能有哪些?
3. 智能建筑的定义? 智能建筑有哪些特点?
4. 智能建筑的经济效益有哪些?
5. 按智能建筑用途如何将其进行分类?

3

智能建筑中的检测装置

学习目的

1. 理解检测与测量的概念和区别；
2. 理解传感器的感念与作用；
3. 掌握各种检测原理；
4. 掌握几种常用传感器的性能指标与原理。

本章要点

本章节主要讲述了检测技术与传感技术。重点介绍了温度、湿度、压力、液位、流量和容积等物理量检测技术，传感器性能指标和几种常见传感器原理。

3.1 检测技术基础

3.1.1 检测技术概述

1. 检测技术的定义

检测技术是自动化科学技术的一个重要分支科学，是在仪器仪表的使用、研制、生产的基础上发展起来的一门综合性技术，也是将自动化、电子、计算机、控制工程、信息处理、机械等多种学科、多种技术融合为一体并综合运用的复杂技术。它是现代化领域中很有发展前景的技术，在国民经济中起着极其重要的作用，是产品检验和质量控制的重要手段。在智能建筑自动化控制系统中，往往需要对温度、湿度、压力、流量与位移等参量进行检测和控制，使之处于最佳的工作状态，以便用最少的材料及能源消耗，获得较好的经济效益。因此必须掌握描述它们特性的各种参数，首先就要求测量这些参数的值。

2. 检测与测量

检测是利用各种物理、化学效应，选择合适的方法与装置，将生产、科研、生活等各方面的有关信息通过检查与测量的方法赋予定性或定量结果的过程。能够自动地完成整个检测处理过程的技术称为自动检测与转换技术。

测量是借助于专门的技术与设备，采用一定的方法，取得某一客观事物定量数据资料的认识过程，是检测技术的主要组成部分，测量得到的是定量的结果，测量的目的是为了求取被测量的真值，进而获取、分析测量误差，提高测量的精度及测量的准确性。从计量角度来讲，测量是把待测的物理量直接或间接地与另一个同类的已知量进行比较，并将已知量或标准量作为计量单位，进而定出被测量是该计量单位的若干倍或几分之几，也就是求出待测量与计量单位的比值作为测量结果。一个完整的测量过程应包含被测量、计量单位、测量方法（含测量器具）和测量误差等四个要素。被测量主要是指温度、湿度、压力、流量、电阻、电流、电压等方面的参数量。计量单位是以定量表示同种量的量值而约定采用的特定量。我国规定采用以国际单位制（SI）为基础的“法定计量单位制”。常用的长度单位有“毫米（mm）”“微米（μm）”和“纳米（nm）”，常用的角度单位有“度（°）”“分（′）”“秒（″）”和“弧度（rad）”“球面度（sr）”等。测量方法是根据一定的测量原理，在实施测量过程中对测量原理的运用及其实际操作。广义地说，测量方法可以理解为测量原理、测量器具（计量器具）和测量条件（环境和操作者）的总和。测量误差是被测量的测得值与其真值之差。由于测量会受到许多因素的影响，其过程总是不完善的，即任何测量都不可能没有误差。从测量的角度来讲，真值只是一个理想的概念。因此，对于每一个测量值都应给出相应的测量误差范围，说明其可信度。不考虑测量精度而得到的测量结果是没有任何意义的。

3．自动检测技术

自动检测技术是以微电子技术为基本手段的检测技术，主要包括信息的获取、转换、显示和处理。归纳起来可以分为两大类：一类是对电压、电流、阻抗等电量参数的检测；另一类则是运用一定的转换手段，把非电量（如温度、湿度、压力、流速等）转换为电量，然后进行检测。一个完整的自动检测系统，主要由传感器、信号处理电路、数据处理装置、记录显示装置、执行机构5部分构成，其组成框图如图3-1所示。

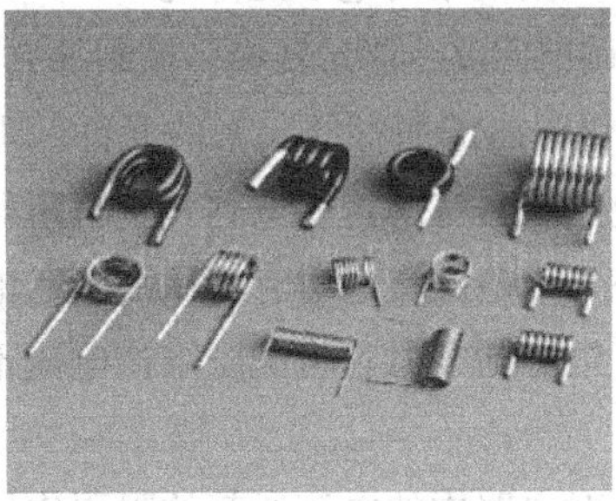

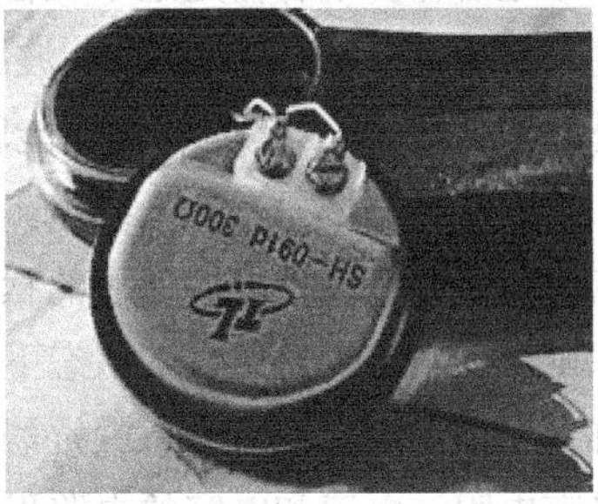

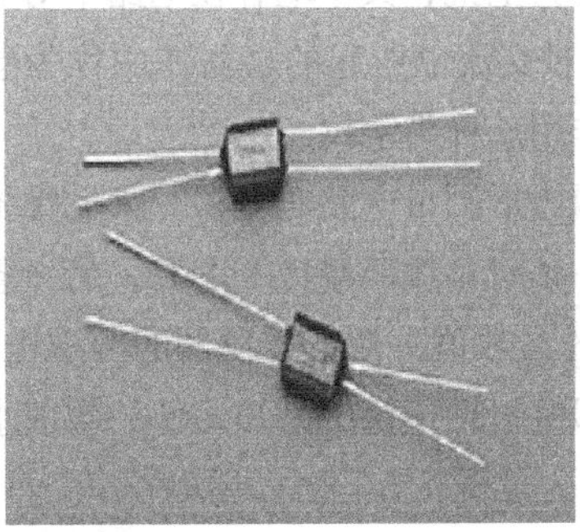

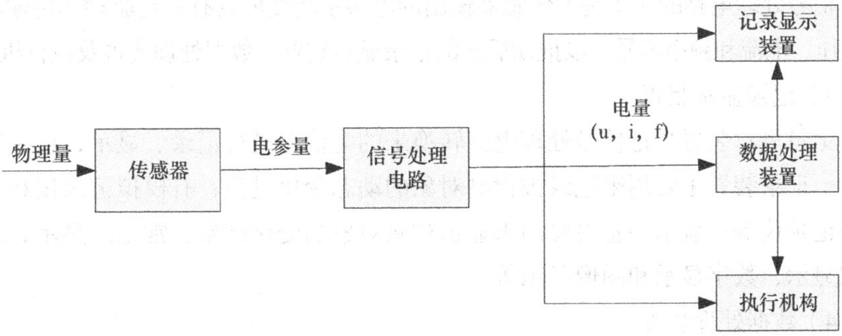

图3-1 自动检测系统的组成框图

1）传感器

传感器的作用是把被测的物理量转变为电参量，是获取信息的手段，是自动检测系统的首要环节，在自动检测系统中占有重要的位置。传感器的输出信号通常是电量，形式由传感器的原理确定，它便于传输、转换、处理、显示等。电量有很多形式，如电压、电流、电阻、电容、电感、阻抗等。

电阻器（Resistor）在日常生活中一般直接称为电阻。是一个限流元件，将电阻接在电路中后，电阻器的阻值是固定的，一般是两个引脚，它可限制通过它所连支路的电流大小。阻值不能改变的称为固定电阻器，阻值可变的称为电位器或可变电阻器。

电容器（capacitor）通常简称其容纳电荷的本领为电容，可以认为是一种容纳电荷的器件，也可以理解为任何两个彼此绝缘且相隔很近的导体（包括导线）间都构成一个电容器。电容器是电子设备中大量使用的电子元件之一，广泛应用于电路中的隔直通交、耦合、旁路、滤波、调谐回路、能量转换、控制等方面。

电感器（Inductor）是能够把电能转化为磁能而存储起来的元件。电感器的结构类似于变压器，但只有一个绕组。电感器具有一定的电感，它只阻碍电流的变化。如果电感器在没有电流通过的状态下，电路接通时它将试图阻碍电流流过它；如果电感器在有电流通过的状态下，电路断开时它将试图维持电流不变。电感器又称扼流器、电抗器、动态电抗器。

在具有电阻、电感和电容的电路里，对电路中的电流所起的阻碍作用叫做阻抗。阻抗是一个复数，实称为电阻，虚称为电抗，其中电容在电路中对交流电所起的阻碍作用称为容抗 ，电感在电路中对交流电所起的阻碍作用称为感抗，电容和电感在电路中对交流电引起的阻碍作用总称为电抗。

由电阻、电容、电感等元件组成的四边形测量电路叫电桥。人们常把四条边称为桥臂。作为测量电路，在四边形的一条对角线两端接上电源，另一条对角线两端接指零仪器。调节桥臂上某些元件的参数值，使指零仪器的两端电压为零，此时电桥达到平衡。利用电桥平衡方程即可根据桥臂中已知元件的数值求得被测元件的参量（如电阻、电感和电容）。

2）信号处理电路

信号处理电路的作用是把传感器输出的电参量转变成具有一定驱动和传输功能的电压、电流和频率信号，以推动后续的记录显示装置、数据处理装置及执行机构。

3）记录显示装置

记录显示装置是把信号处理电路转换来的电信号进行记录、显示，便于人机对话。记录装置主要用来记录被检测对象的动态变化过程，有模拟记录仪和数字采集记录仪等；显示装置主要用来显示被测对象的变化结果，常用的显示方式有模拟显示、数字显示和图像显示等。

4）数据处理装置

数据处理装置的作用是把信号处理电路转换来的数据进行处理运算、逻辑判断、线性变换等，对动态测试的结果进行分析。这些工作的完成必须采用计算机技术、数据处理的结果，通常送到记录显示装置和执行机构中去，以显示运算处理的结果或控制各种被控对象。在不带数据处理装置的自动检测系统中，记录显示装置和执行机构由信号处理电路直接驱动。

5）执行机构

执行机构通常是指各种继电器、电磁铁、电磁阀、伺服电动机等，它们在电路中起通断、控制、保护、调节等作用。自动检测系统能输出与被测量有关的信号，作为自动控制系统的控制信号，去驱动执行机构。

随着工业自动化技术不断的发展，以微型计算机为核心的检测仪表，可以自动调零、线性化、补偿环境因素变化，并配置有图形显示功能，直观地表达测量结果。检测仪表与现场总线技术相结合，做到信息采集、传输、处理的集成与协同。这必将对建筑物自动化系统产生影响。

选择自动化检测仪表应根据先进、可靠、经济、实用的原则进行。首先要满足控制系统的需要，在保证技术先进、安全可靠的条件下，选用经济实用的检测仪表。要尽量选用标准化、系列化、通用化的产品，同时，要考虑现场环境条件的影响，有无易燃、易爆气体，有无振动和灰尘，以及环境温度、湿度等因素。

3.1.2 电物理量检测技术

电物理量主要是电压、电流、功率、频率和阻抗等。这些电参数用来表征电气设备和自动控制系统的性能。

在电物理量参数的测量中，被测电量的特点是：电压和电流的范围广，从纳伏级到数百千伏的高压，从纳安级到数百千安的电流；信号频率可从直流到数吉赫的射频；而且往往交直流并存；被测信号中除了基波以外，还含有高次谐波；被测信号源的等效内阻的范围比较广，有些会高达兆欧数量级。在制定测量方案时，要结合被测信号的特点，选择适当的测量方法和仪器仪表，以期达到较高的精确度。

1．直流电压、电流的测量

直流电压、电流的测量有多种方法。在测控系统中常采用的数字化测量方法原理如图3-2所示。被测电压U首先经过放大器进行信号的放大（当被测电压U是小信号时）或衰减（当被测电压U是大信号时），以达到标准的电压范围，单极性的如0～5V或 0 ～10V，双极性的如±5V、±10V。这一步工作也称之为量程变换，如放大器的放大或衰减系数可程控，则可由测量系统实现“自动量程”功能。经量程变换后，标准的电压范围信号可直接送给DDC的AI输入端，DDC内部经A/D转换器将此电压信号转变成一个数字量，最终将此数字量乘以放大器的放大或衰减系数即得被测电压U的测量值。

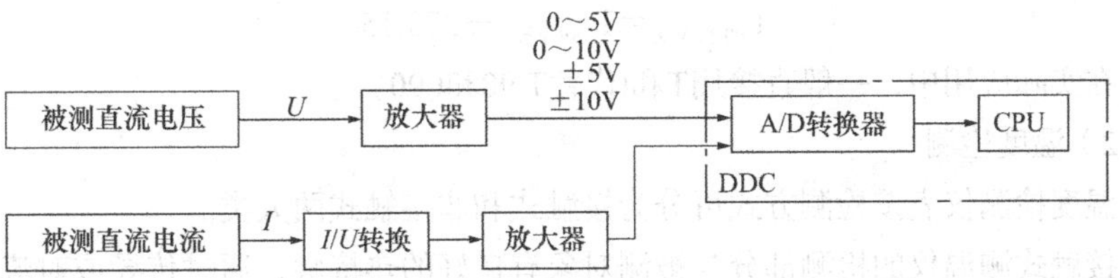

图3-2 直流电压、电流的测量原理

很多非电量变送器（如压力变送器、温度变送器等）把被测的非电量转换为电量，此电量一般情况下就是一个0～5V直流电压或4～20mA直流电流。它们都可以直接送给DDC的AI输入端。

2．正弦交流电压、电流的测量

正弦交流电压、电流的测量方法也有若干种，我们讨论的是在测控系统中常用的数字化测量方法，其原理框图如图3–3所示。被测交流电压、电流经互感器变换到一定的量程范围，然后经交—直流变换电路，将交流信号的有效值转变为一个直流电压值，最终将此直流电压值测量出即可求得被测交流电压、电流的有效值。由此可见，这是一种间接的方法，并且当交流电压、电流含有谐波时，该方法的测量精度会下降。

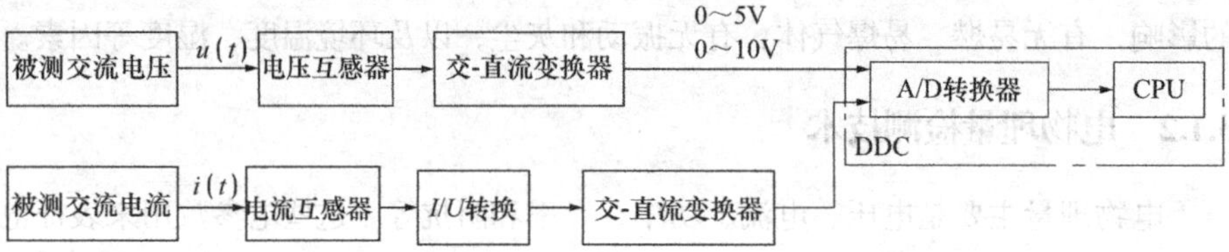

图3–3 正弦交流电压、电流的测量原理

3．功率的测量

功率的测量其核心是模拟乘法器，交流电压和电流信号经模拟乘法器相乘后即得瞬时功率信号，再经低通滤波器得出平均功率值。这是一个直流信号，它代表被测功率的大小。将此直流电压值测量出即可求得被测功率的数值。

3.1.3 温度、湿度检测技术

1．温度检测技术

1）温度的基本概念

为了定量地描述温度的高低，必须建立温度标尺。温标就是温度的数值表示。各种温度计和温度传感器的温度数值均由温标确定。历史上提出过多种温标，如早期的经验温标（摄氏温标和华氏温标）、理论上的热力学温标和当前世界通用的国际温标。热力学温标确定的温度数值为热力学温度（符号为T），单位为开尔文（符号为K），1K等于水三相点热力学温度的1/273.16。

热力学温度是国际上公认的最基本温度，国际温标最终以它为准而且将不断完善。我国目前实行的是1990年国际温标（ITS–90），它同时定义国际开尔文温度（符号T 90）和国际摄氏温度（t 90），T 90和t 90之间的关系为：

$$t_{90/\text{摄氏度}} = T_{90/\text{开尔文}} - 273.15$$

在实际应用中，一般直接用T和t代替T 90和t 90。

2）温度检测

温度检测仪表按检测方式可分为接触式和非接触式两大类。

接触式测温仪的检测部分与被测对象有良好的热接触，通过传导或对流达到热功平衡，这时，测温仪的示值即表示被测对象的表面温度。在一定的测温范围内，接触式测温可以测量物体内部的温度分布。但对于运动体、小目标或热容量小的对象，接触式测温将会引起较大的测量误差。

非接触式测温仪的检测部分与被测对象互不接触。目前最常用的是通过辐射热交换实现测温。其主要特点是可测运动体、小目标及热容量小的或温度变化迅速（瞬变）对象的表面温度，也可以检测温度场的温度分布。

在建筑物自动化系统中对温度的检测主要用于：.

（1）室内气温、室外气温，范围在−40～45℃

（2）风道气温，范围在30～1300℃。

（3）水管内水温，范围在0～100℃

通常采用接触式检测方式，传感器一般采用铂电阻、铜电阻、热敏电阻（图3-4）、热电偶等敏感元件。测量精度优于±1%。温度检测器结构上有墙挂式、风道式、水管式等，建筑物自动化系统中温度检测器的结构如图3-5所示。

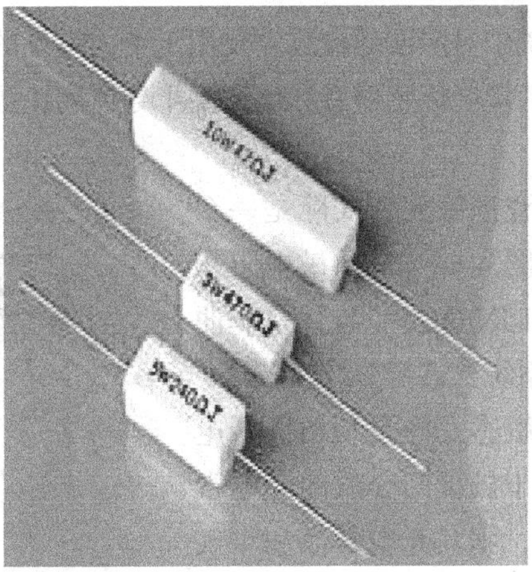

图3-4 热敏电阻

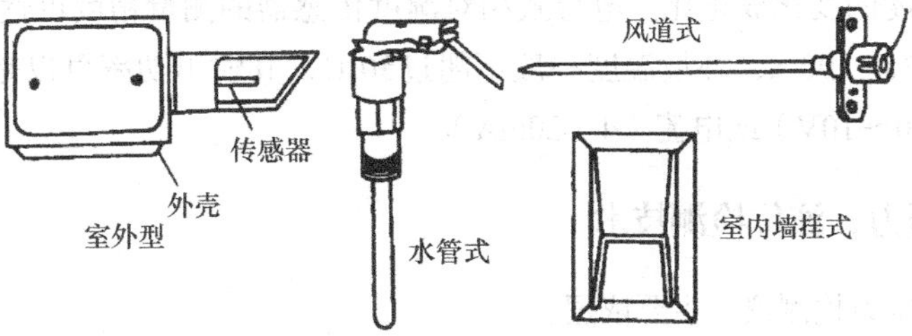

图3-5 温度检测器的结构

2．湿度检测技术

1）湿度的基本概念

通常所说的湿度是指大气中所含的水蒸气量。它有两种最常用的表示方法，即绝对湿度（AH，Absolute Humidity）和相对湿度（RH，Relative Humidity）。绝对温度是指一定大小空间中水蒸气的绝对含量，可用“kg /m^3”表示。绝对湿度也可称为水气浓度或水气密度。水气的质量表达式为：

$$d=\frac{m_v}{V} \tag{3-1}$$

式中 m_v——待测气氛中的水气质量；

V——待测气氛的总体积。

相对湿度为待测气氛中的水气分压与相同温度下的水的饱和水气压的比值的百分数。其表达式为：

$$\varphi=\left(\frac{p_v}{p_w}\right)_T\times100\% \tag{3-2}$$

式中 p_v——待测气氛的水气分压；

p_w——待测气氛温度相同时的水饱和水气压。

湿敏元件是指对环境湿度具有响应或转换成相应可测信号的元件。湿度传感器是由湿敏元件及转换电路组成的，具有把环境湿度转变为电信号的装置。

2）湿度检测

在自动化控制系统中对湿度的检测主要用于室内室外的空气湿度、风道的空气湿度的检测。常用的湿度传感器有：烧结型半导体陶瓷湿敏元件、电容式相对湿度敏感元件等。

烧结型半导体陶瓷湿敏元件实际是一个半导体的湿敏电阻（图3-6）（同热敏电阻相似），它的输入/输出（IN/OUT）特性是非曲线性的，测量电路或系统要进行非线性校正。

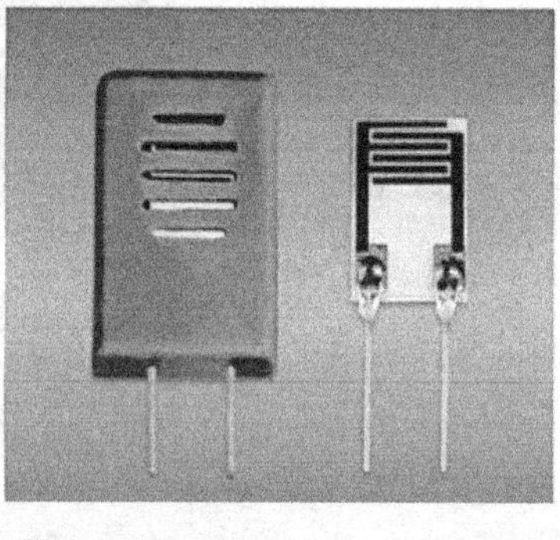

图3-6 湿敏电阻

电容式相对湿度敏感元件是利用极板电容器容量的变化正比于极板间介质的介电常数，如果介质是空气，则其介电常数和空气相对湿度成正比，因此，电容器容量的变化与空气湿度的变化成正比。电容式相对湿度传感器的测量精度可达±2%，测量范围在10%～90%，环境温度一般不超过50℃，其输出功率可以是标准的电压（0～5V，0～10V）或电流（4～20mA）。

3.1.4 压力、液位检测技术

选用压力检测仪，主要依据：

① 自动控制系统对压力检测的要求。如测量精度、被测范围，以及对附加装置的要求等。

② 被测介质的性质。如介质温度高低、黏度大小、有无腐蚀和易燃易爆情况等。

③ 现场环境条件。如高温、腐蚀、潮湿、振动等。

除此以外，对弹性式压力表，为了保证弹性元件在弹性变形的安全范围内可靠地工作，在选择压力表量程时必须留有余地。一般，在被测压力较稳定的情况下，最大压力值应不超过满量程的3/4，在被测压力波动较大的情况下，最大压力值应不超过满量程的2/3。为保证测量精度，被测压力最小值应不低于全量程的1/3。

常用的压力的自动检测装置原理如图3-7所示，这是位移式的开环压力变送器。

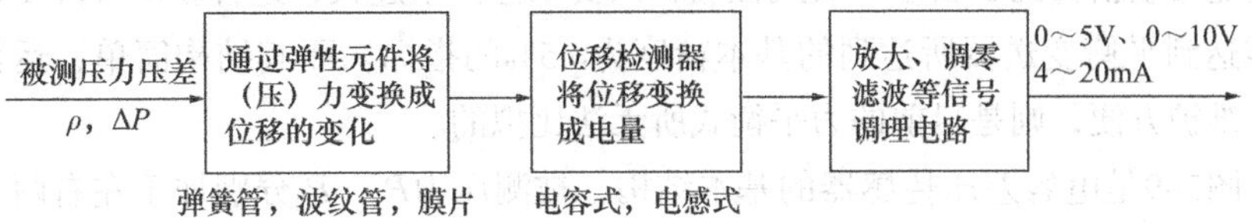

图3-7 压力自动检测装置原理

首先将压力通过弹性元件与位移联系上，常用的弹性元件如图3-8所示。

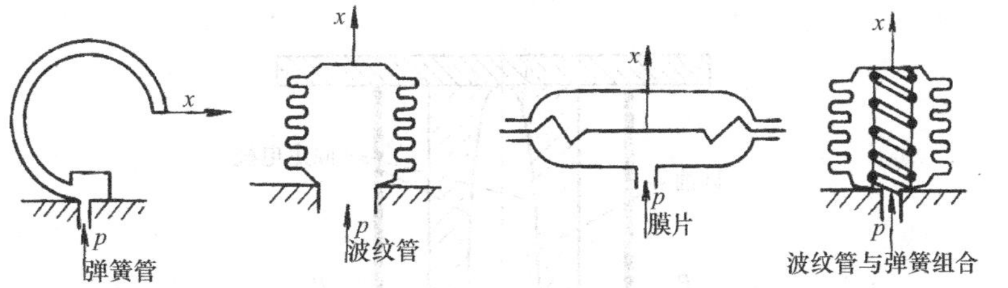

图3-8 常用弹性元件结构

弹簧管是常用的一种弹性元件，它是一种弯成圆弧形的空心管。管子的横截面是椭圆形的。当从固定的一端通入被测压力时，由于椭圆形截面在压力的作用下趋向圆形，使弧形弯管产生挺直的变形。其自由端产生向外的位移x。此位移虽然是一个曲线运动，但在位移量不大时可近似认为是直线运动，且位移大小与压力成正比。近年来由于材料的发展和加工技术的提高，已能制成温度系数极小、管壁非常均匀的弹簧管，不仅制作一般的压力计，也可做精密测量。有时为了使自由端有较大的位移，使用多圈弹簧管，即把弹簧管做成盘形或螺旋弹簧的形状，它们的工作原理是与单圈弹簧管相同的。

波纹管是将金属薄管折皱成手风琴风箱形状而成的。在引入被测压力P时，其自由端产生伸缩变形。它比弹簧管能得到较大的直线位移，即灵敏度高，其缺点是压力／位移特性的线性度不如弹簧管好，因此经常将它和弹簧组合使用，如图3-8所示。在波纹管内部安置一个螺旋弹簧。若波纹管本身的刚度比弹簧小得多，那么波纹管主要起压力与力的转换作用，弹性反回力主要靠弹簧提供。这样可以获得较好的线性度。

图3-8所示的单膜片测压元件主要用作低压的测量，膜片一般用金属薄片制成的，有时也用橡皮膜。为了使压力／位移特性在较大的范围内具有线性，在金属圆形膜片上加工出同心圆的波纹。外圈波纹较深，越靠近中心越钱。膜片中心压着两个金属硬盘，称为硬芯。当压力改变时，波纹膜与硬芯一起移动。膜片式

压力计用于微压及黏滞性介质的压力测量。

近年来，随着科学技术的发展，材料弹性模数随温度变化的问题获得了很大的改善。例如镍铬钦钢等材料的弹性模数温度系数小于0.00002/℃。因而在环境温度变化时，其弹性模数几乎可认为不变。此外，电子技术的发展，使微小的位移也能被精确测量，弹性元件只要有0.1mm左右的位移便可精确地测量出来。由于变形小，非线性和弹性迟滞引起的变差都可大大减小。这些发展使位移式的开环变送器重新得到了新生。实践证明，只要工艺技术过关，这种新的开环变送器不难达到平衡变送器所达到的基本精度为0.5%的指标。而其结构简单，运行可靠，维护方便，则是目前的力平衡式所无法比拟的。

图3-9是电容差压传感器的基本结构，被测压力P_1，P_2分别加于左右两个隔离膜片上。

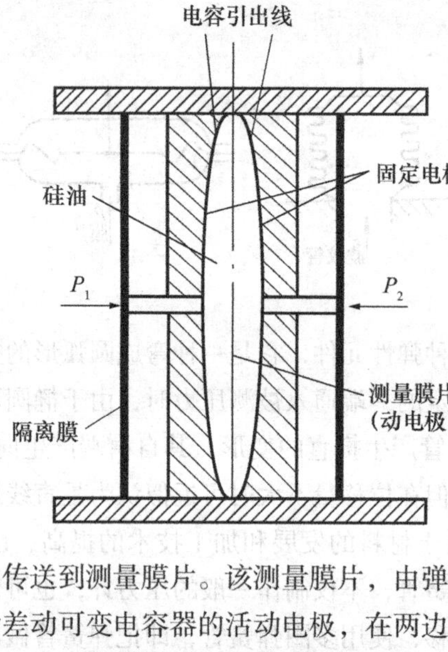

图3-9 电容式差压传感器结构原理

通过硅油将压力传送到测量膜片。该测量膜片，由弹性温度稳定性好的平板金属薄片制成，作为差动可变电容器的活动电极，在两边压力差的作用下，可左右位移约0.1mm的距离。在测量膜片左右，有两个用真空蒸发法在玻璃凹球面制成的金属固定电极。因此，当测量膜片向一边鼓起时，它与两个固定电极间的电容量一个增大、另一个减小构成一个差动电容器。通过引出线测量这两个电容的变化，便可知道差压的数值。

这种结构对膜片的过载保护非常有利。在过大的差压出现时，测量膜片平滑地贴紧到一边的凹球面上，不会受到不自然的应力，因而过载后恢复特性非常好。图3-9中隔离膜片的刚度很小，在过载时，由于测量膜片先停止移动，堵死的硅油便能支持隔离膜顶住外加压力，隔离膜的背后有波形相同的推力，进一步提高了它的安全性。

这种差压传感器的结构和力平衡式相比有一突出的优点，就是它不存在力平衡式变送器必须把力杠杆穿出测压室的问题，所以没有静压误差，整个差压变送器的精度也容易提高。

在建筑物自动化系统中，对压力的检测主要用于风道静压、供水管压、差压的检测，有时也用来测量液位，如水箱的水位等。大部分的应用属于微压测量，量程范围为0～5kPa。

3.1.5 流量、容积检测技术

检测流量有多种方法：节流式、容积式、速度式、电磁式等。在使用流量检测仪表时，既要考虑控制系统允许损失的压力，最大、最小额定流量，使用场所的环境特点及被测流体的性质和状态，也要考虑仪表的精度及显示方式等。

节流装置与差压计配套，可用于测量各种性质的液体、气体或蒸汽的流量，一般用于大于50mm管径的流量测量，如图3-10所示。在较好的情况下，压差流量计的测量精度为1%～2%，但在实际使用中，由于流体的雷诺数、温度、黏度、密度等的变化以及孔板的磨损，测量精度常低于2%。尽管如此，压差流量计由于其结构简单、制造方便等优点，目前还是最常用的一种流量计。

容积式的流量计（如椭圆齿轮流量计），因其测量精度与流体的流动状态无关，故此类流量计有很高的测量精度。被测流体的黏度越大，其测量精度越高。但是，被测流体中不能有固体颗粒，否则会将齿轮卡住或引起磨损。

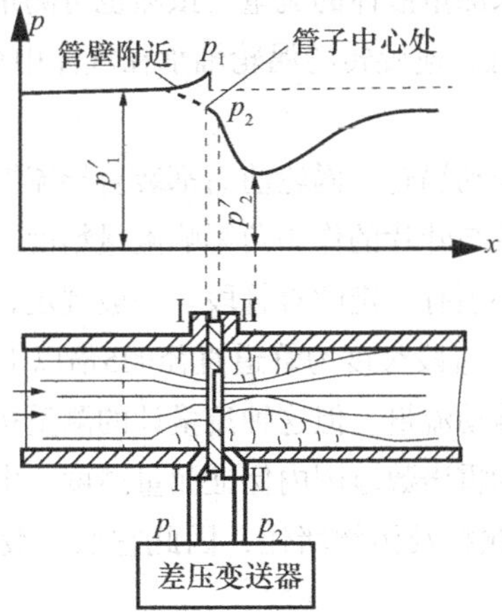

图3-10 差压流量计的原理

此外也不适宜测量高温或低温的流体，不然由于热胀冷缩，齿轮可能卡死或间隙过大而增大测量误差。

差压流量计测量精度低，而容积式的流量计造价高、适应性差。在20世纪50年代出现的涡轮流量计则有很大的优点：它的测量精度介于两者之间（0.25%～1%），适应性强，造价适中。

涡轮流量计的结构如图3-11所示，涡轮的轴装在导管的中心线上，流体轴向流过涡轮时推动叶片，使涡轮转动，其转速近似正比于流量Q。

涡轮流量计的转速输出，由于轴在管道里面不便直接引出，故都采用非接触的电磁感应方式。图3-11中在不导磁的管壳外放着一个套有感应线圈的永久磁铁，因为涡轮叶片是导磁材料制成的，故涡轮旋转，每片叶片经过磁铁下面时，不断改变磁路的磁阻，使通过线圈的磁通量发生变化，感应输出电脉冲。这种脉冲信号很易远传，而且计算容积特别方便，只需配用电子脉冲计数器即可。瞬时流量，可通过检测脉冲信号的频率而得。

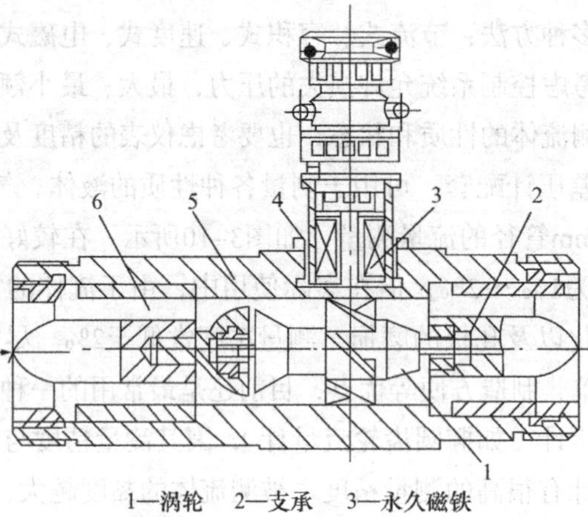

1—涡轮　2—支承　3—永久磁铁
4—感应线圈　5—壳体　6—导流器

图3-11　涡轮流量计的结构

涡轮流量计一般用来测量液体的流量。虽然也可测量气体流量，但由于气体密度低，推动力矩小，且高速旋转的涡轮轴承在气体中得不到润滑而容易损坏，故很少用于气体。

为保证流体沿轴向推动涡轮，涡轮前后都装有导流器，把进出的流体方向导直，以免流体的自旋改变与叶片的作用角影响测量精度。尽管这样，在安装时仍要注意，在流量计前后必须有一定的直管段。一般规定，入口直段的长度应为管道直径的10倍以上，出口直段长度为管道直径的5倍以上。涡轮流量计的优点是线性、反应迅速且可测脉动流量。但这种流量计的测量精度也受流体黏度和密度的影响，也只能在一定的雷诺数范围内保证测量精度。由于涡轮流量计内部有转动部件，易被流体中的颗粒及污物堵住，因此它们一般只用于清洁流体的流量测量。

容积的测量是用流量对时间的积分来完成的。

3.2 传感器的基本概念

3.2.1 传感器概述

1. 传感器的基本概念

在工程科学与技术领域，可以认为：传感器是人体“五官”的工程模拟物。它是一种能把特定的被测量信息（包括物理量、化学量、生物量等）按一定规律转换成某种可用信号输出的器件或装置。这里所谓的“可用信号”是指便于处理、传输的信号。当今电信号最易于处理和传输。因此，可把传感器狭义地定义为能把外界非电信息转换成电信号输出的器件。可以预料，当人类跨入光子时代，光信息成为更便于快速、高效地处理与传输的可用信号时，传感器的概念将随之发展成为能把外界信息转换成光信号输出的器件。

传感器的输出信号通常是电量，形式由传感器的原理确定，它便于传输、转换、处理、显示等。电量有很多形式，如电压、电流、电阻、电容、电感、阻抗等。

电阻器（Resistor）在日常生活中一般直接称为电阻。是一个限流元件，将电阻接在电路中后，电阻器的阻值是固定的，一般是两个引脚，它可限制通过它所连支路的电流大小。阻值不能改变的称为固定电阻器，阻值可变的称为电位器或可变电阻器。

电容器（Capacitor），通常简称其容纳电荷的本领为电容，可以认为是一种容纳电荷的器件，也可以理解为任何两个彼此绝缘且相隔很近的导体（包括导线）间都构成一个电容器。电容器是电子设备中大量使用的电子元件之一，广泛应用于电路中的隔直通交、耦合、旁路、滤波、调谐回路、能量转换、控制等方面。

电感器（Inductor）是能够把电能转化为磁能而存储起来的元件。电感器的结构类似于变压器，但只有一个绕组。电感器具有一定的电感，它只阻碍电流的变化。如果电感器在没有电流通过的状态下，电路接通时它将试图阻碍电流流过它；如果电感器在有电流通过的状态下，电路断开时它将试图维持电流不变。电感器又称扼流器、电抗器、动态电抗器。

在具有电阻、电感和电容的电路里，对电路中的电流所起的阻碍作用叫做阻抗。阻抗是一个复数，实称为电阻，虚称为电抗，其中电容在电路中对交流电所起的阻碍作用称为容抗 ，电感在电路中对交流电所起的阻碍作用称为感抗，电容和电感在电路中对交流电引起的阻碍作用总称为电抗。

通常传感器由敏感元件和转换元件组成。其中，敏感元件是指传感器中能直接感受或响应被测量的部分；转换元件是指传感器中将敏感元件感受或响应的被测量转换成适于传输或测量的电信号部分。敏感元件如果直接输出电量，如热电偶，就同时兼为传感元件。还有一些新型传感器，如压阻式压力传感器和谐振式压力传感器等，它们的敏感元件与传感元件就完全合为一体。

由于传感器的输出信号一般都很微弱，因此需要有信号调理与转换电路对其进行放大、运算调制等。信号调理转换电路视传感器的类型为定，使用较多的是电桥电路，也使用其他特殊电路，如高阻抗输入电路、脉冲调宽电路和维持振荡的激振电路等。随着半导体器件与集成技术在传感器中的应用，传感器的信号调理与转换电路可能安装在传感器的壳体内或与敏感元件一起集成在同一芯片上。此外，信号调理转换电路以及传感器工作必须有辅助的电源，因此，信号调理转换电路以及所需的电源都应作为传感器组成的一部分。传感器构成框图如图3-12所示。

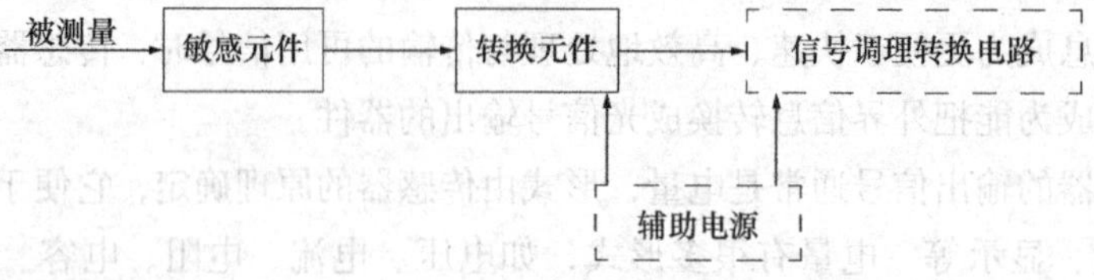

图3-12 传感器构成图

2. **传感器的分类及要求**

用于测量与控制的传感器种类繁多：一种被测量，可以用不同的传感器来测量；而同一原理的传感器，通常又可测量多种非电量。因此，分类的方法也五花八门。但目前一般采用两种分类方法：一种是按被测参数，如温度、压力、位移、速度等；另一种是按传感器的工作原理，如应变式、电容式、压电式、磁电式等。本书是按后一种分类方法介绍各种传感器的，工程应用的常用传感器则是根据工程参数进行叙述的。对于应用传感器的工程技术人来说，应先从工作原理出发，了解各种各样的传感器，而对工程上的被测参数应着重于如何合理选择和使用传感器。表3-1列出了目前一些流行的分类方法。除表3-1列分类法外，还有按构成敏感元件的功能材料分类的，如半导体传感器和陶瓷传感器、光纤传感器、高分子薄膜传感器等；或与某种高技术、新技术相结合而得名的，如集成传感器、智能传感器、机器人传感器、仿生传感器等，不胜枚举。

传感器的分类　　表3-1

分类法	型式	说明
按基本效应	物理型、生物型、化学型等	分别以转换中的物理效应、化学效应等命名
按构成原理	结构型 物性型	以其转换元件结构参数变化实现信号转换； 以其转换元件物理或化学特性随被测参数变化实现信号转换
按转换能量供给方式	能量转换型（发电型） 能量控制型（参量型）	传感器在进行信号转换时不需要另外提供能量，就可以将输入信号转换为另一种信号输出，如热电偶传感器、压电传感器等； 传感器工作时必须有外加电源，如电阻传感器、电容传感器、电感传感器等
按测量原理	应变式、电容式、压电式、热电式、超声波、红外线、激光、光栅、磁栅等	这种方法表明了传感器的工作原理，有利于传感器的设计与应用
按被测量	位移、力、力矩、转速、振动、压力、温度、流量、流速、加速度、气体等	这种方法明确了传感器的用途，使用者很容易根据测量对象来选择所需要的传感器
按输出量	模拟式 数字式	输出量为模拟信号 输出量为数字信号

无论何种传感器，作为测量与自动控制系统的首要环节，通常都必须具有快速、准确、可靠而又经济的实现信息转换的基本要求，即：

（1）足够的容量——传感器的工作范围或量程足够大；具有一定过载能力。

（2）灵敏度高，精度适当——即要求其输出信号与被测输入信号成确定关系（通常为线性），且比值要大；传感器的静态响应与动态响应的准确度能满足要求。

（3）响应速度快，工作稳定、可靠性好。

（4）适用性和适应性强——体积小、重量轻、动作能量小，对被测对象的状态影响小；内部噪声小而又不易受外界干扰的影响；其输出力求采用通用或标准形式，以便与系统对接。

（5）使用经济——成本低、寿命长，且便于使用、维修和校准。

当然，能完全满足上述性能要求的传感器是很少有的。应根据应用的目的、使用环境、被测对象状况、精度要求和信息处理等具体条件作全面综合考虑。

3.2.2 传感器性能指标

由于传感器的种类繁多，使用要求千差万别，要列出可用来全面衡量传感器质量优劣的统一指标极其困难。迄今为止，国内外还是采用罗列若干基本参数和比较重要的环境参数指标的方法来作为检验、使用和评价传感器的依据。表3-2列出了传感器的一些常用指标，可供读者参考。

传感器性能指标一览　　表3-2

基本参数指标	环境参数指标	可靠性指标	其他指标
量程指标：量程范围、过载能力等 灵敏度指标：灵敏度、满量程输出、分辨力、输入输出阻抗等 精度方面的指标：精度（误差）、重复性、线性、回差、灵敏度误差、阈值、稳定性、漂移、静态总误差等 动态性能指标：因有频率、阻尼系数、频响范围、频率特性、时间常数、上升时间、响应时间、过冲量、衰减率、稳态误差、临界速度、临界频率等	温度指标：工作温度范围、温度误差、温度漂移、灵敏度温度系数、热滞后等 抗冲振指标：各向冲振容许频率、振幅值、加速度、冲振引起的误差等 其他环境参数：抗潮湿、抗介质腐蚀、抗电磁场干扰能力等	工作寿命、平均无故障时间、保险期、疲劳性能、绝缘电阻、耐压、反抗飞弧性能等	使用方面：供电方式（直流、交流、频率、波形等）、电压幅度与稳定度、功耗、各项分布参数等 结构方面：外形尺寸、重量、外壳、材质、结构特点等 安装连接方面：安装方式、馈线、电缆等

3.2.3 几种常用传感器

1. 电阻应变式传感器

电阻应变式传感器是利用电阻应变片将应变转换为电阻变化的传感器。传感器是由在弹性元件上粘贴电阻应变敏感元件构成。当被测物理量作用在弹性元件上，弹性元件的变形引起应变敏感元件的阻值变化，通过转换电路变成电量输出，电量变化的大小反映了被测物理量的大小。应变式电阻传感器是目前测量力、力矩、压力、加速度、重量等参数应用最广泛的传感器。

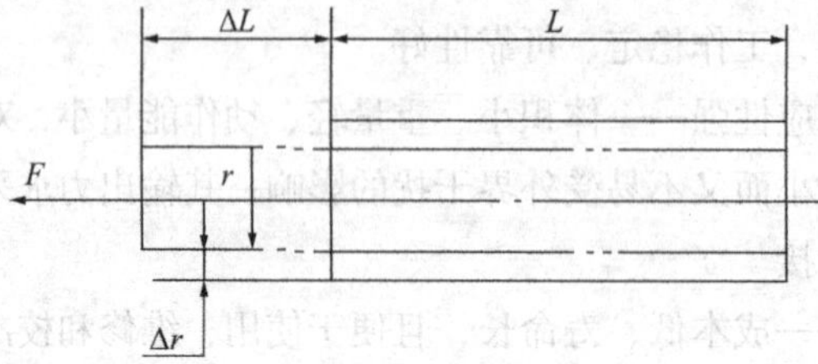

图3-13　金属电阻丝应变效应

1）电阻应变片工作原理

电阻应变片的工作原理是基于应变效应，即在导体产生机械变形时，它的电阻值相应发生变化。如图3-13所示，一根金属电阻丝，在其未受力时，原始电阻值为：

$$R=\frac{\rho L}{S} \tag{3-3}$$

式中　ρ——电阻丝的电阻率；

L——电阻丝的长度；

S——电阻丝的截面积。

当电阻丝受到拉力F作用时，将伸长ΔL，横截面积相应减小ΔS，电阻率将因晶格发生变形等因素而改变$\Delta\rho$，故引起电阻相对变化量为：

$$\frac{\Delta R}{R}=\frac{\Delta L}{L}-\frac{\Delta S}{S}+\frac{\Delta\rho}{\rho} \tag{3-4}$$

式中$\Delta L/L$是长度相对变化量，用应变ε表示：

$$\varepsilon=\frac{\Delta L}{L} \tag{3-5}$$

$\Delta S/S$为圆形电阻丝的截面积相对变化量，即：

$$\frac{\Delta S}{S}=\frac{2\Delta\gamma}{\gamma} \tag{3-6}$$

由材料力学可知，在弹性范围内，金属丝受拉力时，沿轴向伸长，沿径向缩短，那么轴向应变和径向应变的关系可表示为：

$$\frac{\Delta\gamma}{\gamma}=-\mu\frac{\Delta L}{L}=\mu\varepsilon \tag{3-7}$$

式中　μ——电阻丝材料的泊松比，负号表示应变方向相反。

可得 $$\frac{\Delta R}{R}=(1+2\mu)\varepsilon+\frac{\Delta\rho}{\rho} \tag{3-8}$$

$$\text{或}\ \frac{\frac{\Delta R}{R}}{\varepsilon}=(1+2\mu)+\frac{\frac{\Delta\rho}{\rho}}{\varepsilon} \tag{3-9}$$

通常把单位应变能引起的电阻值变化称为电阻丝的灵敏度系数。其物理意义是单位应变所引起的电阻相对变化量，其表达式为：

$$K=1+2\mu+\frac{\frac{\Delta\rho}{\rho}}{\varepsilon} \tag{3-10}$$

灵敏度系数受两个因素影响：一个是受力后材料几何尺寸的变化，即（$1+2\mu$）；另一个是受力后材料的电阻率发生的变化，即（（$\Delta\rho/\rho$）$/\varepsilon$）。对金属材料电阻丝来说，灵敏度系数表达式中（$1+2\mu$）的值要比（（$\Delta\rho/\rho$）$/\varepsilon$）大得多，而半导体材料的（（$\Delta\rho/\rho$）$/\varepsilon$）项的值比（$1+2\mu$）大得多。大量实验证明，在电阻丝拉伸极限内，电阻的相对变化与应变成正比，即K为常数。

用应变片测量应变或应力时，根据上述特点，在外力作用下，被测对象产生微小机械变形，应变片随着发生相同的变化，同时应变片电阻值也发生相应变化。当测得应变片电阻值变化量ΔR时，便可得到被测对象的应变值。根据应力与应变的关系，得到应力值σ为：

$$\sigma=E\varepsilon \tag{3-11}$$

式中　σ——试件的应力；

ε——试件的应变；

E——试件材料的弹性模量。

由此可知，应力值，正比于应变ε，而试件应变ε正比于电阻值的变化，所以应力ε正比于电阻值的变化，这就是利用应变片测量应变的基本原理。

2）电阻应变片的测量电路

由于机械应变一般都很小，要把微小应变引起的微小电阻变化测量出来，同时要把电阻相对变化$\Delta R/R$转换为电压或电流的变化。因此，需要有专用测量电路用于测量应变变化而引起电阻变化的测量电路，通常采用直流电桥和交流电桥。

2．热电式传感器

热电式传感器是利用敏感元件电磁参量随温度变化的特性，对温度和与温度有关的参量进行测量的装置。其中将温度变化转换为电阻变化的称为热电阻传感器；将温度变化转换为热电势变化的称为热电偶传感器。这两种热电式传感器在工业生产和科学研究工作中已得到广泛使用，并有相应的定型仪表可供选用，以实现温度测量的显示和记录。本节只介绍热电阻传感器。

热电阻传感器可分为金属热电阻式和半导体热电阻式两大类，前者简称热电阻，后者简称热敏电阻。

热电式传感器的应用

热电式传感器最直接的应用是测量温度。应用热敏电阻测量管道流量的工作原理如图3–14所示。R_{t1}和R_{t2}为热敏电阻，R_{t1}放入被测量管道中：R_{t2}放入不受流体流速影响的容器内，R_1和RP_2为一般电阻，四个电阻组成桥路。

当流体静止时，热量被带走。电桥处于平衡状态，电流计A上没有指示。当流体流动时R_{t1}上的热量被带走。

R_{t1}因温度变化引起阻值变化，电桥失去平衡，电流计出现指示，其值与流体流速。成正比。

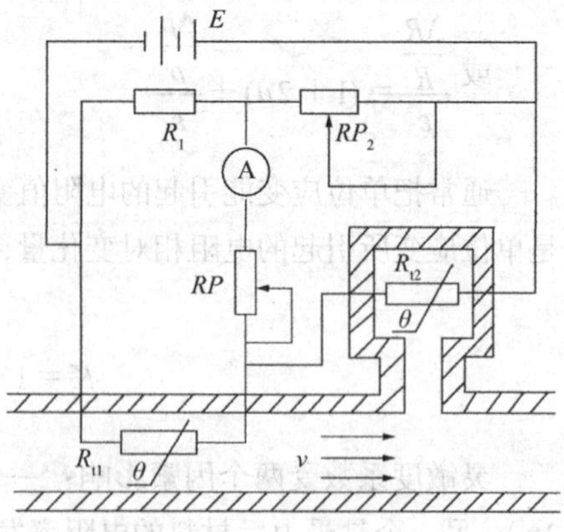

图3–14 测量管道流量示意图

3．电容式传感器

1）电容式传感器的测量电路

电容式传感器中电容值以及电容变化值都十分微小，这样微小的电容量还不能直接为目前的显示仪表所显示，也很难为记录仪所接受，不便于传输。这就必须借助于测量电路检出这一微小电容增量，并将其转换成与其成单值函数关系的电压、电流或者频率。电容转换电路有调频电路、运算放大器式电路、二极管双丁型交流电桥、脉冲宽度调制电路等。

调频测量电路把电容式传感器作为振荡器谐振回路的一部分。当输入量导致电容量发生变化时，振荡器的振荡频率就发生变化。虽然可将频率作为测量系统的输出量，用以判断被测非电量的大小，但此时系统是非线性的，不易校正，因此加入鉴频器，将频率的变化转换为振幅的变化，经过放大器就可以用仪器指示或记录仪记录下来。调频式测量电路原理框图如图3–15所示。

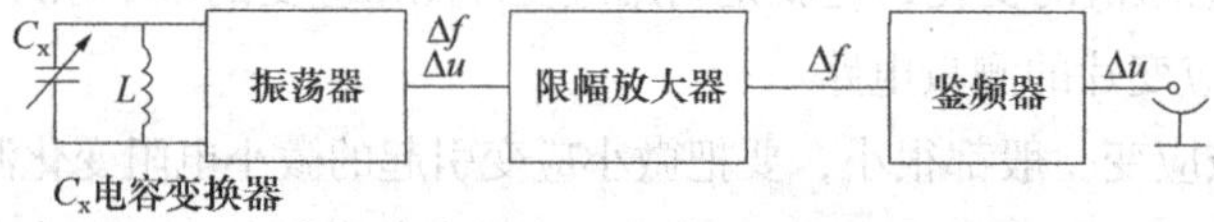

图3–15 调频式测量电路原理框图

图3–15中调频振荡器的振荡频率为：

$$f=\frac{1}{2\pi(LC)^{1/2}} \quad (3\text{–}12)$$

式中 L——振荡回路的电感；

C——振荡回路的总电容，$C=C_1+C_2+C_0\pm\Delta C_0$。其中，$C_1$为振荡回路固有电容；$C_2$为传感器引线分布电容；$C_0\pm\Delta C$为传感器的电容。

2）电容式传感器应用

（1）电容式压力传感器

① 差动电容式压力传感器

差动电容式压力传感器的结构如图3–16所示。图中所示为一个膜式动电极和两个在凹形玻璃上电镀成的固定电极组成差动电容器。

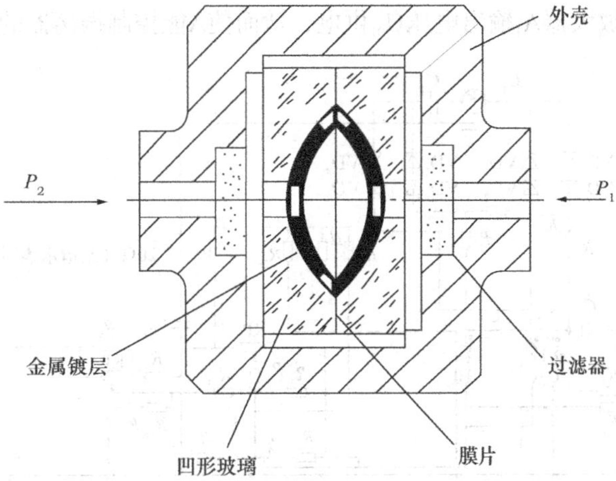

图3-16 差动电容式压力传感器结构图

当被测压力或压力差作用于膜片并使之产生位移时，形成的两个电容器的电容量，一个增大，一个减小。该电容值的变化经测量电路转换成与压力或压力差相对应的电流或电压的变化。

② 差压变送器

差压变送器可以测量液体、气体和蒸汽的压力、压差及液位等参数，与节流装置配合可测量流量。差压变送器有气动差压变送器（输出20～100kPa压力信号）和电动压差变送器（输出4～20mA或0～10mA标称电流信号），下面只介绍电容式压差变送器。

电容式差压变送器采用差动电容作为敏感元件。它可以测量压力、压差、绝对压力、带开方的压差（用于测量流量）。

变送器包括差动电容传感器和变送器电路两部分，如图3-17所示。输入压差ΔP_1作用于差动电容的动极板，使其产生位移，从而使差动电容器的电容量发生变化。此电容变化量由输入转换部分变换成直流电流信号，此信号与反馈信号进行比较，其差值送入放大电路，经放大得到整机的输出电流I_0。

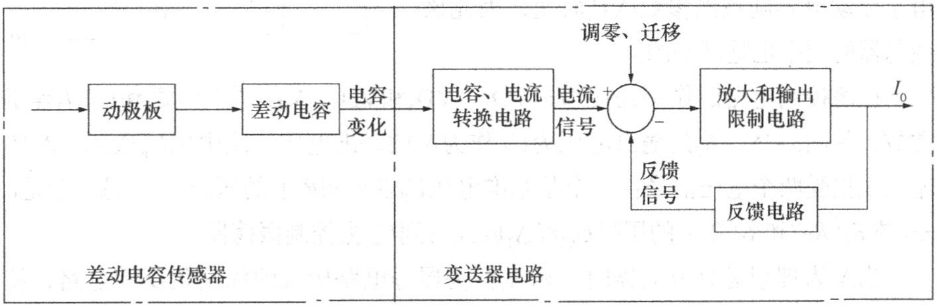

图3-17 电容式差压变送器构成方框图

变送器电路。变送器电路由高频振荡器、振荡控制电路、放大器及量程调整（负反馈）等部分组成。原理电路如图3-18所示。

高频振荡器的作用是向差动电容提供高频电流，振荡器原理电路图如图3-19所示。

振荡器由放大器A_1输出电压U_{01}供电，从而使A能控制振荡器的输出幅度。

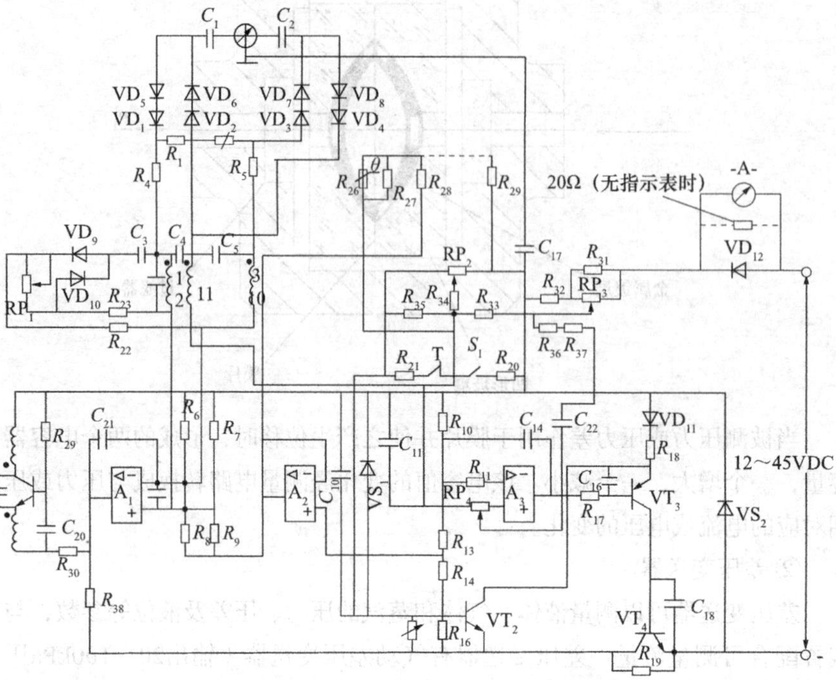

图3-18　电容式差压变送器原理电路图

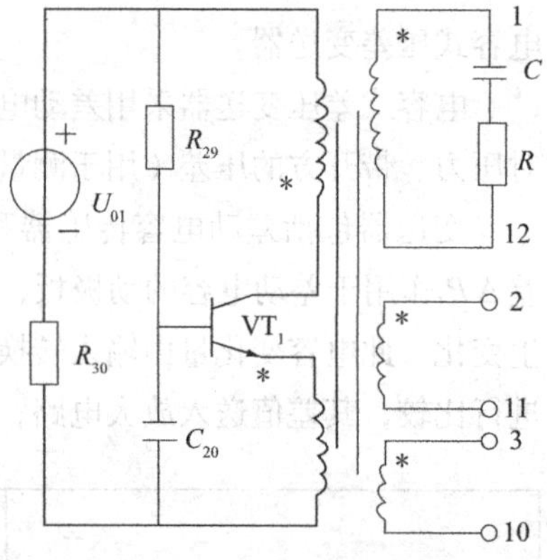

图3-19　高频振荡器原理图

变压器二次侧三个绕组1-12、2-11、3-10为振荡器的输出绕组，图中一组绕组的等效电感为L，差动电容的等效电容为C，R为电路的等效电阻。电感L和电容C组成了并联谐振电路，适当地选择电路元件参数值，便可满足振荡的相位条件和振幅条件：在R忽略不计时，谐振回路的谐振频率$f=\dfrac{1}{2\pi\sqrt{LC}}$。由于差动电容随被测参数$\Delta P_i$而变，因此该振荡器的频率也是可变的。

振荡控制电路的作用是使通过VD_1，VD_5和VD_3，VD_7的电流之和I_1+I_2等于常数，见图3-18。A_2的输出电压为U_{02}作为A_1的基准电压，图中用U_R表示。A_1的输入端接受两个电压信号：一个是基准电压U_R在R_9和R_8上的压降U_{i1}；另一个是I_1+I_2在$R_6//R_8//$和$R_7//R_9$上的压降U_{02}经A_1放大得到U_{01}去控制振荡器。

当A_1为理想运算放大器时，由A_1振荡器等电路构成的深度负反馈电路，使放大器输入端的两个电压信号近似相等，即：$U_{i1}=U_{i2}$

（2）电容式接近传感器

① 概述

接近传感器是一种具有感知物体接近能力的器件。它利用位移传感器对所接近的物体具有的敏感特性，达到识别物体的接近并输出开关信号，因此，通常又把接近传感器称为接近开关。

因为位移传感器可以根据不同的工作原理制作，而不同的位移传感器对物体接近的感知方法也不同，所以常见的接近传感器的形式有电容式、涡流式、霍尔效应式、光电式、热释电式、多普勒式、电磁感应式、微波式、超声波式等。

接近传感器在工业自动化控制、航天、航海技术和日常生活中都有广泛的应用。在安全防盗方面，如资料、财会、仓库、博物馆、金库等重要场合也都装有各式各样的接近传感器。在一般工业生产自动控制中大都采用涡流式或电容式接近传感器。在环境比较好的场合，可采用光电式接近传感器。而在防盗系统中，大都使用红外热释电接近传感器、超声波接近传感器和微波接近传感器。有时为了提高识别的可靠性，几种接近传感器可以复合使用。

② 电容式接近传感器的工作原理及结构

电容式接近传感器是一个以电极为检测端的静电电容式接近开关，它由高频振荡电路、检波电路、放大电路、整形电路及输出电路组成，如图3-20所示。平时检测电极与大地之间存在一定的电容量，它成为振荡电路的一个组成部分。当被检测物体接近检测电极时，由于检测电极加有电压，被检测物体就会受到静电感应而产生极化现象，被测物电荷的增多，使电容C随之增大，从而又使振荡电路的振荡减弱，甚至停止振荡。振荡电路的振荡与停振这两种状态被检测电路转换为开关信号后向外输出。

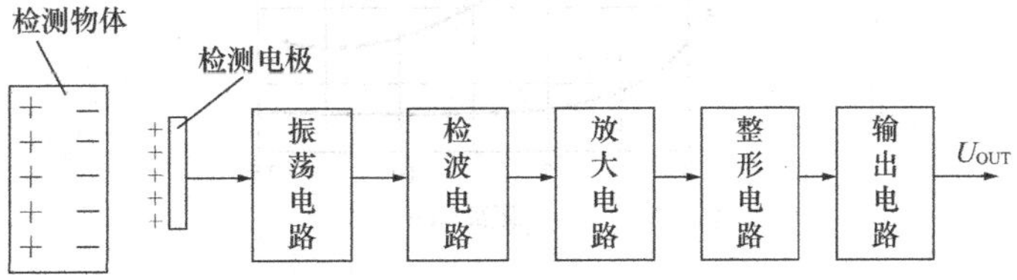

图3-20 电容式接近传感器的电路框图

电容式接近传感器的形状及结构随用途的不同而各异。图3-21是应用最多的圆柱形接近传感器，它主要由检测电极、检测电路、引线及外壳等组成。检测电极设置在传感器的最前端，检测电路装在外壳内并由树脂灌封。在传感器的内部还装有灵敏度调节电位器当检测物体和检测电极之间隔有不灵敏的物体如纸带、玻璃时，调节该电位器可使传感器不检测夹在中间的物体，此外，还可用此电位器调节工作距离。电路中还装有指示传感器工作状态的工作指示灯，当传感器动作时，该指示灯点亮。

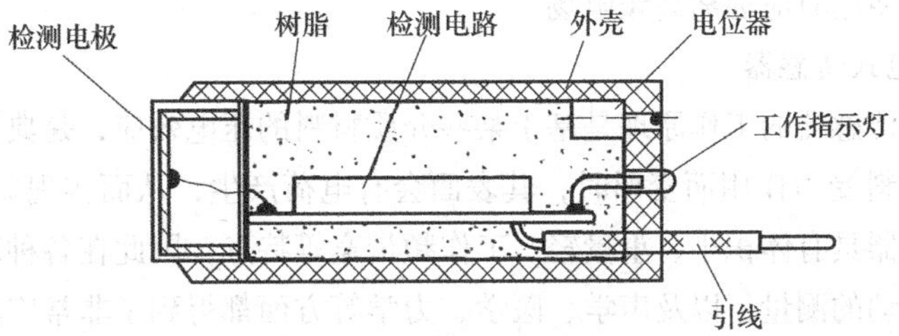

图3-21 圆柱形电容式接近传感器的结构示意图

③ 电容式接近传感器的特性

a.电容变化与响应距离。图3-22给出了传感器电容变化与被测物体距离的关系：由图可以看出，当距离超过数毫米时，灵敏度急剧下降，且响应曲线的形状与被测物体的材料有关。

b.检测距离与被测物体的关系。电容式接近传感器的检测距离与被测物体的大小和材料有关，如图3-22所示。从图中可以看出，接地金属和非接地金属的检测距离有较大的差别，对非接地金属的检测距离要比接地金属的距离小许多。

c.动作频率。电容式接近传感器有直流型和交流型两种。直流型电容式接近开关的动作频率为70～200Hz，而交流型电容式接近传感器的动作频率为10Hz。

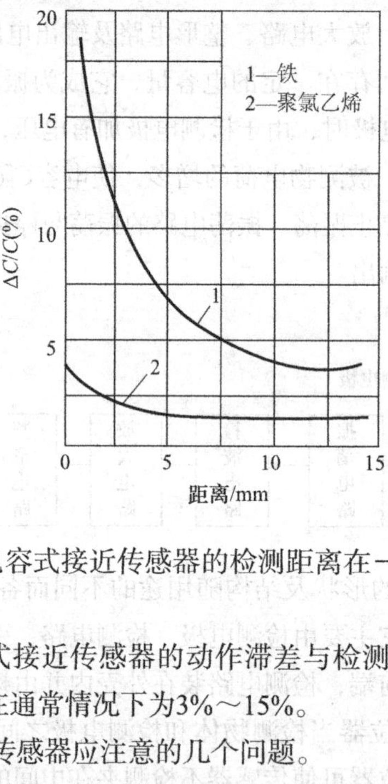

图3-22 传感器的电容变化与距离的关系曲线

d.动作距离偏差。电容式接近传感器的检测距离在－25～70℃范围内，检测距离的偏差为±15%。

e.动作滞差。电容式接近传感器的动作滞差与检测距离有关，检测距离越大，动作滞差也越大。在通常情况下为3%～15%。

④ 使用电容式接近传感器应注意的几个问题。

a.检测区若有金属物体时，容易造成对传感器检测距离的影响。如果周围还安装有另外的接近传感器，也会对传感器的性能带来影响。

b.电容式接近传感器安装在高频电场附近时；易受高频电场的影响而产生误动作，安装使用时应远离高频电场。

4．压电式传感器

压电式传感器的工作原理是基于某些介质材料的压电效应，是典型的有源传感器。当材料受力作用而变形时，其表面会有电荷产生，从而实现非电量测量。压电式传感器具有体积小、重量轻、工作频带宽等特点，因此在各种动态力、机械冲击与振动的测量，以及声学、医学、力学等方面都得到了非常广泛的应用。

5. 红外传感器

1) 红外辐射

红外辐射是一种不可见光。由于它是位于可见光中红色光以外的光线，故称红外线。它的波长范围大致在0.76～1000 μm。

工程上又把红外线所占据的波段分为四部分，即近红外、中红外、远红外和极远红外。红外辐射的物理本质是热辐射。一个炽热物体向外辐射的能量大部分是通过红外线辐射出来的。物体的温度越高，辐射出来的红外线越多，辐射的能量就越强。而且，红外线被物体吸收时，可以显著地转变为热能。

红外辐射和所有电磁波一样，是以波的形式在空间直线传播的。它在大气中传播时，大气层对不同波长的红外线存在不同的吸收带，红外线气体分析器就是利用该特性工作的，空气中对称的双原子气体，如N_2、O_2、H_2等不吸收红外线。而红外线在通过大气层时，有三个波段透过率高。它们是2～2.6 μm、3～5 μm和8～14 μm，统称它们为“大气窗口”。这三个波段对红外探测技术特别重要，因为红外探测器一般都工作在这三个波段（大气窗口）之内。

2）红外探测器

红外传感器一般由光学系统、探测器、信号调理电路及显示器等组成。红外探测器是红外传感器的核心。红外探测器种类很多，常见的有两大类：热探测器和光子探测器。

（1）热探测器

热探测器是利用红外辐射的热效应，探测器的敏感元件吸收辐射能后引起温度升高，进而使有关物理参数发生相应变化，通过测量物理参数的变化，便可确定探测器所吸收的红外辐射。与光子探测器相比，热探测器的探测率比光子探测器的峰值探测率低，响应时间长。但热探测器主要优点是响应波段宽，响应范围可扩展到整个红外区域，可以在室温下工作，使用方便，应用仍相当广泛。热探测器主要类型有热释电型、热敏电阻型、热电偶型和气体型探测器。而热释电探测器在热探测器中探测率最高，频率响应最宽，所以这种探测器倍受重视，发展很快，这里主要介绍热释电探测器。热释电红外探测器是由具有极化现象的热晶体或被称为“铁电体”的材料制作的。“铁电体”的极化强度（单位面积上的电荷）与温度有关。当红外辐射照射到已经极化的铁电体薄片表面上时，引起薄片温度升高，使其极化强度降低，表面电荷减少，这相当于释放一部分电荷，所以叫做热释电型传感器。如果将负载电阻与铁电体薄片相连，则负载电阻上便产生一个电信号输出。输出信号的强弱取决于薄片温度变化的快慢，从而反映出入射的红外辐射的强弱，热释电型红外传感器的电压响应率正比于入射光辐射率变化的速率。

（2）光子探测器

光子探测器是利用入射红外辐射的光子流与探测器材料中的电子相互作用，从而改变电子的能量状态，引起各种电学现象，称光子效应。通过测量材料电子性质的变化，可以知道红外辐射的强弱。利用光子效应制成的红外探测器，统称光子探测器。光子探测器有内光电和外光电探测器两种，后者又分为光电导、光生伏特和光磁电探测器三种。光子探测器的主要特点是灵敏度高、响应速度快，具有较高的响应频率，但探测波段较窄，一般需在低温下工作。

（3）红外探测器应用

CO_2气体透射光谱如图3-23所示。由图可见，当波长在2.7 μm、4.35 μm处均有较强烈的吸收和较宽的谱线，称为“吸收带”。吸收带是由CO_2内部原子相对振动引起的，吸收带处的光子能量反映了振动频率的大小。上述吸收带中只有4.35 μm吸收不受大气中其他成分的影响，因而可用它实现CO_2气体分析。

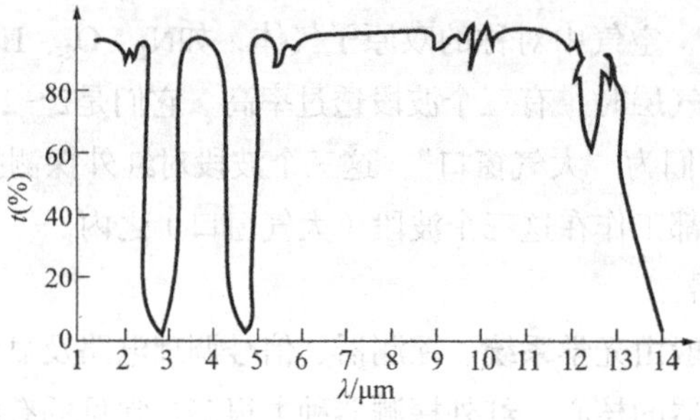

图3-23 CO_2气体透射光谱图

CO_2红外气体分析仪的工作原理如图3-24所示。分析仪设有“参比室”和“样品室”。在参比室内充满没有CO_2气体透射光谱的大气或含有一定量的CO_2气体透射光谱的大气，被测气体连续地通过样品室。光源发出的红外辐射经反射镜分别投射到参比室和样品室，经反射系统和滤光片，由红外检测器件接收。滤光片设计成只允许波长为4.35 μm的红外辐射通过。利用电路使红外接收器件交替接收通过参比室和样品室的红外辐射。

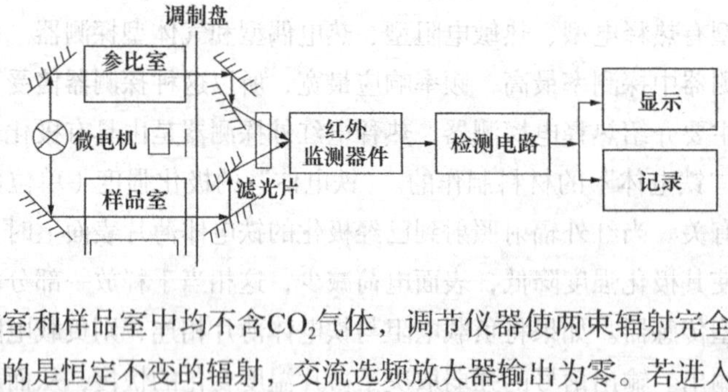

图3-24 CO_2红外气体分析仪的工作原理图

若参比室和样品室中均不含CO_2气体，调节仪器使两束辐射完全相等，红外接收器收到的是恒定不变的辐射，交流选频放大器输出为零。若进入样品室的气体中含有CO_2气体，则对4.35 μm的辐射产生吸收，两束辐射的光通量不等，红外接收器件接收到交变辐射，交流选频放大器就有输出。通过预先对仪器的标定，就可以通过输出大小来确定CO_2的含量。

由此可认为，只有在红外波段范围内存在于吸收带的任何气体，都可用这种方法进行分析。该法的特点是：灵敏度高、反应速度快、精度高，可连续分析和长期观察气体浓度的瞬间变化。

3.3 检测装置主要产品案例介绍

第三章为大家系统的介绍了智能建筑的检测装置，系统讲述了检测过程中涉及的电物理量检测技术；温度、湿度检测技术；压力、液位检测技术；流量、容积检测技术，并讲述了传感器的相关概念及性能指标。本节主要为大家介绍检测装置中主要的产品案例，希望通过案例的介绍使读者能够更好地理解理论，了解产品特征及性能，更好地应用于实际。下面，我们以不同的物理量为例，进行具体的介绍。

3.3.1 温度传感器

本部分主要根据不同功能，和工作特性，为读者介绍了汽车温度传感器、常规温度传感器、家电温度传感器、光纤传感器、工业温度传感器几种常见的温度传感器，便于读者对于教材的理解。

部分温度传感器一览　　表 3-3

产品类别	细分类别	开发企业	产品型号	产品图片	应用范围
温度传感器	汽车温度传感器	深圳市嵩隆电子有限公司	Sensor		固体内外温度、水温、油温
	常规温度传感器	深圳市嵩隆电子有限公司	Sensor		空调室温・外气温的检测，风扇加热器・洗衣烘干机的温度检测，热水器的贮槽・智能马桶座的表面温度检测
	家电温度传感器	深圳市嵩隆电子有限公司	Sensor	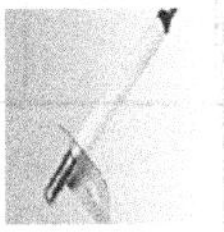	烤箱箱内温度・蒸汽的检测，暖房机・空气净化机的内部温度检测
	光纤光栅应变传感器产	深圳市简测科技有限公司	低温敏型光纤光栅应变传感器产		电力工程、能源工程、水利工程、土木工程中的钢结构表面长期应变测量
	工业温度传感器	上海亚晶电子有限公司	MBT5252		常规工业和海上应用中的冷水、润滑油、液压油和制冷系统

3.3.2 湿度传感器

本部分主要根据不同功能和工作特性，为读者介绍了数字湿度传感器，土壤水分传感器，GPS无线传感器，耐水湿度传感器和大气湿度传感器，便于读者对教材的理解。

部分湿度传感器性能指标一览 表 3-4

湿度传感器	数字量温湿度传感	北京传感天空科技有限公司	JK-TK		室内环境的温度、湿度的一体化智能监控模块
	土壤水分变送传感器	北京星仪传感器技术有限公司	CSF11		土壤墒情监测，节水灌溉，温室控制，精细农业等领域
	GPS无线湿度传感器	北京赢创力和电子科技有限公司	6500-TH		无距离限制，只要有移动或联通网络的地方，即可监控
	耐水湿度传感器	广州海谷科技有限公司	HGS0631K	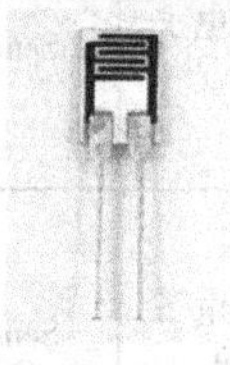	家电湿度控制，加湿设备，除湿设备，家庭气象站，数字相框等
	大气湿度传感器	武汉中科能慧科技发展有限公司	NH122S		环境、农业、养殖业、温室、实验室等各类需气湿测量的场合

3.3.3 压力传感器

本部分主要根据不同功能和工作特性，为读者介绍了通用压力传感器，微压差传感器、高温压力传感器和防爆传感器，便于读者对教材的理解。

部分压力传感器性能指标一览 表 3-5

压力传感器	通用压力传感器	泰科电子有限公司	CAT-PTT0035		工业器械

续表

压力传感器	微差压传感器	东莞市南力测控设备有限公司	PTS802		锅炉送风、井下通风等电力、煤炭行业及油漆、饮料等液体的饮料瓶、罐包装物的检漏压力过程控制领域
	高温型压力传感器	北京星仪传感器技术有限公司	CYYZ16		室内，高温液压或气体的压力测量，非防爆一般现场
	防爆压力传感器	蚌埠高灵传感系统有限公司	CFBP/B		航空系统检测、热电、水电机组、锅炉管道压力控制等工业现场的一般防爆性环境的测量

3.3.4 液位传感器

本部分主要根据不同功能和工作特性，为读者介绍了通用液位传感器，投入式液位传感器，高温液位传感器和油井液位传感器，便于读者对教材的理解。

部分液位传感器性能指标一览　　表 3-6

液位传感器	通用液位传感器	江苏精籁电子科技发展有限公司	GSK	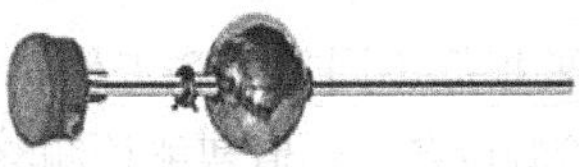	炼油，造纸，冶金，电力食品，化工，升华用水及污水处理
	投入式液位传感器	上海荣汉自动化仪表有限公司	龙瑞斯 1011	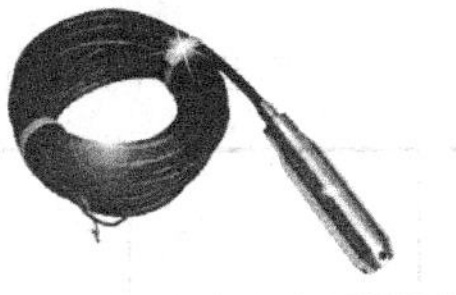	污水处理、环保净化、水利检测、自来水厂等
	高温型投入式液位变送器	北京星仪传感器技术有限公司	CYW18	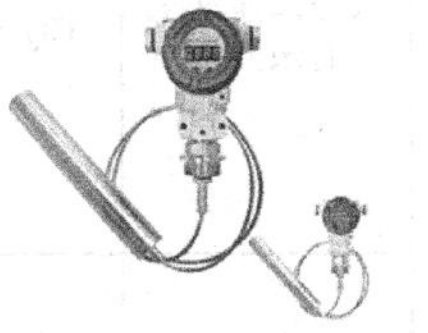	适用于高温水箱，水池的水位测量
	油井液面传感器	杭州瑞利科技有限公司	ALT-I		油井液面检测

3.3.5 流量传感器

本部分主要根据不同功能和工作特性，为读者介绍了涡轮流量传感器，齿轮流量传感器，便于读者对教材的理解。

部分流量传感器性能指标一览 表 3-7

流量传感器	涡轮流量传感器	北京昆仑中大传感器技术有限公司	KZLWGY		适合安装于泵、马达、阀、油缸的高压油口，直接对其压力、流量进行动态测试
	齿轮流量传感器	深圳市雷诺智能技术有限公司	GFM		用于测试泵、马达、阀、油缸的流量，可直接连接到数显仪、PLC等，对系统进行测试控制

3.3.6 PM2.5检测设备

本部分主要根据不同功能和工作特性，为读者介绍了家用PM2.5检测设备，手握式PM2.5检测设备，环境智能检测终端，便于读者对教材的理解。

部分 PM2.5 检测设备性能指标一览 表 3-8

PM2.5检测仪	家用PM2.5检测仪	天津国强科技有限公司	GQ-068	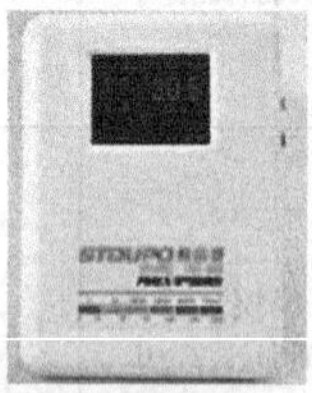	家庭室内、办公场所、汽车内
	高精度手持式PM2.5检测仪	中瑞科诺股份有限公司	KN-02-B		基于激光粒子检测技术，精确测量空气中PM2.5颗粒物个数，可在不同场合长期使用

续表

PM2.5检测仪	环境检测智能终端	上海蓝居智能科技有限公司	U-MINI		交通环境、城市空气质量、公园、森林、居民区

本章小结

在一个完整的智能系统中，检测和传感器就像是人的眼睛、耳朵等感官器官，它将各种需要检测的物理量转化为标准电信号，通过网络传输给控制中心。所以，检测和传感器是我们学习智能建筑理论与知识必须要学习的内容。通过本章的学习，我们理解了物理量检测技术和各种传感器的原理与性能指标，对于后续的学习奠定了坚实基础。

思考题

1. 简述检测与测量的概念与区别。
2. 列举三种检测技术与原理。
3. 简述传感器的概念与作用。
4. 简述热电式传感器的原理。
5. 简述红外辐射式传感器的原理。

4 智能建筑中执行装置

学习目的

1. 了解调节阀的工作特性及选择方法；
2. 熟悉智能建筑中执行装置的分类、组成及结构。

本章要点

本章节主要讲述了智能建筑中执行器的分类及组成、各类执行器的结构和使用原理、调节阀的工作特性及功能、调节阀的选择标准、常见执行装置的产品种类介绍。

4.1 执行器概述

在自动控制系统中，执行器的作用是按照控制器的命令，直接控制能量或物料等被控介质的输送量，是自动控制系统的终端执行部件。执行器安装在工作现场，长年与工作现场的介质直接接触，执行器的选择不当或维护不善常使整个控制系统工作不可靠，严重影响控制品质。

从结构来说，执行器一般由执行机构、调节机构两部分组成。其中执行机构是执行器的推动部分，按照控制器输送的信号大小产生推力或位移。调节机构是执行器的调节部分。常见的是调节阀，它接受执行机构的操纵改变阀芯与阀座间的流通面积，达到调节介质的流量。

执行机构使用的能源种类可分为气动、电动、液动三种。

在建筑物自动化系统中常用电动执行器。

4.1.1 执行器

1．电动执行器

电动执行器根据使用要求有各种结构。电磁阀是电动执行器中最简单的一种。它利用电磁铁的吸合和释放对小口径阀门作通、断两种状态的控制，由于结构简单、价格低廉，常和两位式简易控制器组成简单的自动调节系统。

除电磁阀外，其他连续动作的电动执行器都使用电动机作动力元件，将控制器来的信号转变为阀的开度。电动执行机构的输出方式有直行程、角行程和多转式三种类型，可和直线移动的调节阀、旋转的蝶阀、多转的感应调压器等配合工作。

电动执行器机构的组成一般采用随动系统的方案，如图4–1所示。

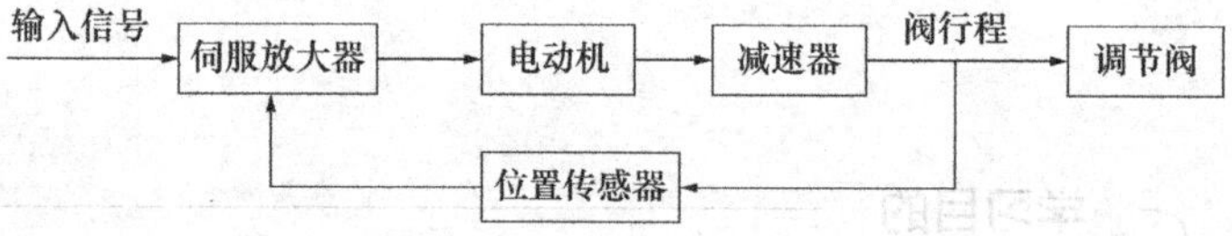

图4–1 电动执行机构随动系统框图

从控制器来的信号通过伺服放大器驱动电动机，经减速器带动调节阀，同时经位置传感器将阀杆行程反馈给伺服放大器，组成位置随动系统，依靠位置负反馈，保证输入信号准确地转换为阀杆的行程。

在结构上，电动执行机构除可与调节阀组装整体式的执行器外，常单独分装以适应各方面的需要。在许多工艺调节参数中，电动执行器能直接与具有不同输出信号的各种电动调节仪表配合使用。

执行机构与调节机构的连接有两种方式：

① 直接连接执行机构一般安装在调节机构（如阀门）的上部，直接驱动调节机构。这类执行机构有直行程电动执行机构、电磁阀的线圈控制机构、电动阀

门的电动装置、气动薄膜执行机构和气动活塞执行机构等。

② 间接连接执行机械与调解机构分开安装，通过转臂及连杆连接，转臂作回转运动。这类执行机构有角行程电动执行机构、气动长行程机构。

2. 气动执行器

气动执行器是以140kP的压缩空气为能源，以20 ～ 100kP气压信号为输入控制信号的执行机构，它具有结构简单、动作可靠、性能稳定、输出推力大、维修方便、本质安全防暴和价格低廉等特点。如图4-2所示。

图4-2 气动执行器的构成原理

气动执行机构主要有薄膜式和活塞式两大类，并以薄膜执行机构应用最广。

1）气动薄膜控制阀

气动薄膜控制阀以压缩空气作为动力，通过电气阀门定位器来控制气源压力的大小，使空气作用于调节阀的橡胶膜片，膜片的收缩与扩张再带动阀杆上下动作，从而达到控制介质的目的。工作原理及结构如图4-3、图4-4所示。

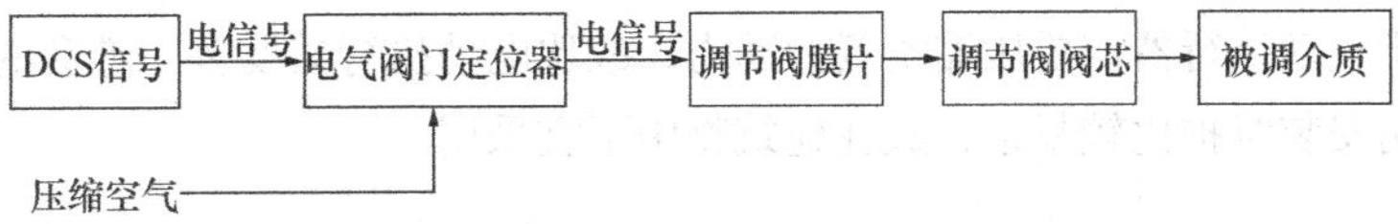

图4-3 气动薄膜阀的工作原理

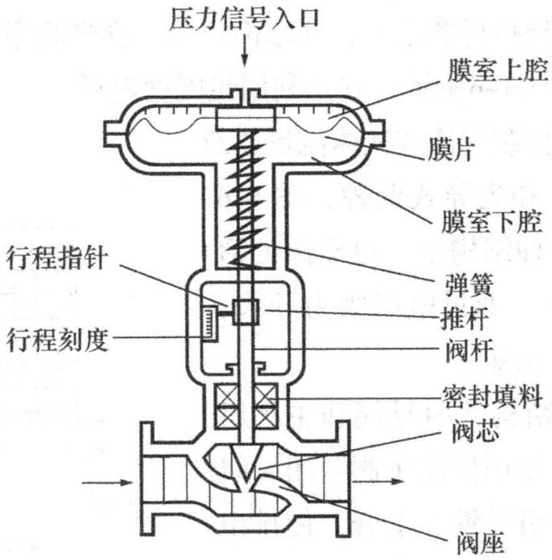

图4-4 气动薄膜控制阀的结构

2）气动活塞式执行机构

气动活塞式执行机构由气缸内的活塞输出推力，由于气缸允许操作压力较大，故可获得较大的推力，并容易制造长行程的执行机构，所以它特别适用于高静压、高压差以及需要较大推力和位移（转角或直线位移）的应用场合。如图4-5所示。

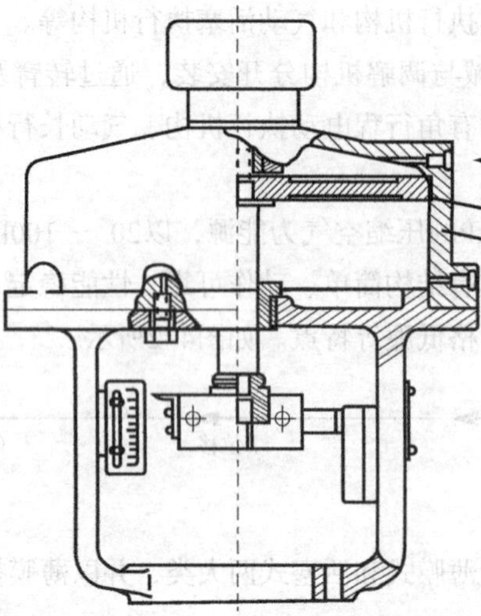

图4-5　气动活塞式执行机构

气动活塞式执行机构按其作用方式可分成比例式和两位式两种。比例式是指输入信号压力与推杆的行程成比例关系，这时它必须与阀门定位器配用。两位式是根据输入执行机构活塞两侧的操作压力差来完成的。活塞由高压侧推向低压侧，就使推杆由一个极端位置推移至另一个极端位置。

由于气动执行器需要压缩空气为动力，故比电动执行器要多一整套的气源装置，使用安装维护比较复杂，故在建筑物中不宜采用。

4.1.2　电磁阀

电磁阀是常用电动执行器之一，其结构简单，价格低廉，多用于两位控制系统中，电磁阀结构如图4-6所示，它是利用线圈通电后，产生电磁吸力提升活动铁芯，带动阀塞运动控制气体或液体流量通断。

电磁阀有直动式和先导式两种，图4-6为直动式电磁阀。这种结构中，电磁阀的活动铁芯本身就是阀塞，通过电磁吸力开阀，失电后，由恢复弹簧闭阀。

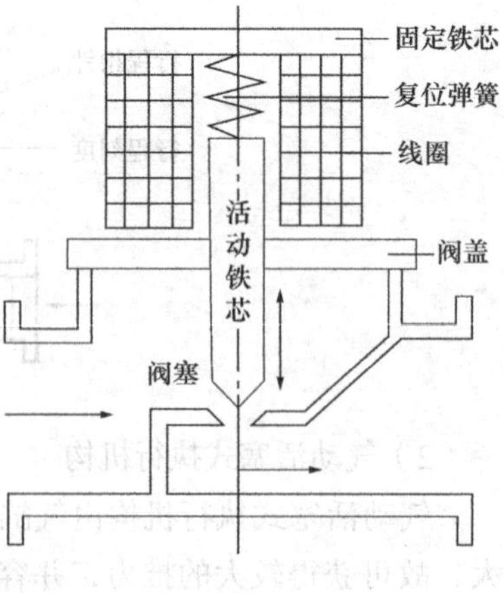

图4-6　电磁阀结构

图4-7为先导式结构，由导阀和主阀组成，通过导阀的先导作用促使主阀开闭。线圈通电后，电磁力吸引活铁芯上升，使排出孔开启，由于排出孔远大于平衡孔，导致主阀上腔中压力降低，但主阀下方压力仍与进口侧压力相等，则主阀因差压作用而上升，阀呈开启状态。断电后，活动铁芯下落，将排出孔封闭，主阀上腔因从平衡孔冲人介质压力上升，当约等于进口侧压力时，主阀因本身弹簧力及复位弹簧作用力，使阀呈关闭状态。

电磁阀的型号可根据工艺要求选择，其通径可与工艺管路直径相同。

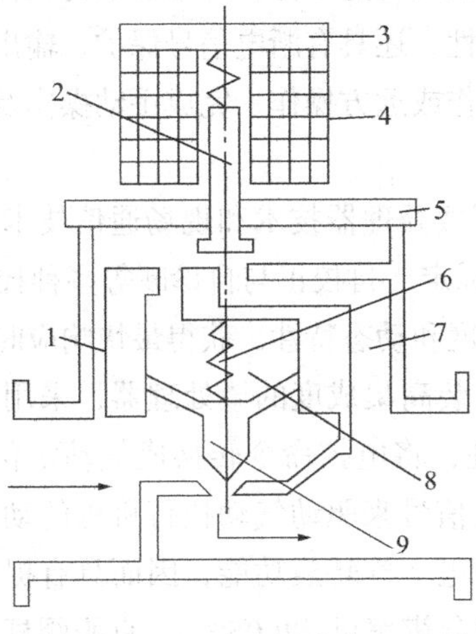

1—平衡孔 2—活动铁芯 3—固定铁芯 4—线圈 5—阀盖
6—复位弹簧 7—排出孔 8—上腔 9—主阀塞

图4-7 先导式电磁阀结构原理

4.1.3 电动阀

电动调节阀是以电动机为动力元件，将控制器输出信号转换为阀门的开度，它是种连续动作的执行器。

电动执行机构根据配用的调节机构不同，输出方式有直行程、角行程和多转式三种类型，分别同直线移动的调节阀、旋转的蝶阀、多转的感应调节器等配合工作。在结构上电动执行机构除可与调节阀组装成整体的执行器外，常单独分装以适应各方面需要，使用比较灵活。

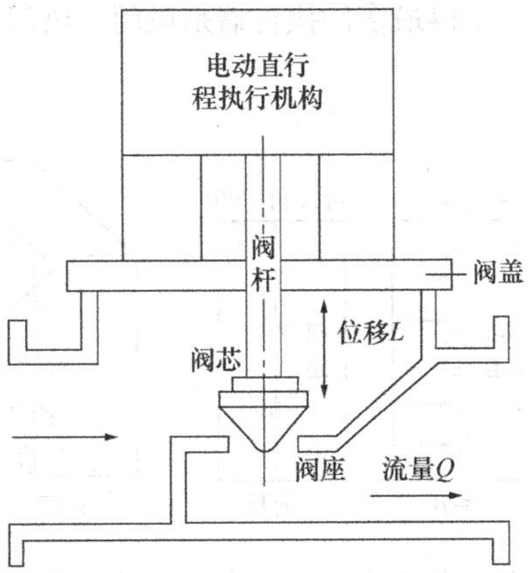

图4-8 电动阀结构原理

图4-8所示是直线移动的电动调节阀原理，阀杆的上端与执行机构相连接，当阀杆带动阀芯在阀体内上下移动时，改变阀芯与阀座之间的流通面积，即改变阀的阻力系数，其流过阀的流量也就相应地改变，从而达到调节流量的目的。

智能电动执行器，根据控制电信号，直接操作改阀的位移。智能电动执行器大都将伺服放大器与执行机构合为一体，并增设了行程保护、过力矩保护和电动机过热保护等以提高可靠性，还具有断电信号保护、输出现场阀位指示和故障报警功能。它可进行现场操作或远方操作，完成手动操作及手动／自动之间无扰动切换。

智能电动执行器利用微处理器技术和现场通信技术扩大功能，实现双向通信、PID调节、在线自动标定、自校正与自诊断等多种控制技术要求的功能，有效提高自动控制系统的精度和动态特性，获得最快响应时间。

智能阀门定位器，内装高集成度的微处理器，采用电平衡（数字平衡）原理代替传统的力平衡原理，将电控命令转换成气动定位增量来实现阀位控制；利用数字式开、停、关的信号来驱动气动执行机构的动作；阀位反馈直接通过高精度位置传感器，实现电／气转换功能，因而具有提高输出力、提高动作速度和调节精度（最小行程分辨率可达0.05%），克服阀杆摩擦力，实现正确定位等特点。

智能阀门定位器具备许多符合现代过程控制技术要求的功能：对所有控制参数都可组态的功能（如死区、正反作用、报警上下限、行程零点、行程范围、执行机构类型选择等），实现分程控制功能，实现上行、下行速度调节功能，实现线性等百分比、快开等特性修正功能，自校正功能、自诊断功能，故障报警及故障处理功能，多种通信支持功能等。

智能阀门定位器与智能变送器一起将彻底改变现场仪表的状况，促使过程控制早日进入现场总线控制系统的新时代。

4.1.4 风门

在空调通风系统中、用得最多的执行器是风门。风门用来控制风的流量，其结构原理如图4–9所示。

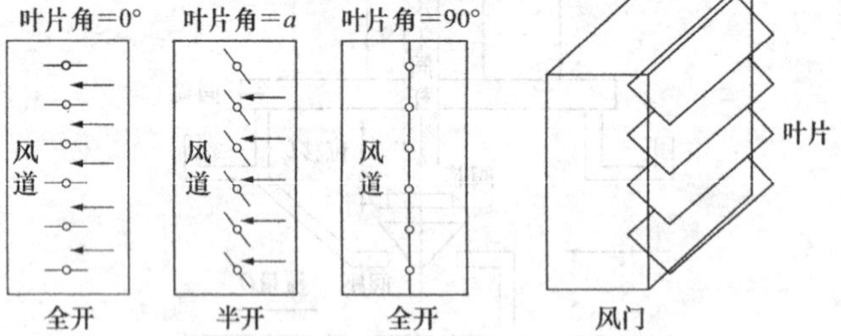

图4–9　风门的结构原理

风门由若干叶片组成。当叶片转动时改变流道的等效截面积，即改变了风门的阻力系数，其流过的风量也就相应地改变，从而达到了调节风流量的目的。叶片的形状将决定风门的流量特性。风门的驱动器可以是电动的，也可以是气动的。

在建筑物中一般采用电动式风门，其结构如图4–10所示。

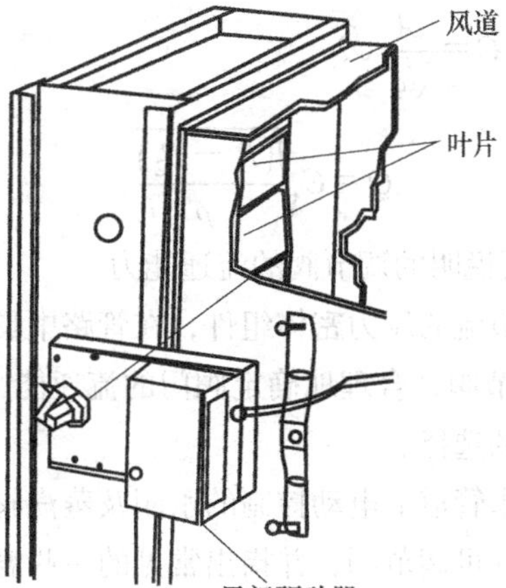

图4-10 电动式风门

4.2 调节阀的工作特性

4.2.1 调节阀概述

1. 调节阀的工作原理

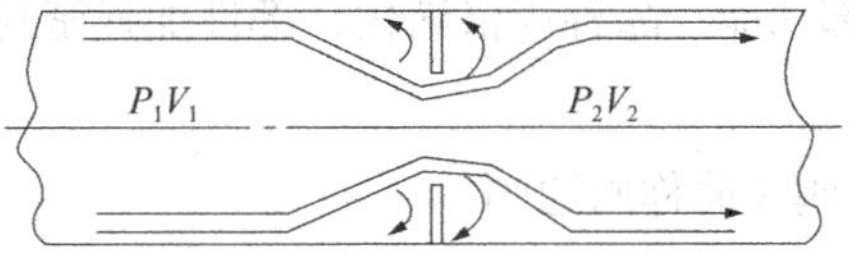

图4-11 调节阀节流模拟

调节阀是按照控制信号的方向和大小，通过改变阀芯行程来改变阀的阻力系数，达到调节流量的目的。从流体力学的观点看，调节阀是一个局部阻力可以变化的节流元件。我们可把调节阀模拟成孔板节流形式，见图4-11。对不可压缩的流体，根据伯努利方程，调节阀的流量方程式为：

$$\frac{P_1}{\rho g}+\frac{V_1^2}{2g}=\frac{P_2}{\rho g}+\frac{V_2^2}{2g} \tag{4-1}$$

$$Q=\frac{A}{\sqrt{\xi}}\sqrt{\frac{2(P_1-P_2)}{\rho}} \tag{4-2}$$

式中 V_1、V_2——节流前后速度；

P_1、P_2——节流前后压力；

A——节流面积；

g——重力加速度；

ξ——阻力系数；

ρ——流体密度。

从式4-2可见，当调节阀口径一定，即调节阀两端压差（P_1-P_2）不变时，流量Q随调节阀阻力系数而变化。

在式4–2中，如令：$C=\frac{A}{\sqrt{\xi}}\sqrt{2}$ （4–3）

$$Q=C\sqrt{\frac{(P_1-P_2)}{\rho}} \quad (4\text{–}4)$$

*C*就是本节后面将要说明的调节阀的流通能力。

调节阀是一种可变节流的压力密体组件，在管路中具有调节、切断和分配流体的功能。正确选择调节阀，合理地确定阀门的流通能力，有明显的节能效果。因此一定要重视调节阀的选择。

本节侧重讨论用于水管道上电动控制的水阀及蒸汽阀，以及用于热（冷）水盘管的直通调节阀的实际可调范围，并指出常见的一些温度调节系统不可调节的原因，提醒读者要特别重视对象（广义对象）的可调性。

2．常用调节阀的种类：

调节阀有许多种。根据构造及外形，常用的调节阀主要有：直通单座调节阀、直通双座调节阀（平衡阀）、三通调节阀、蝶阀（翻板阀）、隔膜调节阀。

近年来，我国针对传统调节阀的笨重、品种繁多、功能不全、可靠性差等问题进行技术攻关与改型。新一代超轻型调节阀在重量上比传统调节阀减轻60%～80%，高度下降50%～70%；功能上具备调节、切断、大压差、防堵、耐蚀、耐高温高压等全部功能，品种规格简化，部件加强密封；减小摩擦，防止堵卡，提高寿命。

1）直通单座调节阀（简称两通阀）

直通单座调节阀在阀体内有一个阀座、一个阀芯及其他部件（其结构如图4–12所示）。当阀杆提升时，阀开度增大，流量增加；反之则开度减小，流量降低。它的特点是关闭严密，工作性能可靠，结构简单，造价低廉，但阀杆的推力较大，因此对执行器工作力矩要求相对较高。它主要适合于对关闭要求较严密及压差较小的场所，由于单座阀只有一个阀芯，流体对阀芯的推力不能像双座阀那样能互相平衡，因此不平衡力较大，尤其在高压差、大口径时，不平衡力更大，所以单座阀仅适用于低压差的场合。如普通的空调机组、风机盘管、热交换器等的控制。

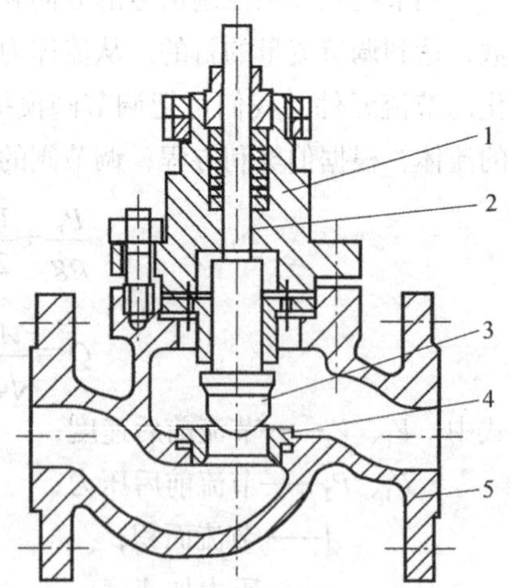

1—阀盖；2—阀杆；3—阀芯；4—阀座；5—阀体

图4–12　直通单座调节阀结构

2）直通双座阀

直通双座调节阀又称压力平衡阀。阀体内有两个阀座及两下阀芯（如

图4-13所示)。阀杆做上下移动来改变阀芯与阀座的位置。

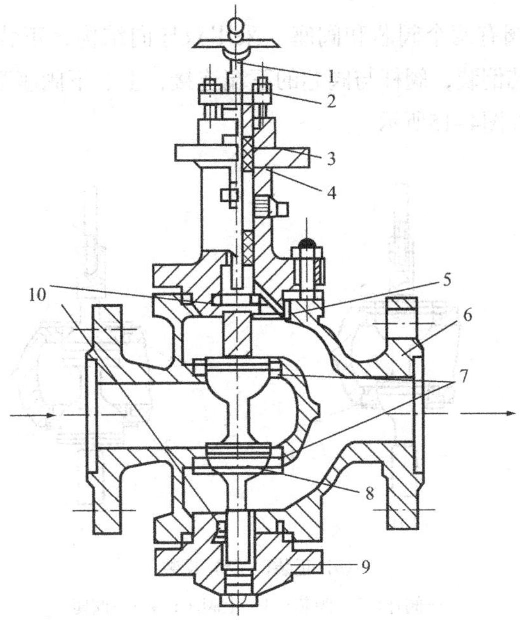

1—阀杆；2—压扳；3— 料；4—上阀盖；5— 圆柱销钉；
6—阀体；7—阀座；8—阀芯；9—下阀盖；10—补套

图4-13 直通双座调节阀结构

从图4-13中可以看出，流体从左侧进入，通过上、下阀芯后再汇合一起，由右侧流出。其明显的特点是：在关闭状态时，两个阀芯的受力可部分互相抵消，阀杆不平衡力很小，因此开、关阀时对执行机构的力矩要求较低。但从其结构中我们也可以看到，它的关闭严密性不如单座阀，因为两个阀芯与两个阀座的距离不可能永远保持相等，即使制造时尽可能相等，而在实际使用时，由于温度引起的阀杆和阀体的热胀冷缩不一致，或在使用一段时间后也会磨损。另外，由于结构原因，其造价相对较高。

它适用于控制压差较大，但对关闭严密性要求相对较低的场所，比较典型的应用如空调冷冻水供回水管上的压差控制阀。

双座阀有正装和反装两种。正装时，阀芯向下位移，阀芯与阀座间的流通面积减少，反装时，阀芯向下位移，阀芯与阀座间的流通面积增大。正装和反装时，阀芯位移与流通面积的关系如图4-14所示。

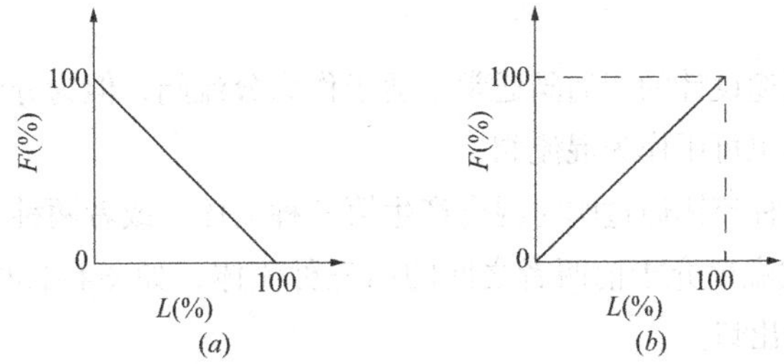

(a)正装；(b)反装

图4-14 阀芯位移与流通面积的关系

由于双座阀有两个阀芯和阀座，采用双导向结构，正装可以方便地改成反装，只要把阀芯倒装，阀杆与阀芯的下端连接，上、下阀座互换位置之后就可改变安装方式，如图4-15所示。

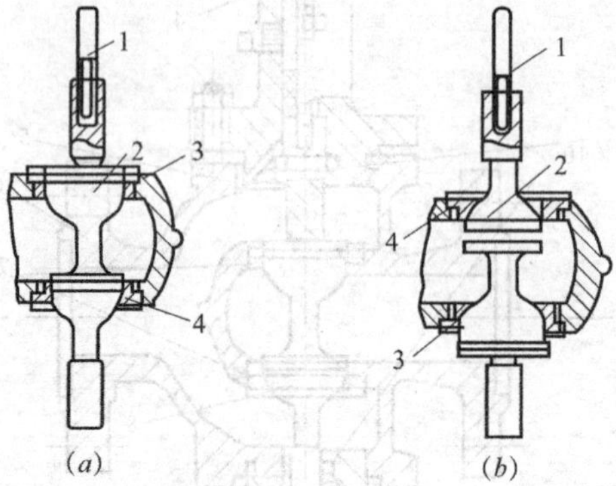

(a) 正装；(b) 反装

1—阀杆；2—阀芯；3—上阀座；4—下阀座

图4-15 直通双座阀的改装示意图

双座阀体上、下两个阀芯，流体作用在上下阀体的推力的方向相反而大小接近相等，所以双座阀的水平衡力很小，允许压差较大。双座阀体的流通能力比同口径的单座阀大。

但是，受加工限制，上、下两个阀芯不易保证同时关闭，所以关闭时泄漏较大，尤其使用于高温、低温的场合，因材料的热膨胀不同，更易引起较严重的泄漏。此外，阀体流路较复杂，不适用于高黏度和含纤维介质的调节。由于受流路变化影响，执行器作用力正反方向变化，所以调节精度不够，在压差允许条件下尽量不选用双座阀。

3）三通调节阀

三通阀有三个出入口与管道相连，按作用方式分为三通混流阀和三通分流阀两种形式，其特点是基本上能保持总水量的恒定。因此它适合于定水量系统。

实际上，由于阀各支路的特性不同，三通阀要完全做到水流量的恒定是不可能的。在其全行程的范围内，总是存在一定的总水量波动情况，其波动范围大约为0.9～1.015。

为混流用途设计的三通阀通常不适于作为分流阀，但为分流用途设计的三通阀一般情况下也可用作为混流阀。

合流是两种流体通过阀时混合产生第三种流体，或者两种不同温度的流体通过阀时混合成温度介于前两者之间的第三种流体，如图4-16所示。这种阀有两个进口和一个出口。

分流是把一种流体通过阀后分成两路。当阀在关闭一个出口的同时就打开另一个出口。这种阀有一个入口和两个出口。

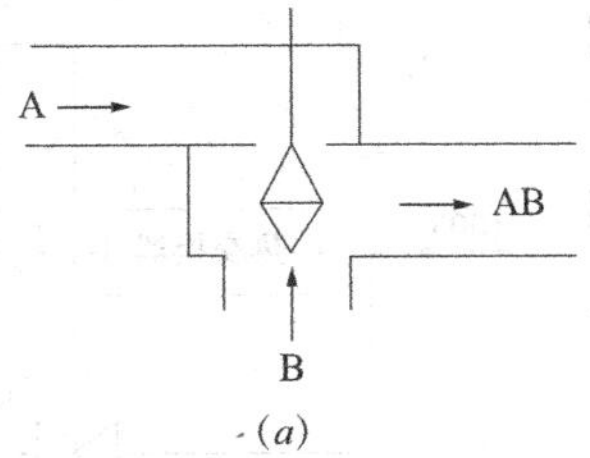

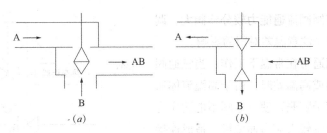

图4-16 三通调节阀示意图

(a) 合流阀；(b) 分流阀

合流阀和分流阀的阀芯形状不一样，合流阀的阀芯位于阀座内部，分流阀的阀芯位于阀座外部，这样设计的阀芯，可使流体的流动方向将阀芯处于流开状态，阀能稳定操作，所以，合流阀必须用于合流的场合，分流阀必须用于分流的场合，但当公称通径*DN*＜80mm时，由于不平衡力较小，合流阀也可以用于分流的场合，如图4-17所示。

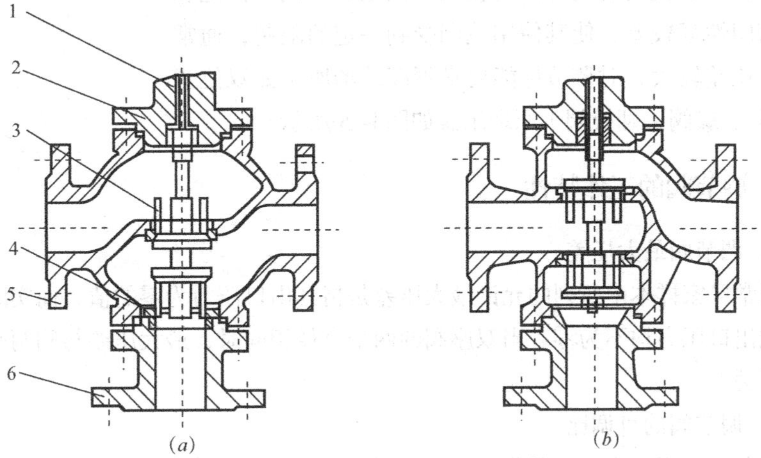

图4-17 三通调节阀结构图

(a) 合流阀；(b) 分流阀

1—阀杆；2—阀盖；3—阀芯杆；4—阀座；5—阀体；6—连接管

三通控制阀可以省掉一个二通阀和一个三通接管，因此得到广泛应用，常用于热交换器的旁通调节，也可用于简单的配比调节。

旁通调节是调节热交换器的旁通量来控制其出口流体的温度，如图4-18所示，三通阀装在旁通的入口为分流，三通阀装在旁路的出口为合流。

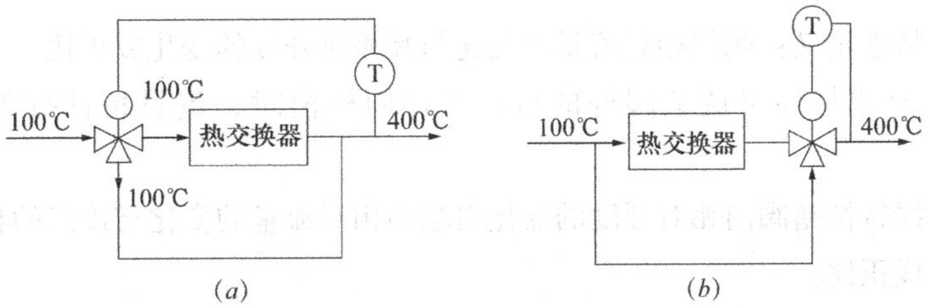

图4-18 三通调节阀的旁路调节关系

(a) 合流阀；(b) 分流阀

合流控制阀流通能力较分流阀大，调节灵敏，但应注意温差对阀的影响。

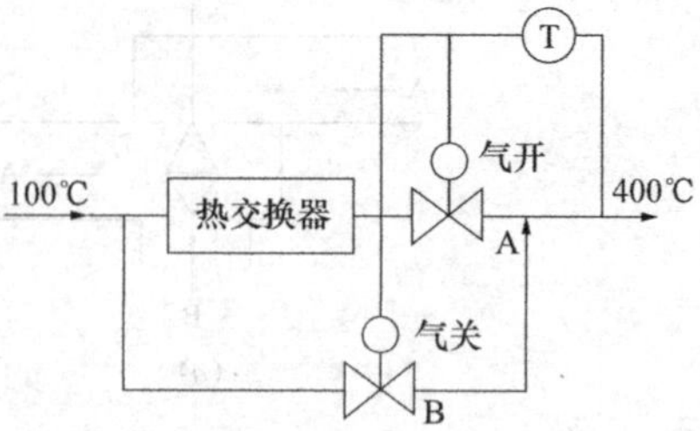

图4-19　两个二通阀的旁落调节

三通阀通常在常温下工作，当三通阀使用于高温或高温差时，由于高温流体通过，引起管子膨胀，使三通阀不能适应这种膨胀，产生较大应力而变形，造成连接处的损坏和泄露，尤其在高温差时影响更为严重，一般要求三通阀的温度小于150℃。当温度过大时可采用两个二通阀来代替一个三通阀，如图4–19所示（假定调节器为反作用，当出口温度升高，调节器输出减少；A阀差小，B阀开大，冷介质温度升高，故温度降低）。

4）蝶阀

蝶阀以其体积小、重量轻、安装方便而受到人们的喜爱，并且开、关阀的允许压差较大。但是，其调节性能和关阀密闭性都较差，使其使用范围受到一定的限制，通常它用于压差较大、对调节性能要求不高的场所（如双位式用途等）。蝶阀（翻板阀）原理示意如图4–20所示。

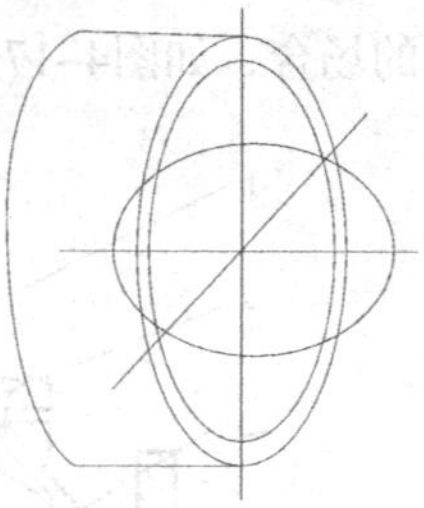

图4-20　蝶阀原理示意图

4.2.2　调节阀的工作特性

1．调节阀最大压差

通常厂家样本中所列的允许最大压差是指其出口压力为零的值，而实际普通冷热阀出口压力均不为零。当双座阀的两个直径相同时，最大压差与阀两端实际压差无关。

2．调节阀的可调比

调节阀的可调比是指调节阀所能控制的最大流量与最小流量之比，通常理想可调比为30～50。

3．调节阀理想流量特性

调节阀的流量特性是指流过调节阀的流体相对流量与调节阀相对开度之间的关系。假设调节阀上的压降不随阀的开度和流量而变化，得到相对流量与相对开度之间的关系，即为理想流量特性。有直线等百分比、快开流量、抛物线四种。

直线特性定义：阀门相对流量的变化与其相对开度的变化成正比。

等百分比特性指调节阀杆的行程增加同样值时，流量特性按等百分比增加。

抛物线特性指阀门相对开度的变化引起的相对流量的变化与该点的相对流量的平方根成正比。

快开流量特性与等百分比阀的作用是相反方向的，当行程较小时流量比较大，随着行程的增加，流量即迅速增大至接近最大值。

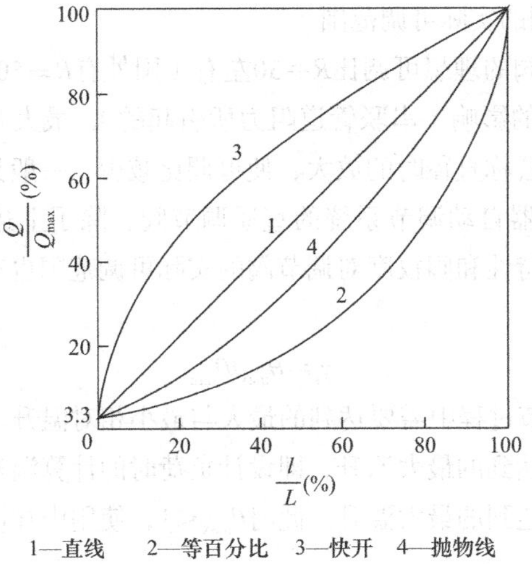

图4-21　阀门的理想流量特性曲线

4．工作流量特性

阀门总是与表冷器、热交换器等相连（如盘管或热交换器阻力、管件阻力等）。在阀门的调节过程中，即使保持供、回水总管的压差不变，各表冷器支路的压差也会不断变化。因此，我们把这种实际工作条件下阀门的特性称为工作流量特性。

1）调节阀有串联管道时的工作流量特性

由于串联管道存在阻力，其阻力损失与通过管道的流量成平方关系，因此，当系统两端总压差一定时，随着通过管道流量的增大，串联管的阻力损失也增大，这样就使调节阀上的压差减小，引起流量特性变化，理想流量特性就成为工作流量特性。

2）并联管道的工作流量特性

当调节阀设在热交换器的旁路或打开调节阀组上的旁路阀时，就形成调节阀与管道并联的情况，由于使用并联管路，调节阀的流量特性也会受到影响，使理想流量特性变为工作流量特性。

5．直通调节阀的实际可调范围

1）实际可调比

调节阀在实际使用中，由于调节阀上压差随着串联管道阻力改变使调节阀的可调比发生变化。这些调节阀实际所能控制的最大流量与最小流量的比为实际可调比。可调比的下降意味着阀门调节流量的能力降低。

串联管道：在实际使用中，为保证调节阀有一定的可调比，应考虑调节阀有一定的压差。

并联管道：调节阀在并联管道时的实际可调比近似为总管最大流量与旁路流量的比值。随着旁路流量的增加，实际可调比迅速降低，因此在实际使用中，不希望打开调节阀的旁路。

2）直通调节阀的实际可调范围

国产直通调节阀的理想可调比$R=30$左右（国外有$R=50$的），但实际上，由于受工作流量特性的影响（串联管道阻力所引起的），最大开度和最小开度的限制以及选用调节阀公称直径时的放大，使可调比减少，一般只能达到10左右。

用于热水换热器自动调节系统的直通调节阀，除了上述影响可调比的因素外，热交换器的静特性和阀权度对调节阀的实际可调范围也有影响。实际可调范围的γ_s定义为：

$$\gamma_s=\theta_{max}/\theta_{min}$$

θ_{max}与θ_{min}为调节过程中需要达到的最大与最小相对温升。由于设备选用的裕量调节过程中需要达到的最大温升，即设计负荷时的计算温升，可以小于空气经过热交换器时可能达到的最大温升。此时$\theta_{max}<1$，使用中在设计负荷时调节阀也不需要全开。

在设备选用没有裕量的情况下，上述两个温升相等，即$\theta_{max}=1$。

由热水换热器静特性的计算公式得：

$$\theta=1/(1+\alpha(1/q-1))$$

相应地得到：$\theta_{max}=1/(1+\alpha(1/q_{max}-1))$

$$\theta_{min}=1/(1+\alpha(1/q_{min}-1))$$

式中　α——热水换热器计算特性参数；

q——流过热水换热器折相对流量，定义为：

$$q=W/W_{100}$$

q_{max}与q_{min}分别为调节过程中需要达到的最大与最小相对流量，定义为：

$$q_{max}=W_{max}/W_{100} \qquad q_{min}=W_{min}/W_{100}$$

W为调节过程中通过热水换热器的水流量，W_{max}与W_{min}分别为需要达到的最大与最小量。W_{100}为直通阀全开的流量，它可以大于或等于调节过程中需要达到的最大流量W_{max}。

例：某热水换热器，如采用国产直通阀（$R=30$）控制，$q_{max}=1$，$q_v=0.3$，可求最小可调相对温升和实际可调范围γ_s，由于实际可调范围比较小，调节效果不会好，如改用进口直通调节阀，$R=50$，则：由于R的增大，使γ_s也增大，调节效果有所改善。但要注意到我们假定$q_{max}=1$，实际上$q_{max}<1$，因而实际效果比计算的要差，而且随着θ_{max}的减少，使γ_s进一步减少。

实际可调范围γ_s是阀门选择中的一个重要指标，它反映对象（广义对象）的可调性。γ_s越小，失调的可能性越大。当$\gamma_s<5$时，就要引起注意。

提高γ_s的主要措施是：

（1）合理地选择直通调节阀的口径。

（2）按照热水换热器的进水温度，尽可能提高α值。

（3）确定合理的阀权度P_v，在不使泵的扬程过分增大的前提下，尽可能提高P_v。

上面以热水换热器为研究对象，但这些结论同样适用于以降温为目的的冷水表面冷却器。

4.2.3 调节阀流通能力

调节阀流通能力是衡量阀门流量控制能力。其定义为：当调节阀全开时，阀两端压差为10^5Pa，流体密度为$\rho=1$g/cm^{3}时，每小时流经调节阀的流量数，以m^3/h计。

4.2.4 调节阀选择

在讨论了调节阀的类型及各种性能参数之后，实际设计工作就可以合理选择一个满足使用要求的调节阀。

1. 阀门功能

三通阀与两通阀具有不同功能，因而也有着不同适用场所的阀门。当水系统为变水量系统时，应采用两通阀；当水系统为定水量系统量，应采用三通阀。

在采用两通阀时，为了保证变水量系统的运行及节能，应采用常闭型阀门。当它不需要工作时应能自动关闭（电动或弹簧复位）。

阀座形式的选择主要由阀两端压差来决定。

空调机组、风机盘管及热交换器的控制，通常阀两端的工作压差不是太高，最高压差也不会超过系统压差。因此，这时采用单通阀通常是可以满足要求的。

总供、回水管之间的旁通阀，尽管其正常使用时的压差为系统控制压差，但是在系统初起动时，由于尚不知用各是否已运行及用户的电动两通阀是否已打开。因此，旁通阀的最大可能的压差应该是水泵净扬程（在一次泵系统中，为冷冻水泵的扬程；在二次泵系统中，为次级泵的扬程）。

从上述也可以看出：由于二次泵系统中的次级泵扬程小于一次泵系统中的冷冻水泵扬程，因此，压差旁通阀工作时最大可能的压差在二次泵系统中将有所减小，选择阀门种类的范围扩大，对设计及运行都有一定优点。

值得注意的是，这里讨论的阀最大压差是其实际工作时可能承受的压差值ΔP_r。

压差控制阀通常采用双座阀。

2. 阀门工作范围

1）介质种类

在空调系统中，调节阀通常用于水和蒸汽。这些介质本身对阀件无特殊的要求，因而一般通用材料制作的阀件都是可用的。对于其他流体，则要认真考虑阀件材料。如杂质较多的流体，应采用耐磨材料；腐蚀性流体，应采用耐腐蚀材料等。

2）工作压力

工作压力也和阀的材质有关，一般来说，在生产厂家的样本中对其都是有所提及，使用时实际工作压力只要不超过其额定工作压力即可。

3）工作温度

阀门资料中一般也提供该阀所适用的流体温度，只要按要求选择即可。常用阀门的允许工作温度对于空调冷、热水系统都是适用的。

但对于蒸汽阀，则应注意的一点是：因为阀的工作压力和工作温度与某种蒸汽的饱和压力和饱和温度不一定是对应的，因此应在温度与压力的适用范围中取较小者来作为其应用的限制条件。例如：假定一个阀列出的工作压力为1.6MPa，工作温度为180℃。我们知道：1.6MPa的饱和蒸汽温度为204℃，因此，当此阀用于蒸汽管道系统时，它只适用于饱和温度180℃（相当于蒸汽饱和压力约为1.0MPa）的蒸汽系统之中而不能用于1.6MPa的蒸汽系统之中。

3．阀口径、工作压差及流量特性

阀门口径D、工作压差ΔP_v及流量特性$g=f(L)$这三者是不可分的。它们同时决定阀门实际工作时的调节特性。三者的不同组合会产生不同的效果，应综合考虑。

1）口径选择

只用双位控制即可满足要求的场所（如大部分建筑中的风机盘管所配的两通阀以及对湿度要求不高的加湿器用阀等），无论采用电动式或电磁式，其基本要求都是尽量减少阀门的流通阻力而不是考虑其调节能力。因此，此时阀门的口径可与所设计的设备接管管径相同。

电磁式阀门在开启时，总是处于带电状态，长时间带电容易影响其寿命，特别是用于蒸汽系统时，因其温度较高散热不好时更为如此。同时，它在开关时会出现一些噪声。因此，应尽可能采用电动式阀门。

调节用的阀门，直接按接管管径选择阀口径是不合理的。因为阀的调节品质与接管流速或管径是没有关系的，它只与其水阻力及流量有关。换句话说，一旦设备确定后，理论上来说，适合于该设备控制的阀门只有一种理想的口径而不会出现多种选择。因此，选择阀门口径的依据只能是其流通能力。

实际工程中，阀的口径通常是分级的，因此阀门的实际流通能力C_s，通常也不是一个连续变化值（而根据公式计算出的C值是连续的）。目前大部分生产厂商对C_s，的分级都是按大约1.6倍递增的。表4-1反映了某一厂家产品随阀门口径变化时其C_s的变化。

不同口径电动水阀的流通能力　　表4-1

D/mm	15	15	15	15	20	25	32	40	50	65	80	100
C_s	1.0	1.6	2.5	4.0	6.3	10	16	25	40	63	100	160

在按公式计算出要求的C值后，应根据所选厂商的资料进行阀口径的选择（注意：不同厂商产品在同一口径下的C_s值可能是不一样的），应使C_s尽可能接近

且大于计算出的C值。例如，计算要求$C=12$，则若按表4-1应选择$DN32$的阀门，其$C_s=16$；若选择$DN25$的阀径，则C_s不能满足要求；选择$DN40$则显然过大，既造成不必要的增加投资又降低了调节品质。

2）阀全开压差ΔP_v

在水阀的C值计算过程中，流量是通过系统的冷、热量来求得的。因此这里要重点介绍的是阀全开压差ΔP_v的确定。根据本节对阀权度的讨论，我们知道：ΔP_v占系统总阻力ΔP的比例越大，则此阀越接近其理想特性，反之则越远离而使其调节品质越弱：从这一点来看，加大阀权度P，对改善调节品质是有利的。但是，从整个水系统来看，P_v的提高意味着整个系统压差ΔP的提高，系统水阻力增加，将使水泵的能耗加大。因此，改善调节品质应与系统能耗情况进行综合平衡来考虑。

4.3 执行装置主要产品案例介绍

本章为大家讲述了执行器和调节阀相关的内容，执行器部分主要讲述了执行器、电磁阀、电动阀、风门四个方面，调节阀主要讲述了原理及工作特定的相关内容。本节主要为大家介绍执行器和调节阀主要的产品案例，希望通过案例的介绍使读者能够更好地理解理论，了解产品特征及性能，更好地应用于实际。下面，我们以不同的物理量为例，进行具体的介绍。

4.3.1 执行器

本部分主要根据执行器的不同功能和工作特性，为读者介绍了旋转风阀执行器、电动执行器、直行程电动执行器、多转式电动执行器、隔爆型角行程电子式电动执行器，便于读者对于教材的理解。

部分执行器介绍　　表4-2

产品类别	细分类别	开发企业	产品型号	产品图片	应用范围
执行器	旋转风阀执行器	西门子股份公司	GBB13..1E		适用于调节控制器或三位浮点控制器（例如用于室外风阀）。用于在同一风阀轴上配备两个执行器的风阀（串联式安装执行器或电源组）
	电动执行器	浙江澳翔自控科技有限公司	AOX		广泛应用于石油、化工、水处理、船舶、造纸、电站、供热供暖、楼宇自控、轻工等各行业中

续表

产品类别	细分类别	开发企业	产品型号	产品图片	应用范围
执行器	直行程电动执行器	河北佰纳德自控仪表有限公司	DKZ-M		广泛地用于电站、化工、石油、冶金、建材、供热、轻工、水处理等行业
	多转式电动执行器	罗托克执行器有限公司	IA/IM		应用于电站、石油、钢铁、化工、输油管道、污水处理等自动控制系统中
	隔爆型角行程电子式电动执行器	麦杰孚自动设备（天津）有限公司	381	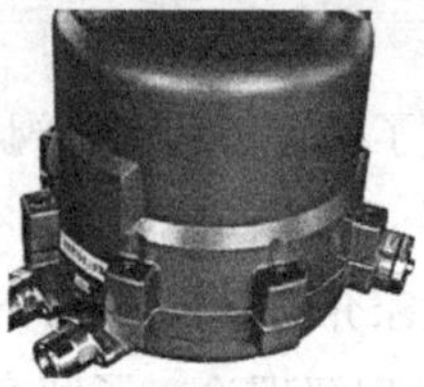	广泛应用于石油、化工、钢铁等行业

4.3.2 电磁阀

本部分主要根据电磁阀的不同功能和工作特性，为读者介绍了由同一家公司生产的液气电磁阀、蒸汽电磁阀、高温高压电磁阀、防腐电磁阀、气用电磁阀，便于读者对于教材的理解。

部分电磁阀介绍　　表 4-3

产品类别	细分类别	开发企业	产品型号	产品图片	应用范围
电磁阀	液气电磁阀	上海一环股份有限公司	DFD		适用于以水或液体，气体为介质，进行液位、浓度、流量、计量或排放循环等自动控制的二位式通断切换
	蒸汽电磁阀	上海一环股份有限公司	PS		广泛应用于石油、化工、冶金、纺织、食品、医疗、环保等其他工业部门的管理装置中，实现温度控制，节能和程序控制的自动化

续表

产品类别	细分类别	开发企业	产品型号	产品图片	应用范围
电磁阀	高温高压电磁阀	上海一环股份有限公司	ZCZG		航天、船舶重工、石油化工、冶金工业、电力装备、热电厂、生物制药、工业炉窑、干燥设备、暖通空调、电镀涂装、酿酒、食品工业、橡塑机械等
	防腐电磁阀	上海一环股份有限公司	ZSH		石油、煤气、化工、医药等行业
	气用电磁阀	上海一环股份有限公司	ADF		城建、化工、冶金、石油、制药、食品、饮料、环保

4.3.3 电动阀

本部分主要根据电动阀的不同功能和工作特性，为读者介绍了电动螺纹式球阀、法兰式软密封电动蝶阀、电动闸阀、电动截止阀、便于读者对于教材的理解。

部分电动阀介绍　　表 4-4

产品类别	细分类别	开发企业	产品型号	产品图片	应用范围
电动阀	电动螺纹式球阀	上海乔力雅集团	LDBAC		目前该阀门广泛应用于食品、环保、轻工、石油、造纸、教学和科研设备、电力等行业的工业自动控制系统
	法兰式软密封电动蝶阀	中国·巨良阀业	900-D1		目前在航天航空，国防军工，石油化工，电力装备，钢铁冶金，核工业中广泛应用

续表

产品类别	细分类别	开发企业	产品型号	产品图片	应用范围
电动阀	电动闸阀	扬州博恒自动阀业有限公司	Z961Y		城建、化工、冶金、石油、制药、食品、饮料、环保
	电动截止阀	上海一环股份有限公司	JYH941		JYH941电动截止阀适用于公称压力PN1.6～16MPa，工作温度-29～550℃的石油、化工、制药、化肥、电力行业等各种工况的管路上，切断或接通管路介质

4.3.4 风门

本部分主要根据风门的不同功能和工作特性，为读者介绍了双叶无压平衡风门、多叶片圆风门、矩形方风门、气动圆风门、矿用调节风门，便于读者对于教材的理解。

部分风门介绍　　表4-5

产品类别	细分类别	开发企业	产品型号	产品图片	应用范围
风门	双叶无压平衡风门	鲁安自动化设备股份有限公司	SD		主要用于矿山井下进、回风巷和主要进、回风巷之间每个联络巷中
	多叶片圆风门	扬州市金润电力设备制造厂	TPS		广泛用于电力、冶金、石油、化工、造纸、污水处理等部门
	矩形方风门	扬州市邗江华能电力机械设备厂	MMS		目前在航天航空、国防军工、石油化工、电力装备、钢铁冶金、核工业中广泛应用
	气动圆风门	江苏国电管道设备有限公司	D-LD2000		主要用于电厂中煤粉管道浓度较低，泄漏要求不严格的烟风管道上面运行隔离

续表

产品类别	细分类别	开发企业	产品型号	产品图片	应用范围
风门	矿用调节风门	济南嘉宏科技有限责任公司	SRVW		矿井作业

4.3.5 调节阀

本部分主要根据风门的不同功能和工作特性，为读者介绍了耐高温气动调节阀，气动薄膜双座调节阀，自力式压力调节阀，便于读者对于教材的理解。

部分调节阀介绍　　表 4-6

产品类别	细分类别	开发企业	产品型号	产品图片	应用范围
调节阀	耐高温气动调节阀	上海都亚泵阀	耐高温气动调节阀		广泛地应用于供暖、化工、环保等工况场合
	气动薄膜双座调节阀	上海阳一阀门有限公司	ZHJN		产品公称压力等级有*PN*10、16、40、64；阀体口径范围*DN*20～200。适用流体温度由-200℃～+560℃，其范围内多种档次。泄漏量标准有II 级或IV级。流量特性为线性或等百分比。多种多样的品种规格可供选择
	自力式压力调节阀	上海乔力雅集团	LDZYA（P/M）	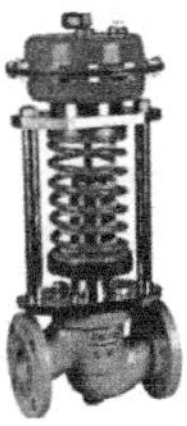	用于无电气场合，不存在外部能源隐患

本章小结

执行器是自动化技术工具中接收控制信息并对受控对象施加控制作用的装置。学习并掌握执行器的结构原理及使用范围，能够帮助企业通过应用CRM系统，建立起完善、高效、灵活、集成的信息化平台，并且帮助了企业在激烈的市场竞争中取得优势。

思考题

1. 执行器有几种，各自的结构包括哪些部分？
2. 什么环境下适合安装风门？
3. 调节阀的功能有哪些？
4. 调节阀的种类有哪些？
5. 选择调节阀时应考虑哪些因素？

5

楼宇自动化系统

学习目的

1. 理解楼宇自动化系统的概念、基本功能；
2. 掌握楼宇自动化系统的组成和结构；
3. 了解楼宇自动化系统的发展及通信标准；
4. 掌握集散控制系统的定义、功能结构和组成。

本章要点

楼宇自动化系统概念、功能；楼宇自动化系统的组成和结构；楼宇自动化系统的通信标准；集散控制系统的组成、功能结构。

5.1 楼宇自动化系统的概念及功能

5.1.1 概念

楼宇自动化系统（Building Automation System，BAS）又称建筑物自动化系统，它是在综合运用自动控制、计算机、通信、传感器等技术的基础上，实现建筑物设备的有效控制与管理，保证建筑设施节能、高效、可靠、安全可行，满足广大使用者的需求。

广义BAS是将建筑物（群）电力、照明、空调、给水排水、防灾、安保、车库管理等设备或系统进行集中监视、控制和管理的综合系统。狭义BAS主在是对建筑物（群）内的电力、照明、空调、给水排水等机电设备或系统进行集中监视、控制、管理的系统。两者的区别在于广义BAS包括了目前自成体系的火灾自动报警系统和安全防范系统，而狭义BAS则不包括这两部分。

在《智能建筑设计标准》GB/T 50314—2006中将“广义BAS”定义为建筑设备自动化系统（BAS），而将“狭义BAS”定义为建筑设备监控系统。在《智能建筑设计标准》GB 50314—2015中没有对“广义BAS”和“狭义BAS”作特别的定义，沿用原标准，如图5–1所示。

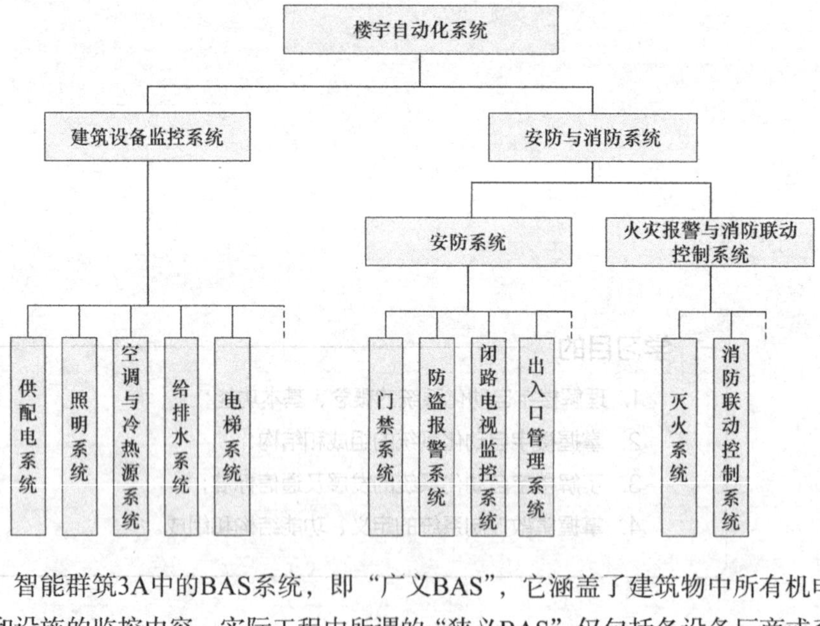

图5–1　广义的楼宇自动化系统

智能群筑3A中的BAS系统，即“广义BAS”，它涵盖了建筑物中所有机电设备和设施的监控内容；实际工程中所谓的“狭义BAS”仅包括各设备厂商或系统承包商利用DDC控制器或PLC控制器对其进行监控和管理的电力供应与管理、照明控制管理和环境控制与管理以及电梯运行监控等系统。

5.1.2 功能

楼宇自动化系统能提供安全舒适的高质量工作环境和先进高效的现代化管理手段，能节省人力、提高效率和节省能源，它的基本功能归纳如下。

① 自动监视并控制各种机电设备的启、停，显示或打印当前运转状态。

② 自动检测、显示、打印各种设备的运行参数及其变化趋势或历史数据。如温度、湿度、压差、流量、电压、电流、用电量等，当参数超过正常范围时，自动实现越限报警。

③ 根据外界条件、环境因素、负载变化情况自动调节各种设备始终运行于最佳状态。如空调设备可根据气候变化、室内人员多少自动调节，自动优化到既节约能源又感觉舒适的最佳状态。

④ 监测并及时处理各种意外、突发事件。如检测到停电、煤气泄漏等偶然事件时，可按预先编制的程序迅速进行处理，避免事态扩大。

⑤ 实现建筑物内各种机电设备的统一管理、协调控制。

⑥ 实现能源管理，通过对水、电、燃气等自动计量与收费，实现能源管理自动化。自动提供最佳能源控制方案，达到合理、经济地使用能源。自动监测、控制设备用电量以实现节能。

⑦ 实施设备管理，包括设备档案管理（设备配置及参数档案）、设备运行报表和设备维修管理等。

此外，根据建筑物的用途，还应具有停车场管理、客房管理和建筑群管理等方面的功能。

5.2 楼宇自动化系统的组成及结构

5.2.1 组成

楼宇自动化系统是一个综合集成化管理监控系统，它是一种分散控制系统，又称集散控制系统。它是由计算机技术、自动控制技术、通信技术和人机接口技术的发展与相互渗透而产生的，既不同于分散的仪表控制系统，也不同于集中的计算机控制系统。它吸收了二者的优点，并在它们的基础上，发展为一门系统工程技术。

集散控制技术利用计算机网络和接口技术将分散在各子系统中不同楼层的直接数字控制器连接起来，通过联网实现各子系统与中央监控管理级计算机之间及子系统相互之间的通信，达到分散控制、集中管理的功能模式。广义的BAS系统组成如图5-2所示。

中央监控与管理计算机通过信息通信网络与各子系统的控制器相连，组成分散控制、集中监控与管理的功能模式。各个子系统之间通过通信网络也能进行信息交换与联动，实现优化控制与管理，最终形成了由楼宇自动化系统统一管理运行的综合系统。

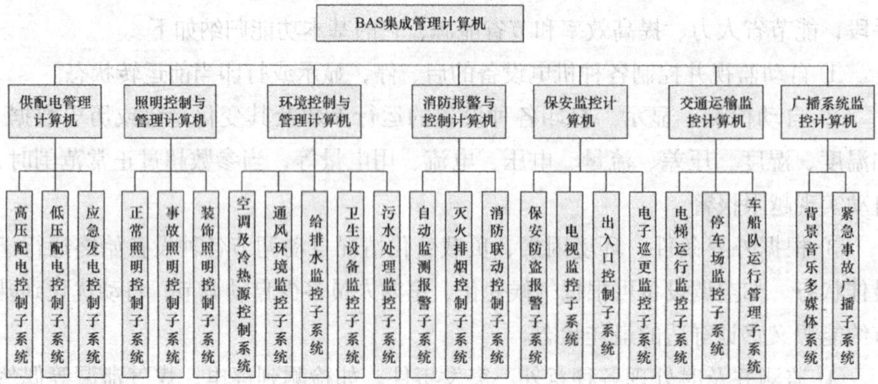

图5-2 广义的BAS系统组成概念图

5.2.2 结构

楼宇自动化系统硬件主要包括中央操作站、分布式现场控制器、通信网络和现场仪表，其中通信网络包括网络控制器、连接器、通信器、调制解调器、通信线路，现场仪表包括传感器、变送器、执行机构、调节阀、接触器等。楼宇自动化系统的网络结构如图5-3所示。

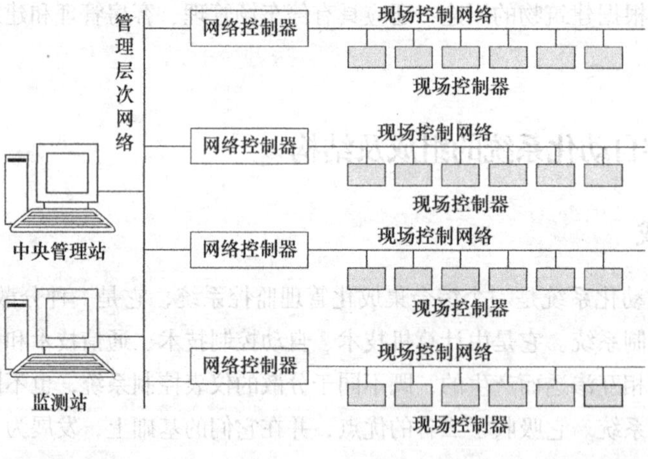

图5-3 楼宇自动化系统的网络结构

目前，随着智能传感器、智能执行器和开放式现场总线技术的快速发展和广泛应用，现场控制站采用现场总线技术，将智能I/O模块、智能传感器、智能执行器以及各种智能化电子设备连接起来，构成延伸到现场仪表这一级的分布式控制站，即将原有的集中式现场控制站变成分布式现场控制站，在传统集散控制系统网络的底层再引入一层现场总线网络。

采用现场总线技术的楼宇自动化系统结构示意图如图5-4所示。

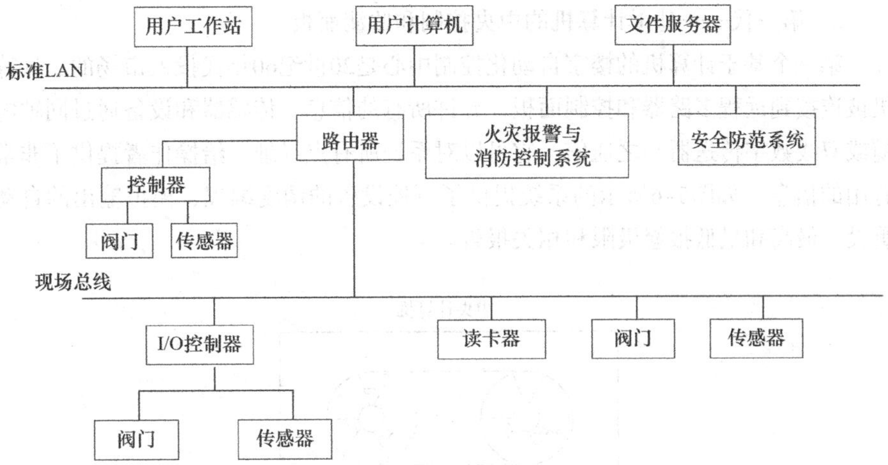

图5-4 现场总线技术的楼宇自动化系统结构示意图

5.3 楼宇自动化系统的发展及通信标准

5.3.1 楼宇自动化系统的发展

楼宇自动化系统总的发展历程和演变应追溯到20世纪40年代早期，主要经历了中央控制和监测面板阶段、基于计算机的中央控制和监测面板阶段、基于小型计算机并带有数据收集单元的BAS阶段、基于微处理器并使用LAN的BAS阶段、与互联网/内联网兼容的开放式BAS阶段。

1. 前BAS阶段——中央控制和监测面板

这个阶段的系统还不是真正的BAS系统，多种不同的技术在这个阶段得到引入。在基本层面上，中央控制和监测面板允许操作者读取传感器读数、启/停状态或者重设系统，这些可以集中在一个中央地点统一操作，而不需要人员去建筑物操作每个传感器或开关。与现代的BAS系统相比较，这个阶段的传感器和开关的数量受到了很大的限制。而现代的BAS可以包含成千上万个输入/输出点。如图5-5所示。

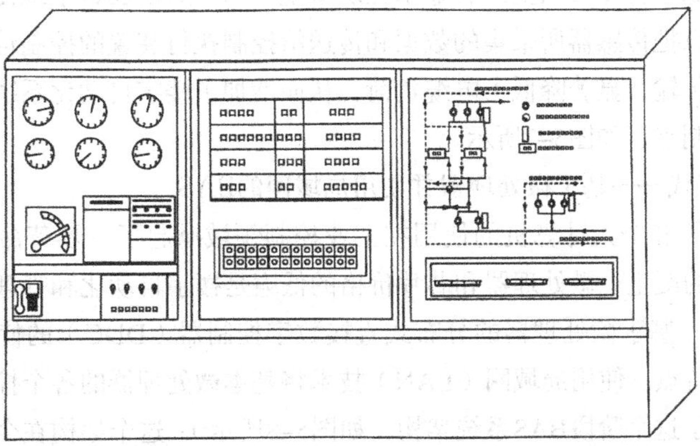

图5-5 中央控制和监测面板

2．第一代——基于计算机的中央控制和监测面板

第一个基于计算机的楼宇自动化控制中心是20世纪60年代投入市场的。计算机被连接到远程多路器和控制面板，允许所有的信息、传感器和设备通过同轴电缆或双线数字传送器与之通信。它可以对系统所有点寻址，给操作者提供了非常有用的信息。如图5-6所示的系统提供了可控设备的调度编程、模拟输出的自动重设、最高和最低报警极限和相关报告。

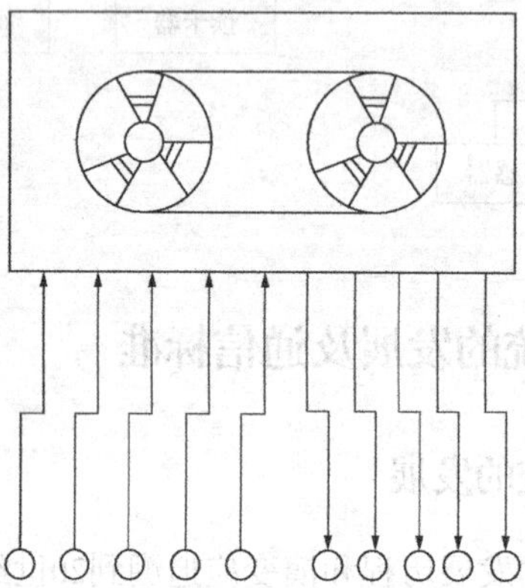

图5-6 基于计算机的控制和监测系统

第一代的系统非常昂贵，而且不容易操作。主要由于硬件的成本过高，使得硬盘容量非常小；程序通过一个磁带机人工录入；改变程序非常困难；整个系统是基于单个中央计算机建立的，连线过多，导致系统的可靠性低。这一代的BAS系统没有得到广泛的运营，很快被新一代的系统所取代。

3．第二代——基于小型计算机并带有数据收集单元的BAS

在20世纪70年代，随着计算机技术的迅速发展，硬件成本开始大幅度降低，小型计算机、中央处理器（CPU）和可编程逻辑控制器（PLC）在楼宇自动化系统中开始得到了广泛的应用。与前一阶段的计算机系统比较起来，新系统的用户友好特点更加突出，编写程序和建立新的数据库变得更加容易。键盘和其他硬件的使用为用户提供了更加方便的人机界面，基于计算机的自动化系统所采集的数据和信息可以被打印带纸上或者显示在屏幕上。另一方面BAS系统使用数据收集单元，它可以把传感器所采集的数据和传送给控制执行装置的控制信号通过较少的线路进行传输，显著降低了电缆负荷，从而增加了楼宇自动化系统的可以装载的监测和控制点。如图5-7所示。

4．第三代——基于微处理器并使用局域网的BAS

微处理器和个人计算机的使用在工业控制领域掀起了一场革命，并导致了新一代BAS的诞生。微处理器和芯片价格的低廉是楼宇自动化和管理新技术发展的根本原因。基于微处理器的分布式直接数字控制器（DDC）的使用是这一代BAS的主要特点。使用局域网（LAN）技术将基本微处理器的各个控制站集成在一起，勾画了这个阶段BAS系统架构（如图5-8所示），这个架构在今天仍然有广

泛的应用。

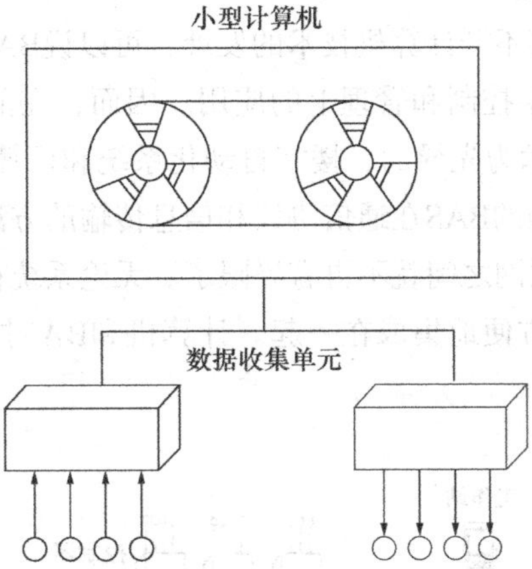

图5-7 基于小型计算机并使用数据收集面板的楼宇自动化系统

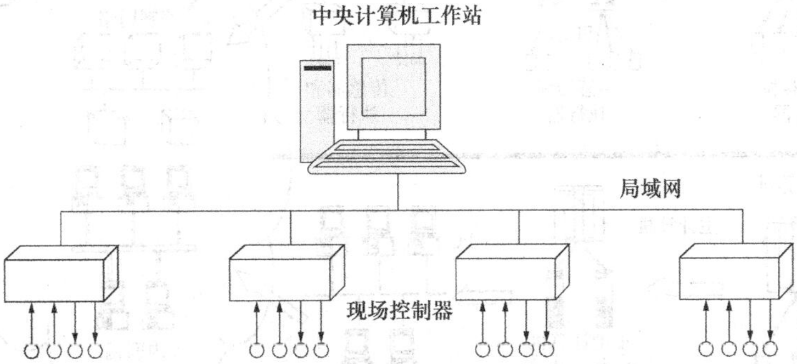

图5-8 典型的基于微处理器并使用LAN的BAS

一般来讲，BAS提供了中央监测和管理平台，它运行在计算机工作站上，而计算机工作站通过局域网直接和远程控制站连接起来。在这个阶段或之后的阶段，BAS的一个重要特征是使用了独立的但是集成了微处理器的控制站来分别控制各个系统。这允许大多数控制决策在本地得到处理，致使BAS可靠性显著增加，而管理和优化可以集中处理。

该阶段的楼宇自动化系统也存在一些问题，主要是没有可普遍接受的标准遵守，从而导致不同生产商的数据通信协议、信息格式和信息管理不能兼容；而另一方面，更多的领域和功能要求不同生产商的系统共同使用并集成。

5. 第四代——与互联网/内联网兼容的开放式BAS

互联网的广泛使用对BAS工业领域的技术标准化产生了巨大的影响。自20世纪80年代开始，注重推动标准来解决楼宇自动化系统的兼容问题。直到20世纪90年代中期，开放式协议和标准技术才在楼宇自动化工业中被广泛接受和采用。

当今的BAS主要特点如下：开放和标准通信协议的使用使得不同生产商的楼宇自动化系统可以容易并且方便地集成起来；IP协议和标准互联网/内联网技术的使用使得BAS被集成到企业的计算机网络变得较为容易；网络的融合给智能建

筑中的所有信息提供了一个统一的网络平台；BAS集成与信息管理可以通过全球因特网基础网络来实现。

BAS技术的发展离不开计算机技术的发展，可以说BAS的发展实际上就是计算机和信息技术在楼宇控制和管理上的应用。因而，在前三个阶段，尽管这些技术都是以计算机技术为先导的，楼宇自动化系统和计算机系统/网络之间有清晰的界限。第四代典型的BAS在通信协议和信息传输的方法层面与计算机网络实现兼容，在BAS与内联网之间就不再有界限了。无论系统在数量或空间上有多大规模，系统间都可以方便地集成在一起。计算机和BAS技术的发展及其关联如图5-9所示。

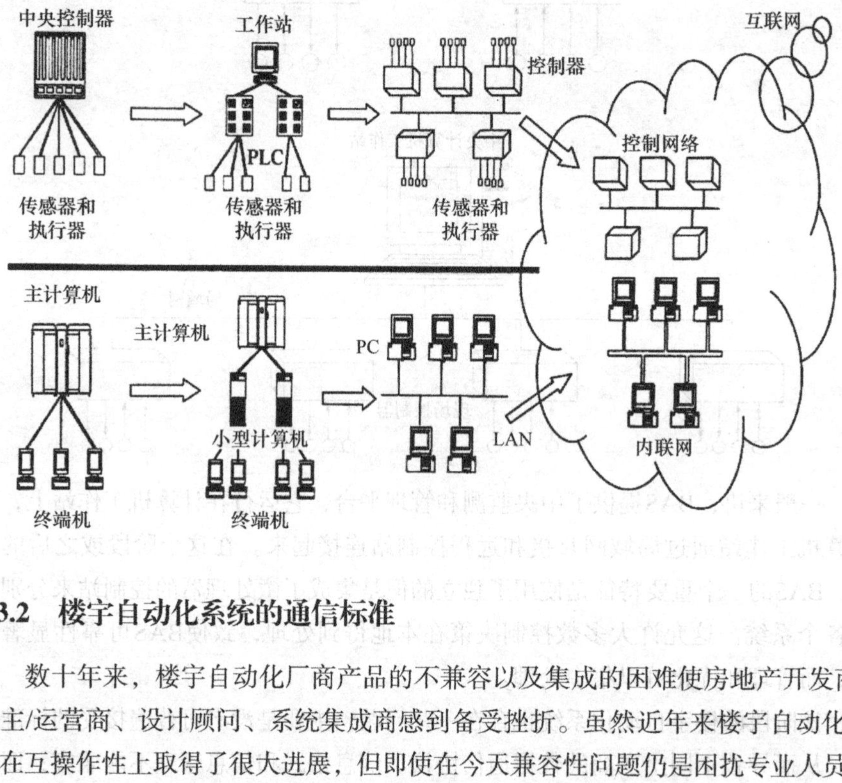

图5-9 计算机和BAS技术的发展及其关联

5.3.2 楼宇自动化系统的通信标准

数十年来，楼宇自动化厂商产品的不兼容以及集成的困难使房地产开发商、业主/运营商、设计顾问、系统集成商感到备受挫折。虽然近年来楼宇自动化系统在互操作性上取得了很大进展，但即使在今天兼容性问题仍是困扰专业人员的一个主要问题。在一个典型的楼宇自动化系统中，即使是来自同一家公司的产品，通常会采用不同的通信协议。一种流行的方法是采用网关，它的作用是转换一个通信协议到另一个通信协议，匹配一个协议的数据点到另一个通信协议的数据点。但开发网关需要付出极大的努力，开发人员需要熟悉并理解两个通信协议的技术细节，需要进行现场的配置使网关数据点匹配正确。这些都使网关非常昂贵。同时由于转换需要时间，也导致响应速度降低。另外，人们很难通过网关对控制器进行编程和配置。

如今，迅速发展的信息技术为克服这些困难提供了新的可能方法。为了更清楚地理解这个问题，我们用BA系统网络的层次结构模型作为参考。BA系统网络可分为三个层次：管理层、自动化层和现场层。集成和互操作性可能在不同的层次得到解决。既可以把三个层次实现集成和互操作，也可以只是在某个更高的层来实现集成和互操作性。这为我们提供了两种可能的方式来解决互操作和集成的问题。

其中之一是在所有三个层次采用相同的开放的通信协议。国际标准化组织（ISO）、美国采暖空调与制冷工程师协议（ASHRAE）和其他一些组织一直在致力于这方面的工作。例如，国际标准化组织通过了一些涵盖现场层到管理层的开放式协议标准（如ISO16484-5、ISO/IEC14908-1），以提高建筑自控系统的互操作。ISO16484-5基本上是指BACnet——一种由美国采暖空调与制冷工程师协议提出的楼宇自动化和控制网络的数据通信协议。ISO/IEC14908-1指Lonworks通信协议。然而，考虑到目前有很多不同的协议在市场中使用，以及建筑自控系统和其他业务系统如MIS系统（管理信息系统）集成的必要性，另一种可行的方式，就是在上层（例如管理层）以标准协议来实现集成和互操作性，这种方式避免了直接处理较低层的不同协议。例如，OPC和一些新兴的IT技术（如XML、SOA和Web服务等），可以用来解决这个问题。

1．Lonworks 技术及其特征

Lonworks现场总线协议，也称为LonTalk协议和美国ANSI/EIA70.9.1控制网络标准，它是Lonworks系统的核心，是由各种不同设备彼此间智能通信的底层协议组成。Lonworks技术为设计、创建、安装和维护设备网络方面的许多问题提供解决方案。网络可以适用于任何场合，从超市到加油站，从飞机到铁路客车，从熔解激光到自动贩卖机，从单个家庭到一栋摩天大楼。今天，工业应用中有一种趋势就是远离专用控制和集中系统。制造商正在使用基于开放技术的产品，如现成的芯片、操作系统和功能模块产品。这些特性可以改进可靠性、提高灵活性、降低系统成本、改善系统性能。Lonworks技术通过所提供的互操作性、先进的技术架构、快速的产品开发和可估算的成本节约，加速了这个趋势的发展。

LonTalk协议提供一整套通信服务，这使得设备中的应用程序能够在网络上同其他设备发送和接收报文而无需知道网络的拓扑结构或者网络的名称、地址，或其他设备的功能。LonWorks协议能够有选择地提供端到端的报文确认、报文证实和优先级发送，以提供规定受限制的事务处理次数。对网络管理服务的支持使得远程网络管理工具能够通过网络和其他设备相互作用，这包括网络地址和参数的重新配置、下载应用程序、报告网络问题和启动/停止/复位设备的应用程序。Lonworks系统可以在任何物理媒介上通信，这包括电力线、双绞线、无线（RF）、红外（IR）、同轴电缆和光纤。

Lonworks协议是一个分层的、基于分组的、点对点的通信协议。它遵循国际标准组织（ISO）开放系统互连（OSI）参考模型的多层体系准则，采用ISO/OSI模型的全部7层通信协议，采用面向对象的设计方法，通过网络变量把网络通信设计简化为参数设置，如图5-10所示。支持双绞线、同轴电缆、光缆和红外线等多种通信介质。Lonworks技术采用的LonTalk协议被封装到Neuron（神经元）的芯片中，并得以实现。采用Lonworks技术和神经元芯片的产品，被广泛应用在楼宇自动化、家庭自动化、保安系统、办公设备、交通运输、工业过程控制等行业。

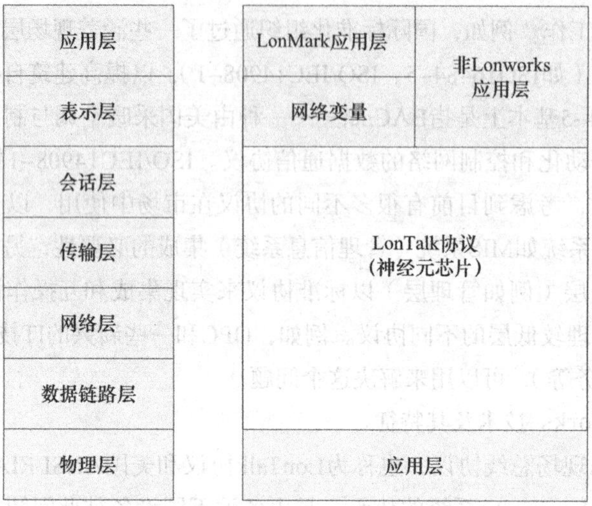

图5-10 Lonworks现场总线协议架构

2．BACnet及其特征

楼宇自动控制网络数据通信协议（即：A Data Communication Protocol for Building Automation and Control Networks，简称《BACnet协议》）是由美国暖通、空调和制冷工程师协会（ASHRAE）组织的标准项目委员会135P（Stand Project Committee即SPC135P）历经八年半时间开发的。协议是针对采暖、通风、空调、制冷控制设备所设计的，同时也为其他楼宇控制系统（例如照明、安保、消防等系统）的集成提供一个基本原则。

BACnet是开放的标准，目前在国内已有中文版本，任何公司或个人都可以获得。该标准并不关注实现手段，因此生产商不依赖特定的开发器、芯片或软件，生产商有绝对的自由选择各具特色的实现方式，例如单片机、单板机＋嵌入系统、PC机＋桌面系统等。

为了保证有效的互操作，BACnet不仅仅定义了通信过程，也定义了控制设备内部数据的格式。例如：通过FTP协议，我们可以在本地看到远程电脑上的文件，但是如果我们不知道这些文件的格式，我们仍然无法打开、编辑，如果我们通过一些默认的扩展名知道了哪些是文本，哪些是JPG图片，就可以使用他们了。在BACnet中针对各种数据分别定义了标准对象，每种对象包含一些标准属性，这样一台控制设备可以很容易使用另一台控制设备的资源。

一个特定功能的控制设备不需要实现全部的BACnet。也就是说，对于特定的应用范围，BACnet是可裁剪的。因此，BACnet同样也适合一些低成本的应用，例如：网络型温度传感器，用8位单片机就可以实现了。每台BACnet设备都要提供一份协议实现一致性声明（PICS，Protocol Implementation Conformance Statement）来说明自己实现了哪些内容。

网络通信是一个复杂的过程，人们对复杂问题的处理办法通常是把他们分解为若干简单问题，然后分别处理。基于同样的思路，便提出了一种通用的网络分层结构，并于1983年成为国际标准（ISO7498），这就是OSI（开放系统互连）模型。该模型将网络通信协议分解为7层，BACnet通信协议引用了其中的4层。

<table>
<tr><th colspan="6">BACnet通信协议分层</th><th>对等的OSI模型分层</th></tr>
<tr><td colspan="6">应用层</td><td>应用层</td></tr>
<tr><td colspan="6">网络层</td><td>网络层</td></tr>
<tr><td colspan="2">ISO 8802-2 1类</td><td>MS/TP</td><td>PTP</td><td>LonTalk</td><td>BVLL
UDP/IP</td><td>数据链路层</td></tr>
<tr><td>ISO 8802-3</td><td>ARCNET</td><td>EIA-485</td><td>EIA-232</td><td></td><td></td><td>物理层</td></tr>
</table>

图5-11 BACnet通信协议的分层结构

图5-11是BACnet通信协议的分层结构，这样的结构在每台BACnet设备中都是存在的。其中每一层向上层提供服务，屏蔽本层的处理细节，最终由应用层向BACnet设备中的应用程序提供一组API（应用程序编程接口）。

1）物理层

物理层是为不同设备间数据流传输提供物理通路。BACnet物理层支持多种通信介质。其中ISO8802-3也是国际标准，就是通常说的以太网，BACnet引用了该标准，通常称为：BACneTEthernet。

在数据链路层协议PTP中已经进行了脱字符处理，所以EIA-232可以支持本地连接，也可以支持MODEM＋电话线路这种远程连接方式。

BACnet也引用LonTalk协议作为自己的物理层和链路层，LonTalk协议经Echelon公司修订和补充后，作为参考包括在BACnet协议中，想要将BACnet做成包含LonTalk协议的人，需要获得Echelon公司的OEM许可。在BACnet协议中不支持LonTalk的身份认证。

BVLL和UDP/IP是采用成熟的UDP/IP协议加上虚拟链路层作为BACnet的物理层和链路层，适合通过国际互连网通信，通常称为：BACnet IP。

2）数据链路层

数据链路层的主要工作是维护链路连接，实现无差错传输。BACnet的数据链路层引用了ISO8802-21类标准（逻辑连接控制），同时还定义了MS/TP和PTP两种新的数据链路层协议。数据链路层将网络层下发的数据打包，计算出校验码，添上合适的链路层数据头，有序地下发到物理层。同时，解析物理层接收到的数据，对数据进行校验，然后上传网络层。

3）网络层

网络层的作用是屏蔽不同链路层的差异，屏蔽网络拓扑结构，向应用层提供一致的服务。在BACnet网络中，通过网络号和物理地址可以定位一台惟一的BACnet设备。网络层要根据应用层提供的数据（包括网络号和物理地址）寻找合适的路由，将数据打包，下发到数据链路层，同时将数据链路层上传的数据解包，解析出源网络号、源物理地址和数据，然后上传应用层。

网络层还有一个重要功能就是路由，如果一台BACnet设备能够同时连接两个网络，并提供路由功能，它必须在网络层支持多种路由服务，例如：Who Is Router To Network（谁是到网络××的路由）、Initialize Routing Table（初始化路由表）等，这些服务必须在网络层被处理，不能上传到应用层。一台专用的BACnet路由器可以没有应用层。

4）应用层

应用层的主要任务是信息的编码和解码、信息的处理及信息分段，同时提供一组API，使应用程序可以访问其他设备。

BACnet在应用层引用了ISO8824（抽象语法记法）和ISO8825（基本编码规则）进行数据包的编码和解码。设备所有执行的服务都在应用层处理。如果应用程序需要访问其他设备，可以调用应用层的API（Application Program Interface），这时应用层根据调用类型和参数发起响应的服务，如果发起的服务需要响应，有两种处理方式，一种是直到得到响应或超时调用才返回，另一种是调用立即返回，得到响应或超时后以回调方式通知应用程序。

BACnet标准虽然最初是由美国暖通空调和制冷工程师协会资助制定的，但在发展过程中不断丰富内容，不断添加新的对象和服务，现在已经在照明、门禁、安防、火灾报警等领域被广泛应用。该标准仍然在不断发展，下一阶段将扩充对音频、视频数字传输的定义，以满足闭路监视、视频点拨等领域的标准化需求。我国建筑业发展潜力巨大，BACnet作为开放的、权威的国际标准对于打破技术垄断、营造公平的竞争环境、促进国产的自主知识产权的产品的发展都具有重大意义。

3. Modbus协议及其特征

Modbus协议是一种工业自动化中常用的协议，是由Modicon（现为施耐德电气公司的一个品牌）在1979年发明的，是全球第一个真正用于工业现场的总线协议，现已经成为一种通用工业标准。Modbus协议是应用于电子控制器上的一种通用语言，它支持传统的RS232/422/485串行协议和以太网协议，许多工业设备，包括PLC、DCS、智能仪表等都在使用Modbus协议作为他们之间的通信标准。

通过此协议，控制器相互之间、控制器经由网络（例如以太网）和其他设备之间可以通信。有了它不同厂商生产的控制设备可以连成工业网络，进行集中监控。此协议定义了一个控制器能认识使用的消息结构，而不管它们是经过何种网络进行通信的。它描述了一个控制器请求访问其他设备的过程，如何回应来自其他设备的请求，以及怎样侦测错误并记录。它制定了消息域格局和内容的公共格式。

当在同一Modbus网络上通信时，此协议决定了每个控制器需要知道它们的设备地址，识别按地址发来的消息，决定要产生何种行动。如果需要回应，控制器将生成反馈信息并用Modbus协议发出。在其他网络上，包含了Modbus协议的消息转换为在此网络上使用的帧或包结构。这种转换也扩展了根据具体的网络解决节地址、路由路径及错误检测的方法。

ModBus网络是一个工业通信系统，由带智能终端的可编程序控制器和计算机通过公用线路或局部专用线路连接而成。其系统结构既包括硬件、亦包括软件。它可应用于各种数据采集和过程监控。它只有一个主机，所有通信都由它发出。网络可支持247个之多的远程从属控制器，但实际所支持的从机数要由所用通信设备决定。采用这个系统，各PC可以和中心主机交换信息而不影响各PC执行本身的控制任务。

5.4 楼宇自动化系统的控制方法

5.4.1 集散型控制系统定义

集散型控制系统（DCS，Distributed Control System）是集散型计算机控制系统的简称，也称为分散型计算机控制系统或分布式计算机控制系统，是20世纪70年代后期随着计算机技术与数字通信技术相结合而发展的一种先进的控制方法。其实质是利用计算机技术对生产过程进行集中监视、操作、管理和分散控制的一种新型控制技术。它是由计算机技术、计算机控制技术、通信网络技术和人机接口技术相互发展、相互渗透而产生的，既不同于分散的仪表控制系统，又不同于集中式计算机控制系统，是在两者的基础上发展起来的一门系统过程技术，兼有二者的优点。

集散型控制系统是计算机、控制器、通信和显示技术相结合的产物。多台以微处理器为核心的控制器分散于整个生产过程的各个部分，整个系统采用单元模块组合式结构，各个单元通过通信线路连成一个整体。集散型控制系统一般是由实现DDC局部控制的基本控制器、实现监督控制的中央监督控制计算机及操作台组成。集散型控制系统也是目前楼宇自动化系统所采用的主要形式。

集散型控制系统是采用集中管理、分散控制策略的计算机控制系统，它吸收了传统的继电器控制和常规仪表控制系统的分散控制的优点，同时借鉴了集中式计算机控制系统集中管理、全局优化的长处，以分布在现场的数字化控制器或计算机装置完成被控设备的实时控制、监测和保护任务，具有强大的数据处理、显示、记录及丰富软件功能的中央计算机完成优化管理、集中操作及显示报警等工作。

这种系统克服了集中控制带来的危险集中、系统可靠性差的问题，同时又避免了控制装置分散在现场各处，人机联系困难，无法统一管理的缺点，通过通信总线使整个系统形成一个有机的整体。也可以说，集散系统是由微控制器、微处理器和计算机通过数字通信网络而构成的。

5.4.2 集散型控制系统特点

集散控制系统是由多个计算机或微处理器借助于数据通信技术而构成的计算机控制系统。它是一种横向分散、纵向分层的体系结构，实现了信息和操作管理集中化、控制任务分散化的目标。数据通信网络的应用，将分散的装置有机地连接在一起，具有以下特点。

（1）硬件积木化，软件模块化，系统组成灵活、方便。集散控制系统的硬件采用积木化组装式结构，当扩大系统规模，增加新的控制单元，或缩小系统规模，拆除某个单元时，对系统中的其他单元没有影响。这使系统配置灵活，能方便地构成多级控制系统，并有利于用户分批投资。集散控制系统以模块化方式提供了丰富的标准功能软件供用户选用，大大减少了用户软件开发的工作量，通常这些软件包括控制软件、操作显示和报表打印输出软件等。

（2）利用组态方法生成控制系统，提高了设计效率。集散控制系统使用了与一般计算机系统完全不同的方法生成控制系统，这就是所谓的“组态”。集散控制系统为用户提供了众多的常用运算和控制模块，用户只需按照系统的控制方案，从中选择必要的模块，采用填表方式、步骤记入方式或类似于画系统方块图那样的连接模块的方式，进行控制系统的组态，即系统生成。组态一般在各种操作站上进行，有的也可以在控制器或其他高性能的控制器上进行。

（3）采用先进的局域网通信技术，为实现整体最优控制和管理创造了条件。通信网络是集散控制系统的神经中枢，它将物理地域上分散配置的多台计算机有机地连接在一起，实现相互协调、资源共享的集中管理。通过各级通信网络，如数据总线、局部控制网络、通用控制网络或经路由器或网关连接其他网络，将现场控制单元、分站操作站、控制管理计算机、中央操作站、其他计算机或终端连接起来，构成小、中、大型多种规模的控制系统，实现整体优化和管理。

（4）可靠性高。在集散控制系统中，采取了多项可靠性措施，真正做到了系统稳定可靠，运行万无一失，主要表现在4个方面。

① 在结构上，集散控制系统采用了分而自治的工作方式，提高了系统的安全可靠性。例如，每个现场控制器只控制 8～16 个回路，一个现场控制器出现故障时，只影响几个回路。一个现场的操作分站只管理几个现场控制器，当某一局部操作分站出现故障时，现场控制器仍然能独立工作。多台局部操作分站又受中央操作站的管理，而且每一台操作分站也可以脱离中央操作站而独立工作。

② 在系统中，一般对中央管理计算机、通信网络和控制单元可根据需要采用双机热备份的冗余技术，而且也可以采用不间断电源或交直流两组供电，以实现双重或三重冗余。

③ 目前，在集散控制系统中，不管是上位机中央操作站，还是下位机现场

控制器都采用硬件故障自诊断技术，设备本身能周期性地对软硬件功能进行自检，一旦发生故障，便及时报警，使维护非常方便。

④ 从集散控制系统本身来说，它所用的元器件都经过严格筛选，使系统的平均无故障时间可达百年以上。

5.4.3 集散型控制系统的功能结构

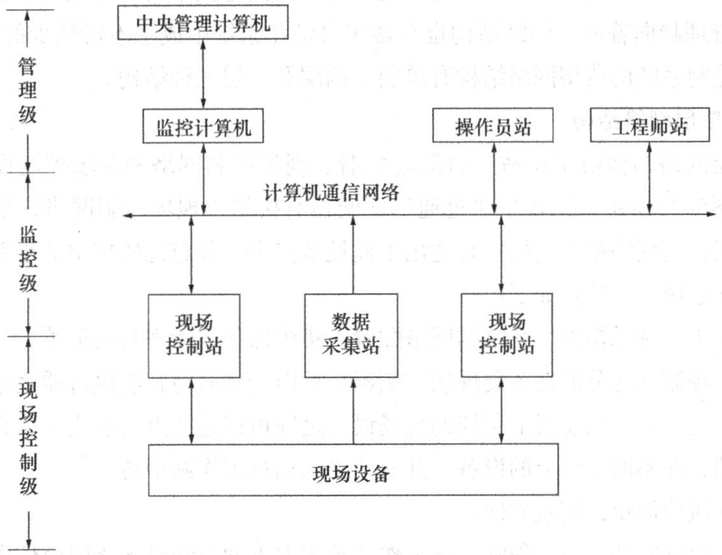

图5-12 集散型控制系统的功能结构

图5-12所示的集散型控制系统，按功能分层，可分为现场控制级、监控级和中央管理级，级与级之间通过通信网络相连。

1）现场控制级

现场控制级又称为数据采集装置，主要是将过程控制变量进行数据采集和预处理，而且对实时数据进一步加工处理，供操作站显示和打印，从而实现开环监视，并将采集到的数据传输到监控计算机。输出装置在有上位机的情况下，能以开关量或者模拟量信号的方式，向终端元件输出计算机控制命令。

2）监控级

监控级又可分为过程控制级和过程管理级。过程控制级又称为现场控制单元或基本控制器，是DCS中的核心部分，生产工艺的调节都是靠它来实现。如阀门的开闭调节、顺序控制、连续控制等。过程管理级是操作人员跟DCS交换信息的平台，是DCS的核心显示、操作和管理装置。操作人员通过操作站来监视和控制生产过程，可以通过屏幕了解到生产运行情况，了解每个过程变量的数字和状态。这一级别可以根据需要随时进行手自动切换、修改设定值，调整控制信号、操纵现场设备，以实现对生产过程的控制。

3）中央管理级

中央管理级又称为上位机，功能强、速度快、容量大。通过专门的通信接口与高速数据同路相连，综合监视系统各单元，管理全系统的所有信息。这是楼宇自动化系统的最高一层，只有大规模的集散型控制系统才具备这一级。它的权限很大，可以监视各部门的运行情况，利用历史数据和实时数据预测可能发生的各种情况，从企业全局利益出发，帮助物业管理企业进行决策，实现经营目标。

5.4.4 集散型控制系统的网络结构

随着计算机网络、通信、自动控制、人工智能等技术的不断提高，建筑物的自动化管理趋向普遍，网络结构也在楼宇自动化系统中成了不可缺少的一部分。集散型控制系统的典型网络结构有单层、两层和三层三种结构。

1．单层网络结构

单层网络结构由工作站、通信适配器、现场控制网络和现场控制设备等组成，如图5–13所示。工作站通过通信适配器直接接入现场控制网络，现场设备通过现场控制网络相互连接。它适用于监控节点少、分布比较集中的小型建筑设备自动化系统。其特点如下：

（1）工作站承担整个系统的网络配置、集中操作、管理与决策等。

（2）控制功能分散在各类现场控制器、智能传感器与智能执行器之中。

（3）同一条现场总线上所挂的现场设备之间可以通过点对点或主从方式直接进行通信，而不同总线上的设备，其通信必须通过工作站中转。

（4）机构简单，配置方便。

（5）只能支持一个工作站，该工作站承担着不同总线设备之间通信中转的任务，但控制功能分散得不够彻底。

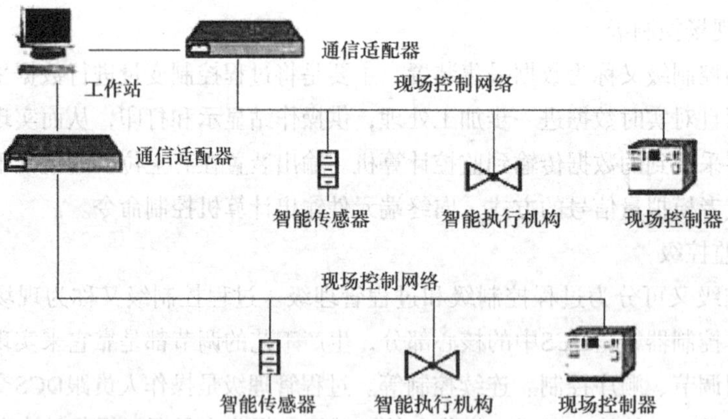

图5–13 单层网络结构图

2．两层网络结构

两层网络结构由操作员站（工作站、服务器）、通信控制器、现场控制设备和两级通信网络等组成，如图5–14所示。现场设备通过现场控制网络相互连接，操作员站（工作站、服务器）采用以太网络等技术构建，现场控制网络与以太网之间通过通信控制器实现通信协议的转换与路由的选择等。两侧网络结构适用于大多数的楼宇自动化系统。其特点如下：

（1）现场控制设备之间的通信，实时性要求高，抗干扰能力强，但对通信速率要求不高，通常控制总线即可胜任。

（2）在操作员站（工作站、服务器）之间需要进行大量数据、图形等信息的交换，因此，通信带宽要求高，而对实时性、抗干扰能力要求不高，所以，多采用以太网技术。

（3）通信控制器可采用专用的网桥、网关或工业控制机实现。在不同的楼宇自动化系统中，通信控制器的功能强弱差别很大。

（4）绝大多数楼宇自动化系统生产厂商，在底层的控制总线方面，都拥有一些支持开放式现场总线技术的产品。这样，不同厂家产品之间可以方便地实现互联、互通和互操作。

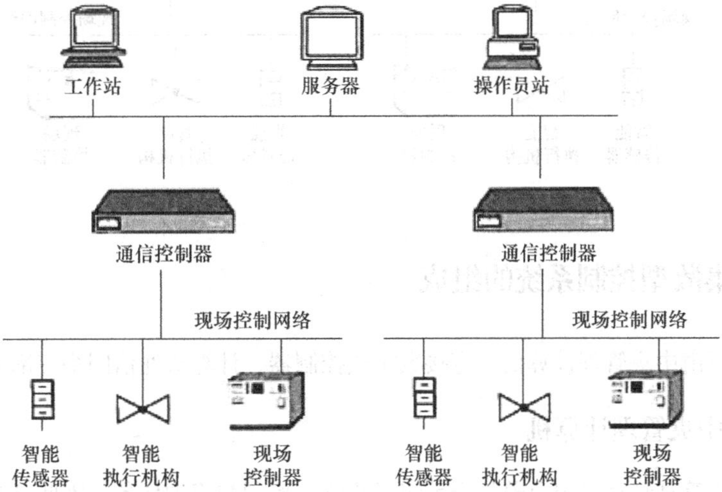

图5-14 两层网络结构图

3. 三层网络结构

三层网络结构由操作员站（工作站、服务器）、通信控制器、现场大型通用控制设备、现场控制设备和三级通信网络等组成，如图5-15所示。现场设备通过现场控制网络相互连接，操作员站（工作站、服务器）采用以太网等技术构建，现场大型通用控制设备通过中间层控制网络实现互联。通过通信控制器，中间层控制网络与以太网之间实现通信协议的转换与路由的选择等。三层网络结构适用于监控点相对分散、联动功能复杂的建筑设备自动化系统，其特点如下。

（1）在末端现场，安装一些测控点数少、功能简单的现场控制设备，完成末端设备的基本监控功能。这些现场控制设备，通过现场控制总线相互连接。

（2）现场控制设备通过现场控制总线接入一个现场大型通用控制器，大量的运算在该控制设备内完成。这些现场大型通用控制器也可以带一些输入/输出模块，直接监控现场设备。

（3）现场大型通用控制器之间通过中间层控制网络实现互联，这层网络在通信效率、抗干扰能力等方面的性能介于以太网与现场控制网络之间。

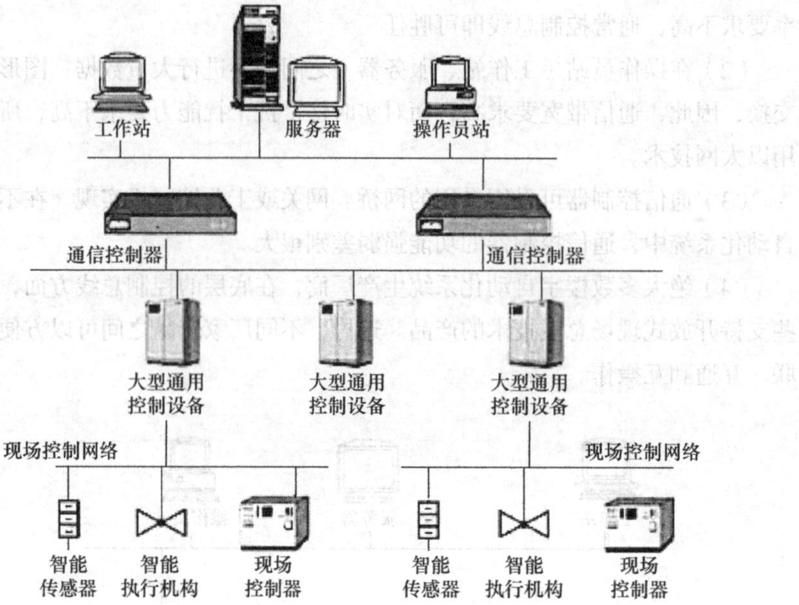

图5-15 三层网络结构图

5.5 集散型控制系统的组成

主要由中央管理计算机、直接数字式控制器、计算机通信网络三部分组成：

5.5.1 中央管理计算机

中央管理计算机担负着整个系统的监测、控制与管理任务，因此又被称为工作站、操作站、上位机或中央机。中央管理计算机担负着整个建筑或建筑群的能量控制与管理、防火与保安的监控及环境的控制与管理等关键任务，起着类似大脑的重要指挥作用。除要求完美的软件功能外，首先要求硬件必须可靠。每台DDC只关系到个别设备的工作，而中央管理计算机则关系着整个系统，并且连续24h不间断工作。如此高可靠性要求，显然普通的商用个人计算机用作中央机是不合理的，也是不能被接受的。

提高计算机可靠性通常采用如下两种方式。

① 工业控制机。指导思想是千方百计提高计算机本身的可靠性，因为一旦出现故障，就会死机。微型计算机性能的提高，已能满足中央管理机的要求，目前大多数智能建筑BA系统的中央管理机均采用微型机。

② 容错计算机。该类计算机提高可靠性的技术路线与工业控制机不同，其可靠性并不仅依赖于计算机本身的设计与制造工艺，而且允许一台工作着的中央机出故障，但必须同时设有备份机。一旦主机出故障，备份机应能迅速自动投入

并接管指挥权，使系统仍能继续正常工作。

容错计算机的关键参数是冗余度。冗余度高，投资也更高。针对智能建筑的特点，推荐用冗余度为2的双计算机系统。为保证实时性，通常采用两台计算机互为热备份的“双机热备份”或称“双机容错”方法。智能建筑中，中央管理计算机的工作环境好，提高可靠性的同时必须重视投资的节约，在一定条件下，双机容错系统允许采用商用微型计算机。通用的个人计算机（PC）价格低廉，软件资源丰实，选做主机后，再利用容错技术弥补其可靠性差的缺陷，使得可靠性与经济性兼得。

5.5.2 直接数字式控制器

直接数字式控制器（Direct Digital Controller，DDC），也可简称为下位机。“控制器”系指完成被控设备特征参数与过程参数的测量，并达到控制目标的控制装置；“数字式”的含义是指该控制器利用微处理器实现其功能要求；“直接”意味着该装置在被控设备的附近，无需再通过其他装置即可实现上述全部测控功能。

随着微型计算机技术的突飞猛进和价格的急剧下降，直接数字控制器不仅在性能上全面超越常规模拟式的测控仪表，而且在价格上也日益具有竞争优势。因此，除精度低和无需远距离测量与管理的厕所水箱水位采用自作用式控制器、风机盘管温度控制采用膨胀或具有开关接点的简单控制器等情况外，像制冷机、锅炉换热设备、集中式空调与电梯等重要设备均已普遍使用直接数字控制器。

DDC应具有可靠性高、控制功能强、可编写程序，既能独立监控有关设备，又可联网并通过中央管理计算机接受统一控制与优化管理。

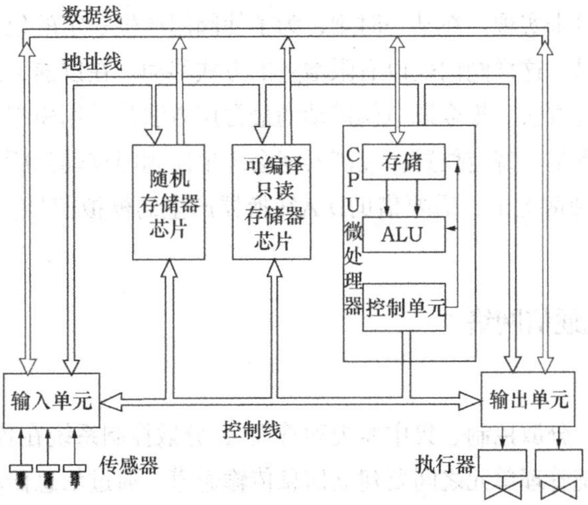

图5-16 DDC的结构

如图5-16所示，DDC的关键构件由三部分组成，微处理器（CPU）、存储器和输入输出（I/O）单元。所有的操作（数据、指令和地址信号传输）均通过三条总线现实：数据总线、地址总线和控制总线。数据总线用于芯片之间的数据传输，例如将传感器的温度从输入单元传输给存储单元。地址总线用于给存储器或寄存器需要的数据定位，或者查找程序指令的位置。地址总线看起来像电话号码或者IP地址。每个存储在存储单元里的数据及所有连接在总线上的设备都必须有其地址。

CPU以数字的形式运行，而外部的设备（比如传感器和执行器或者阀门）通常是模拟的。尽管一些传感器或执行器也采用数字信号运行，但是这些信号一般不能直接与微型处理器的总线匹配。因此，通常需要界面让CPU与外部设备交流。在建筑设备自动化的现场控制器中，输入和输出单元充当与建筑设备系统交流的界面。

输入单元从传感器、继电器或仪表等获得信号，然后把它们转换成微型处理器能识别的、有正确电压的数字信号。例如被温度传感器持续地送回电信号（一个微小的电压或电流）到现场控制器的输入部件。任何一个楼宇自动化系统最重要的功能就是从大量单个的测量传感器以一定的时间间隔"采集"连续测量的数据及从探测器得到的"二进制"的状态信号，如烟雾警告。这是模拟或连续的信号，需要转换成字或字节来形成CPU处理的数字信号，基于此目的，输入部件需要配备模数转换器（A/D）。将数字计算机技术应用到工业仪表系统中的关键是将模拟信号转换成离散的数字编码值。与模拟量不同，数字量是离散而不是连续的。因此，模数转换就是搜寻与模拟量对应的最接近、最可能的数字量。数字量的每一位二进制代码的离散值与模拟量的电压成正比关系，将所有二进制代码对应的电压相加就得到了与二进制数对应的总模拟量。

输出单元连接的是执行器或者阀门。当传感器感应到测量值后，DDC将发送出相应的信号去控制阀的运行或者切换某些装置的开关状态，一般通过简单发送一个脉冲信号来实现。在某一时刻，为了使阀门产生一定的位移，需要发送一系列的脉冲信号，这样阀门就以有限增量的方式移动。在以前，这是用来控制阀门运动的最常用方法。现今调节阀运动的最常用方法是采用模拟信号。如果需要将某个阀移动到某一特定位置，控制器就会产生使阀门移动到所需位置相对应的模拟量。在这种情况下，需要借助D/A转换器产生的模拟信号。D/A转换与A/D转换过程类似。

5.5.3 计算机通信网络

1．概述

为了实现"分散控制、集中监视和管理"，分散控制系统在各现场控制单元、操作单元和系统管理单元之间要建立信息传输通道。通过信息传输通道，这些各现场控制单元、操作单元和系统管理单元和工程师站将共同构成一个局域网。这个网络具有以下特点：

1）响应能力快

分散控制系统通信网络是工业计算机局部网络，它应能及时传输被控设备信息和操作管理信息，具有很好的实时性。响应时间一般在0.01～0.5s，高优先级信息对网络存取时间不超过10ms。

2）可靠性高

分散控制系统的通信系统必须连续运行，任何中断和故障都可能造成停止工作，甚至引起设备和人身事故。因此通信网络必须具有较高的可靠性。

3）适应恶劣的现场环境

分散控制系统在工业现场架设，环境相当恶劣，有来自各方面的干扰，如电源干扰、雷击干扰、电磁干扰和地电位差干扰等。为克服各种干扰，现场通信系统应采取相应措施，确保通信可靠。

4）分层结构分散控制系统的通信网络是分层的，每层都自成系统。现场总线是连接现场安装的智能变送器、控制器和执行器的总线。被控对象包含智能压力、温度、流量传感器、PLC、单回路和多回路调节器，以及控制阀门的智能执行器和电动机等。

2．通信网络

1）通信网络层次

被控对象均由分布在附近的现场控制器所监控，现场控制器与监控层计算机的通信构成通信网络的第一层。监控层计算机与分布在现场的直接数字控制器之间需要大量的上传下送的检测与控制数据，各控制器之间也需要相互通信以实现协调控制。

监控层计算机担负各子系统内的各种设备的协调控制和集中操作管理，即分系统的自动化任务，往往在一栋建筑物或一个建筑群中设有多台监控计算机。为使系统获得最佳控制效果，监控计算机之间需传递大量数据，而且实时性要求很高。例如，高层建筑物中某层的某个防火报警探头报警后，防火监控系统自动采取确认、报警与控制等功能；同时通过网络，使建筑物内的空调、电梯、配电等系统以及外部的消防保安及交通等部门都能及时获得信息，并采取相应措施。

监控层计算机需与企业管理信息系统有机地结合起来，这是第三级企业管理网。由于企业管理网传输的信息量大，故要求采用高速通信网络。一般采用千兆以太网。

2）通信网络拓扑结构

分散控制系统的通信网络拓扑结构分为总线型、环型、星型等；传输介质为电缆和光缆，电缆又分为双绞线和同轴电缆信息传输速率与通信网络拓扑结构有关。星型网有中心节点，所有信息的传送都要通过中心节点，故传输速率较低；环型网中信息是逐点传送，传输速率也受影响；总线型网直接传送信息，传输速率就高。信息传输速率与传输介质也有关。在传输距离相同的情况下，光缆传输速率最高，其次是电缆。在恶劣环境，应采用屏蔽电缆。

3）控制网络上的每个节点都有权请求占用传输介质来发送信息，但一条传输介质在某个时刻只能由一个节点占用，否则必然出现通信失误，网络无法正常工作。这就提出了网络的控制问题，即如何安排各个节点提出的占用介质的请求，使信息传送有序进行。

本章小结

本章从介绍楼宇自动化系统的概念和功能入手，介绍了楼宇自动化系统的组成、结构及其发展和通信标准，最后重点介绍了楼宇自动化系统的控制方法，即集散控制系统。其中，楼宇自动化系统的功能、组成、结构及集散控制系统的特点、组成和功能结构是本章的重点知识点。

思考题

1．楼宇自动化系统中的3A和5A指什么？

2．简述楼宇自动化系统的功能。

3．简述楼宇自动化系统的组成。

4．常见的楼宇自动化系统的通信标准有哪些。

5．简述集散控制系统的特点和功能结构。

6．简述集散控制系统的组成。

6

建筑设备监控系统

学习目的

1. 掌握空调系统的基本监控原理；
2. 掌握给排水系统的监控原理；
3. 掌握照明系统控制模式；
4. 理解变配电系统监控原理；
5. 理解电梯的控制原理。

本章要点

空气调节系统、冷热源系统；给、排水系统；照明自动控制模式；变配电设备监控系统的组成；电梯系统的组成、控制原理。

建筑设备监控系统，即楼宇自动化系统的一个子系统，也即狭义上的楼宇自动化系统，它包含了空调与冷热源系统、给排水系统、供配电系统、照明系统和电梯系统五个子系统。通常，建筑物内有大量的空调设备、给排水设备和电气设备等，这些设备特点为多而散：监视多，即数量多，需要控制、监视和测量的对象多，多达几百点到上万点；设备分散，即这些设备分散在各个楼层和角落。如采用分散管理，就地控制、监视和测量，工作量难以想象。为了合理利用设备、节约能源和确保设备的安全运行，就自然地提出了如何加强现场设备的监控和管理问题。

自动控制、监视和测量是监控和管理建筑物设备的3个基本方面。采用建筑物自动化系统，可及时掌握设备的运行状态、能量的变动情况，节省大量的人力、物力和财力。

建筑设备监控系统的主要功能：制定系统的管理、调度、操作和控制的策略；存取有关数据与控制的参数；管理、调度、监视与控制系统的运行；显示系统运行的数据、图像和曲线；打印各类报表；分析系统运行的历史记录及趋势；统计设备的运行时间、设备维护周期和保养管理情况等。

6.1 暖通空调设备监控系统

好的工作环境，要求室内温度适宜、湿度恰当、空气洁净。暖通空调系统就是为了营造良好的工作环境，并对大厦大量暖通空调设备进行全面管理而实施的监控。

在智能化大楼中，暖通空调自动化监控系统起着十分重要的作用。暖通空调系统由以下三部分组成：

1. 空气调节系统；
2. 制冷系统；
3. 供热系统。

6.1.1 空气调节系统

空气调节的任务，在于按照使用的目的，对房间或公共建筑物内的空气状态参数进行调节，为人们的工作和生活，创造一个温度适宜、湿度恰当的舒适环境。对舒适性空调，关键是空气温度、湿度的控制。

1. 常见空气处理设备

1）调温调湿设备

空气的加热是通过加热器来实现的。空调系统中所用的加热器一般是以热水或蒸汽为热媒的空气加热器或电加热器。以热水或蒸汽为热媒的空气加热器一般均采用翅片管式换热器。它是由几排翅片管和联箱组成的。常用于各类小型空调机组内的电加热器是通过电阻丝将电能转化为热能来加热空气的设备。它具有加热均匀、加热稳定、结构紧凑和易于控制等优点，在恒温恒湿精度较高的大型集中式系统中，常采用电加热器作为末端加热设备来控制局部加热。电加热器的缺点是耗电量大、加热量大的场合不宜使用。

电加热器有裸线式和管式两种。抽屉式电加热器是一种常用的裸线式电加热器。裸线式加热迅速、热惯性小、结构简单，但易断线和漏电，安全性差；管式电加热器加热均匀、热量稳定、经久耐用、安全性好，可直接装在风道内，但其热惯性较大、结构复杂。

2）空气的减湿冷却设备

空气的减湿与冷却可以通过表面冷却器（简称：表冷器）来实现。与空气加热器结构类似，表冷器也都是翅片管式换热器，它的翅片一般多采用套片和绕片，基管的管径也较小。

表冷器内流动的冷媒有制冷剂和冷水两种。以制冷剂为冷媒的表冷器称为直接蒸发式表冷器，多用于各类单元式空调器和房间式空调器中。以冷水作为冷媒的表冷器称为水冷表冷器，多用于集中式空调系统和半集中式空调系统的末端设备中。

与加热器的工作原理类似，当空气沿表冷器的翅片间流过时，通过翅片和基管表面与冷媒进行热量交换，空气放出热量温度降低，冷媒得到热量温度升高。表冷器的安装与以热水为媒的空气加热器安装方式基本相同，但表冷器下部应设积水盘，用来收集空气被表冷器冷却后产生的冷凝水。

表冷器的调节方法有3种：水量调节、水温调节和通风量调节。

3）空气的加湿设备

在建筑中常遇到的空调系统一般均采用向空气中喷蒸汽的办法进行加湿。常用的喷蒸汽加湿方法有干蒸汽加湿和电加湿两种。干蒸汽加湿是将由锅炉房送来的具有一定压力的蒸汽由蒸汽加湿器均匀地喷入空气下。而电加湿则是用于加湿量较小的机组或系统中。

电加湿器分为电热式加湿器和电极式加湿器两种。电热式加湿器是将电热元件直接放在盛水的容器内，利用加热元件所散出的热量加热水而产生蒸汽，并且其体积较大。电极式加湿器是用3根不锈钢棒（也可以是铜镀铬）作为电极，放在不易锈蚀的水容器中，以水作为电阻，通电后水被加热而产生蒸汽。通过调整水位的高低，可以改变水的电阻，从而改变热量和蒸汽发生量。电极式加湿器结构紧凑，多用于各类空调机组内，其加湿量较小。

2．空调系统的组成

一般空调系统包括以下几部分：

1）进风：根据人对空气新鲜度的生理要求，空调系统必须有一部分空气取自室外，常称新风。空调的进风口和风管等，组成了进风部分。

2）空气过滤：由进风部分引入的新风，必须先经过一次预过滤，以除去颗粒较大的尘埃。一般空调系统都装有预过滤器和主过滤器两极过滤装置。根据过滤的效率不同，大致可以分为初（粗）效过滤器、中效过滤器和高效过滤器。

3）空气的热湿处理：将空气加热、冷却、加湿和减湿等不同的处理过程组合在一起统称为空调系统的热湿处理部分。热湿处理设备主要有两大类型：直接接触式和表面式。

直接接触式：与空气进行热湿交换的介质直接和被处理的空气接触，通常是将其喷淋到被处理的空气中。喷水室、蒸汽加湿器、局部补充加湿装置以及使用固体吸湿剂的设备均属于这一类。

表面式：与空气进行热湿交换的介质不和空气直接接触，热湿交换是通过处理设备的表面进行的。表面式换热器属于这一类。

4）空气的输送和分配：将调节好的空气均匀地输入和分配到空调房间内，以保证其合适的温度场和速度场。这是空调系统空气输送和分配部分的任务，它由风机和不同形式的管道组成。

根据用途和要求不同，有的系统只采用一台送风机，称为“单风机”系统；有的系统采用一台送风机和一台回风机，则称之为“双风机”系统。管道截面通常为矩形和圆形两种，一般低速风道多采用矩形，而高速风道多用圆形。

5）冷热源部分：为了保证空调系统具有加温和冷却能力，必须具备冷源和热源两部分。冷源有自然冷源和人工冷源两种。

热源也有自然和人工两种。自然热源指地热和太阳能。人工热源是指用煤、石油或煤气作燃料的锅炉所产生的蒸汽和热水，目前应用得最为广泛。

3．空气系统的分类

1）按照空气处理设备的设置情况，空气调节系统可分为集中系统、半集中系统和全分散系统。

（1）半集中空调

在半集中空调系统中，除了集中空调机房外，还设有分散在被调节房间的二次设备。变风量系统、诱导空调系统以及风机盘管系统均属于半集中空调系统。

（2）全分散空调

全分散系统也称局部空调机组。这种机组通常把冷、热源和空气处理、输送设备（风机）集中设置在一个箱体内，形成一个紧凑的空调系统。房间空调器属于此类机组。它不需要集中的机房，安装方便，使用灵活。可以直接将此机组放在要求空调的房间内进行空调，也可以放在相邻的房间用很短的风道与该房间相连。一般说来，这类系统可以满足不同房间的不同送风要求，使用灵活，移动方便，但装置的总功率必然较大。

（3）集中式空调

集中系统的所有空气处理设备（包括风机、冷却器、加热器、加湿器和过滤器等）都设在一个集中的空调机房内（如图6–1所示）。经集中设备处理后的空气，用风道分送到各空调房间。因而系统便于集中管理、维护。

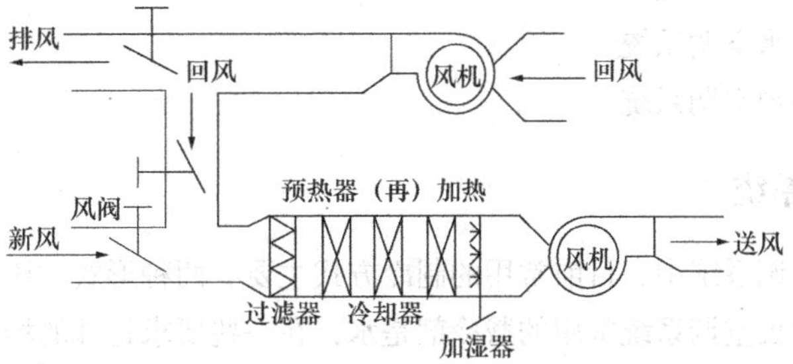

图6-1 典型的集中式空调系统

在建筑物中，一般采用集中式空调系统，通常称之为中央空调系统。对空气的处理集中在专用的机房里，对处理空气用的冷源和热源，也有专门的冷冻站和锅炉房。

按照所处理空气的来源，集中式空调系统可分为循环式系统、直流式系统和混合式系统。

① 循环式系统的新风量为零，全部使用回风，其冷、热消耗量最省，但空气品质差。

② 直流式系统的回风量为零，全部采用新风，其冷、热消耗量大，但空气品质好。

③ 混合式系统结合了循环式系统和直流式系统的特点，在绝大多数场合，采用适当比例的新风和回风相混合。这种混合系统既能满足空气品质要求，经济上又比较合理，因此是应用最广的一类集中式空调系统（见图6-2），常见的中央空调系统属于混合式系统 。

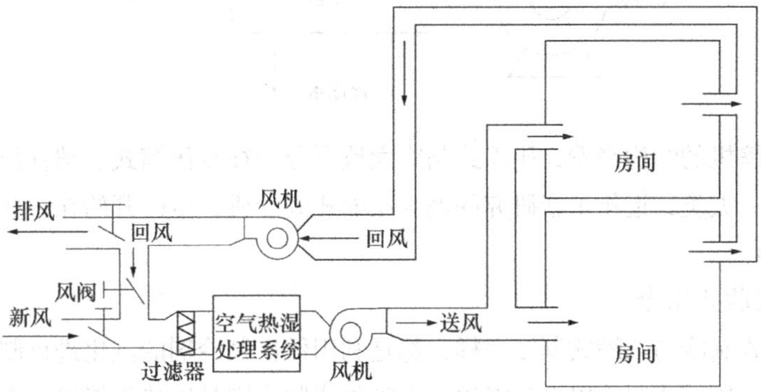

图6-2 混合式中央空调系统的原理

根据建筑物的使用功能，应将集中空调系统与分散空调系统灵活地结合起来设计。对于营业厅、多功能厅等公共场所采用集中式系统，对于客房等则采用风机盘管加新风系统（集中——分散系统），这使设备及风井风道布置灵活，并可与建筑设计密切结合，也为自动控制及节能提供了方便。

2）按负担空调负荷所用介质分类

（1）全空气空调系统。

（2）全水空调系统。

（3）气—水空调系统。

（4）制冷剂空调系统。

6.1.2 制冷系统

在中央空调系统中，目前常用的制冷方式主要有两种形式：压缩式制冷和吸收式制冷。中央空调系统常用的载冷剂是水，在一些要求特殊的场所，也有采用水与其他物质组成的混合水溶液，如盐水、乙二醇水溶液等。

1. 压缩式制冷

压缩式制冷的基本原理如图6-3所示。

低压制冷剂气体在压缩机内被压缩为高压气体后进入冷凝器，制冷剂和冷却水在冷凝器中进行热交换，制冷剂放热后变为高压液体，通过热力膨胀阀后，液态制冷剂压力急剧下降，变为低压液态制冷剂后进入蒸发器。在蒸发器中，低压液态制冷剂通过与冷冻水的热交换而发生汽化，吸收冷冻水的热量而成为低压气体，再经过回气管重新吸入压缩机，开始新的一轮制冷循环。

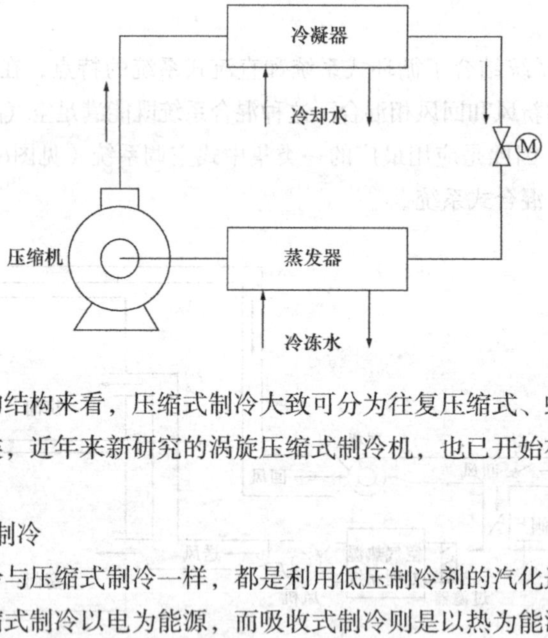

图6-3 压缩式制冷的基本原理示意图

从压缩机的结构来看，压缩式制冷大致可分为往复压缩式、螺杆压缩式和离心压缩式三大类，近年来新研究的涡旋压缩式制冷机，也已开始在一些小型机组上逐渐应用。

2. 吸收式制冷

吸收式制冷与压缩式制冷一样，都是利用低压制冷剂的汽化进行制冷。两者的区别是：压缩式制冷以电为能源，而吸收式制冷则是以热为能源。在高层民用建筑空调制冷中，吸收式制冷所采用的制冷剂通常是溴化剂水溶液，其中水为制冷剂，溴化剂为吸收剂。因此，通常溴化剂制冷机组的蒸发温度不可能低于6℃，在这一点上，可以看出溴化剂制冷的适用范围不如压缩式制冷，但在高层民用建筑空调系统中，由于要求空调冷水的温度通常为6～7℃，因此还是比较容易满足的。

溴化锂吸收式制冷循环的基本原理如图6-4所示。

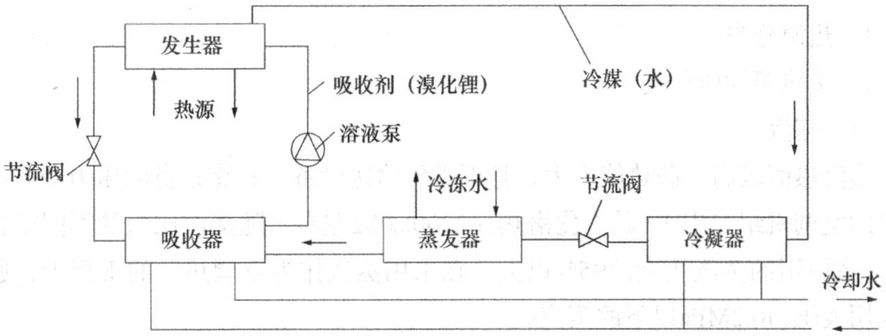

图6-4 溴化锂吸收式制冷循环示意图

来自发生器的高压蒸汽在冷凝器被冷却为高压液体，通过膨胀阀后成为低压蒸汽进入蒸发器，在蒸发器中，冷媒水与冷冻水进行热交换发生汽化，带入冷冻水的热量后成为低压冷媒蒸汽进入吸收器，被吸收器中的溴化剂溶液（又称浓溶液）吸收，吸收过程中产生的热量由送入吸收器中的冷却水带走。吸收后的溴化剂水溶液（又称稀溶液）由溶液泵送至发生器，通过与送入发生器中的热源（热水或蒸汽）进行热交换而使其中的水发生汽化，重新产生高压蒸汽。同时；由于溴化剂的蒸发温度较高，稀溶液汽化后，吸收剂则成为浓溶液重新回到吸收器中。在这一过程中，实际上包括了两个循环，即制冷剂（水）的循环和吸收剂（溴化剂溶液）的循环，只有这两个循环同时工作，才能保证整个制冷系统的正常运行。

从溴化剂制冷机组制冷循环中可以看出，它的用电设备主要是溶液泵，电量为5～10kW，这与压缩式冷水机组相比是微不足道的。因此，在建筑所在地的电力紧张而无法满足空调要求的前提下，作为采用低位能源的溴化剂吸收式冷水机组可以说是一种值得考虑的选择；如果当地的电力系统可以允许的话（当然，作为建设单位，还要考虑各地不同的能源政策），还是应优先选择压缩式冷水机组的方案。

3．冰蓄冷系统

冰蓄冷系统是利用冰的相变潜热进行冷量的储存，具有蓄能密度大的优点。由于冰的溶解热（335kJ/kg）远高于水，因而采用冰蓄冷时，蓄冰池的容积比蓄冷水池的容积小得多。通常水蓄冷时，其单位蓄冷量的要求容积为0.118m^3/（kW•h）；而冰蓄冷时，此值仅为0.02m^3/（kW•h），后者大可分为并联系统和串联系统。

在蓄冰系统中，制冷机有两种运行工况（蓄冰运行及空调供冷运行）。当蓄冰工况时，同一制冷机的制冷效率将下降，如当出水温度由5℃变为－5℃时，离心压缩机和活塞压缩机的制冷量约下降至65%，螺杆压缩机制冷量约下降至70%。蓄冰系统中通常采用螺杆式制冷机组（它适用于中温中压冷媒，可防止蒸发器真空度过高）。

6.1.3 制热系统

1. 热源分类

1）按热源性质分类

（1）蒸汽

蒸汽热值较高，载热能力大，且不需要输送设备（只靠自身的压力即可送至用户的空调机组之中）。其汽化潜热在2200kJ/kg左右（随蒸汽压力的不同略有区别），占使用的蒸汽热量的95%以上。在采用蒸汽作为空调热源的工程中，通常都采用表压为0.2MPa以下的蒸汽。

（2）热水

热水在使用的安全性方面比蒸汽优越，与空调冷水的性质基本相同，传热比较稳定。在空调机组中，采用冷、热盘管合用的方式（亦即人们常说的两管制），以减少空调机组及系统的造价。热水能较好地满足此种方式而蒸汽盘管通常不能与冷水盘管合用，也给运行管理及维护带来了一定的方便。

空调热水在使用的过程中系统内存在结垢问题，所以，应尽可能地采用软化水，至少也应考虑加药、电子除垢器等防止或缓解水结垢的一些水处理措施。

2）按热源装置分类

（1）锅炉

供热用锅炉分为热水锅炉和蒸汽锅炉。在空调热水系统中，由于空调机组及整个水系统要随建筑的使用要求进行调节与控制，通常设有中间换热器。设有蒸汽锅炉的建筑也为其冬季空调加湿提供了一个较好的条件。

（2）热交换器

从结构上来分，热交换器有三种类型，即列管式、螺旋板式及板式换热器。板式换热器是近十多年来大量使用的一种高效换热器，其结构如图6-5所示。

目前，大多数板式换热器都是按等截面（BR型）设计的，即一、二次热媒的流通截面积相等。在实际工程中，一、二次热媒的进出水温差不同，且一次热媒的温差大于二次热媒。

2. 冷热水机组

直燃吸收式冷水机组（简称直燃机）就是把锅炉与溴化锂吸收式冷水机组合二为一，通过燃气或燃油产生制冷所需的能量。直燃机按功能可分为3种形式：单冷型——只提供夏季空调用冷冻水；冷、暖型——在夏季提供空调用冷冻水而冬季供应空调用热水；多功能型——除能够提供空调用冷、热水外，还能提供生活用热水。

直燃机可以在空调供冷的同时供应生活热水，也可同时供应空调热水和生活热水，但不能同时供应空调用冷、热水。

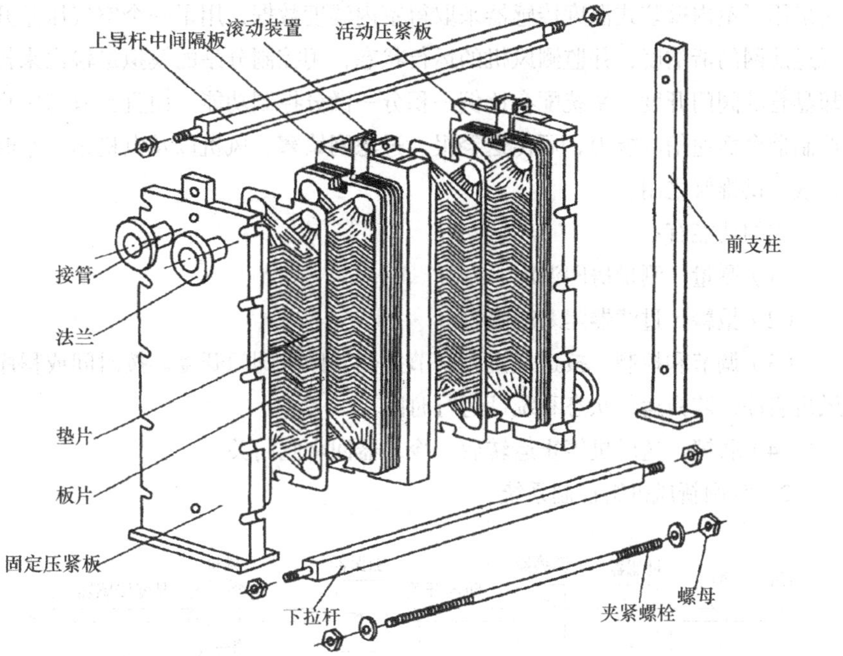

图6-5 板式换热器结构

6.1.4 暖通空调监控系统

1．空气调节监控系统

1）空调冷风机组监控系统

这是基本空调系统，仅提供冷气、除湿，供暖则用其他方法（见图6-6）。

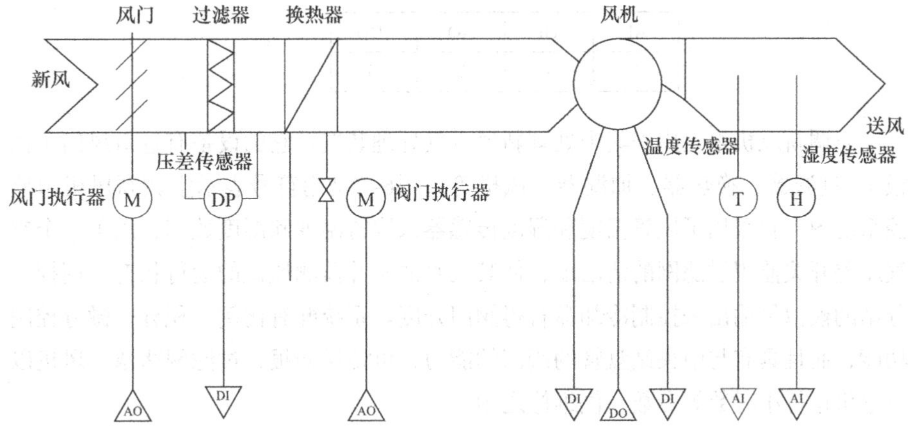

AI	DI	AO	DO
2	3	2	1

AI—模拟量输入 AO—模拟量输出 DI—数字量输入 DO—数字量输出

图6-6 空调冷风机组控制

它采用了室内壁装式温度传感器来取得室内温度数据，用了一个空气压差开关监视过滤网的清洁度，并监测风机的运行状态，用控制分站的模拟量输出来控制冷却盘管的阀门开度。系统配有比例—积分—微分控制功能，而且具有与中央站及控制器全面通信的能力，可传送警报、过滤网堵塞、风机以及电机运行小时数等参数，供维修之用。

它的功能有：

（1）测量。测量房间温度、湿度。

（2）报警。过滤器阻塞时报警。

（3）调节和控制。按送风温度调节换热器回水阀门开度。按时间或程序控制风机启停，监视运行状态和统计运行时间。

（4）联锁。送风机停止运转后，冷却器回水阀门关。

2）空调新风机组控制系统

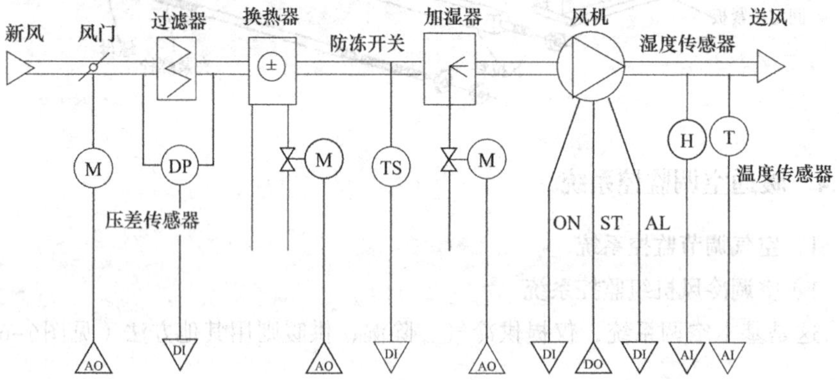

AI	DI	AO	DO
2	4	2	1

图6-7 空调新风机组监控系统

空调新风机组是用来集中处理新风空气处理装置，它的设备有进口风门（挡板）、过滤器、换热器、加湿器、风机等。图6-7是用符号表示空调新风机组监控系统图。它采用了风管温度和湿度传感器来取得温度和湿度数据，用了一个空气压差开关监视过滤网的清洁度，使其及时清洗并监测风机的运行状态。用控制分站的模拟量输出来控制冷却盘管得阀门开度。系统配有比例—积分—微分控制功能，而且具有与中央站盘管的阀门的能力，可传送警报、过滤网堵塞、风机以及电机运行小时数等参数，供维修之用。

它的功能有：

（1）测量。测量送风温度、湿度。

（2）报警。换热器温度、过滤器阻塞时报警。

（3）调节。按送风温度调节换热器回水阀门开度，按送风湿度调节加湿阀门开度。

（4）联锁。送风机启动后，进口挡板开。送风机停止运转后，进口挡板关、冷却器回水阀门关、加湿器阀门关。冷却器后风温低5℃时，送风机停止运转，进口挡板关，冷却器回水阀门开。

3）空调新风温度补偿自动控制系统

室温的给定值随着室外温度有规则地变化，称为补偿。它能够改善空调房间的舒适度，又能够节能。它测量空调房间室内温度、室外温度。按照冬季和夏季的工况控制加热或冷却。过渡季节室温定值不变化，最大限度利用新风。空调新风温度补偿自动控制系统如图6-8所示。

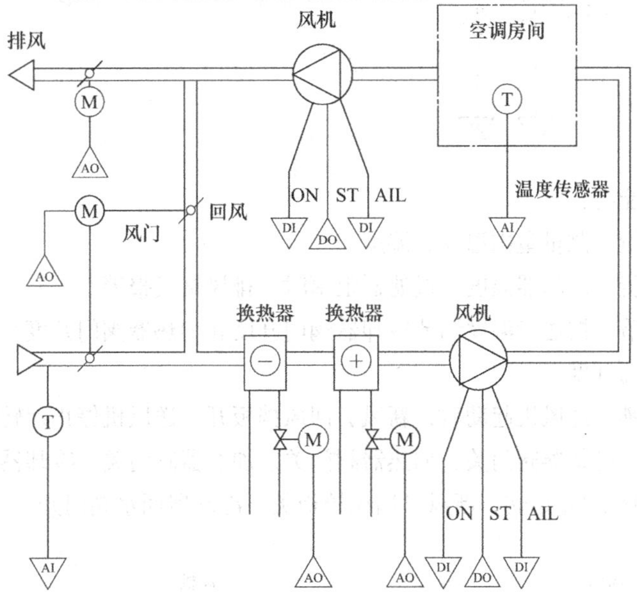

AI	DI	AO	DO
2	4	4	2

图6-8 空调新风温度补偿自动监控系统

4）按照新风回风焓值控制新风量系统

为了合理利用回风能量和新风能量，测量新风和回风的温度和湿度，取得焓值，根据回风焓值和新风焓值比较来控制新风量与回风量，减少能量消耗，空调新风焓值比较系统如图6-9所示。

5）空调机组全新风／排风式监控

本系统对环境的控制方式与前面所述的相似，但添加了排气风机、变速电机、回风道及风门，因而增加了功能（见图6-10）。本系统可以实现完全新风及排风的方式，或者完全再循环，或者两种方式的混合。还可以改变风机转速以符合使用需要，从而节省能源。此外，当室内发生火灾时，排气烟气探测器会发出信号来停止送风机工作，关闭再循环阀及送风风口并用排风机从室内排出烟气。

本系统能对室内的湿度及温度加以控制，利用了三个湿度及温度传感器来测定不同位置的温度和湿度，进行串级控制，使温度和湿度更加稳定。

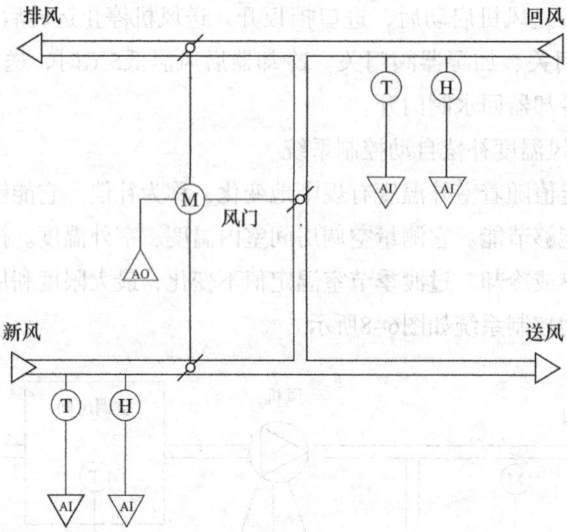

图6-9 空调新风焓值比较系统

它的功能有：

（1）测量。测量室内温度、湿度。

（2）报警。冷却器温度、过滤器阻塞时、排风烟气报警。

（3）调节。按送风温度调节冷却器阀门开度和加热器阀门开度，按送风湿度调节加湿阀门开度。

（4）联锁。送风机起动后，新风／回风挡板开。送风机停止运转后，新风／回风挡板关、冷却器阀门关、加热器阀门关、加湿器阀门关。冷却器后风温低于5℃时，送风机停止运转，新风／回风挡板关，冷却器回水阀门开。

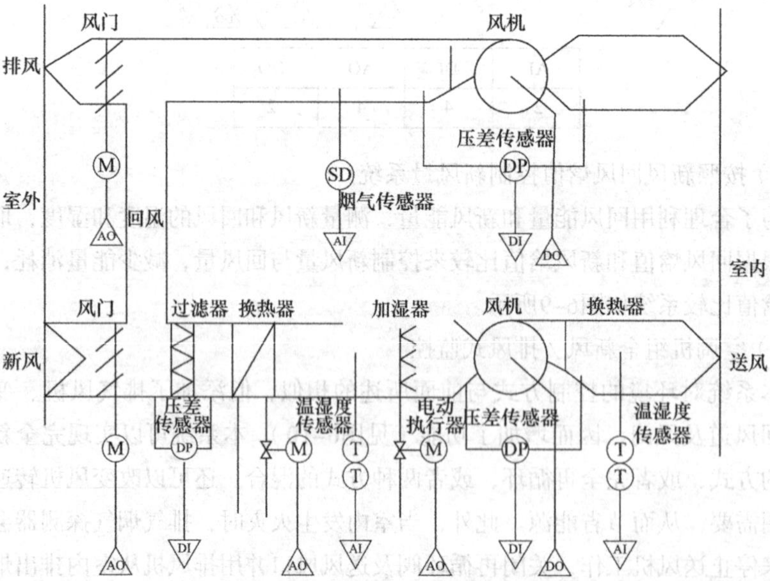

AI	DI	AO	DO
3	3	4	2

图6-10 空调机组全新风/排气式控制系统

2. 空调制冷装置自动监控系统

空调制冷装置有压缩式制冷、吸收式制冷和蓄冰制冷系统，还有冷却水和冷冻水系统。系统设计建议把冷冻机的台数控制和冷却塔控制、压差旁通控制作为一个整体来考虑，采用冷冻机组通信控制器和BA系统建立通信。冷冻机组的单机控制由机组自带控制器完成，冷冻机组为节能的运行台数控制由BAS负责进行，对于冷冻水系统的压差旁通控制和冷却塔控制，提供了一个综合性、合理、可靠的解决方案。

1）压缩式制冷系统

本系统包括两台压缩式风冷冷水机组以及导前/滞后式水泵系统，给一系列的空调器冷却盘管供应冷水（见图6-11）。供水及回水中的浸没式温度传感器及流量传感器监测冷气需求量并进行控制。当冷气需求量增加时，会逐步增加投入的冷水机组数，直到100%需求量时，两台冷水机组及三台泵全部投入运行。系统连续监测每台冷水机组的运行与故障状态，并通过压差开关连续监测各台泵的流量状态，压差开关也对冷水机组起水流量联锁作用。

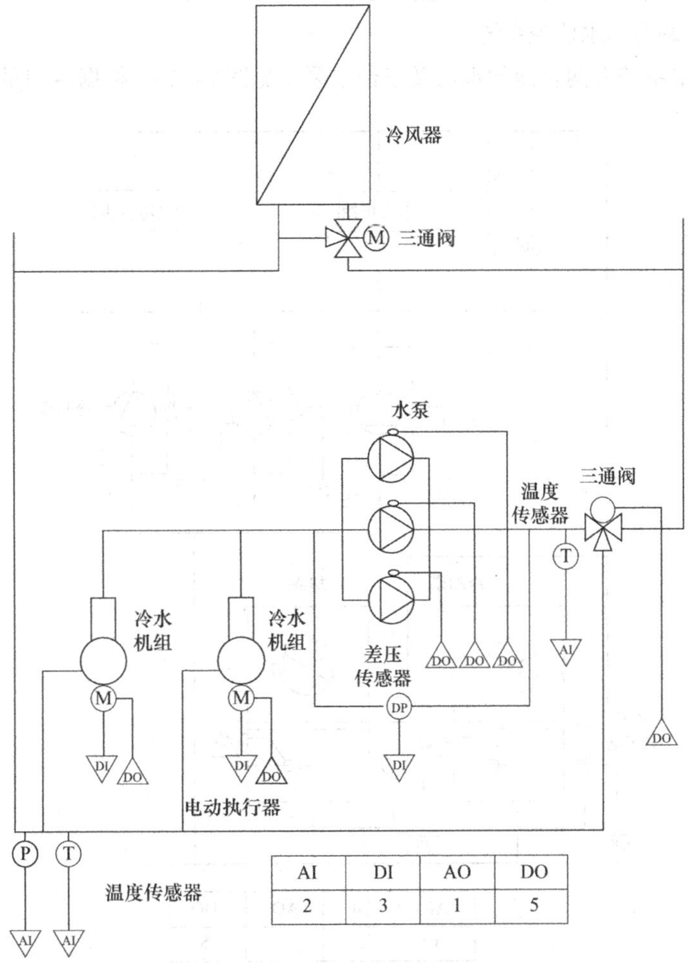

AI	DI	AO	DO
2	3	1	5

图6-11 冷水机组监控系统

它的功能有：

（1）测量。测量供水及回水的温度、压力、流量。

（2）报警。设备过载或故障报警。

（3）调节。按冷气需求量或按照时间程序控制机组运行、故障自动切换，按供水及回水的压差，调节压差调节阀。

（4）联锁。按照规定启动停止程序，控制机组启停。

2）吸收式制冷系统

吸收式制冷系统的控制功能有：

（1）测量：测量蒸发器、冷凝器的进出口水的温度，蒸发器、冷凝器的制冷剂、溶液温度、压力，溶液浓度及结晶温度。

（2）保护：水流、水温、结晶保护。

（3）报警：设备故障报警。

（4）调节：按冷气需求量或按照时间程序控制机组运行、台数控制，故障自动切换。

（5）联锁：按照规定启动停止程序，控制机组启停。

3）空调冷却水监控系统

冷却水系统有两台冷却水塔及三台水泵（见图6-12）。根据冷却量的需求情

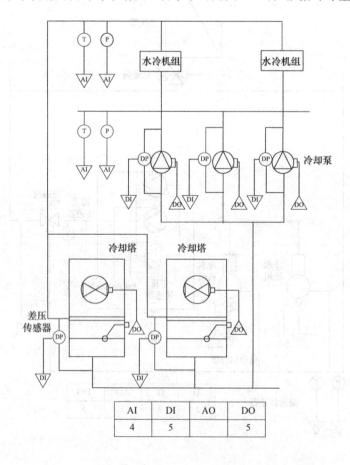

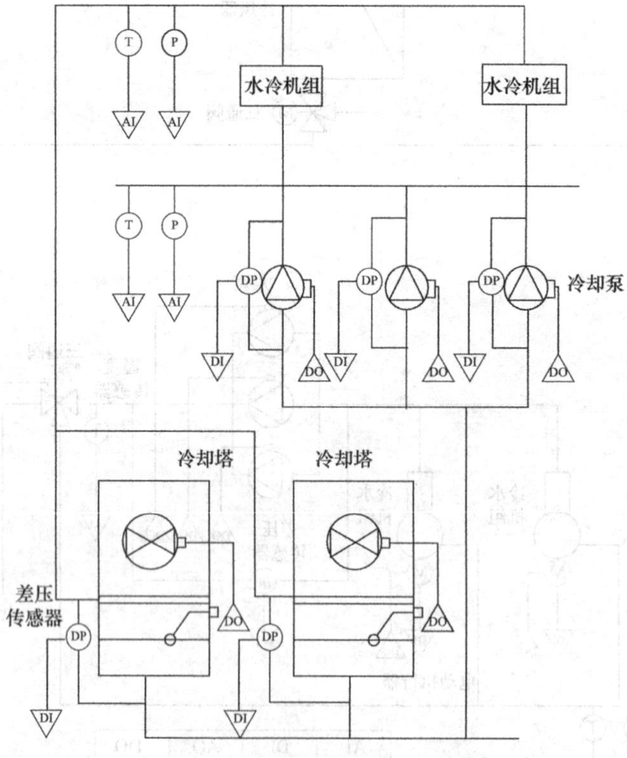

AI	DI	AO	DO
4	5		5

图6-12　冷却水系统

况，可以从投入一台冷却水塔及一台水泵到两台冷却水塔及三台水泵均投入运行。应用供水与回水温度传感器以及压力传感器，通过控制系统控制冷却塔及水泵的运行。加上室外空气温度传感器及建筑物内部温度的监测，应用最佳起动停机（OSS）功能，根据当时天气条件来预测起动/停机时间，以取代浪费能量的固定时间运行方式。在采用变频调速器调节水泵速度的系统中，可以按照根据冷却量的需求情况控制水泵及风机的转速，取得更好的节能效果。

4）空调水系统

该系统为一级泵变流量系统，空调装置为双管制，冷水机组与冷冻水泵、冷却水泵、冷却塔为一对一运行方式。冷却水泵、冷却塔为两用一备（见图6-13），它的运行方式如下：

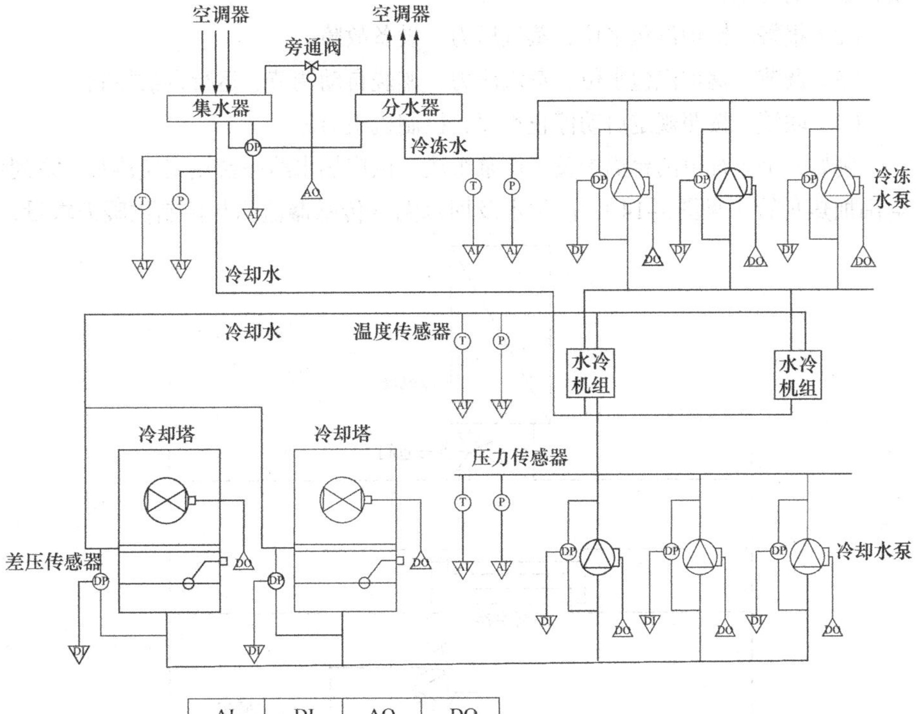

AI	DI	AO	DO
9	8	1	8

图6-13　空调水系统控制

（1）系统启动顺序。冷却塔风机起动，起动冷却水泵，延时30s起动冷水机。停机时次序相反。

（2）按照冷冻水流量及供回水温度差，计算冷负荷，对冷水机组进行台数控制，在只有一台的情况下，对该机组进行变频控制。

（3）根据供回水压力差，调节旁通阀的开度，根据空调末端设备负荷情况，调整旁通量，使冷水机组维持定流量运行。

（4）对所有设备，包括冷水机组、冷冻水泵、冷却水泵、电动阀等进行开关控制，并与冷水机组随机控制柜相连，将信号传到控制中心。

（5）制冷机泄漏报警，并与系统机组及机房排气风机联动。

（6）监视系统机组冷水机组与冷冻水泵、冷却水泵、冷却塔的运行状态，故障显示及报警，记录运行时间。

（7）监控电动调节阀的开关状态。

（8）对所有温度、压力、流量等参数进行监测记录报警。

3．热源设备的自动监控系统

1）锅炉机组监控

锅炉机组热介质有蒸汽或热水。燃料有煤、油或燃气。一般的锅炉设备控制系统应具有下列功能：

（1）测量。出口蒸汽或热水的温度、压力和流量，油压或气压，烟气含氧量，燃料消耗量。

（2）报警。锅炉汽包水位、蒸汽压力、设备故障。

（3）调节。锅炉汽包水位、蒸汽压力、燃烧自动调节、运行台数控制。

（4）联锁。按照规定启动停止程序，控制机组启停。

例如一个系统由两台锅炉及工作泵组成，供应热水给一台热交换器及一系列空调加热盘管（见图6-14）。由供水及回水温度传感器监测与控制供暖需求量，

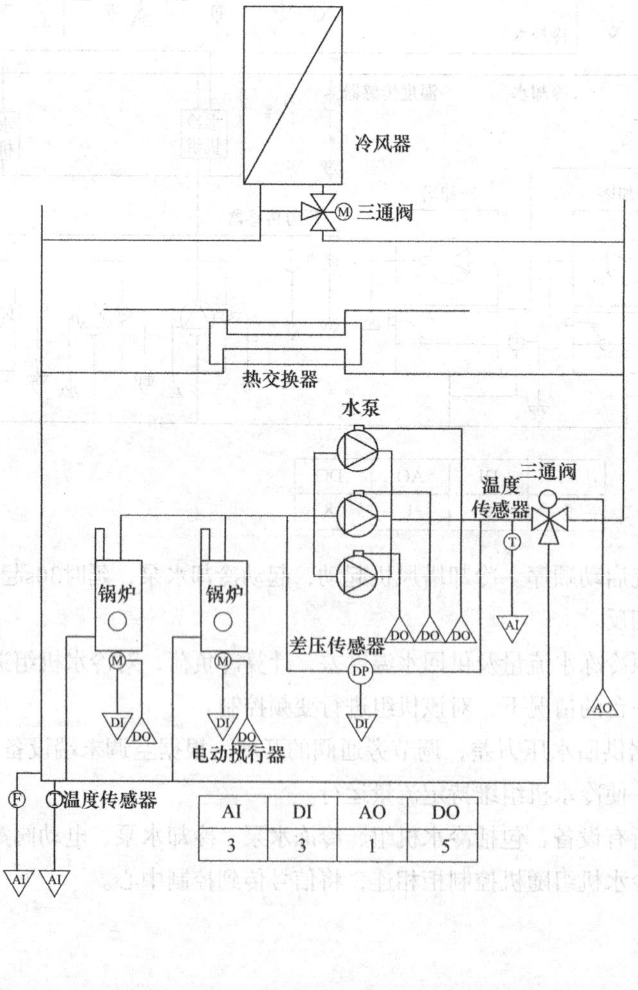

AI	DI	AO	DO
3	3	1	5

图6-14 锅炉机组监控系统

随着供暖需求量的增加，逐步增加运行的锅炉数目。直至达到100%需求时，两台锅炉都投入运行。

锅炉的运行及故障状态均受到连续监测，泵的状态也通过压差传感器监测，此传感器还用做锅炉的水流量联锁装置。

2）热交换器监控

热交换器由锅炉供给蒸汽、加热热水，热水供应采暖空调或生活用。热水通过水泵送到分水器，由分水器分配给空调系统。空调系统回水通过集水器集中后，进入热交换器加热后循环使用。

热交换器的控制功能有：

（1）监测：热水循环泵的运行和故障状态，热水的温度、流量、压力，蒸汽的温度、流量、压力。

（2）控制：热水循环泵的起动、停止。根据水温调节蒸汽电动阀的开度，当水泵有故障时，自动起动备用泵，水泵停止时电动阀关闭。

热交换器监控系统如图6-15所示。

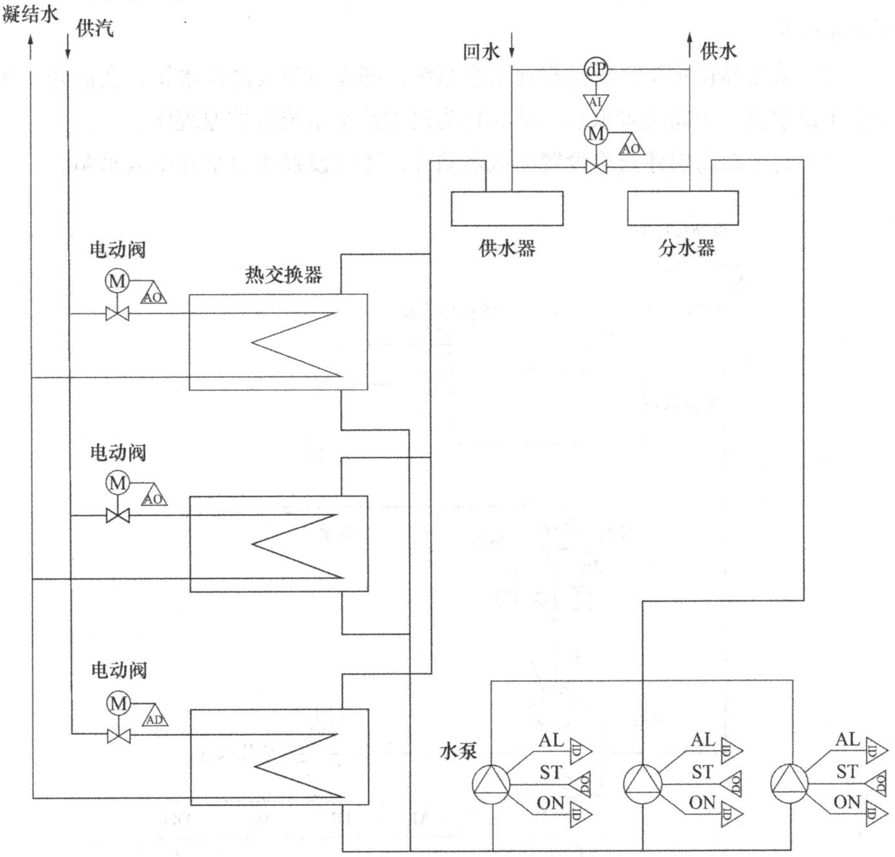

AI	DI	AO	DO
1	6	4	3

图6-15 热交换器监控系统

6.2 给排水设备监控系统

给排水系统是任何建筑都必不可少的重要组成部分。一般建筑物的给排水系统包括生活给水系统、生活排水系统和消防水系统，这几个系统都是楼宇自动化系统重要的监控对象。

由于消防水系统与火灾自动报警系统、消防自动灭火系统紧密相联，国家技术规范规定消防给水应由消防系统统一控制管理，因此消防给水系统由消防联动控制系统进行控制。

6.2.1 给水系统

生活给水系统主要是对给水系统的状态、参数进行监控与控制，保证系统的运行参数满足建筑的供水要求以及供水系统的安全。

生活给水系统通常分三种形式：

（1）采用恒压（或变压）供水。即应用变频装置改变水泵电机转速，以适应用水量变化。

（2）采用高位水箱、低位水池给水系统，即在屋顶设高位水箱，在低处（地下室）设水池，中间设置水泵。图6-16为民用给水系统监控原理图。

（3）对于超高层建筑除设置高区水箱外，还要设置接力泵和中区水箱。

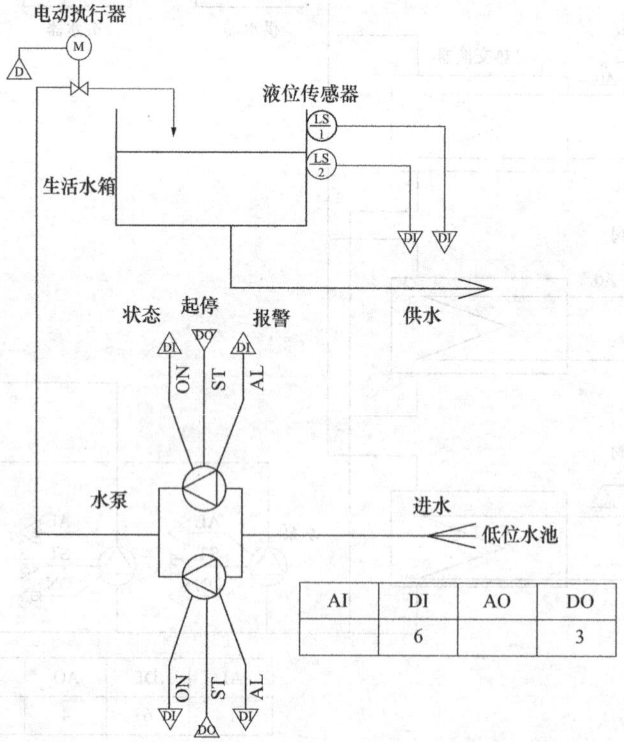

图6-16 给水设备监控系统

6.2.2 排水系统

生活排水系统分集水坑排水和污水池排水，其监控原理相同，现以集水坑排水为例介绍排水系统监控原理。排水系统监控原理与给水系统监控原理相似，排水系统是由集水坑（污水池）、排水泵（污水泵）、液位传感器等构成（如图6–17所示）。

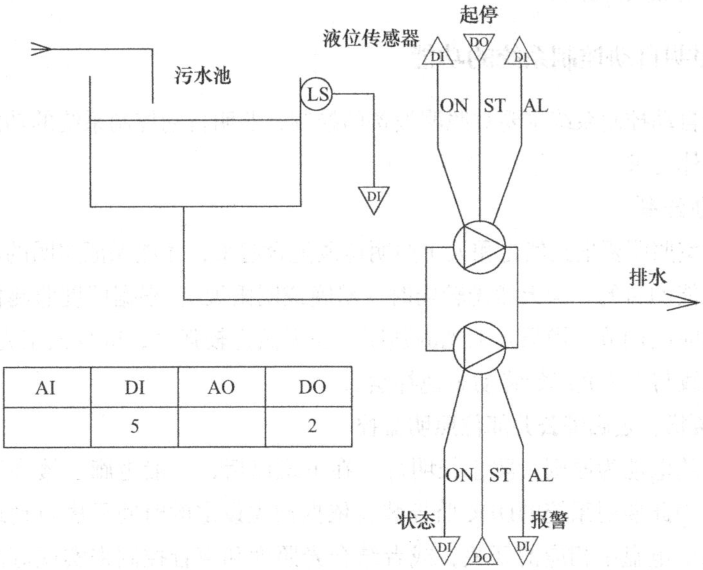

图6–17　排水设备监控系统

6.2.3 给排水系统监控参数

（1）测量。水箱或水池的水位。

（2）报警。水泵过载，水箱或水池的水位。

（3）控制。水泵起停或转速。

6.2.4 给排水设备

给排水设备分为补水型和排水型。

（1）补水型：根据高位水箱的水位控制水泵起停（见图6–16）、水位高低报警、备用水泵自动投入、低位水箱水位过低报警。水泵故障报警、高位水箱。

（2）排水型：低位水箱或污水池排水控制（见图6–17）。

6.3 照明控制

6.3.1 照明控制的意义

建筑照明是以“安全、适用、经济、美观”为原则设计的。智能建筑照明按其用途来分照明种类很多。一是为了创造一个良好的舒适的视觉照明，也就是为了满足人的视觉需要的办公或生活的局域照明；二是为了美化环境，渲染空间环境气氛的艺术照明；三是楼梯、走廊等公共照明；四是特殊照明，如航空障碍灯照明、景观照明、应急照明、疏散指示照明等。

通过照明控制在需要时才亮灯，并使其有一定的亮度，改变了常亮灯的浪费情况。灯泡在受到过电压时易损坏，减少电网的浪涌电压或降低电压，能延缓灯泡老化，增加其寿命。

6.3.2 照明自动控制系统的功能

照明自动控制系统主要对照明设备的控制，照明自动控制系统的功能应满足用户的具体要求。

1．办公室

办公室照明要把天然光和人工照明协调配合起来，才能保证照明的质量，达到节约电能的目的。当天然光较弱时（傍晚或阴雨天），根据照度监测信号或预先设定的时间调节，增强人工光的强度。当天然光较强时，减少人工光的强度，使天然光线与人工光线始终动态地补偿。

2．楼梯、走廊等公共部位照明监控

以节约电能为原则，防止长明灯，在下班以后，一般走廊、楼梯照明灯及时关闭。因此照明系统的DDC监控装置依据预先设定的时间程序自动地切断或打开照明配电盘中相应的开关，或者结合光照度和声音控制来实现灯的开启和关闭。

3．障碍照明、建筑物立体照明监控

高空障碍灯的装设应根据该地区航空部门的要求来决定，一般装设在建筑物或构筑物凸起的顶端，属于一级负荷，应采用单独的供电回路，同时还要设置备用电源，利用光电感应器件通过障碍灯控制器进行自动控制障碍灯的开启和关闭，并设置开关状态显示与故障报警。

建筑物立体照明采用投光灯，给人以美的享受，投光灯的开启/断开可编制时间程序进行定时控制，同时监视开关状态。

4．接待厅、餐厅、会议室、休闲室和娱乐场所按照时间安排，控制灯光及场景

5．应急照明的控制

当正常电网停电或发生火灾等事故时，事故照明、疏散指示照明等应能自动投入工作。监控器可自动切断或接通应急照明，并监视工作状态，故障时报警。

6．停车场照明控制

6.3.3 照明控制模式

照明控制有两种模式，即开关模式和多级或无级模式。开关模式就是电灯只能开或关两种状态，这种模式的缺点就是没有中间状态，明暗变化太大。比较而言，多级或无级模式是一种能营造多姿多彩的环境的良方。

1. 开关模式

开关模式线路相当简单，一般是采用遥控开关或断路器，也可以用继电器或晶闸管。

目前遥控开关使用相当广泛，但还需要有短路和过载保护的设备配合。遥控断路器经常用于公共场所的灯的开关，它除了起开关的作用外，还有短路和过载保护的作用。它可以采用单极开关1P，也可以采用双极开关2P或1P+N，双极开关线路的安全性较高。

定时开关应用于有固定作息时间的办公室或教室（见图6-18*a*），机械式或者电子式定时开关均可用，其区别是电子式定时开关需要电源。

活动感应开关又称动体探测器，一般利用红外线或者超声波的原理做成，在探测到有人时，自动控制灯的开关。有一种活动感应开关和延时开关结合的开关，用于廊道，人来时可自动开灯，延时一段时间后就自动关灯。

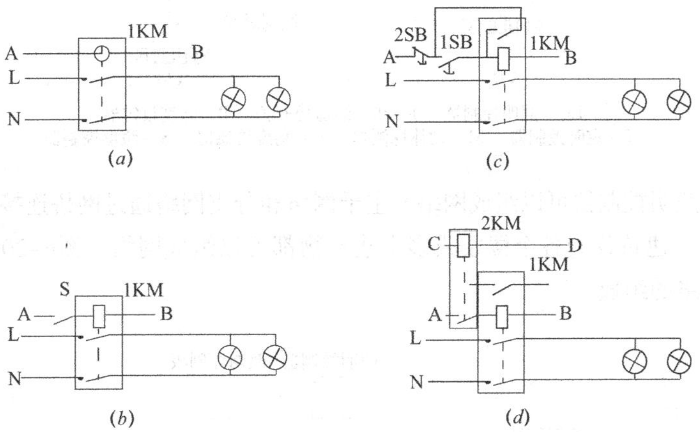

图6-18 开关模式控制的照明的自动控制或遥远控制

图6-18是开关模式照明控制的定时开关或活动感应开关控制方法图；6-18（*b*）是用按钮开关遥控的方法，接触器1KM控制主电路，按钮1SB和2SB分别是开关；图6-18（*c*）是用小电流开关S通过控制接触器1KM大电灯的方法，S可以是其他继电器的输出接点。图6-18（*d*）是用可编程控制器PLC或是其他的继电器的输出接点2KM控制接触器的方法，接触器1KM 可向控制器提供一个反馈信息。其中AB端接电源。

2. 调光开关

多级或无级模式是用调光开关的一种方式。电阻式调光开关因电耗较大，故目前很少用。随着电子技术的发展，晶闸管式或晶体管式调光器基本上代替了电阻式调光开关，它的电损耗很少，但产生一定程度的谐波。

电子式镇流器是一种将220V/50Hz交流电转换为高频率（40～70kHz）的高压电来点亮荧光灯，比用铁心镇流器损耗低而且功率因数高，电子式镇流器很容易做成可调整的，成为电子调光器。

电子式控制器或微机控制器可以提供开关模式、多级或无级模式控制照明。采用可编程控制器PLC。电子式控制继电器或微机控制器可以进行复杂的灯光控制，如时间程序控制、事件触发的控制、多处控制、远程控制等。此外，还可进行计数、测量、信号报警等，具有RS232/RS485等通信接口，相互通信或者能够连成网络，进行集散式控制。

图6-19是照明控制器，它能完成控制和调光任务，是数字式控制器。图6-19*a*是信号分别输入控制器的方式，6-19*b*是信号经控制总线输入控制器的方式，控制总线可以采用现场总线，它的连线很简单，可以实现相当复杂的控制任务，控制功能由软件编成实施。可以说是建筑物控制系统的一个重要组成部分，这种网络可以和管理网相连，还可和因特网相联系，实现集中管理和远方控制。

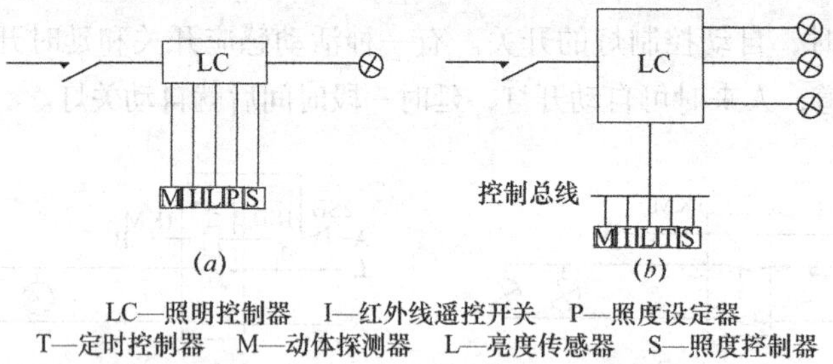

图6-19　照明控制器

多个照明控制器可以组成网络。主干网络和分支网络通过网桥连接，组成分布式系统。建筑物的各个楼层或多个建筑物都可以组成网络。图6-20是一种照明控制网络的组成。

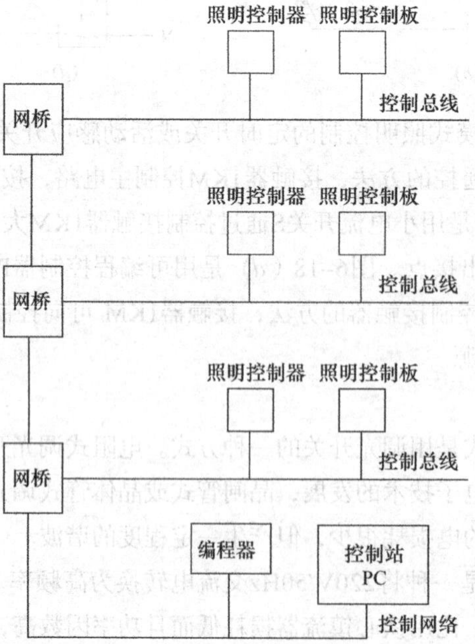

图6-20　照明控制网络的组成

6.4 供配电智能化监控

建筑物内电气系统设备一般有供配电所的高低压配电柜、变压器、发电机和建筑物的各种动力照明控制设备。智能化的供配电所对变配电所的高低压配电柜、变压器、发电机等设备进行监控。供配电系统智能化系统应用正在逐步扩大，从电力系统区域变配电所扩大到工业与民用建筑以至居住区变配电所。

供配电计算机监控系统是智能建筑系统的重要组成部分，如何实现供配电系统工作的安全性、可靠性、节能性、灵活性，实现对系统全面的自动监控，科学管理是变配电自动化系统要解决的问题。在供电系统中，对于一级负荷，要有两路独立电源供电，当一路电源停电或需要检修时，两电源间联络开关自动闭合，由另一路电源给所有重要负荷提供电能，同时还要设置一台柴油发电机组，能够在15s内自行启动，供应事故照明、消防用电和其余重要负荷用电。采用计算机监控系统就可实现供配电所无人值班，自动测量、监视、控制，并对测量的数据及时、准确地进行分析和处理，自动显示并打印。

对先进供配电系统的要求可以归纳为：

（1）可靠性；（2）易操作；（3）方便并可以集中操作；（4）优化；（5）能源管理；（6）人身保护；（7）联动处理。

供配电系统的智能化程度可以分为三个等级。

（1）监视；（2）监视和控制；（3）监视控制和保护。

6.4.1 电气系统的监控

一般来说监测控制点划分为以下几种：

（1）显示型。包括运行状态、报警状态及其他。

（2）控制型。包括设备节能运行控制、顺序控制（按时间顺序控制或工艺要求的控制）。

（3）记录型。包括状态检测与汇总表输出、积算记录及报表生成、巡回记录。

（4）复合型。指同时有两种以上监控需要。

对于电气系统主要监测控制内容有：

（1）电源监测。对高低压电源进出线及变压器的电压、电流、功率、功率因数、频率、断路器的状态监测。

（2）负荷监测。各级负荷的电压、电流、功率的监测。

（3）负荷控制。电网负荷调度控制，当超负荷时，系统停止低优先级的负荷。

（4）用电源控制。在主要电源供电中断时自动启动柴油发电机或燃气轮机发电机组，在恢复供电时停止备用电源，并进行倒闸操作、直流电源监测、不间断电源的监测。

（5）供电恢复控制：当供电恢复时，按照设定的优先程序，启动各个设备电机，迅速恢复运行，避免同时启动各个设备，而使供电系统跳闸。

6.4.2 供电所的变配电设备监控

1. 供配电设备监测

（1）高压电源监测。供电质量（电压、电流、有功功率、无功功率、功率因数、频率）监测报警，供电量积算。

（2）线路状态监测。高压进线/出线、二路进线的连络线的断路器状态监测、故障报警。

（3）负荷监测。各级负荷的电压、电流、功率监测。

（4）变压器监测。变压器温度监测、风冷变压器通风机运行情况、油冷却变压器油温和油位监测。

（5）直流操作电源监测。交流电源断路器、直流断路器位置状态监测、直流母线对地绝缘状态监测。

供配电设备的监控系统如图6-21所示。

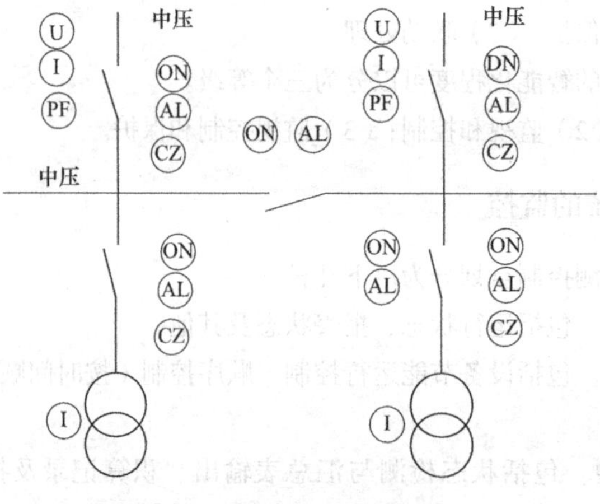

图6-21 一种供配电设备的监控系统图

2. 供配电设备控制

（1）高压进线、出线、连络线的断路器遥控。

（2）低压进线、出线、连络线的断路器遥控。

（3）主要线路断路器的遥控，如配电干线、消防干线的断路器遥控，对水泵房、制冷机房、供热站供电的断路器，以及上述站房的进线断路器遥控。

（4）电动机智能控制。

（5）电源馈线。设计有过电流及接地故障保护，三相不平衡监测，重合闸功能，备用电源自动投入。

（6）变压器。设计有故障保护和过载保护。

（7）分段断路器。设置电流速断保护、过电流保护。

3．备用发电机监控

备用发电机的测量和控制内容有：

（1）发电机线路的电气参数的测量，如电压、电流、频率、有功功率、无功功率等。

（2）发电机运行状况监测，如转速、油温、油压、油量、进出水温、水压、排气温度、油箱油位等。

（3）发电机和线路状况的测量。

（4）发电机和有关线路的开关的控制。

（5）有直流电源时，对它的供电质量（电压、电流）监测报警。

4．供电所的保护功能

一般10kV变电所需要的保护功能有：

（1）引入线相间和相对地故障、三相不平衡。

（2）变压器过载和故障。

（3）电动机内部过载和故障、电网和负载故障、电动机启动工况监测。

（4）母线电网电压和频率监测。

6.4.3 供配电设备监控系统的组成

供配电设备监控系统和其他建筑物自动化系统一样由控制分站和中央站组成。由传感器提供它的输入信号，输出信号则会使各种开关动作或报警。在监控中心可以安装动态模拟显示器和操作台。它的功能有显示和控制主开关或断路器的状态，对应急或备用电源的控制等，可以取代普通的控制和信号屏。供配电所一般不需要重复设置信号控制屏。普通的监测系统是在变配电设备上增加一些传感器。如果是智能化断路器或继电器，它有内置传感器，可以从通信接口取得信号。

1．传感器

传感器或变送器是将电量或非电量转化为控制设备可以处理的电量的装置。电量传感器是一种将各种电量如电压、电流、频率及功率因素转换为数字量或计算机能接受的标准输出信号。用于建筑物管理系统中建筑物内变配电系统各种电量的监测记录。它有电流互感器、电压互感器及多参数电力监测仪。多参数电力监测仪可以监测单相或三相电力参数，如电压、电流、频率、功率因素、谐波和电能，可以提供测量计量参数监视能量管理等功能。它还提供通信接口如RS485、4～20mA输出或脉冲输出。本书第三章已经详细介绍了传感器的相关要点。

2．控制分站、电子继电器及智能断路器

控制分站主要完成实时性强的控制和调节功能。目前，一般系统采用智能型控制器。

3．中压开关柜微机保护监控系统

智能化中压开关柜配置了微机保护和控制单元或电子继电器，取代了机电式继电保护。微机保护和控制单元安装在开关柜上。它的特点是保护功能可靠性高、速度快、精度高、保护稳定性及其灵敏度优化组合，不受电流互感器的限制，具有自检功能和抗环境电磁干扰能力。它还具有一些新的功能，如故障记录、通信、遥控、遥测、遥信等功能。

它有对各种电量的计量、监测、报警作用。为满足不同的应用要求如进线和馈线、变压器、电动机、母线的保护，具有相应产品。它提供完善的监控保护功能，一般提供网络通信接口，如RS232、RS485可以接入BAS系统，可以实现远方监控。

微机保护监控系统可以减少控制室的面积，减少控制电缆，减少维修工作量，进一步提高供电可靠性。供配电系统的继电保护、测量控制信号集中于一体的多功能微机智能控制单元如图6–22所示。微机保护装置分为输入回路（交流接口单元）、出口回路（直流接口单元）、CPU单元、存储器、人机接口和电源。

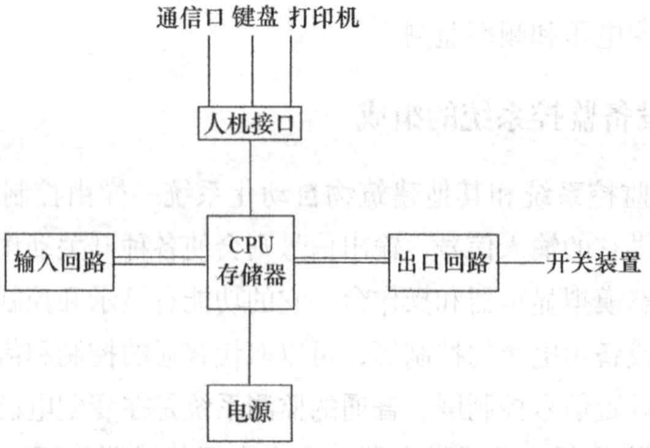

图6–22　微机保护监控系统的组成

1）CPU单元。为微机继电保护装置的核心，用来完成数据收集计算逻辑判断处理、发出跳合闸命令等功能。还可以同上层控制机通信，实现远程修改定值传递保护信息，打印故障报告等功能。由于电力系统正常运行时的参数与故障时的参数相差悬殊，有的甚至相差几十倍，所以输入信号动态范围大，一般采用分布式结构。按照单元设置CPU，双机并行工作。

2）存储器。有定值存储器、程序存储器、数据存储器等。定值存储器储存各种保护设定值，该芯片具有断电内容不丢失功能，且可在线修改内容。数据存储器RAM用来存取现场的各种输入输出的内容、中间运算结果和判断结果、按需要时读出、写入或改写，一般用22K的芯片。程序存储器则用于存储已编好并具有保护功能的应用程序，一般用可改写的存储器EPROM。

3）输入回路（交流接口单元）。电力系统的电流、电压等数字，经电压互感器、电流互感器转换成100V或5A信号，由于这种信号数值大大超过微机所能接受的电压标准，这些参数在故障时变化很大，微机只能识别电压，所以必须把经过电压互感器、电流互感器变换后的电压电流再经交流接口电路转换成微机可能接收的电压值，并且在故障情况下也不会超过这个范围。为了限制输入信号的最高频率，采用低通滤波器，采样频率应等于或大于被测信号频率。在故障时电力系统可能出现高次谐波，实际的采样频率是工频的几倍甚至几十倍。另外，继电保护的快速动作要求以及程序需要充分的执行时间，为方便运算，采样频率常用600Hz。

4）出口回路（直流接口单元）。它包括出口跳闸继电器及磁保持继电器及发光二极管组成的灯光信号等。由于采样后的离散数字量也是瞬时值，但不能直接用来判断系统状态，必须采用某种数学方法得出表征系统特性的参数，并与相应的整定值进行比较，从而作出保护动作与否的判断。特别是电力系统包含非线性铁磁元件、分布电容、补偿电容，使得短路电流中含有衰减的非周期分量和高频分量。为了克服这些因素的影响，除了采用滤波措施外，必须采用合适的数学方法。

5）人机接口。有键盘、通信口、打印机、显示装置。通信口完成智能开关设备连接，一般用现场总线，如Lonworks、CANBus、Profibus总线等。

6）电源。常用交流稳压电源、DC-DC和蓄电池。

4．低压配电系统的综合自动化

低压配电系统的综合自动化可以有两种方式实现：一种方式是采用智能型断路器；另一种方式是采用智能型控制单元。而智能型控制单元又分为两种，一种为电动机控制器，另一种为馈电控制器。从技术经济角度综合考虑目前多数工程对大容量断路器的框架式断路器采用智能型断路器，而对其他回路采用智能型控制单元。

1）智能型断路器。智能低压断路器带有微处理器的控制器，它的保护作用具有长延时、短延时、瞬时过电流保护、接地、欠电压保护等。此外还可以对负荷监测和控制、远方显示、测量电压、电流、有功功率、无功功率、功率因数、谐波和电能等。测定故障电流、故障显示、接地故障时选择性闭锁、数据远传、自检。通过网络通信接口RS232、RS485、RS422可以接入BAS系统。它可与上位进行数据交换，可接受上位机的指令，可与上位机进行数据交换，可由上位机对断路器进行遥控操作，对断路器的整定值进行修改。它具有内置的电流互感器。

2）智能电动机控制器。智能电动机控制器可以提供对电动机的保护和监控功能。智能电动机控制器可以提供的保护功能有过载、缺相、欠载、空载、堵转、漏电、相电流不平衡、转速、温升等。智能电动机控制器可以应用于电机直接启动、正反转、直接启动附加控制单元、星三角启动、自耦变压器启动、软启动等运行方式。它的显示功能、通信功能与智能型断路器一样。此外，还具有存储功能，能存储近期的运行状态、故障报警信息及各种参数值，它还有通信功能。

3）智能型馈电控制器。智能型馈电控制器基本和智能电动机控制器一样，它的保护功能较简单，常设置接地、过电流等保护功能。

智能型电动机控制器、智能型馈电控制器可以装在低压电屏的抽屉上，对那些仅需由控制室监视其位置的断路器，可以装置多回路监控单元，对多个合断路器进行监视。

电子继电器、智能断路器及智能电动机控制器相当于控制分站和传感器；变电所管理分站是一台微机。

5．发电机组微机监控系统

发电机组微机监控系统可以提供发电机的电气参数及热工参数，可以将发电机组微机监控系统与变电所管理分站联网。变电所管理分站可以对发电机组进行启动、停止运行等控制，如图6-23所示。

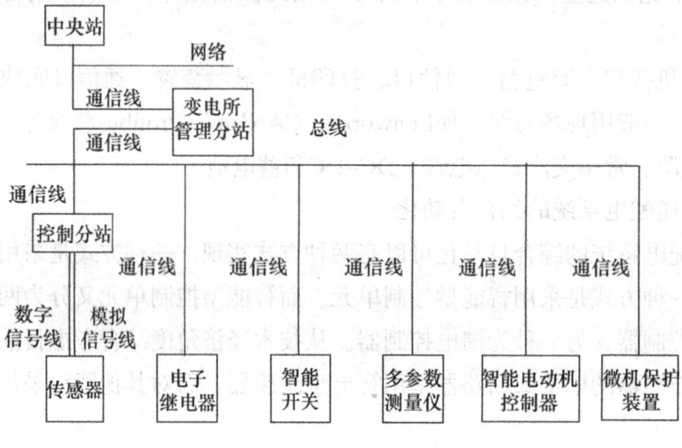

图6-23　一种变配电设备监控系统的设备组成

6.5　电梯系统的监控

电梯是用电力拖动的轿厢，运行于铅垂的或倾斜不大于15°的两列刚性导轨之间运送乘客或货物的固定设备。

6.5.1　电梯的分类

1．按用途分

1）乘客电梯

为运输乘客而设计的电梯，主要用于宾馆、饭店、办公大楼、高层公寓等场所，要求运行平稳、舒适安全，乘客可见部分装饰讲究。

2）载货电梯

主要为运输货物而设计的电梯，通常考虑有人伴随。其轿厢面积和载重量较大，但自动化程度和运行速度不高，通常在大型商场、货仓和生产车间使用较多。

3）客货两用电梯

主要用作运送乘客，也可以运送货物的电梯，它与乘客电梯的区别在于轿厢的内部装饰不同，如宾馆、饭店员工使用的工作梯（常兼作消防时使用）大都采用此类电梯。

4）消防电梯

火警情况下能适应消防员专用的电梯，非火警情况下可作为一般客梯或客货梯使用。

5）观光电梯

供乘客观光的电梯，特点是轿厢透明，乘客可以在轿厢内观看欣赏周围风光。

6）其他专用电梯

如用于船舶上的船舶电梯、专门运送车辆的车辆电梯以及矿井电梯、建筑施工电梯等，轿厢根据用途制作，专业性较强。

2．按电梯的额定速度分

1）低速电梯

速度小于1m/s的电梯，其规格有0.25m/s、0.5m/s、0.75m/s、1m/s。

2）快速电梯

速度小于2m/s而大于1m/s的电梯，其规格有1.5m/s、1.75m/s。

3）高速电梯

速度大于2m/s的电梯，其规格有2m/s、2.5m/s、3m/s。速度达6m/s、10m/s的电梯也已出现。

3．按拖动方式分

1）交流电梯

采用交流电机拖动的电梯，有交流单速电梯、交流双速电梯、交流调压调速电梯、交流变压变频调速电梯。

2）直流电梯

采用直流电动机拖动的电梯，如采用直流发电机–电动机组拖动的电梯、直流可控硅励磁拖动的电梯以及整流器供电的直流电梯。此类电梯多为快速和高速电梯。

此外，还有齿轮、齿条式传动电梯和螺旋式传动电梯等。

6.5.2 电梯的组成

尽管电梯的种类很多，但其基本结构通常是由轿厢、井道、门系统、导向系统、对重系统和安全保护系统等部分组成，图6–24为电梯结构示意图。每部分的主要部件及其作用简介如下：

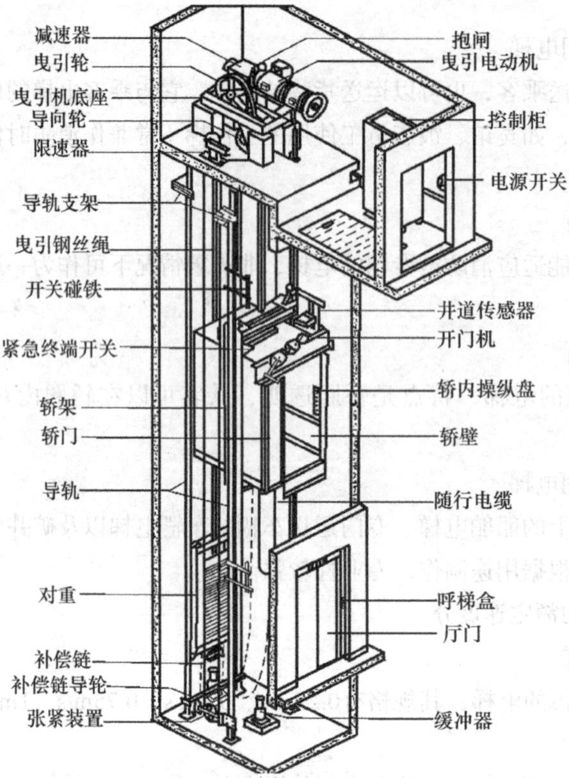

图6-24 电梯结构示意图

1. 轿厢

轿厢是电梯主要设备之一，轿厢体由厢顶、厢壁、厢底及轿厢门组成。在曳引钢丝绳的牵引作用下，沿敷设在电梯井道中的导轨，做垂直上下的快速、平稳运行。轿厢是乘客或货物的载体，由轿厢架和轿厢体构成。轿厢架上下装有导靴，在导轨上滑行或滚动。

2. 门系统

门系统是由电梯门（厅门和厢门）、自动开门机、门锁、层门联动机构及门安全装置等构成。电梯门由门扇、门套、门滑轮、门锁和门导轨架等组成，按类型可分为中分式、旁开式和闸门式，其作用是打开或关闭电梯轿厢与层站的出入口。电梯门的开启和关闭是由自动开门机实现的。门锁也是电梯门系统中的重要部件，按其工作原理可分为撞击式和非撞击式门锁。撞击式门锁与装在厢门上的门刀配合使用，由门刀拨开门锁，使厅门与厢门同步开启或关闭。非撞击式门锁与压板机构配合使用，完成厅门与厢门的同步开、闭过程。

3. 导向系统

电梯导向系统由导轨架、导轨及导靴等组成。导轨限定了轿厢与对重在井道中的相互位置，导轨架是导轨的支撑部件，它被固定在井道壁上，导靴被安装在轿厢和对重的两侧，其靴衬（或滚轮）与导轨工作面配合，使轿厢与对重沿着导轨做上下运行。

4. 曳引系统

曳引系统由曳引机组、曳引轮、导向轮、曳引钢丝绳等组成。

曳引机组是电梯机房内的主要传动设备，由曳引电动机、制动器和减速器等组成，其作用是产生动力并负责传送。曳引轮利用与钢丝绳之间的摩擦力带动轿厢与对重做垂直上下运行。钢丝绳一方面连接轿厢和对重，同时与曳引轮之间产生摩擦牵引力。导向轮安装在曳引机机架或承重梁上，使轿厢与对重保持最佳相对位置。

5. 对重系统

对重系统，也称重量平衡系统，包括对重及平衡补偿装置。对重起到平衡轿厢自重及载重的作用，从而可以大大减轻曳引电动机的负担。平衡补偿装置则是为电梯在整个运行中平衡变化时设置的补偿装置，使轿厢侧与对重侧在电梯运行过程中始终保持相对平衡。

6. 机械安全保护系统

电梯安全保护系统分为机械系统和电气系统。机械系统中的典型机械装置有机械限速装置、缓冲装置及端站保护装置等。限速装置是由限速器和安全钳组成。限速器安装在电梯机房楼板上，在曳引机的一侧，安全钳安装在轿厢上底梁两端。限速器的作用是限制电梯运行速度超过规定值。缓冲器安装在电梯井道的底坑内，位于轿厢和对重的正下方，起缓冲作用，以避免轿厢和对重直接冲顶或撞底，保护乘客和设备安全。

6.5.3 电梯的控制原理

1. 单台电梯的控制

一般，电梯系统的控制核心单元为PLC，即可编程控制器。以轿厢式电梯为例来说明电梯系统运行控制原理。

（1）接收并登记电梯在楼层以外的所有指令信号、呼梯信号，给予登记并输出登记信号。

（2）根据最早登记的信号，自动判断电梯是上行还是下行，这种逻辑判断称为电梯的定向。电梯的定向根据首先登记信号的性质可分为两种。一种是指令定向，指令定向是把指令指出的目的地与当前电梯位置比较得出“上行”或“下行”结论。例如，电梯在二楼，指令为一楼则向下行；指令为四楼则向上行。第二种是呼梯定向，呼梯定向是根据呼梯信号的来源位置与当前电梯位置比较，得出“上行”或“下行”结论。例如，电梯在二楼，三楼乘客要向下，则按向下键，此时电梯的运行应该是向上到三楼接该乘客，所以电梯应向上。

（3）电梯接收到多个信号时，采用首个信号定向，同向信号先执行，一个方向任务全部执行完后再换向。例如，电梯在三楼，依次输入二楼指令信号、四楼指令信号、一楼指令信号。如用信号排队方式，则电梯下行至二楼→上行至四楼→下行至一楼。而用同向先执行方式，则为电梯下行至二楼→下行至一楼→上行至四楼。显然，第二种方式往返路程短，因而效率高。

（4）具有同向截车功能。例如，电梯在一楼，指令为四楼则上行，上行中三楼有呼梯信号，如果该呼梯信号为呼梯向上，则当电梯到达三楼时停站顺路载客；如果呼梯信号为呼梯向下，则不能停站，而是先到四楼后再返回到三楼停站。

（5）一个方向的任务执行完要换向时，依据最远站换向原则。例如，电梯在一楼根据二楼指令向上，此时三楼、四楼分别有呼梯向下信号。电梯到达二楼停站，下客后继续向上。如果到三楼停站换向，则四楼的要求不能兼顾，如果到四楼停站换向，则到三楼可顺向截车。

2. 多台电梯的群控策略

将多台电梯进行集中排列，并共用层门外按钮，按规定程序集中调度和控制的电梯。利用轿厢底下的负载自动计量装置及其相应的计算机管理系统，进行轿厢负载计算，并根据上下方向的停站数、厅外的召唤信号和轿厢所处的位置，选择最合适流量的输送方式，避免轿厢轻载启动运行、满载时中途召唤停靠和空载往返。这种控制方式有利于提高电梯的运输能力，提高效率，节省乘客候梯时间，减少电力消耗，适合于配用电梯在三台以上的高层建筑中。

其输送方式大致分为四种：上行客流高峰状态（早晨上班上行乘客非常多）；平常时间状态（上下行客流量相当）；下行客流高峰状态（下班时下行乘客非常多）；闲散状态（清晨或夜间乘客很少）。

本章小结

楼宇自动化系统广义上包括三个子系统，即建筑设备监控系统、安防系统和消防系统。本章介绍楼宇自动化系统的第一个子系统，即建筑设备监控系统。建筑设备监控系统又包含了供配电系统、照明系统、空调与冷热源系统、给排水系统和电梯系统等。本章分别介绍了空调与冷热源系统、给排水系统、照明系统、供配电系统和电梯系统的组成和监控原理，以及各个子系统的监控原理与重点。

思考题

1. 简述空气调节系统的概念。
2. 简述新风/回风混合式空调系统的监控原理。
3. 简述给、排水系统监控的原理。
4. 简述照明控制模式。
5. 简述变配电设备监控系统的组成。
6. 简述电梯系统的分类及控制原理。

7

智能建筑的火灾防控系统

学习目的

1. 了解火灾形成的原因及物质燃烧的基本现象；
2. 了解火灾报警系统的发展历程；
3. 了解火灾探测器选型的方法；
4. 了解消防通信与广播系统的基本功能；
5. 理解火灾报警控制器的功能和原理；
6. 掌握建筑中防火、防烟分区设置的基本概念；
7. 掌握各种火灾探测器探测报警原理。

本章要点

火灾形成的原因；火灾报警系统的发展历程；探测器选型的方法；火灾报警控制器的功能；防火分区设置的基本概念；常见火灾探测器原理。

现代化的智能建筑多以高层和超高层建筑为主，并且多为高级宾馆和高级办公大楼，对消防系统及其管理的要求很高，物业管理智能化是智能建筑对新型物业管理的基本需求。

火灾报警系统在现代智能建筑中起着极其重要的安全保障作用。火灾报警系统属于智能建筑系统的一个子系统，但其又在完全脱离其他系统或网络的情况下独立正常运行和操作，完成自身所具有的防灾和灭火的功能，具有绝对的优先权。

火灾报警系统（FAS）按照我国现行的规范要求，应成一个独立的系统。由独立的消防控制室、控制主机、探测器、控制模块等组成。

7.1 火灾与防火

7.1.1 火灾形成的原因

在建筑物内，虽然大多数建筑的本体结构材料是钢筋混凝土及砖、灰浆等非燃烧体材料，但是大量可燃体，甚至难燃烧体装饰材料的使用，家具、用品，可燃性的固体及具有爆炸可能性的液体、气体材料的储存等，造成了诸多火灾因素。因此现代建筑物均要求设置消防设施，以便侦察火情，防止火灾蔓延，减少人员及财产损失。

火灾形成的原因很多，其中大部分火灾是由下列原因造成的。

1．人为造成火灾

近年来许多大型火灾均是由于人们防火意识淡薄，违规操作，如不遵守安全工作原则动用气焊、电焊，不必要的带电违规操作造成电火花，私用电炉，乱接电线，违章吸烟或随意乱扔烟头等直接引起火灾甚至爆炸。人为因素是造成火灾最直接的原因，并且存在逐年上升的趋势。人为蓄意纵火也是不可忽视的原因之一。

2．电气事故造成火灾

现代建筑中电气设备及线路极为复杂，管线纵横交错，四处接头。因此由于设计、施工安装以及使用维护不当，短路、过载、电弧等的影响极易形成火源。同时，大量劣质电气产品经过不当渠道进入大楼，进入家庭，均会留下严重的隐患。电气事故也是近年来造成火灾的另一主要原因。此外由于防雷措施的不当，雷击形成火灾也当属电气火灾范畴。

3．可燃体自燃或爆炸形成火灾

违规储存大量可燃固体，如棉花、纸张、化工纤维材料、木材、煤炭等。由于某种原因，致使环境温度升高，有的固体物质会分解一些可燃气体，有时又由于通风不良，均可能使这些固体物质的温度达到其自燃点温度而形成自燃。

可燃气体，如煤气、液化石油气、天然气、甲烷、乙烷、丙烷等，由于泄漏，与空气混合形成混合气体，当其浓度达到或超过其爆炸下限，遇火源即能发生爆炸而形成火灾。

可燃液体和一些有机溶液，如甲醇、乙醇、丙酮、醋酸乙酯等，由于挥发，与空气混合形成混合物，当其浓度、温度达到一定时，遇火源就会出现“一闪而燃”，即闪燃。这种液体蒸汽与空气的混合物能够闪燃的最低温度，称为该液体的闪点。有些液体的闪点是极低的（<28℃），即在正常的环境温度下遇火源也能闪燃，而造成火灾。可见，对可燃体的储存与保管是十分重要的，应当严格按规章进行管理。

4．自然原因形成火灾

由雷击、地震、自燃、静电等自然原因引发的火灾。

从上述火灾形成的种种原因来看，造成火灾的根本原因，还是人们对火灾的危害认识不足，在设计、施工、运行、管理方面疏于防范，而留下火灾隐患。

7.1.2 火灾发展的典型过程及物质燃烧的基本现象

应当说，不同原因造成的火灾，其火灾形成与蔓延的过程是不同的。了解和掌握火灾形成过程对正确设计消防系统，选取相应类别的火灾探测器是必不可少的。

火灾发生时不仅仅是火焰燃烧造成人员和财产损失，绝大多数的情况是烟雾和有毒气体而造成人员窒息或毒气侵害的伤亡。因此现代防火理论越来越重视烟雾浓度在火灾发生时的变化情况。

一般认为火灾形成及蔓延的全过程可分为三个阶段，即初始阶段、引燃阶段和火焰燃烧阶段。图7–1所示为烟雾浓度与热气流温度随时间变化的曲线。

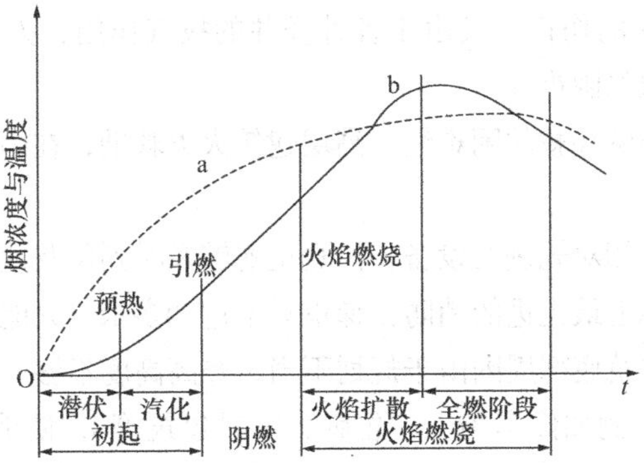

a—烟雾气溶胶浓度与时间关系；b—热气流温度与时间的关系

图7–1 可燃物质典型起火过程

火灾的初始阶段，燃烧体被焚熏、预热，室内温度升高，产生大量的烟雾气溶胶，如果此阶段能将火灾信息感知，提供早期报警，进行早期灭火，就可以将火灾损失降低到最低程度。所以建筑物内应优先考虑选择感烟探测器进行信号检测。火灾初始阶段一般情况所占时间较长。

火灾的引燃阶段，室内的烟雾气浓度已达相当水平，因此增长缓慢，但是蓄积的热量使环境温度迅速升高，遇明火极易点燃，这个阶段所占的时间较短。火灾的初始阶段和引燃阶段最显著的特征是产生大量烟雾气，因此有时又将此两阶段合称为初期引燃阶段。

火灾形成的第三阶段是火焰燃烧阶段，也称充分燃烧阶段。室内可燃物充分燃烧，产生大量可见光，室内温度迅速上升，火势迅速蔓延，当燃烧产生的热与通过外围结构散失的热量逐渐平衡后，室内温度基本上维持恒定，此时已形成火灾。这一阶段灭火的重点应防止火灾进一步蔓延，以减少火灾损失。这也是选取火焰探测器的目的之一。火灾蔓延主要是通过热对流和热辐射两种途径进行。由于各种竖向通道，如电梯井、管道井的存在是建筑物内部热对流和火灾迅速蔓延的主要途径。同时在火灾发生时应关闭空调系统，开启排烟风机。

7.1.3 智能建筑的特点及火灾危害性

智能建筑与一般普通建筑有很大的不同，其结构上的特点带来防火上的不利性，火灾危害程度也要严重得多。现就智能建筑的特点及火灾危害性阐述如下。

1. 建筑高、层数多、人员集中

（1）疏散的困难性。建筑高、楼层多，垂直疏散的距离长，从建筑高层疏散到安全区（即避难层）及一层地面时间长。疏散工具只有防火楼梯及有限的消防电梯，这时由于其他电梯为防止烟火扩散已迫降到一层停止使用，加上人员集中，只靠防火楼梯进行自上而下的紧急疏散，人员全汇集在楼梯间，极易产生拥挤堵塞，慌乱中便有可能发生意外伤亡。更为严重的是倘若管理不善，在楼梯间堆放杂物，应变功能被占用，或擅自安装防盗门及防火门等，使人员根本无法疏散逃生而造成巨大的伤亡；又由于各种竖井的拔气作用，火势与烟雾蔓延速度快，更增加了疏散的困难性。

（2）专业消防队扑救的困难性。高层建筑火灾救助，在国际上仍是一个亟待解决的课题。

目前虽有一些相对先进的设备，但真正能够及时到位及使用效果较为理想的并不多。当前国际上最先进的消防云梯也只不过70多米，只能适用于20层以下的楼层，加上高层建筑底部周围由于规划不当，登高高度不够，往往被扩大的其他使用部分所包围（例如停车场、广告牌、临时建筑等），使消防云梯难以靠拢，延误扑救时机。

就专职的消防队伍而言，接到报警后火速赶到现场也无法把火灾控制在初期阶段（3～7min）。在消防电梯无法满足需要的情况下，消防队员只好全副武装携带灭火器材爬楼梯往上冲，不仅队员体力消耗大、速度慢，而且还会与向下疏散的人流发生对撞而延误时机，更为严重的是外部救助器材无法到位，供水扬程不够高度等问题都带来外部扑救的困难。

2．建筑功能复杂、设备繁多、装修量大

（1）建筑功能复杂。在我国一般的高层建筑，为了区域的繁华，更为了充分发挥经济效益，多为综合性建筑，集娱乐、宾馆、饮食、商场、写字楼功能为一体，因为功能的多元化，不可避免地存在可燃物质和多种火源，这样不便管理也是防火的重大隐患。

（2）为了满足高层建筑功能效果，建筑工程设备繁多。如空调机组、排风送风机系统、供水系统发电机组、电梯等都属大型的耗能设备，负荷大、线路长，如维护保养不善、安全系数减小，发生的事故率就会偏高。再就是随着客户的需求，电气化设备日益增多。比如歌舞厅的音响、灯光等，若在设计施工安装过程中把关不严，质量低劣，只使用却不维护保养，电气设备线路将日益老化，均有可能引起电器火灾。

（3）高层建筑二次装修频繁。为了追求装饰美观，满足工艺效果要求，往往采用大量的易燃材料，如地毯、布帘、木夹板等材料，这些材料失火燃烧将会产生较多有害气体，如一氧化碳、氰氯化物等气体，严重威胁生命安全。再就是装修过程中对隐蔽工程把关不严，对一些易燃材料不做防火处理，电气线路不做安全保护，竣工后管理人员很难直接发现这些隐患，久而久之极易酿成火灾。

3．高层建筑的烟囱效应

高层建筑内各种竖井林立，如电梯井、强弱电井、管道井等都是无形的烟囱，火灾时，烟雾火势因空间压力被吸收到竖井（烟囱）之中，在强大的抽力下很快向上扩散。根据测试结果，一般情况下热烟垂直上升的速度为3～5m/s，而因为烟囱效应的作用可达8m/s以上，瞬间整座建筑就会被烟雾笼罩。所以这些竖井形成的烟囱效应是火灾的可怕帮凶，严重影响安全疏散。

4．高层建筑所承受的风力大、雷击次数多

（1）高层建筑所承受的风力大。风力常随着高度的上升而逐渐增大，根据风力测定，在高为10m处风速为5m/s，而到高90m处风速可达15m/s。由于风速的加大，通常不具备威胁的火灾，变得非常危险，风力越大其火灾的严重程度也相应增大。由于高层建筑独立空中，无遮挡物，一旦失火，风助火势，火借风威，可见火灾时风力的危害性。

（2）高层建筑的雷击机会比一般房屋要多，建筑越高遭受雷击机会越多。在雷击放电时，如避雷设施不完善，在楼顶上空的广告牌、各种接收信号线、其他一些易燃材料的外装饰等，都有可能因雷击起火。高层建筑的顶层切忌安装超过避雷保护范围的设备、设施，以防造成重大隐患。

5．人员疏散困难

商业性高层建筑中的宾馆、商场、餐饮、娱乐将带来大量的临时流动人员，一旦失火，给救护工作带来一定的难度，这些临时流动人员由于不熟悉楼内疏散通道，不可避免地会产生人员伤亡。

7.1.4 防火与火灾自动报警

1．建筑物的分类和耐火等级

建筑物，尤其是高层建筑，可分为高层民用建筑和高层工业建筑。按规定应根据其使用性质、火灾危险性、疏散和扑救难度等进行消防分类，高层民用建筑防火分类如表7–1所示。

高层民用建筑防火分类 表 7–1

名称	一类	二类
居住建筑	高级住宅 19层及19层以上的普通住宅	10层至18层的普通住宅
公共建筑	医院 高级旅馆 建筑高度超过50m或每层建筑面积超过1000m²的商业楼、展览楼、综合楼、电信楼、财贸金融楼 中央级和省级（含计划单列市）广播电视楼 局级和省级（含计划单列市）电力调度楼 省级（含计划单列市）邮政楼、防灾指挥调度楼 藏书超过100万册的图书馆、书库 重要的办公楼、科研楼、档案楼 建筑高度超过50m的教学楼和普通的旅馆、办公楼、科研楼、档案楼等	除一类建筑以外的商业楼、展览楼、综合楼、电信楼、财贸金融楼、商住楼、图书馆、书库 省级以下的邮政楼、防灾指挥调度楼、广播电视楼、电力调度楼 建筑高度超过50m的教学楼和普通的旅馆、办公楼、科研楼、档案楼等

建筑物的防火分类是建筑消防设计的主要依据之一，不同防火类别的建筑其消防设计的要求是不同的。应根据其具体要求把握建筑消防设计的宽严尺度，做到既安全可靠又经济实用。

根据建筑构件的燃烧性能和耐火极限，高层建筑耐火等级分为一、二两级。对普通的多层建筑（9层及9层以下的建筑和建筑高度不超过24m的民用建筑），其耐火等级则分为四级。

所谓耐火极限是建筑物构件按国家规定的时间——温度标准曲线进行耐火试验，从受到火的作用时起，到构件失去支撑能力或完整性破坏或失去隔火作用时止的一段时间，用小时表示。显然对建筑物的耐火等级进行分级一方面是对建筑物构件，如梁、柱、墙、疏散楼梯等的耐火极限进行强制性的要求，另一方面对建筑物与建筑物之间的防火间距也进行强制性规定。其目的是防止火灾蔓延，减少火灾损失。

2．防火、防烟分区

为了最大限度地防止火灾在建筑物内蔓延、减少人员伤亡和财产损失，我国有关防火规范要求建筑物内部划分为若干防火、防烟分区。即采用防火墙、防火水幕将建筑物划分为独立的防火分区。每个防火分区允许的最大建筑面积一般情况下不得超过表7–2的规定。

每个防火分区允许的最大建筑面积　　表7-2

建筑类别	每个防火分区建筑面积（m^2）
一类建筑	1000
二类建筑	1500
地下室	500

注：1. 设有自动灭火系统的防火分区，其防火分区允许最大建筑面积可按本表增加1倍 当局部设置自动灭火系统时，增加面积可按该局部面积的1倍计算。
2. 一类建筑的电信楼，其防火分区允许最大建筑面积可按本表增加50%。
3. 火灾报警系统及其发展历程。

就我国的发展趋势而言，火灾报警与联动控制系统，其总的特点是起步晚而发展迅速。自20世纪80年代初期起，随着我国消防事业的发展，无论是在系统产品的研究与生产，还是在工程设计、安装、调试、标准化、实用化，尤其是法规政策方面都取得了长足的进展，其数字化、智能化的含量也越来越高。可以说已初步实现了消防设计、安装、调试、维护与管理的网络化和智能化。同时国内各厂家的消防产品也接近和达到了世界先进水平。

从火灾报警与联动控制系统本身的发展历史来看，目前可以将其划分三代系统产品。

第一代为全模拟量的火灾自动报警及联动装置，即工程上所指的（N+1）总线制系统，N为探测器和报警按钮的总数量。这种系统的最大缺点在于总线数量庞大，从而给设计、施工带来诸多不便，而且故障率，尤其是误报警率极高。

第二代为可寻址的数字报警系统。随着微型计算机的飞跃发展，出现了地址编码式寻址的消防报警系统。这种系统的特点是将各个探测器进行数字式的地址编码。将纯模拟量的信号传输改为数字传输，从而大大节省了总线的数量形成了两总线制的系统结构。显然由第一代系统过渡到第二代系统可以说产生了一个大的飞跃，极大地简化了系统结构，为设计、施工均带来很大的便利。

第三代为降低误报率新产品。在20世纪80年代后期出现了第三代产品。它集中在两个方面进行了改进，第一是采用了智能化的探测器，此类探测器本身已具有微处理信息功能（典型用于分布式智能消防系统），不仅可以监测，而且还可以评估环境信息的变化，换言之此类探测器已经具有较为完整的智能系统；第二是系统增加了自动巡回检测功能，系统可以对每个探测器的实时状态做不停的自动检测，将收回的信息和控制主机内数据库进行比较，确认火情。这不仅极大解决了系统误报率高的问题，还能实时了解系统各定址点部件的工作或故障状态，为系统随时随地正常工作提供了保障，从而极大提高了系统的稳定性。所以，有时说自动巡回检测功能的实施是区别第二代与第三代消防系统产品的标志。目前在国内外工程中所采用的大多数产品应当说是处于第二代、第三代之间的产品，即具有联网功能的集中式智能消防报警与联动控制系统。

尽管此类集中式智能系统比非智能型系统优点多、功能强大，但显然存在主机负担过重，致使系统软件程序复杂、量大、检测器巡检周期长等问题出现，从而使实时监控能力削弱，降低了系统可靠性和使用维护的方便性。

分布式智能消防报警与联动控制系统是为了减少主机处理大量现场信号负担，集中实施多种管理功能的基础上建立的第三代消防报警系统。此类系统的火灾探测器本身具有微处理功能，可以实现火灾信号与干扰信号的低级判断，如利用阈值比较电路对信号阈值幅度进行“滤波”，从而大幅度地减少了主机信号判断的程序量，提高了整个系统的稳定性和可靠性。

现代火灾自动报警系统有两种基本形式，即编码开关量寻址报警系统和模拟量软件寻址报警系统。我国普遍采用的是编码开关量寻址报警系统。模拟量软件寻址报警系统不需要编码开关设定编码地址号，而是由计算机系统软件来设定探测器、报警按钮等外围部件的地址。所以，该系统可以方便地根据要求命名或修改外围部件的地址。

值得指出的是，即使第三代产品，这种智能模拟消防报警系统仍然存在着线路复杂和误报率较高等缺点。因此，国内外的有关科研机构已着眼于研制无线寻址式系统，甚至空气样本分析式消防系统的工作。

7.2 智能型防火系统的组成

7.2.1 火灾自动报警系统

1.火灾自动报警系统的组成

在讨论智能防火系统时，首先要了解火灾自动报警系统。火灾自动报警系统，通常是由火灾探测器、火灾报警控制器、火灾警报装置、联动设备及电源等组成。

1）火灾探测器

火灾探测器的选用及其与报警控制器的配合，是火灾报警系统设计的关键，而探测器则是对火灾有效探测的基础，控制器是火灾信息处理和报警控制设计的核心，最终通过实际控制设备实施消防动作。

2）火灾报警控制器

一般分为区域报警控制器、集中报警控制器和通用报警控制器三种。区域报警控制器用于火灾探测器的监测、巡检接收监测区域内的火灾探测器的报警信号，并将此信号转化为声、光报警输出，显示火灾部位等。集中报警控制器用于接收区域报警控制器的火灾信号，显示火灾部位、记录火灾信息等。

3）火灾警报装置

在火灾自动报警系统中，用以发出声、光火灾警报信号的装置称为火灾警报装置。火灾警报器就是一种最基本的火灾警报装置，它以声、光音响方式向报警区域发出火灾警报信号，以警示人们采取安全疏散、灭火救灾措施。

4）消防控制、联动设备

在火灾自动报警系统中，当接收到来自触发器件的火灾报警信号时，能自动或手动启动相关消防设备及显示其状态的设备，称为消防控制设备。主要包括火灾报警控制器，自动灭火系统的控制装置，室内消火栓系统的控制装置，防烟排烟系统及空调通风系统的控制装置，常开防火门、防火卷帘的控制装置，电梯迫降控制装置，以及火灾应急广播、火灾警报装置、火灾应急照明与疏散指示标志的控制装置等10类控制装置中的部分或全部。

消防控制设备一般设置在消防控制中心，以便于实行集中统一控制。也有的消防控制设备设置在被控消防设备所在现场，但其动作信号必须返回消防控制室，实行集中与分散相结合的控制方式。

5）电源

火灾自动报警系统属于消防用电设备，其主要电源应当采用消防电源，备用电源采用蓄电池。系统电源除为火灾报警控制器供电外，还为与系统相关的消防控制设备等供电。当在供电源发生故障时，备用电源自动投入，确保消防联动设备正常工作。

2．火灾自动报警系统的分类

火灾自动报警系统分为基本型和线型两种。

1）基本型火灾报警系统

基本型火灾报警系统有三种模式，它们是区域报警系统、集中报警系统和控制中心报警系统。

（1）区域报警系统

区域报警系统由火灾探测器、手动报警器、区域控制器或通用控制器、火灾警报装置等构成，如图7-2所示。这种系统适于小型建筑等对象单独使用，报警区域内最多不超过三台区域控制器，若多于三台，可考虑集中报警系统。

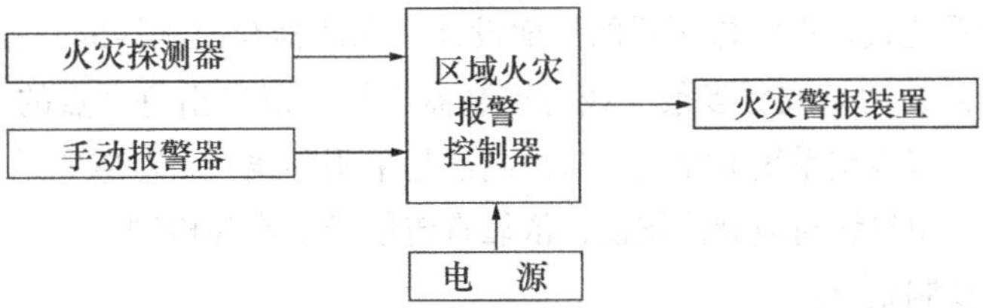

图7-2　区域报警系统原理图

（2）集中报警系统

集中报警系统由火灾探测器、区域控制器或通用控制器和集中控制器等组成。集中报警系统的典型结构如图7-3所示，适于高层的宾馆、写字楼等情况。

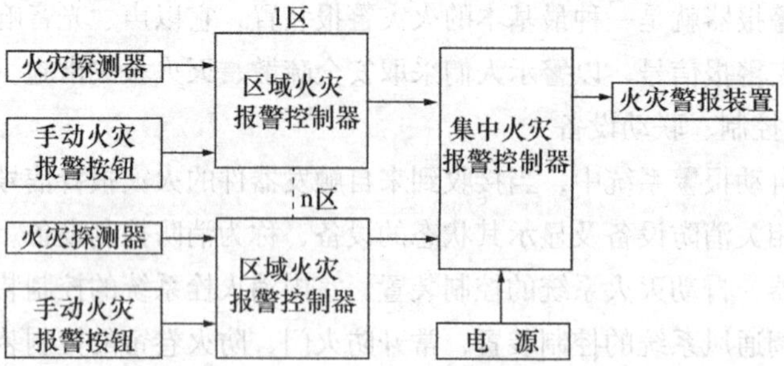

图7-3 集中报警系统原理框图

（3）控制中心报警系统

控制中心报警系统是由设置在消防控制室的消防设备、集中控制器、区域控制器和火灾探测器等组成，或由消防控制设备、环状布置的多台通用控制器和火灾探测器等组成。控制中心报警系统的典型结构如图7-4所示，适用于大型建筑群、高层及超高层建筑、商场、宾馆、公寓综合楼等，可对各类设在建筑中的消防设备实现联动控制和手动/自动转换。一般控制中心报警系统是智能型建筑中消防系统的主要类型，是楼宇自动化系统的重要组成部分。

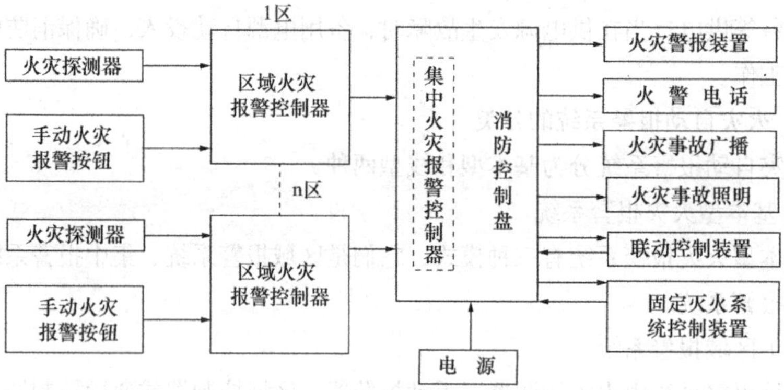

图7-4 控制中心报警系统原理框图

2）线型自动报警系统

线型自动报警系统分为多线制系统式和总线制系统式。

（1）多线制系统式

多线制系统式是火灾探测器的早期设计、探测器与控制器的联接方式有关，每个探测器需要两条或更多条导线与控制器连接，以发出每个点的火灾报警信号。换言之，多线制系统的探测器与控制器是采用导线一一对应关系，有一个探测点便需要一组导线对应到控制器，依靠直流信导工作和检测。

（2）总线制系统式

总线制系统形式是在多线制系统形式的基础上发展起来的。随着微电子器件、数字脉冲电路及微型计算机应用技术等用于火灾自动报警系统，改变了以往多线制系统的直流巡检功能，代之以使用数字脉冲信号巡检和信息压缩传输，采用大量编码及译码逻辑电路来实现探测器与控制器的协议通信，大大减少了系统线制，带来了工程布线灵活性，并形成支状和环状两种布线结构。当前使用较多的是两总线和四总线系统两种形式。

由于消防问题涉及人民的生命财产，智能建筑的消防系统是楼宇管理自动化中的最重要的一部分。国家公安、建筑、消防等有关部门对消防系统都极为重视，有极其严格的规定。用户在建筑智能建筑的消防系统时，一定要选择得到国家有关部门批准的、有实力的、可靠的设计安装公司和供货商。

7.2.2 消防联动控制

消防联动控制设备一般包含减灾和灭火装置两个部分。

1. 减灾装置

减灾装置是指火灾确认以后，对一系列防止火灾蔓延和有利于人员疏散的措施进行的联动控制的装置，它包括防火门、防火卷帘、防火水幕、防排烟设施、火灾事故及疏散照明，以及消防电梯等的联动控制。

1）防火门、防火卷帘、防火水幕

以防火卷帘为例，按《民用建筑电气设计规范》JGJ 16—2008，电动防火卷帘两侧应各设专用的感烟及感温两种探测器，以及声、光报警信号和手动控制按钮（应有防误操作措施）。当火灾发生时应采取两次下落的控制方式，即卷帘两侧的任何一只感烟探测器报警时，消防联动控制器发出控制信号给输出模块，由输出模块输出控制信号给防火卷帘控制箱，使防火卷帘下落至距该层地平面1.5m处停止，既起到防止烟雾向另一防火分区扩散的作用，又不阻止人员的疏散；当火灾蔓延、温度上升时，两侧的任一只感温探测器报警时，消防联动控制器第二次发出控制信号，经另一个输出模块将防火卷帘下落至地平面，彻底阻止烟雾及火势蔓延。

一般有自动控制模式和手动控制模式两种方式可供选择。自动模式下，火警条件满足时，控制器自动降下卷帘；手动模式下，自动控制无效。

2）防烟、排烟设施

防排烟系统在整个消防联动控制系统中的作用非常重要。因为在火灾事故中造成的人身伤害，大部分是因为窒息的原因造成的。而且燃烧产生的大量烟气如不及时排除，还可影响人们的视线，使疏散的人群不容易辨别方向，从而造成不应有的伤害，同时也影响消防人员对火场环境的观察及灭火措施的准确性，降低灭火效率。建筑物内的防排烟系统包括机械防排烟设施和可开启外窗的自然防排烟设施。与消防自动报警系统构成联动控制的则主要是指机械加压送风防烟和机械排烟设施。一个防排烟系统的主要设备有正压送风机、排烟机、排烟口、送风口等。用于排烟风系统在室内的排烟口或下压送风风道系统的室外送风口，其内部为可控制的常闭风阀，它可通过感烟信号联动、手动或温度熔断器使之在一瞬间开启。排烟口、送风口的外部为百叶窗。

消防控制设备对防排烟系统应有下列控制、显示功能：停掉有关部位的风机，关闭防火阀，并接收其反馈信号；启动有关的防排烟风机（包括正压送风机）、排烟阀，并接收其反馈信号。

3）火灾事故照明和疏散标志

火灾发生时，必须人为切断全部或部分区域的正常照明，但是为了保证灭火活动正常进行和人员疏散，在建筑物内必须设置应急事故照明和疏散照明标志。

备用照明电源的切换时间不应超过15s，对商业区不应超过1.5s，因此一般均采用低压备用电源自动投入方式恢复供电。

4）消防电梯

消防电梯是高层建筑特有的必备设施。其作用有两个：一是当火灾发生时，正常电梯因断电和不防烟火而停止使用，消防电梯则作为垂直疏散的通道之一被启用；二是作为消防队员登高扑救的重要运送工具。

电梯轿厢的内装修应采用不燃烧材料，且应设消防专用电话。消防电梯的动力、控制线路亦应采用阻燃性电线电缆，且应采取防水措施。当建筑物需要不少于两台消防电梯时，消防电梯应分别设置在不同防火分区内。

2. 灭火装置

建筑物内的灭火系统是根据灭火介质来划分的，一般包括自动水灭火系统和自动气体灭火系统，详见本章7.5节。

7.3 火灾探测器的原理、分类与选用

7.3.1 火灾参数检测方法

火灾的检测是以物质燃烧过程中产生的各种现象为依据，以实现早期发现为前提，所以根据物质燃烧过程中发生的能量转换和物质转换，来确定是否有可能发生火灾，具体做法可依图7-5来判别。

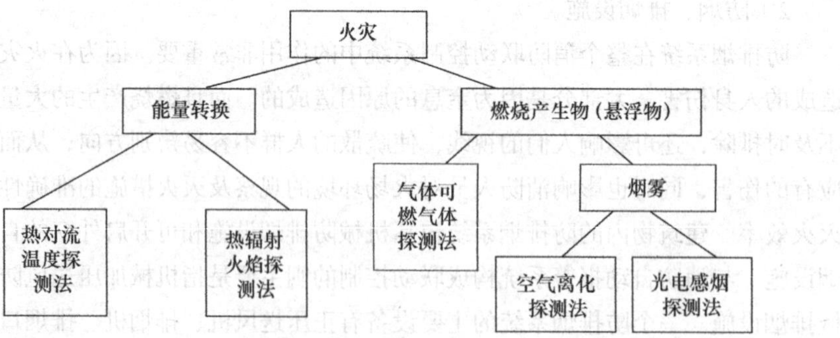

图7-5 火灾自动检测方法

作为气体发生火灾，在智能建筑中是非常少见的。所以在智能建筑中一般不使用可燃气体探测法。

1. 空气离化探测法

利用放射性同位素释放的α射线将空气电离，使电离室内具有一定的导电性。当烟雾气溶胶进入电离室内，烟粒子将吸附其中的带电离子，产生电流变

化，从而获得与烟浓度有直接关系的电信号。这一信号用于火灾的确认和报警。

2．光电感烟探测法

根据光散射定律，在通气暗箱内用发光元件产生一定波长的探测光，当烟雾溶入暗箱时，其中直径大于探测光波长的着色烟粒子产生散射光；通过与发光元件成一定夹角（90°～135°）的光电接收元件收到的散射光强度，可以得到与烟浓度成正比的电流或电压，依此判定火灾的发生。

3．温度（热）探测法

根据物质燃烧放出的热量（温度）所引起的环境温度升高或其变化率大小，通过热敏感元件与电子线路来探测火灾的发生。

4．火焰光探测法

根据物质燃烧所产生的火焰光辐射，其中主要是红外光辐射和紫外光辐射的大小，通过光敏元件与电子线路来探测火灾发生的现象。

7.3.2 火灾探测器的构造

火灾探测器是火灾自动报警与联动控制系统最基本和最关键的部件之一。火灾自动报警与联动控制系统设计的最基本和最关键工作之一就是正确地选择火灾探测器的类型和布置火灾探测器的位置，以及确定火灾探测器数量等。

火灾探测器本质是感知其装置区域范围内火灾形成过程中的物理和化学现象的部件。原则上讲，火灾探测器既可以是人工的，也可以是自动的。由于人工很难做到24h全天候看守，因此一般讲到火灾探测器均是指自动火灾探测器。

（1）信号传感要及时，具有相当精度；

（2）传感器本身应能给出信号指示；

（3）通过报警控制器，能分辨火灾发生具体位置或区域；

（4）探测器应具有相当稳定性，尽可能地防止干扰。

因此，火灾探测器通常由敏感元件、相关电路和固定部件及外壳三部分组成。

1．敏感元件

它的作用是感知火灾形成过程中的物理或化学参量，如烟雾、温度、辐射光、气体浓度等，并将其转换为模拟量，它是火灾探测器的核心部件。

2．电路

它的作用是对敏感元件感知并转换成的模拟电信号进行放大和处理。通常由转换电路、保护电路、抗干扰电路、指示电路和接口电路组成（如图7-6所示）。

（1）转换电路。其作用是将敏感元件输出的电信号进行放大和处理，使之满足火灾报警系统传输所需的模拟载频信号或数码信号。它通常由匹配电路、放大电路和阈值电路（有的消防报警系统产品其探测器的阈值电路被取消，其功能由报警控制器取代）等部分组成。

（2）保护电路。用于监视探测器和传输线路故障的电路，它由监视电路和检查电路两部分组成。

（3）抗干扰电路。为了提高火灾探测器信号感知的可靠性，防止或减少误报，探测器必须具有一定的抗干扰功能，如采用滤波、延时、补偿和积分电路等。

（4）指示电路。显示探测器是否动作，给出动作信号，一般在探测器上都设置动作信号灯。

（5）接口电路。用以实现火灾探测器之间、火灾探测器和火灾报警器之间的信号连接。

3．固定部件和外壳

用于固定探测器。其外壳应既能保证烟雾、气流、光源进入元件，又能尽可能地防止灰尘及其他非感知信号的进入。

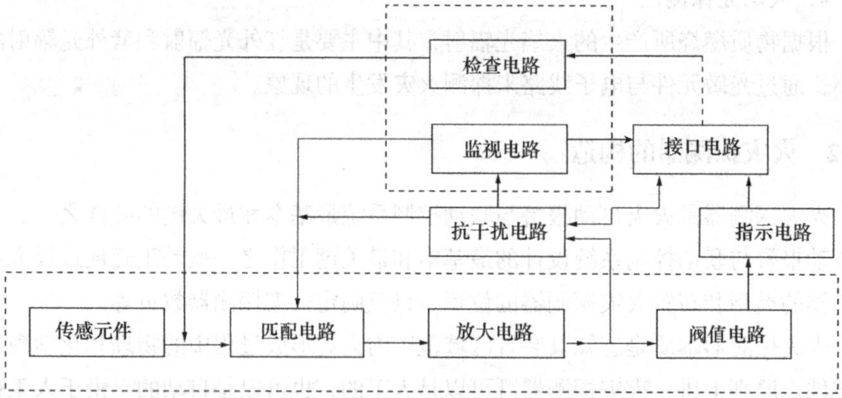

图7-6　火灾探测器电路图

7.3.3　火灾探测器的分类

火灾探测器种类很多，通常它可以按照其结构形式、被探测参量以及使用环境进行分类，其中以被探测参量分类最为多见，也多为通常工程设计所采用。

1．按结构形式分类

（1）点型火灾探测器：这是目前采用的最为普遍的探测器。装置于被保护区域的某“点”。

（2）线型火灾探测器：常装置于某些特定环境区域，如电缆隧道这样一些窄长区域。它可以是管状的线管式火灾探测器，也可以是不可见的红外光束线型火灾探测器。

2．按探测器的参量分类

根据被探测参量，可划分为感烟、感温、感光（火焰）气体以及复合探测器等几大类。

1）感烟火灾探测器

从火灾形成的过程可以看出，普通火灾形成初始阶段的最大特征是产生大量烟雾，致使周围环境的烟雾浓度迅速增大，如果此时能感知火灾信号，将会给灭火创造极为有利的条件，火灾造成的损失也最小。因此在实际工程中大量采用这种“早期发现”的探测器。这种探测器是感知空气中烟雾粒子的浓度，烟雾粒子的浓度又可以直接或间接改变某些物理量的性质或强弱。因此感烟探测器又分为离子型、光电型、激光型、电容型和红外光束型等数种形式。分类的原则主要是根据其工作原理进行。主要分类情况如图7-7所示。

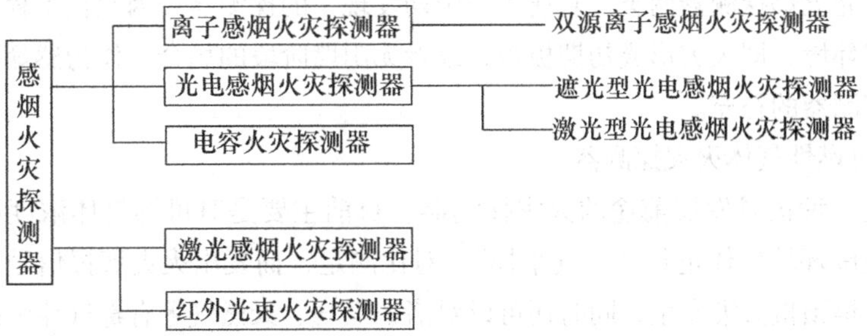

图7-7 感烟火灾探测器分类

2）感温火灾探测器

感温火灾探测是一种在引燃阶段后期动作，它属于“早中期发现”的火灾探测器。根据监测温度参数的不同，感温火灾探测器有定温、差温和差定温三种类别。定温火灾探测器用于响应环境温度达到或超过某一预定值的场合，差温探测器是以检测“温升”为目的，而差定温火灾探测器则兼顾“温度”和“温升”两种功能。感温探测器的种类极多，主要是根据其敏感元件的不同而产生各种形式的感温火灾探测器，图7-8所示为其主要类型。感温火灾探测器也是工程上常见的火灾探测器种类之一，它主要作用于不适合或不完全适合感烟火灾探测器的一些场合。

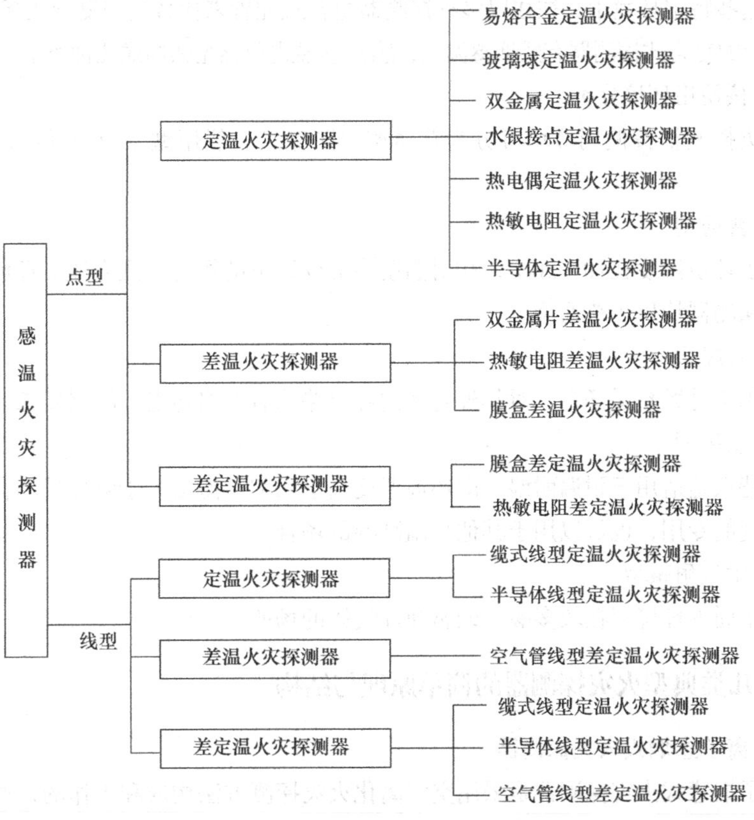

图7-8 感温火灾探测器类型

3）感光火灾探测器

感光探测器又称为火焰探测器或光辐射探测器，它主要分为红外光火焰探测器和紫外光火焰探测器两类。它属于“中期发现”的探测器。因此在工程上适于某些特定环境，即火灾形成初期极短，或者无阴燃阶段的场合，作为感烟探测器和感温探测器的补充。

4）可燃性气体火灾探测器

这是一种极具发展前途的火灾探测器。目前主要是对可燃气体浓度进行检测，对周围环境气体进行“空气采样”，对比测定，而发出火灾警报信号。它不仅可以及早预报火灾发生，同时还可以对诸如煤气、天然气等有毒气体中毒事故进行预报。现有气体火灾探测器主要有两种类型，一是催化型可燃气体探测器，它以难熔的铂丝作为探测器的气敏元件，当铂丝接触到可燃气体时会产生催化作用，形成强烈氧化，而使温度升高，电阻值增大，从而通过不平衡电桥将电阻值的变化转换成报警信号；另一种气体火灾探测器是半导体可燃气体探测器，它采用气敏半导体元件作为敏感元件，可燃气体浓度不同，气敏元件的电阻值也相应发生变化，这种探测器的灵敏度较高。

5）复合式火灾探测器

这是近年来新兴的一种探测器，其目的在于解决单一参数检测在某些环境不甚可靠的问题。然而由于产品质量和价格方面的影响，复合式火灾探测器使用尚不普遍。在这些特定环境中，往往以多种探测器组合式配置来代替使用复合式探测器。目前主要的复合式探测器有感烟感温式，感光感温式和感光感烟式几种类型。

3．按使用环境分类

火灾探测器按使用环境可分为普通型、防爆型、船用型以及耐酸耐碱型等几种。

1）普通型

用于环境温度在10～50℃，相对温度在85%以下的场合。凡未注明环境类型的火灾探测器均属于普通型。

2）防爆型

适用于易燃易爆场合。对其外壳和内部电路均有严格防爆、隔爆要求。

3）船用型

其特点是适用于耐温耐湿，即环境温度高于50℃，湿度大于85%的场合。主要属于舰船专用，也可以用于其他高温高湿的场合。

4）耐酸耐碱型

用于周围环境存在较多酸、碱腐蚀性气体的场所。

7.3.4 几类典型火灾探测器的简单原理与结构

1．离子感烟式火灾探测器

离子烟感式火灾探测器是采用空气离化火灾探测方法构成和工作的，通常只适用于点型火灾探测。根据探测器内电离室的结构形式，离子感烟式火灾探测器可分为双源和单源感烟式探测器。

1）感烟电离室特性

感烟电离室是离子感烟探测器的核心传感器件，其结构和特性如图7–9所示。电离室两极间的空气分子受放射源Am^{241}不断放出的α射线照射，高速运动的α粒子撞击空气分子，从而使两极间空气分子电离为正离子和负离子，这样，电极之间原来不导电的空气具有了导电性。此时在电场作用下，正、负离子的有规则运动，使电离室呈现典型的伏安特性，形成离子电流。

电离室可分为双极性和单极性两种结构，整个电离室全部被α射线照射的称为双极性电离室；电离室局部被α射线照射，使一部分形成电离区，而未被α射线照射的部分成为非电离区，从而形成单极性电离室，一般感烟探测器的电离室均设计成单极性的，当发生火灾时，烟雾进入电离室后，单极性电离室要比双极性电离室的离子电流变化大，可以得到较大的电压变化量，从而提高离子感烟探测器的灵敏度。

当有火灾发生时，烟雾粒子进入电离室后，电离部分（区域）的正离子和负离子被吸附到烟雾粒子上，使正、负离子相互中和的概率增加，从而将烟雾浓度大小以离子电流的变化量大小表示出来，实现对火灾参数的检测。

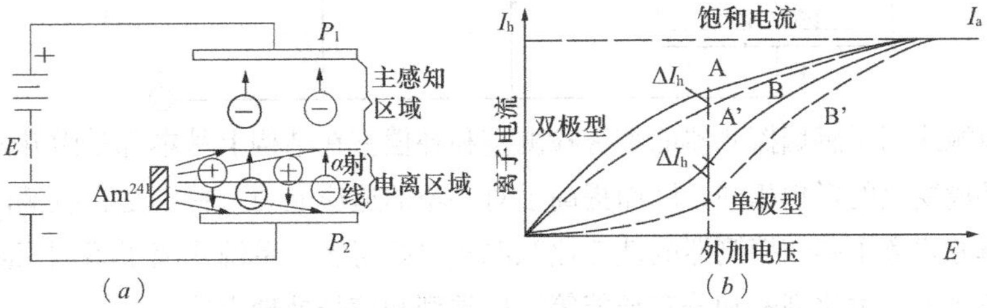

图7–9 电离室结构和特性示意图

2）双源式感烟探测器原理

双源式感烟探测器的电路原理及其工作特性如图7–10所示。在实际设计中，开室结构且烟雾容易进入的检测用电离室与闭室结构且烟雾难以进入的补偿用电离室反向串联，检测室工作在其特性的灵敏区，补偿室工作在其特性的饱和区。无烟时，探测器工作点在A，有烟时在B，电压差△V的大小反映了烟浓度的大小。经电子线路对△V的处理，可以得到火灾时产生的烟浓度，从而确认火灾发生。

在感烟式火灾探测器中，电子线路的选择不同，可以实现不同的信号处理方式，从而构成不同形式的离子感烟探测器。例如，电子线路选用阈值比较放大和开关电路，可以构成阈值报警式离子感烟探测器，选用A/D或A/F转换和编码传输电路，可以构成编码型离子感烟探测器；选用A/D转换、编码传输和微处理单元电路，可以构成分布智能式感烟探测器。

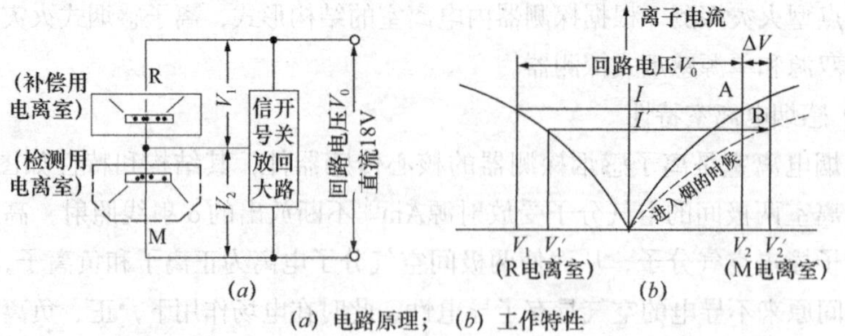

(a) 电路原理；(b) 工作特性

图7-10 双源式离子感烟探测器原理图

采用双源反串联式结构的离子感烟探测器，可以减少环境温度、湿度、气压等条件变化引起的对离子电流的影响，提高探测器的环境适应能力和工作稳定性。

3）单源式感烟探测原理

单源式感烟探测器的电原理图如图7-11所示，其检测电离室和补偿电离室由电极板P_1，P_2和P_m等构成，共用一个放射源。在火灾探测时，探测器的烟雾检测室（外室）和补偿室（内室）都工作在其特性的灵敏区，利用P_m电位的变化量大小反映进入的烟雾浓度变化，实现火灾探测。

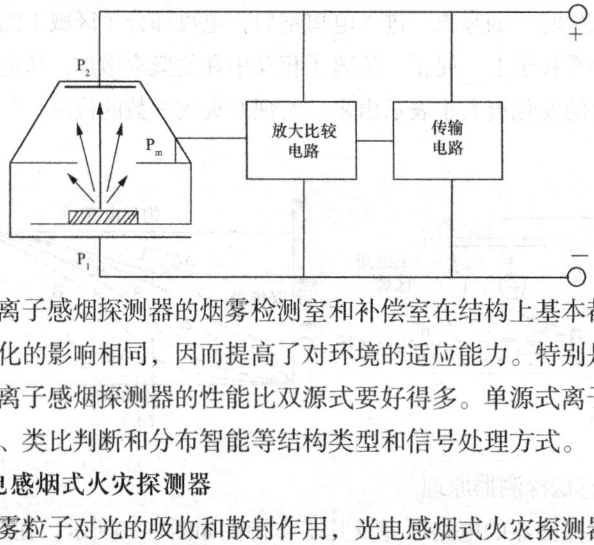

图7-11 单源式离子感烟探测器电原理示意图

单源式离子感烟探测器的烟雾检测室和补偿室在结构上基本都是敞开的，两者受环境变化的影响相同，因而提高了对环境的适应能力。特别是在抗潮能力方面。单源式离子感烟探测器的性能比双源式要好得多。单源式离子感烟探测器也有阈值放大、类比判断和分布智能等结构类型和信号处理方式。

2．光电感烟式火灾探测器

根据烟雾粒子对光的吸收和散射作用，光电感烟式火灾探测器可分为减光式和散射式两种。

1）减光式光电感烟探测原理

减光式光电感烟探测原理如图7-12所示。

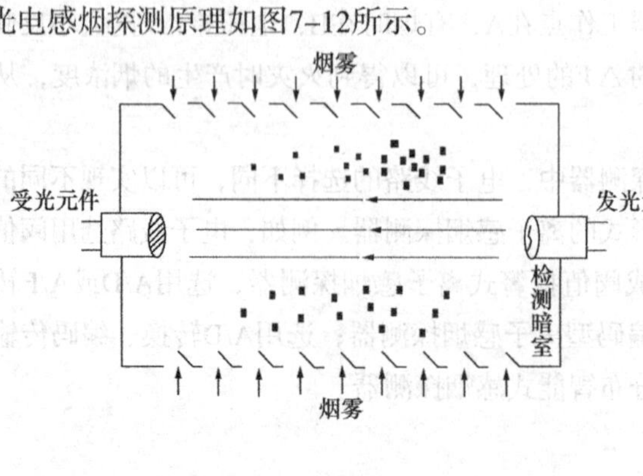

图7-12 减光式光电感烟探测原理示意图

进入光电检测暗室内的烟雾粒子对光源发出的光产生吸收和散射作用，使通过光路上的光通量减少，从而使受光元件上产生的光电流降低。光电流相对于初始标定值的变化量大小，反映了烟雾的浓度，据此可通过电子线路对火灾信号进行阈值比较放大、类比判断处理或数据对比计算，通过传输电路发出相应的火灾信号。

减光式光电感烟火灾探测原理可用于构成点型探测器，用微小的暗箱式烟雾检测室探测火灾产生的烟雾浓度大小。但是，减光式光电感地探测原理更适于构成线型火灾探测，如分离式主动红外光束感烟探测器。

2）散射光式光电感烟火灾探测原理

散射光式光电感烟探测原理如图7-13所示。

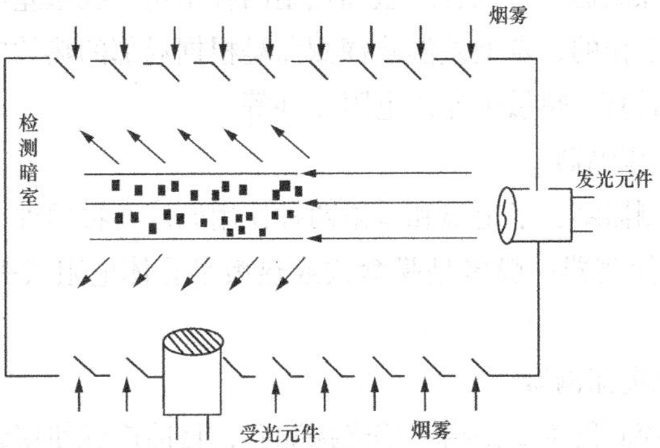

图7-13 散射光式光电感烟探测原理示意图

进入暗室的烟雾粒子对发光元件（光源）发出的一定波长的光产生散射（按照散射定律，烟粒子需轻度着色，粒径在大于光的波长时将产生散射作用），使处于一定夹角位置的受光元件（光敏元件）的阻抗发生变化，产生光电流。此光电流的大小与散射光强弱有关，并且由烟粒子的浓度和粒径大小及着色与否来决定、根据受光元件的光电流大小（无烟雾粒子时光电流大小约为暗电流），即当烟粒子浓度达到一定值时，散射光的能量就足以产生一定大小的激励用光电流，可用于激励外电路发出火灾信号。

散射光式光电感烟探测方式只适用于点型探测器结构。其遮光暗室中发光元件与受光元件的夹角在90°～135°，夹角越大，灵敏度越高。不难看出，散射光式光电感烟的实质是利用一套光学系统作为传感器，将火灾产生的烟雾对光的传播特性的影响，用电的形式表示出来并加以利用。由于光学器件的寿命有限，特别是发光元件，因此在电光转换环节多采用交流供电方案，通过振荡电路使发光元件产生间歇脉冲光，并且发光元件和受光元件多采用红外发光元件——砷化镓二极管（发光峰值波长0.94μm）与硅光敏二极管配对。一般，散射光式感烟探测器中光源的发光波长约0.94μm，光脉冲宽度10μs～10ms，发光间歇3～5s，对粒径0.9～10μm的烟雾粒子能够灵敏探测，而对0. 01～0.9 μm的烟粒子浓度变化无反映。

3.感温式火灾探测器

感温式火灾探测器根据其作用原理分为如下三类：

1）定温式探测器

定温式探测器是在规定时间内，火灾引起的温度上升超过某个定值时启动报警的火灾探测器，它有线型和点型两种结构。其中线型是当局部环境温度上升达到规定值时可熔绝缘物熔化使两导线短路，从而产生火灾报警信号。点型利用双金属片、易熔金属、热电偶、热敏半导体电阻等元件在规定的温度值上产生火灾报警信号。

2）差温式探测器

差温式探测器是在规定时间内，火灾引起的温度上升速率超过某个规定值时启动报警的火灾探测器，它也有线型和点型两种结构。线型差温式探测器是根据广泛的热效应而动作的，点型差温式探测器是根据局部的热效应而动作的，主要感温器件是空气膜盒、热敏半导体电阻元件等。

3）差定温式探测器

差定温式探测器结合了定温和差温两种作用原理并将两种探测器结构组合在一起。差定温式探测器一般多是膜盒式或热敏半导体电阻式等点型的组合式探测器。

4. 感光式火灾探测器

感光式火灾探测器主要是指火焰光探测器，目前广泛使用紫外式和红外式两种类型、紫外火焰探测器是应用紫外光敏管（光电管）来探测0.2～0.3pm以下的由火灾引起的紫外辐射，多用于油品和电力装置火灾监测。红外火焰探测器是利用红外光敏元件（硫化铅、硒化铅、硅光敏元件）的光电导或光伏效应来敏感地探测低温产生的红外辐射，光波范围一般大于0.76μm。由于自然界中只要物体高于绝对零度都会产生红外辐射，所以，利用红外辐射探测火灾时，一般还要考虑燃烧火焰的间歇性形成的闪烁现象，以区别于背景红外辐射、燃烧火焰的闪烁频率一般约在3～30Hz。

5. 可燃气体探测器

可燃气体探测器目前主要用于宾馆厨房或燃料气储备间、汽车库、压气机站、过滤车间、溶剂库、炼油厂、燃油电厂等存在可燃气体的场所。

可燃气体的探测原理。按照使用气敏元件或传感器的不同分为热催化型原理、热导型原理、气敏型原理和三端电化学型原理四种。热催化原理是指利用可燃气体在有足够氧气和一定高温条件下，发生在铂丝催化元件表面的无焰燃烧放出热量并引起铂丝元件电阻的变化，从而达到可燃气体浓度探测的目的。热导原理是利用被测气体与纯净空气导热性的差异和金属氧化物表面燃烧的特性，将被测气体浓度转换成温度或电阻的变化，达到测定气体浓度的目的。气敏原理是利用灵敏度较高的气敏半导体元件吸附可燃气体后电阻变化的特性来达到测量的目的。三端电化学原理是利用恒电位解法，在电解池内安置三个电极并施加一定的极化电压，以透气薄膜同外部隔开，被测气体透过此膜达到工作电极。发生氧化还原反应从而使传感器产生与气体浓度成正比的输出电流，达到探测目的。

采用热催化原理和热导原理测量可燃气体时，不具有气体选择性，通常以体积百分浓度表示气体浓度；采用气散原理和电化学原理测量可燃气体时，具有气体选择性，适于气体成分检测和低浓度测量，过去多以ppm表示气体浓度。可燃探测器一般只有点型结构形式，其传感器输出信号的处理方式多采用阈值比较方式。

除了上述典型的探测原理外。复合式火灾探测方法在工程上获得了使用，烟温复合式探测器是一个典型例子。当前，使用量最大的是离子式和光电式感烟探测器、膜合差定温和电子差定温探测器；对大空间的机房、控制室、电缆沟等，线缆式探测器也有广泛的应用。

7.3.5 火灾探测器的选择

火灾探测器的选择显然首先应根据探测区域内可能发生的火灾的形成过程来考虑，原则是正确地给出早期预报。当然在选择火灾探测器时，还应结合环境条件、房间高度以及可能引起误报的因素综合进行考虑。

1．根据火灾的形成与特点选用

（1）火灾初期阴燃阶段能产生大量的烟和少量的热，很少或没有火焰辐射，应选用感烟探测器，探测器的感烟方式和灵敏度级别应根据具体使用场所来确定，如表7–3所示。

感烟探测器的工作方式则是根据反应速率与可靠性要求来确定，一般对于只用做报警目的的探测器，选用非延时工作方式；对于报警后用做联动消防设备的探测器，选用延时工作方式，并应考虑与其他种类火灾探测器配合使用。

离子感烟和光电感烟探测器的适用场所是根据离子和光电感烟方式的特点确定的。对于那些使感烟探测器变得不灵敏或总是误报，对离子式感烟探测器放射源产生腐蚀并改变其工作特性或使感烟探测器在长期内被严重污染的场所感烟探测器不适用，有关规定见《火灾自动报警系统设计规范》GB 50116—2013。

下列场所宜选用离子感烟探测器或光电感烟探测器：

① 大厦、商场、饭店、旅馆、教学楼的厅堂、办公室、库房、客房等；

② 计算机房、通信机房、配电房、空调机房、水泵房及其他易产生电气火灾的电气设备机房；

③ 书库、档案库、资料库、图书馆、博物馆等；

④ 楼梯间、前室和走廊通道。

具体场所探测器的感烟方式和灵敏度级别的选择　表7-3

序号	适用场所	灵敏度级别选择	感烟方式及说明
1	饭店、旅馆、写字楼、教学楼、办公楼等的厅堂、卧室、办公室、展室、娱乐室、会议室等处	厅堂、办公室、大会议室、值班室、娱乐室、接待室等，用中、低档，可延时工作；吸烟室、小会议室，用低档，可延时工作；卧室、病房、休息厅、展室、衣帽室等，用高档，一般不延时工作	早期热解产物中烟气溶胶微粒很小的，用离子感烟式更好；微粒较大的，用光电感烟式更好，可按价格选择感烟方式，不必细分
2	计算机房，通信机房、影视放映室等处	高档或高、中档分开布置联合使用，不用延时工作方式	考虑装修情况和探测器价格选择：有装修时，烟浓度大，颗粒大，光电式更好；无装修时，离子式更好
3	楼梯间、走道、电梯间、机房等处	高档或中档均可，采用非延时工作方式	按价格选定感烟方式
4	博物馆、美术馆、图书馆等文物古建筑单位的展室、书库、档案库等处	灵敏度级别选高档，采用非延时工作方式	按价格和使用寿命选定感烟方式，同时还应设置火焰探测器，提高反应速率和可靠性
5	有电器火灾危险的场所，如电站、变压器间、变电所和建筑的配电间	灵敏度级别必须选高档，采用非延时工作方式	①早期热解产物微粒小，用离子式，否则用光电式 ②必须与紫外火焰探测配用
6	银行、百货商场、仓库	灵敏度级别可选高档或中档，采用非延时工作方式	有联动控制要求时，可用有中，低档灵敏度的双信号探测器，或与感温探测器配用，或采用烟温复合式探测器
7	可能产生阴燃火，或发生火灾不早期报警将造成重大损失的场所	灵敏度级别必须选高档，必须采用非延时工作方式	①烟温光复合式探测器 ②烟温光配合使用方式 ③必须按有联动要求考虑

有下列情形的场所，不宜选用离子感烟探测器：

① 相对湿度大于95%；

② 气流速度大于5m／s；

③ 有大量粉尘、水雾滞留；

④ 可能产生腐蚀性气体；

⑤ 在正常情况下有烟滞留；

⑥ 产生醇类、醚类、酮类等有机物质。

有下列情形的场所，不宜选用光电感烟探测器：

① 可能产生黑烟；

② 大量积聚粉尘；

③ 可能产生蒸汽和油雾；

④ 存在变频电磁干扰；

⑤ 大量昆虫活动的场所。

感烟探测器的灵敏度级别应根据火灾初期燃烧特性、使用性质以及安装高度等因素正确确定。

下列情形或场合宜选用感温探测器：

① 相对湿度经常高于95%；

② 可能发生无烟火灾；

③ 有大量粉尘；

④ 在正常情况下有烟和蒸汽滞留；

⑤ 厨房、锅炉房、发电机房、烘干房；

⑥ 汽车库；

⑦ 吸烟室，小会议室，茶炉房等；

⑧ 其他不宜安装感烟探测器的厅堂和公共场所。

常温和环境温度梯度较大、变化区间较小的场所宜选用定温探测器；常温和环境温度梯度小，变化区间较大的场所，宜选用差温探测器；火灾初期温度变化难以确定，或粉尘污染较重的场所宜选用差温探测器。

感温、感烟探测器及其灵敏度的选择，可以参考表7–4。

感温、感烟探测器及其灵敏度的选择　　表 7-4

房间高度（m）	感温探测器			感烟探测器	火焰探测器
	Ⅰ级	Ⅱ级	Ⅲ级		
<4.5	适用	适用	适用	非常适用	非常适用
4.5～6	适用	适用	不可靠	非常适用	非常适用
6～7.5	适用	不可靠	不可靠	非常适用	非常适用
7.5～12	不可靠	不可靠	不可靠	不可靠	适用
12～20	不可靠	不可靠	不可靠	不可靠	适用
>20	不可靠	不可靠	不可靠	不可靠	不可靠

（2）火灾发展迅速，有强烈的火焰辐射和少量的烟热时，应选用火焰光探测器。火焰光探测器通常用紫外与红外复合式，一般为点型结构，其有效性取决于探测器的光学灵敏度（用4.5cm焰高的标准烛光距探测器0.5m或1.0m时，探测器有额定输出）、视锥角（即视野，通常70°～120°）、响应时间和安装定位。

有下列情形的场所，宜选用火焰探测器：

① 火灾时有强烈的火焰辐射；

② 无阴燃烧阶段的火灾；

③ 需要对火焰作出快速反应。

一般而言，上述三种火灾探测器，应优先考虑选用感烟探测器。因为它属于“早期发现”的探测器，而感温探测器和火焰探测器分别属于“早中期发现”和“中期发现”的探测器，尤其是火焰探测器往往报警时火灾已经形成，造成了一定损失，因此它的作用严格说是防止火灾进一步地蔓延。

（3）火灾形成阶段是以迅速增长的烟火速度发展，将产生较大的热量，或同时产生大量的烟雾和火焰辐射，应选用感温、感烟和火焰探测器或将它们组合使用。

感温探测器的使用一般应根据其定温、差温和差定温方式选择，其使用环境条件要求不高，一般在感烟探测器不能使用的场所均可使用。但是，在感烟探测器可用的场所，尽管也可使用感温探测器，但其探测速度却低于感烟方式。

因此，只要感烟和感温探测器均可用的场所多选用感烟式，在有联动控制要求时则采用感烟与感温组合式或复合式。此外，点型电子感温探测器受油雾污染会影响热敏元件的特性，因此对环境污染应鉴别考虑。对于可能产生阴燃火或需要早期报警以避免重大损失的场所，各种感温火灾探测方式均不可用；正常温度在0℃以下的场所，不宜用点型定温探测器，可用差温或差定温探测器；正常情况下温度变化较大的场所，不宜用差温探测器，可用定温探测器。

（4）火灾探测报警与灭火设备有联动要求时必须以可靠为前提，获得双报警信号后，或者再加上延时报警判断后，才能产生联动控制信号。

必须采用双报警信号或双信号组合报警的场所，一般都是重要性强、火灾危险性较大的场所，这时一般是采用感烟、感温和火焰探测器的同类型或不同类型组合起来产生双报警信号；同类型组合通常是指同一探测器具有两种不同灵敏度的输出，如具有两极灵敏度输出的双信号式光电复合感烟探测器；不同类型组合则包括复合探测器和探测器的组合，如光电式探测器感烟探测器与感温探测器配对组合使用等。

（5）在散发可燃气体或易燃液体蒸汽的场所，多选用可燃气体探测器实现早期报警。

（6）火灾形成特点不可预料的场所，可进行模拟试验后，按试验结果确定火灾探测器的选型。

2．根据建筑物高度运用火灾探测器

对火灾探测器使用高度加以限制，是为了在整个探测器保护面积范围内，使火灾探测器有相应的灵敏度，确保其有效性。一般，感烟探测器的安装使用高度h<12m，随着房间高度的上升，使用的感烟探测器灵敏度应相应提高；感温探测器的使用高度h<12m，房间高度也与感温探测器的灵敏度有关，灵敏度高，适于较高的房间；火焰探测器的使用高度由其光学灵敏度范围（9～30m）确定，房间高度增加，要求火焰探测器灵敏度也要提高。应指出，房间顶棚的形状（尖顶形、拱顶形）和空间不平整顶棚，对房间高度h的确定有影响，应视具体情况并考虑探测器的保护面积和保护半径等确定。

3．综合环境条件下运用火灾探测器

火灾探测器使用的环境条件如环境温度、气流速度、振动、空气湿度、光干扰等，对探测器的工作有效性（灵敏度等）会产生影响。一般，感烟与火焰探测器的使用温度小于50℃，定温探测器在10～35℃；在0℃以下探测器安全工作的条件是其本身不允许结冰，并且多采用感烟或火焰探测器，环境的气流速度对于感温和火焰探测器工作无影响，感烟探测器则要求气流速度小于5m/s。环境中有限的正常振动，对于点型火灾探测器一般影响很小，对分离式光电感烟探测器影响较大，要求定期调校。环境空气湿度小于95%时，一般不影响火灾探测器的工作；当有雾化烟雾或凝露存在时，对感烟和火焰探测器的灵敏度有影响。环境中存在烟及类似的气溶胶时，直接影响感烟探测器的使用。对感温和火焰探测器，如避免湿灰尘，则使用不受限制。环境中的光干扰对感烟和感温探测器的使用无影响，对火焰探测器则无论直接与间接都将影响工作的可靠性。

选用火灾探测器时，若不充分考虑环境因素的影响，则在其使用中会产生误报。误报除与环境因素有关外，还与火灾探测器故障或设计中的缺欠、维护不周、老化和污染等有关，应认真对待。

为了加强自动报警控制系统的管理，确认报警火灾部位，有序进行人员疏散，消防报警控制系统设计时应将建筑物分为若干报警区域和探测区域。报警区域应按楼层或防火分区划分，一般不超出一个防火分区，若由几个防火分区组成一个报警区域，则这几个防火分区必须处在同一楼层。如果是采用区域——集中式报警系统，每一报警区域应设置区域报警控制器。报警区域也是火灾事故广播线路分配的主要依据之一。一个报警区域可以划分为一个或数个探测区域。探测区域是由数个探测器监视的区域组成，它是火警自动报警部位信号显示的基本单元。探测区域内所需的探测器数量，由下式计算

$$N \geqslant S/(KA)$$

式中 N—— 一个探测区域内所需设置的探测器数量；

S—— 一个探测区域的面积（m^2）；

A—— 探测器的保护面积，（m^2）；

K—— 校正系数，重点保护区域取0.7～0.9，非重点保护区域取1；

其中N为整数。

探测区域不宜超过500m^2（从主要出入口能看清其内部，其最大面积不超过1000m^2）。

7.4 火灾报警控制器

7.4.1 火灾报警控制器的功能

火灾报警控制器是火灾自动报警系统的心脏，可向探测器供电，具有下述功能：

（1）用来接收火灾信号并启动火灾报警装置。该设备也可用来指示着火部位和记录有关信息。

（2）能通过火警发送装置启动火灾报警信号或通过自动消防灭火控制装置启动自动灭火设备和消防联动控制设备。

（3）自动的监视系统的正确运行和对特定故障给出声、光报警。

（4）联网功能

智能建筑与传统建筑的重要区别之一是，包括消防自动报警与联动控制系统在内的各个子系统不只局限于分别独立工作，还应该具有系统集成功能。因此智能建筑中的消防自动报警与联动控制系统既能独立地完成火灾信息的采集、处理、判断和确认，实现自动报警与联动控制，同时还应能通过网络通信方式与建筑物的整个安保中心及城市消防中心实现信息共享和联动控制。

7.4.2 火灾报警控制器的分类

火灾报警控制器按监控区域分可分为区域型和集中型和控制中心报警系统。区域报警控制器是负责对一个报警区域进行火灾监测的自动工作装置。一个报警区域包括很多个探测区域（或称探测部位）。一个探测区域可有一个或几个探测器进行火灾监测，同一个探测区域的若干个探测器是互相并联的，共同占用一个部位编号，同一个探测区域允许并联的探测器数量视产品型号不同而有所不同，少则五六个，多则二三十个。

火灾报警控制器按结构形式分可分为壁挂式、琴台式和柜式三种。

7.4.3 火灾报警控制器的工作原理

图7-14所示为火灾报警控制器工作原理框图。由该图可知，无论是区域报警控制器还是集中报警控制器，实际上均是一个以CPU为核心的微机控制系统。从消防报警系统角度出发，它主要包括输入单元、监控单元、记忆单元以及电源单元。

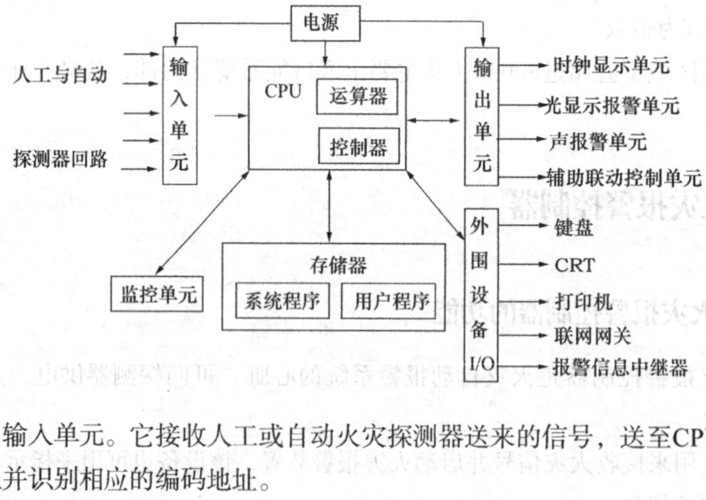

图7-14 火灾报警控制器工作原理

（1）输入单元。它接收人工或自动火灾探测器送来的信号，送至CPU加以判别、确认并识别相应的编码地址。

（2）输出单元。确认火灾信号后，输出单元一方面输出声（喇叭、蜂鸣器）、光（显示）报警信号，另一方面向有关联动灭火与减灾子系统输出指令控制信号，这些信号可以是电信号，也可以是继电器接点信号。

（3）监控单元。监控单元的作用主要有两个。一个是检查报警控制器与探测器，以及区域报警控制器与集中报警控制器之间线路的状态是否存在断路（包括探测器丢失或接触不良）、短路等故障。如果存在这些故障，报警控制器应给出故障声、光报警，以确保系统工作安全可靠。监控单元的另一个作用是自动巡回检测，自动定期周而复始地逐个对编码探测器发出的信号进行检测，实现报警控制器的实时控制。

（4）记忆单元。实时时钟记下第一次火灾报警时间，直到火警消除、复位后方恢复正常。

（5）电源单元。通常报警控制器的直流电源（DC24V）来自两个渠道，即所谓双电源。采用交流220V市电整流进行正常供电，并同时对另一电源备用蓄电池进行浮充充电，在工作电源和备用电源之间具有自动切换装置。送至探测器的24V直流电源信号是迭加在探测器编码信号上的，到达探测器后，可利用微分电路将编码信号与直流电源信号分离，探测器的回答信号也用此种迭加方法送达火灾报警控制器。

图7-15还显示出，通过I/O接口，火灾报警控制器具有了图形显示功能和联网及信息中继能力，可以实现与建筑物内其他子系统之间的系统集成。系统程序通常由产品制造商直接写入只读存储器中，使用者无法更改。

火灾报警控制器的主要技术指标包括：

（1）供电方式；

（2）监控功率与额定功率；

（3）容量与系统容量；

（4）巡检速度；

（5）使用环境。

除上述一些主要的技术指标外，在报警控制器的产品说明书中往往还给出该型报警控制器的主要功能及特征，如显示方式，是否给出实时动态模拟变化曲线、事件记录功能、控制功能、火灾报警优先功能、故障自动检测功能以及联网功能（方式）等。

一台区域报警控制器的容量（即其所能监测的部位数）也视产品型号不同而不同，一般为几十个部位。区域报警控制器平时巡回检测该报警区内各个部位探测器的工作状态，发现火灾信号或故障信号，及时发出声光警报信号。如果是火灾信号，在声光报警的同时，有些区域报警控制器还有联动继电器触点动作，启动某些消防设备的功能。这些消防设备有排烟机、防火门、防火卷帘等。如果是故障信号，则只是声光报警，不联动消防设备。区域报警控制器接收到来自探测器的报警信号后，在本机发出声光报警的同时，还将报警信号传送给位于消防控制室内的集中报警控制器。自检按钮用于检查各路报警线路故障（短路或开路）发出模拟火灾信号检查探测器功能及线路情况是否完好。当有故障时便发出故障报警信号（只进行声、光报警，而记忆单元和联动单元不动作）。

信号选择单元又称为信号识别单元。火灾信号的电平幅度值高于故障信号的电平幅度值，可以触发导通门级输入管，使继电器动作，切断故障声光报警电路，进行火灾声光报警，时钟停走，记下首次火警时间，同时经过继电器触点，联动其他报警或消防设备。电源输入电压220V，交流频率50Hz，内部稳压电源输出24V直流电压供给探测器使用。

现代火灾报警控制器为了减少误报，方便安装与调试，降低安装与维修费用，减少连接线数，及时准确地知道发出报警的火灾探测器的确切位置（部位编号），都普遍采用脉冲编码控制系统，组成少线制的总线结构，由微型电子计算机或单片计算机作为主控核心单元，配以存储器和数字接口器件等。因此现代报警控制器有较强的抗干扰能力和灵活应变的能力。

这种区域报警控制器不断向各探测部位的编码探测器发送编码脉冲信号。当该信号与某部位的探测器编码相同时，探测器响应，返回信息，判断该部位是否正常。若正常，主机（CPU）继续巡检其他部位的探测器；若不正常，则判断是故障信号还是火警信号，发出对应的声光报警信号，并且将报警信号传送给集中报警控制器。

7.5 灭火控制系统

建筑物内的灭火系统是根据灭火介质来划分的，它包括自动水灭火系统和自动气体灭火，后者又分为二氧化碳灭火系统及卤代烷灭火系统。

7.5.1 自动水灭火系统

水，作为灭火介质，无毒、无污染，而且水灭火系统结构简单、造价低廉、性能稳定、工作可靠，且维护使用方便，因此它是建筑物内最主要的灭火系统。自动水灭火系统，根据系统构成和灭火过程，可分为两类，即室内消火栓灭火系统和室内自动喷淋水系统。

室内消火栓灭火系统主要由高位水箱（蓄水池）、散布于建筑物内各处的消火栓、消防水泵及控制器，以及连接它们的管网组成。从与消防自动报警装置联动控制角度出发，对室内消火栓系统的控制主要是指对消防水泵的启动控制。消防水泵的启动控制分为远程自动启动控制和就地手动启动控制。图7-15为消防水泵控制电路图。图中1AN，2AN，…，*n*AN为装于各消火栓箱内的启动按钮，按钮采用常闭触点串联或逻辑方式启动消防水泵。发生火灾时，某区域内的消火栓箱内按钮被按下后，常闭触点动断，使中间继电器IZJ断电，其常闭触点闭合接通2ZJ，从而自动接通接触器1Q，启动消防水泵，并接通消火栓内消防按钮指示灯1～*n*XD信号回路。总停止按钮TTA装于消防控制室控制台上，当火灾扑灭后，可由消防控制室直接停止消防水泵的工作。

DZ为消防控制室内装设的遥控按钮，可以直接远程启动消防水泵。

SY为装于消防水管网中的压力传感器，其作用是监测管网水压，防止管网因压力过大而爆裂。

另一个远程控制消防水泵工作的器件是装于高位水箱消防出水管的水流报警启动器。发生火灾时，当高位水箱向管网供水时，水流冲击水流报警启动器，将报警信号通过消防自动报警系统线路传送至消防中心控制室，并通过联动使消防中心常开触点DZ闭合，启动消防水泵。

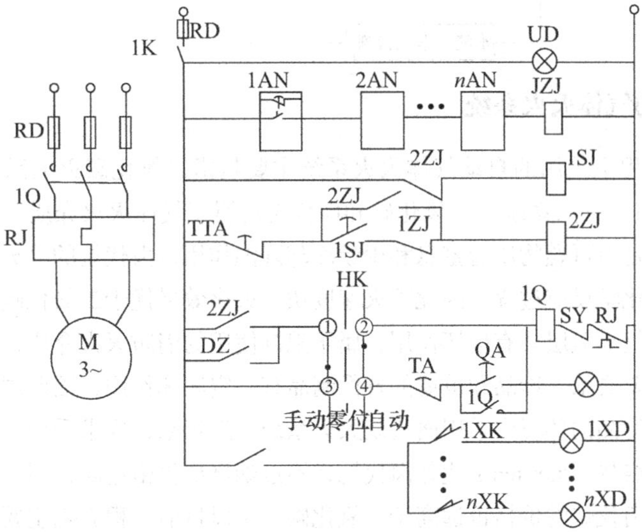

图7-15 消防水泵控制电路图

值得指出的是，目前有的建筑物内消防水管网中只装设防止管网爆裂的安全阀而未装压力继电器，此时不宜采用联动控制而直接启动消防水泵，因为火灾报警按钮启动的同时并不意味着消火栓的使用，消防水泵启动而不喷水可能造成管网过压而爆裂。所以此时应在确认火灾后通过消火栓按钮启动消防水泵。这样启动消防水泵和启用消火栓（放水闸阀打开）几乎同时进行，则不会出现上述问题。

根据《建筑设计防火规范》GB 50016—2014规定，高层建筑及建筑群体中，除了设置消火栓灭火系统以外，还要求同时设置另一种自动水灭火系统，即自动喷淋（洒）水系统。

自动喷淋水系统可分为干式、湿式、雨淋式、喷雾式和预作用等多种方式。干式和湿式的区别主要在于管网在正常状态下是否有消防水存在。雨淋式与湿式的区别则主要是采用雨淋阀而非湿式报警阀控制消防水流。预作用式自动喷淋水系统是近年来发展起来的水灭火系统，预作用是指火灾报警系统报警的同时，通过联动控制水喷淋系统管网排气钮预先排除管网内压缩空气，使灭火时消防水能迅速进入管网，从而克服了干式喷淋系统在喷头打开后需先放走管网内的压缩空气才能让消防水进入的缺点，也避免了湿式喷水灭火系统存在消防水渗漏而污染室内装修的弊病。喷雾式是用于局部环境而取代卤代烷自动灭火系统，其灭火效果虽不及卤代烷灭火系统，但却防止灭火时及灭火后的环境污染。当前建筑物中应用得最广泛的仍然是湿式喷淋水灭火系统。它安全可靠，灭火效果好，结构简单，设计容易，应当说是目前首选的自动水喷淋灭火系统。喷淋水灭火系统如图7-16所示。

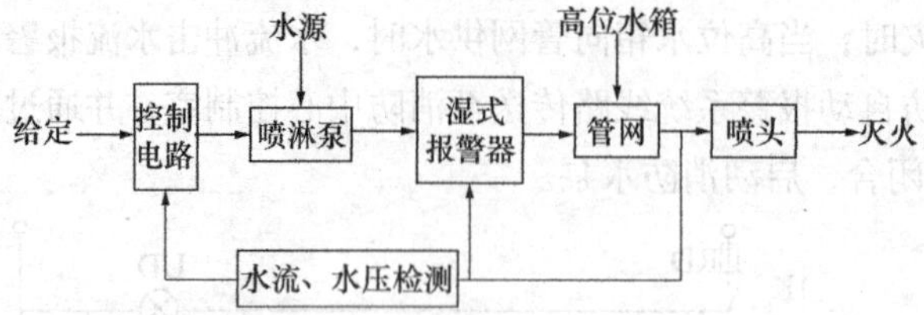

图7-16 喷淋水灭火系统框图

7.5.2 自动气体灭火系统

目前工程上采用的自动气体灭火系统主要是指二氧化碳灭火系统和卤代烷（1211、1301）灭火系统。二氧化碳和卤代烷均属于气体灭火介质。二氧化碳灭火机理主要是对可燃物质起窒息和少量冷却降温作用，卤代烷的灭火原理则基于抑制燃烧的化学反应过程，因此灭火速度快，灭火效果优于二氧化碳。然而卤代烷气体对大气臭氧层具有破坏作用，属于限制使用的消防灭火介质，同时它可能对文物、重要文献、珍品和重要的音像制品有一定破坏作用，因此国家规定不得在存储上述物品的环境中采用卤代烷灭火系统。近年来，要求采用一种新型的灭火介质，烟烙尽（lnerqen）代替卤代烷，不过烟烙尽价格过高，因此选用时应谨慎。此外，卤代烷的价格也远高于二氧化碳。所以目前工程界仍主要是两种气体灭火介质并存的状态。

二氧化碳和卤代烷气体在一定温度和一定压力下均可以以液态储存。作为灭火剂释放出来后又成为气体状态，在灭火后不留痕迹，且不导电，但均对人体有害。所以在工程上通常将气体灭火系统作为自动水灭火系统的补充，用于一些重要的资料文献和储品库，以及电力、电信和大中型计算机房的灭火。

自动气体灭火系统主要由气体储存钢瓶、容器阀、启动气瓶、喷头、管网及装于管网上的压力信号器组成。其系统控制框图如图7-17所示。

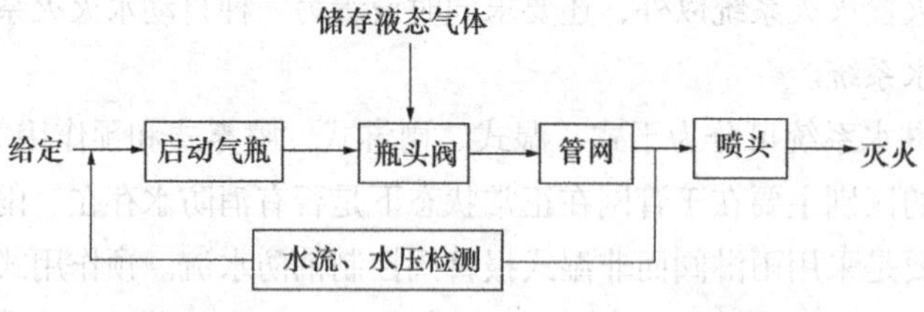

图7-17 自动气体灭火系统框图

7.6 消防通信与广播系统

7.6.1 消防专用通信系统

从广义上讲，消防专用通信系统包括两方面的内容：一是建筑物内部的专用通信系统，另一个内容则是通过城市网络信息系统与城市消防中心实施联网，以便及时向城市消防中心报警，并由对方实施城市供水、供热、供电以及道路交通的综合协调工作，为灭火部队及时到位和有效扑灭火灾创造良好的环境条件。

消防通信系统目前均采用电源自动切换方式供电，备用电源通常由蓄电池组担任，以保证不间断供电（UPS）。

消防控制室除有专用火警电话总机外，还应装设城市119专用火警电话用户线。

7.6.2 火灾事故广播系统

火灾事故广播与疏散诱导和灭火控制是有着紧密关系的，目前处理火灾事故广播有两种方式。一是设置独立的火灾事故广播系统；另一种是采用建筑物内部的正常广播系统兼任。通常很难说谁优谁劣，但随建筑物内智能化程度的提高，系统集成规模加强，从管理角度看后者的优越性愈来愈明显，所以采用所谓背景音乐与火灾事故广播合用的方式也愈来愈普遍。根据有关规范规定，采用这种合用的广播系统，应符合下列要求。

（1）火灾时应能在消防控制室将火灾疏散层（N，N±1）的扬声器和广播音响扩音机强制转入火灾事故广播状态。

（2）床头控制柜内设置的扬声器应有火灾广播功能。事实上，目前市场上较先进的火灾事故广播系统产品已带有标准化的控制模块或广播控制盒，实现火灾事故广播与背景音乐的自动切换。

火灾事故广播系统也采用二总线制结构。它主要由广播控制盘、功率放大器、扬声器，以及信号总线、电源总线和火警广播与背景音乐功放总线（8线制）组成，如图7–18所示。

当建筑物的某层发生火灾时，为了利于确认火情，组织人员有序疏散和灭火，只对火灾层相邻的上下各一层进行紧急广播，这是值得推荐的做法。扬声器的设置应能保证从本层任何部位到最近一个扬声器的步行距离不超过15m，且每个扬声器的额定功率一般不得小于3W，对于有背景噪声干扰的场所，如空调、通风机房、文娱场所和车库等，应按其播放范围内最远点的播放声压级高于背景噪声15dB来确定其扬声器的功率。扬声器均不应加开关。

火灾事故广播分路配线应按疏散楼层或报警区域分配。值得指出的是，不少消防自动报警与联动控制系统在自动报警总线中通过控制模块可以直接接入扬声器，从而节省了火灾事故广播的总线数量。

最后，还应当指出的是，建筑物内的正常广播（背景音乐）极易造成人们心理状态的麻痹，因此作为火灾事故广播完全有必要在广播区域内设置一定数量的警铃或蜂鸣报警器，以强化人们在事故状态的警觉。

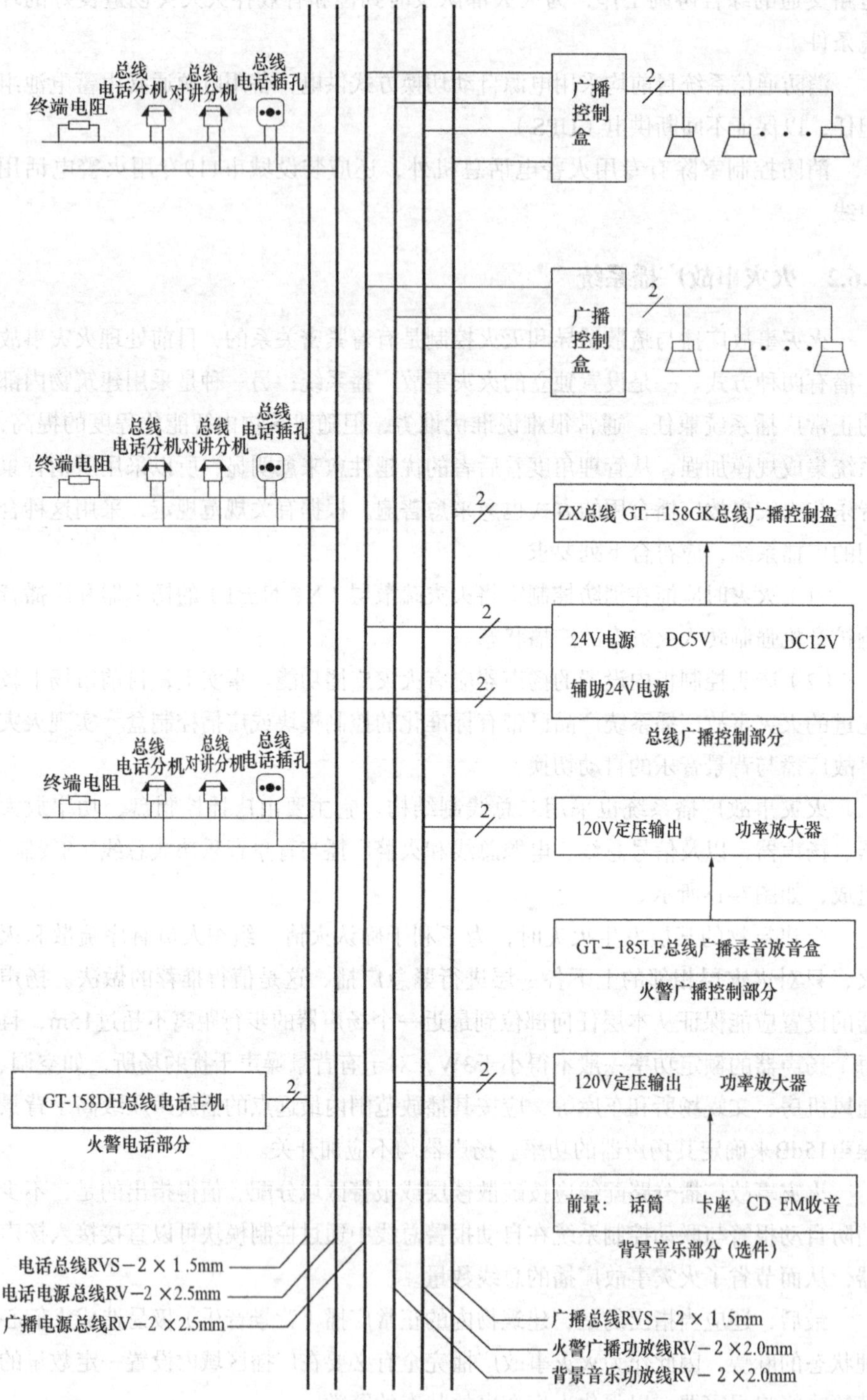

终端电阻
总线电话分机
总线对讲分机
总线电话插孔
广播控制盒
2
ZX总线 GT—158GK总线广播控制盘
24V电源 DC5V DC12V
辅助24V电源
总线广播控制部分
120V定压输出 功率放大器
GT－185LF总线广播录音放音盒
火警广播控制部分
GT-158DH总线电话主机
火警电话部分
前景： 话筒 卡座 CD FM收音
背景音乐部分（选件）
电话总线RVS－2 × 1.5mm
电话电源总线RV－2 ×2.5mm
广播电源总线RV－2 ×2.5mm
广播总线RVS－ 2 × 1.5mm
火警广播功放线RV－2 ×2.0mm
背景音乐功放线RV－ 2 ×2.0mm

图7-18 消防通信与广播系统

本章小结

本章从介绍火灾的形成与防火入手，介绍了火灾发展的过程、防火建筑等级、防火分区的设置、火灾自动报警与联动控制系统的组成与功能，重点介绍了火灾自动化报警与联动控制系统的组成，火灾探测器的原理、分类，火灾报警控制器与灭火控制系统的原理。在智能建筑的管理中，火灾的防范是物业管理的一项重要内容，为此，掌握火灾的形成过程与防范技术显得尤为重要。

思考题

1. 简述火灾发展的典型过程。
2. 简述防火分区的设置。
3. 简述火灾自动报警系统的组成。
4. 消防联动设备有哪两类?
5. 简述火灾探测器的分类与选择。
6. 简述火灾报警控制器的功能与分类。
7. 简述自动水灭火与气体灭火各自的使用场所。
8. 简述消防广播系统的功能与组建。

8

公共安全防范系统

学习目的

1. 理解公共安防系统的作用；
2. 掌握安防系统的组成和功能；
3. 掌握闭路电视监控系统的结构及功能；
4. 掌握防盗报警子系统的组成及工作过程；
5. 掌握出入口控制子系统的组成及工作过程；
6. 掌握公共安全防范系统各个子系统的主要设备及作用。

本章要点

公共安全防范系统的作用、组成和功能；闭路电视监控系统的组成、结构；防盗报警子系统的组成及工作过程；出入口控制子系统的组成、功能；公共安全防范系统各个子系统的主要设备。

8.1 公共安全防范系统概述

安全防范系统在国内标准中定义为（SAS），以维护社会公共安全为目的，运用安全防范产品和其他相关产品所构成的入侵报警系统、视频安防监控系统、出入口控制系统、BSV液晶拼接墙系统、门禁消防系统、防爆安全检查系统等；或由这些系统为子系统组合或集成的电子系统或网络。而国外则更多称其为损失预防与犯罪预防（Loss prevention & Crime prevention）。损失预防是安防产业的任务，犯罪预防是警察执法部门的职责。安全防范系统的全称为公共安全防范系统，是以保护人身财产安全、信息与通信安全，达到损失预防与犯罪预防的目的。

安全防范是指在建筑物或建筑群内（包括周边地域），或特定的场所、区域，通过采用人力防范、技术防范和物理防范等方式综合实现对人员、设备、建筑或区域的安全防范。

通常我们所说的安全防范主要是指技术防范，是指通过采用安全技术防范产品和防护设施实现安全防范。

8.1.1 公共安全防范系统的作用

公共安全防范系统（SAS）在智能建筑中是必不可少的。因为，在智能建筑内，人员的层次多、成分复杂，不仅要对外部人员进行防范，还要对内部人员加强管理，对重要的地点、物品还要进行特殊的保护。

公共安全防范系统是防止偷盗和各种暴力事件的发生而建立的，公共安全防范系统向智能建筑提供三个方面的保护。

1）外部入侵时的保护

外部入侵时保护是为了防止无关人员从外部侵入大厦内，具体地说是防止罪犯从窗户、门、天窗或通风管道等侵入大厦内，把犯罪分子排除在保卫区域以外。

2）区域保护

如果犯罪分子突破了第一道防线，进入楼内，保安系统将探测得到的信息发往控制中心进行报警，由控制中心根据实际情况作出相应处理决定。

3）目标保护

目标保护是公共安全防范系统对具体的物体，如保险柜、重要文物、重要场所等进行保护。

8.1.2 智能建筑对公共安全防范系统的要求

智能建筑的公共安全防范系统是确保大厦内人身、财产及信息资源安全的重要手段，是使建筑物有一个安全、方便、舒适与高效的工作生活环境的必要保证。安防系统的设计应该是一体化地实现对大厦内各种保安防范措施和功能的集成监控管理、报警处理和联动控制。

公共安全防范系统的主要监控功能包括防盗报警与监听监控功能、出／入口监控功能、闭路电视监控功能、紧急报警功能、巡更管理功能和周界防卫功能等。

随着科技的飞速发展和人们生活质量的不断提高，建筑物有一个安全、方便、舒适与高效的工作及生活环境显得越来越重要，新出现的各种犯罪手段对公共安全防范系统提出了更高的要求。因此，智能建筑对安防系统的要求主要体现在下列几个方面。

（1）提供完善、多层次、立体化防范设施，实施统一运行的管理模式。建筑物内部安全自动化设备实现资源共享，完善物业的综合智能控制与管理。

（2）向用户定期或随时提交情况报告，保证授权出入人员的自由出入，限制未授权人员的进入，对暴力强行进入行为予以报警，实现对出入事件或人员的有效检索。随时了解掌握各重要场合内工作人员的身份、进出区域的时间以及具体的工作内容。

（3）系统应是一个结构化的模块式体系，在配置上具备足够的冗余能力，系统应配置强大的数字／模拟／图像视频等信号多媒体通信、控制管理功能软件包，该软件包界面应是中文的，具有安全可靠、管理维护方便、操作简单、显示直观、记录、打印、快速响应等特点。

（4）系统主干数据网络符合国际工业主流标准的开放系统，支持RS-232、RS-485等通信协议，以便与OA、BAS等系统集成。

（5）能够向第三方系统或设备提供开放接口，并有中央集成系统接口。

（6）系统能够在软件、硬件平台上，实现“一卡通”的应用——包括门禁、考勤、休闲、健身、消费等多种场合和应用，为OA（办公自动化）系统提供身份识别的标志和开放的、标准的数据接口。

8.1.3 公共安全防范系统的总体结构

SAS与BAS系统可以同处于一个网络系统中，对于那些商业性大厦、智能小区等的保安管理工作也可由BAS系统的监控管理工作站代替。对于那些需要高要求安全防范系统的银行大厦、博物馆、地铁等处设立保安管理工作站，并采用独立的网络结构体系。是否与BAS系统联网可由业主自行决定。如果需要采用系统集成监控管理，只需将保安管理工作站与BAS系统监控管理工作站同处同一并行处理分布式计算机网络系统中，运行相同的监控管理软件即可。这样SAS的监控管理中心和BAS系统的监控管理中心可以成为统一的管理中心。

SAS应为多层结构并可为独立系统，当系统中任何一个组成部分发生故障时，都不应影响整个系统的运行。

安防系统管理工作站置于BAS网络层（为IBMS网络结构的网络层、属第二层次的网络集成界面）。现场信息也可以通过IBMS系统网络接口网关传送给

IBMS中央管理工作站，并通过SAS系统的各种设备，如CRT、打印机、模拟显示屏等显示给操作员。另一方面，现场监控数据经服务器处理后，提供给整个集成系统共享。

SAS数据处理器位于SAS局域网络层，与各智能控制直接进行数据交换和处理。系统设备运行状态信息会立即提供给安防系统的管理工作站。在SAS这一网络层还可与BMS层局域网联网，并通过远程网络控制器（RNC）实现远程数据通信，在远程网络控制器上可通过拨号盘和普通电话线路连接远程通信终端设备（PABX、寻呼机、手提电话、INTERNET等）。智能设备接口提供一个智能接口界面，通过RS-232串行方式与独立系统和智能设备系统连接，如内部通信系统（PABX）、闭路电视系统（CCTV）及火灾报警系统（FAS）、冷水机组等。

公共安全防范系统（SAS）的结构如图8-1所示。

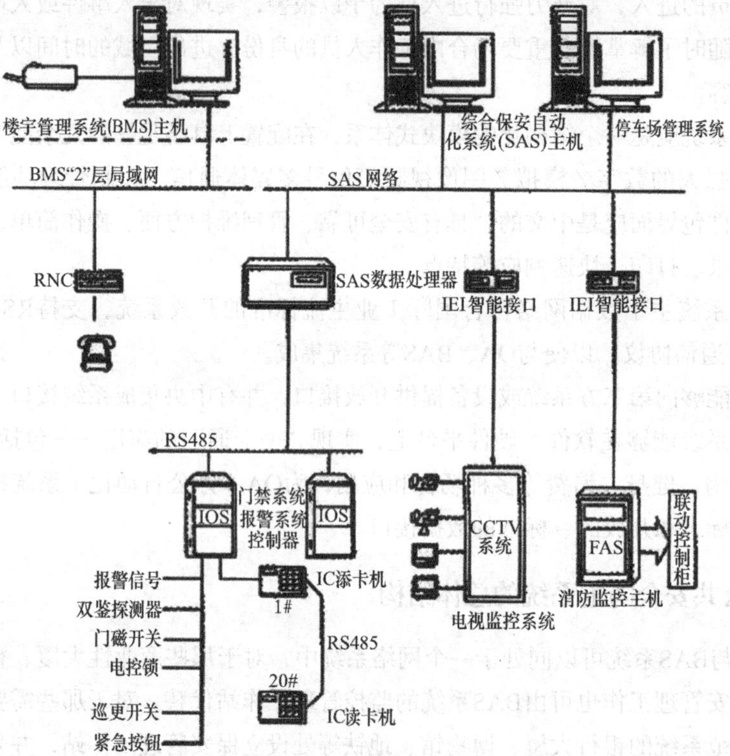

图8-1　公共安全防范系统（SAS）的结构

8.1.4　公共安全防范系统的组成和功能

1. 公共安全防范系统的组成

通常情况下，公共安全防范系统由闭路电视监控子系统、入侵报警子系统、出入口控制子系统、访客管理子系统、停车场管理子系统、巡更子系统、内部对讲子系统等部分组成（如图8-2所示）。但不论公共安全防范系统规模有多大，子系统有多少，其中电视监控子系统、入侵报警子系统和出入口控制子系统都是系统基本的和通用的三大组成部分。

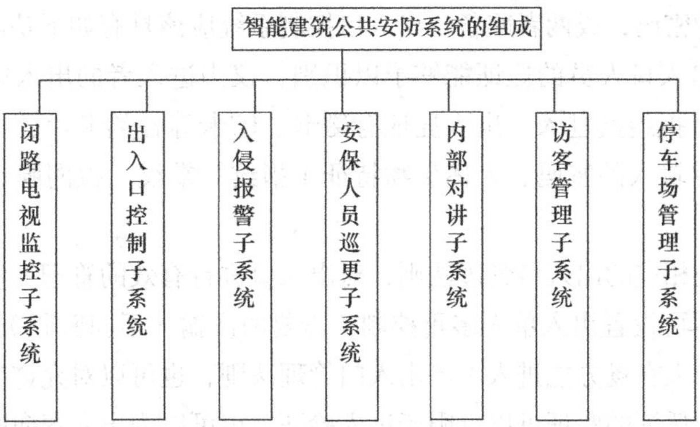

图8-2　公共安全防范系统（SAS）的结构

2．公共安全防范系统的功能

1）闭路电视监控子系统

闭路电视监控系统在现代建筑中起独特作用和被广泛应用。因为它在人们无法或不可能直接观察的场合，却能实时生成监控对象的画面，并已成为人们巡防观察工具。

闭路电视监控系统由下列几部分组成：

（1）前端摄像装置（产生图像的摄像机或成像装置）；

（2）传输控制线路；

（3）图像控制设备；

（4）后端处理设备（图像的处理、显示与记录）。

闭路电视监控系统作为现代管理、监测、控制的重要手段，它与入侵报警系统配合能实时、形象、真实地反映被监视控制的对象，及时获取大量信息，极大地提高了入侵报警系统的准确性和可靠度。

为达到对系统使用功能的要求和管理需要，闭路电视系统设计中应注重闭路电视监控系统的设备配置和系统组合合理，监视效果及各项技术指标可靠，系统操作管理灵活方便等方面。

2）出入口控制系统

出入口控制系统（access control system）主要目的是有效地管理门的开启与关闭，保证被授权人员的自由出入，限制未被授权人员的进入，对暴力强行进入行为予以报警。主要是通过在建筑物内的主要管理区的出入口、电梯厅、主要设备控制中心、机房、贵重物品的库房等重要部位的通道口安装门磁开关、电控锁或读卡机等控制装置来实现门的自动控制，系统整体由中心控制室监控。系统采用计算机多重任务的处理，能够对各通道口的位置、通行对象及通行时间等实时进行控制或设定程序控制，适合于银行、金融贸易楼和综合办公楼的公共安全管理。过去，此项任务是由保安人员、门锁和围墙来完成的。但是，人在疏忽的时候，钥匙会丢失、被盗和复制。智能建筑采用的是电子出入口控制系统，可以解决上述问题。在大楼的入口处、金库门、档案室门、电梯等处可以安装出入口控制装置，比如磁卡识别器或者密码键盘等。用户要想进入，必须拿出自己的磁卡或输入正确的密码，或两者兼备。出入口控制系统应该具有如下功能：

（1）对出入口人员的凭证能够予以识别，仅当进入者的出入凭证正确才予放行，否则将拒绝其进入。出入凭证有磁卡、IC卡等各类卡片、由固定代码式或乱序式键盘输入的密码、人体生物特征（指纹、掌纹、视网膜、脸面、声音等）等。

（2）建立相应的出入口管理法则，对出入口进行有效的管理。对保安密级要求特高的场所可设置出入单人多重控制（需要两次输入不同密码）、二人出入法则（即要有二人在场方能进入）等出入门管理法则，也可以对允许出入者设定时间限制。出入凭证的验证可以仅限于进入验证，也可以为出入双向验证。

（3）设立限制人员出入的锁具，并依据出入口管理法则和出入口人员的凭证控制其启闭，以及登录所有的进出记录，存入存储器中，供联机检索和打印输出。

使用该系统，可以用很少的人在控制中心控制整个大楼内外所有的出入口，节省了人员，提高了效率，也提高了保安效果，采用出入口控制为防止罪犯从正常的通道侵入提供了保证。

3）入侵报警系统

入侵报警系统，利用传感器技术和电子信息技术探测并指示非法进入或试图非法进入设防区域（包括主观判断面临被劫持或遭抢劫或其他危急情况时，故意触发紧急报警装置）的行为、处理报警信息、发出报警信息的电子系统或网络。例如金融楼的贵重物品库房、重要设备机房、主要出入口通道等进行定向定方位保护，高灵敏度的探测器获得侵入物的信号以有线或无线的方式传送到中心控制值班室，同时报警信号以声或光的形式在建筑模拟图形屏上显示，使值班人员能及时形象地获得发生事故的信息。因该报警系统采用了探测器双重检测的设置及计算机信息重复确认处理，能达到报警信号及时可靠并准确无误的要求，是大楼的保安技防的重要技术措施。

4）保安员巡更系统

所谓巡更实际上是技术防范与人工防范的结合。保安人员巡更系统，是采用设定程序路径上的巡视开关或读卡机，确保安保值班人能够按照顺序在安防区域内的巡视站进行巡逻，同时保障安保人员的安全。它是防患于未然的一种措施，本质上和我国古代的敲更没有什么不同，只不过现在技术大为改进而已。

5）内部对讲系统

内部对讲系统主要运用安保部门流动或固定的值守部位间及与安保中心管理室间互为联络或进行对讲通信联络，提高管理工作的效率，该系统也能为安保中心管理的总值班及时地对各种报警进行复核，并对紧急情况下的突发事件时作出迅速反应，以向公安机关“110”报警。

6）访客管理系统

在高层公寓楼（高层商住楼）或居住小区，应设能为来访客人与居室中的人们提供双向通话或可视通话，以及居住的人们遥控入口大门的电磁开关，并向安保管理中心进行紧急报警。

7）停车场管理系统

停车场系统是指基于现代化电子与信息技术，在停车区域的出入口处安装自动识别装置，通过非接触式卡或车牌识别来对出入此区域的车辆实施判断识别、准入/拒绝、引导、记录、收费、放行等智能管理，其目的是有效地控制车辆与人员的出入，记录所有详细资料并自动计算收费额度，实现对场内车辆与收费的安全管理。

8.2 闭路电视监控系统

8.2.1 系统的概念及功能特点

闭路电视监控系统是现代管理、监视的重要管理任务之一，它配合防盗报警系统能实时、形象、真实地反映被监视控制的对象。

闭路电视监控系统以监控内部及周边范围为主，加强对范围内各主要出入口、主要通道、主要活动生活区域及内部人员、物品和设备的安全管理，便于随时掌握区内的情况，对各类突发事件进行客观记录。在此基础上建立一套集图像、控制为一体的综合处理的多媒体电子数字监控系统。利用先进的现代化安全技术及防范手段达到科技强警的目的。

其主要功能、特点如下：

（1）实时性。监控电视设备可以及时摄取现场景物的图像，并能立即传送到控制室。

（2）高灵敏度。当采用微光电视设备时，可以在阴暗的夜间或星光条件下拍摄到清晰的画面。

（3）可将非可见光信息转换为可见图像。采用非可见光电视设备可以摄取由红外线、紫外线、α射线等非可见信息，并将其转换成为可见光图像，这种转换技术对一些特殊的保安工作具有重要的价值。

（4）便于隐蔽和遥控。监视摄像机可以做到轻便小巧，便于隐蔽和安装，并能实现远距离监视及进行录像。

（5）可监视大范围的空间。在此范围的空间安装多部摄像机，组成多层次立体监视，使监视范围无死角。

（6）与云台配合使用可扩大监视范围。摄像机与云台配合使用能达到扩大监视范围的作用，提高摄像机的使用价值，实现一定空间的全方位监控。

（7）可实现报警联动，定格录像并示警。当闭路电视监控系统与防盗报警系统实施联动控制时，一旦防盗报警系统判断有非法人员闯入或紧急事件发生时，闭路电视监控系统附近摄像机摄取现场图像，防盗报警中心报警警示。有些地方当移动物体侵入被摄像机监视的区域，引起图像内容的变化时，可启动录像机和防盗报警系统。

8.2.2 系统的组成、结构及分类

1. 系统组成

闭路电视监控系统主要由四部分组成：前端摄像装置、传输控制电缆、图像控制设备、后端处理设备。

系统的工作过程是将摄像机公开或隐蔽地安装在监视场所，被摄入的图像及声音信号通过同轴电缆和导线传输至控制器上（远距离传输时可采用光缆传输方式）。控制器一般有视频切换器、多画面分割控制器、矩阵切换器、微机等。可人工或自动地选择所需要摄取的画面，并能遥控摄像机上的可变镜头和云台，搜索监视目标，扩大监视范围。图像信号除根据设定要求在监视器上进行单画面及多画面显示外，还能监听现场声音，实时地录制所需要的画面。

1）前端摄像部分。主要包括摄像机、镜头、云台、解码器、防护罩、支架等；其主要作用是将各个位置的图像转化成为可传输的电信号。

（1）摄像机。采用CCD元件将光信号转化成为电信号的设备，其CCD的受光点阵直接影响图像的清晰度，清晰度以电视线为度量单位；摄像机电路又可分为采样电路、调制电路、放大电路、控制电路等，电路的优劣将直接影响摄像机的图像质量、机器物理质量、各种辅助功能。摄像机的参数主要有清晰度、光照度等；功能有电子快门、电子光圈、背光补偿、自动白平衡等。摄像机的色彩有黑白和彩色两种。

水平清晰度有470电视线或 570 电视线。CCD 摄像机扫描的有效面积，由摄像管等效直径来标称，有1/2in.、1/in.、2/3in.（1in.=0.0254m）等数种。摄像机镜头尺寸要比靶面大才能用，否则光束会受到阻挡。摄像机有普通型、防水型、抗寒型、防爆型、全天候型等，以适应不同的环境条件。它的镜头安装方式有C方式和CS方式两种。

常见的摄像机有：

① 球形摄像机

球形摄像机具有美观、隐蔽、快速、方便、实用、经济等优点。在机体中装置了摄像机、云台、变焦镜头和解码器，摄像机可以360° 旋转。

② 带动体探测器的摄像机

动体探测器监测到动体后触发摄像机，同时又报警输出，可以使灯、监视器、录像机联动。

③ 无线摄像机

如一台无线摄像机控制器可以同时操作8台摄像机，在开放空间有效距离可达800m。

④ 数字信号处理摄像机

它能降低噪波，增强水平和垂直边缘的信号强度，具有逆光补偿功能，扩大动态范围。

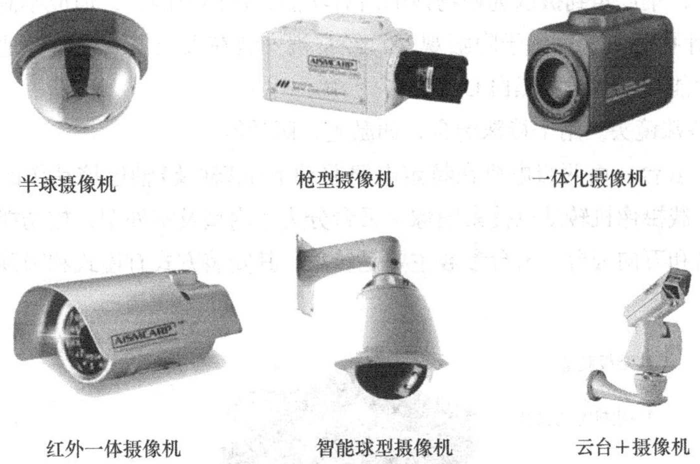

图8-3　各种摄像机

（2）镜头：利用一组凸透镜将外界物体图像成像后投影在摄像机的CCD器件上的设备；镜头可分为定焦镜头、手动变焦镜头、电动变焦镜头，按光圈分又可分为固定光圈镜头、手动光圈镜头、自动光圈镜头，自动光圈镜头又可分为视频驱动和直流驱动方式。镜头的主要参数为光通量和视角。摄像机的镜头大小有1/2in.、1/3in.、2/3in.和1in.（其中1in.=0.0254m）等数种，其重要数据有焦距、光圈、水平视角。

图8-4　各种镜头

从使用情况看，镜头划分如下：

① 广角镜头。视角90°以上，焦距可小到几毫米，但画面成像不均匀，中心亮，四周暗，图像会发生畸变，主要用于摄取近处物体，远处物体在监视器上显示的尺寸很小、标准镜头视角30°左右，使用范围较广。

② 远摄镜头。视角20°以内，焦距可达几十毫米或上百毫米，用于摄取远处

物体的细节资料。

③ 变焦镜头。镜头焦距连续可变，即在聚焦、光圈调整的情况下，增加了变焦调整，集广角到摄取远处物体的所有功能，适用范围大，但成本高。

④ 针孔镜头。可用于隐蔽观察，经常被安装在天花板或墙壁等地方，缺点是通光性能差，一般接黑白CCD。

⑤ 特殊镜头。用于特殊场合，如激光、医学等。

（3）云台。由两组电机在特定电路驱动下作X轴及Y轴遥控动作的设备，其作用是负载摄像机转动以搜索图像。云台分为室内型及室外型，按功能又可分为水平云台和万向云台，云台参数主要是转角。其安装方式有墙式和吸顶式。

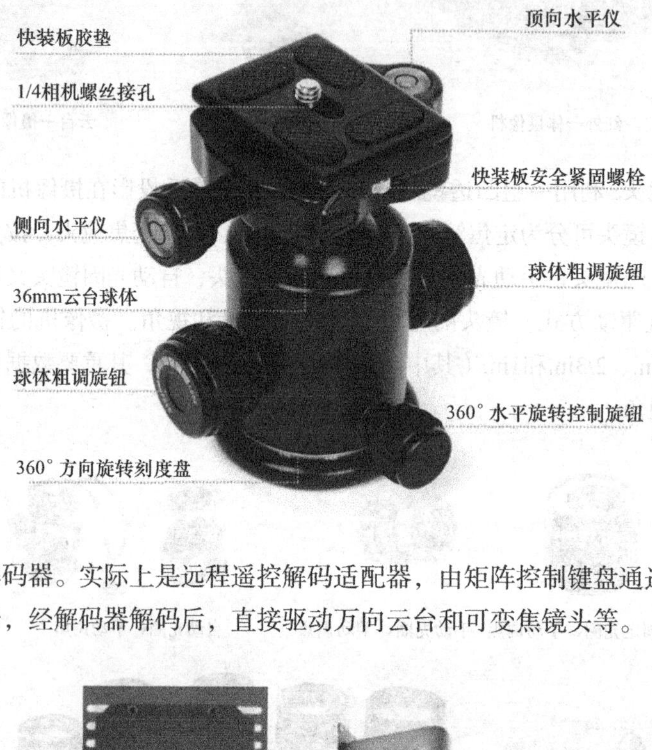

图8-5 球形云台

（4）解码器。实际上是远程遥控解码适配器，由矩阵控制键盘通过双绞线传的控制信号，经解码器解码后，直接驱动万向云台和可变焦镜头等。

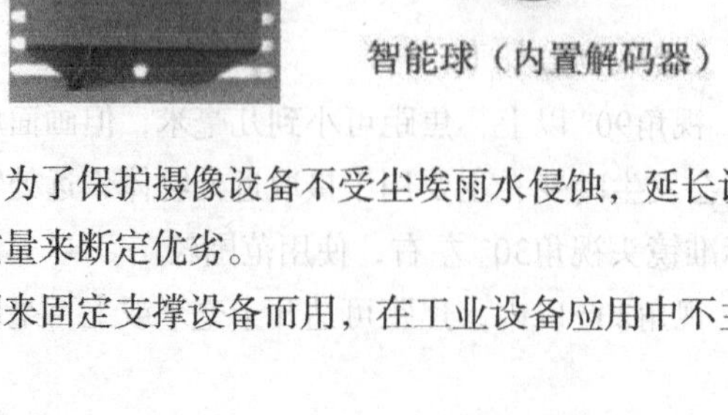

图8-6 解码器

（5）防护罩。为了保护摄像设备不受尘埃雨水侵蚀，延长设备寿命而设，主要是观察其物理质量来断定优劣。

（6）支架。用来固定支撑设备而用，在工业设备应用中不主张采用易损坏的塑料支架，与防护罩一样主要是观察其物理质量来判断优劣。有Z形、圆形、方形二维、全向支架等，可适应不同场合。

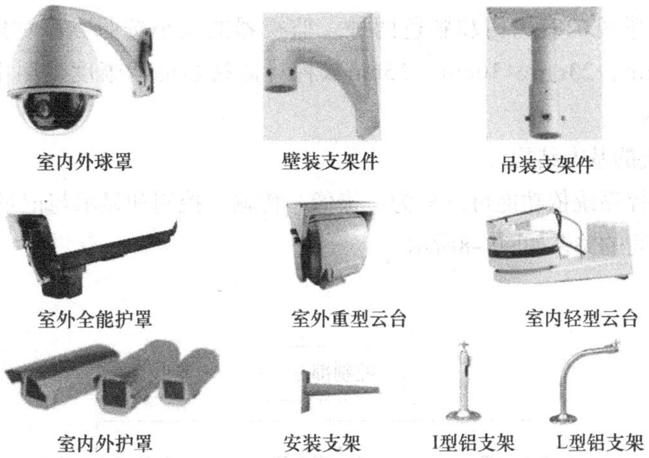

图8-7 防护罩及支架

2）传输控制线路。视频图像向控制主机的传输通过同轴电缆、光缆或电话线等构成的有线传输方式以及由发射机、接收机组成的无线传输信道。监控主机向前端解码器下达的命令一般通过屏蔽双绞线进行传输。

3）图像控制设备。控制部分是整个系统的“心脏”和“大脑”，是实现整个系统功能的指挥中心。控制器一般由视频切换器、多画面分割控制器、矩阵切换器、微机等组成。

控制部分主要由总控制台（有些系统还设有副控制台）组成。总控制台中主要的功能有：视频信号放大与分配、图像信号的校正与补偿、图像信号的切换、图像信号（或包括声音信号）的记录、摄像机及其辅助部件（如镜头、云台、防护罩等）的控制（遥控）等。

总控制台对摄像机及其辅助设备（如镜头、云台、防护罩等）的控制一般采用总线方式，把控制信号送给各摄像机附近的解码器，在解码器上将总控制台送来的编码控制信号解出，成为控制动作的命令信号，再去控制摄像机及其辅助设备的各种动作（如镜头的变倍、云台的转动等）。

一般情况下，摄像机的数量要大于监视器的数量，所以要通过控制主机（图像切换控制器）进行切换控制。控制主机是大容量图像切换控制器，由以大规模视频专用芯片为视频切换矩阵电路的多路多通道小型视频矩阵切换器组成，可以接收来自系统操作键盘的控制数据，并按其指令进行工作，同时把状态信息回送给系统主控制器。图像切换器也可单独作为通用视频矩阵箱在其他系统中应用。

用多台视频切换器并联，可以组合成一套较大规模的视频切换矩阵，具有系统简洁、性能价格比较高的优点。

在同步摄像系统中，它具有场消隐期内切换功能，保证切换时画面不跳动、无噪声。

4）后端处理设备。后端设备的作用是对前端已采集的信号进行处理。它主要包括视频信号的切换、显示、记录处理；后端设备主要包括：数字监控硬盘录像系统、监视器、综合管理平台、报警主机等。

监视器常见的有黑白和彩色两种。监视器的大小按照屏幕对角线可分为38cm、55cm、23cm、30cm、35cm数种。监视器的清晰度按照中心水平为400～1000线。

2．系统的基本结构

电视监控系统依功能可以分为：摄像、传输、控制和显示与记录四个部分，各个部分之间的关系如图8-8所示。

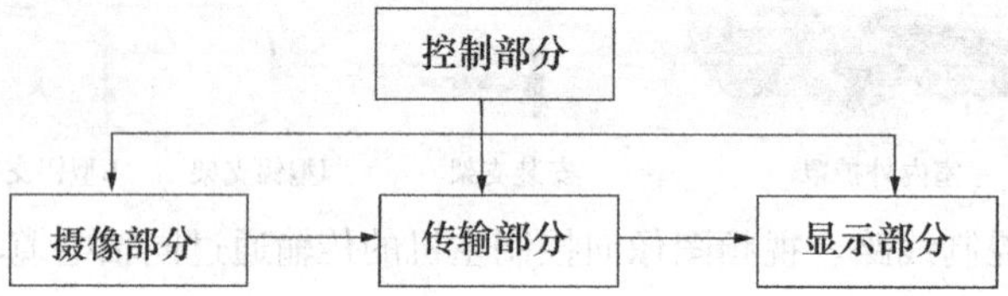

图8-8 电视监视系统的功能关系

摄像部分是安装在现场的，它包括摄像机、镜头、防护罩、支架和电动云台，它的任务是对被摄体进行摄像并转换成电信号。传输部分的任务是把现场摄像机发出的电信号传送到控制中心，它一般包括线缆、调制与解调设备、线路驱动设备等。显示与记录部分把从现场传来的电信号转换成图像在监视设备上显示，如果必要，就用录像机录下来，所以它包含的主要设备是监视器和录像机。控制部分则负责所有设备的控制与图像信号的处理。

3．系统的分类

1）根据监控系统的规模。电视监控系统的规模由监视范围的大小，监视目标的多少来确定。监视系统的大小一般根据摄像机的数量来划分。一般摄像机数量少于10个的监视系统被视为小型电视监控系统，系统主要由多画面分割器、遥控键盘、摄像机及监视器等设备组成；摄像机数量在10～100个范围内被视为中型电视监控系统，系统主要由矩阵切换控制器、解码器、摄像机、遥控键盘、监视器及录像机等组成，监控系统可根据管理需要设置若干级别的管理控制键盘及相应的监视器，对系统进行分级管理；摄像机数量在100个以上的系统被视为大型电视监控系统，它由中型监控系统联网组合而成，系统设总控制器和分控制器进行监控管理。

2）根据监视对象性质的不同，电视监控系统有四种类型。

（1）单头单尾型

单头单尾型适用于在一处连续监视一个固定目标。当传输距离较长时，应在线路中增设视频放大器，如图8-9所示。

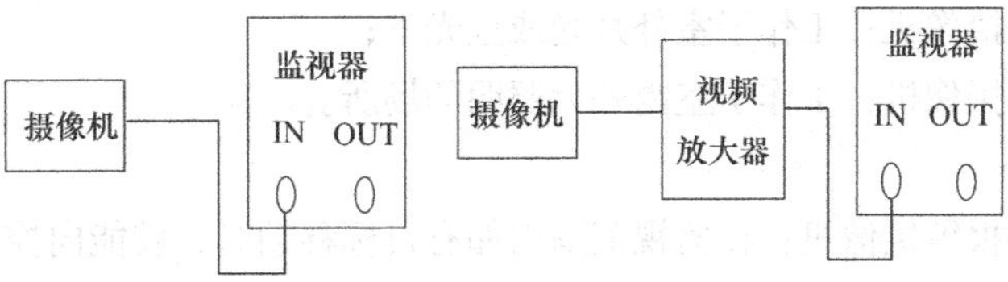

图8-9 单头单尾型电视监控系统

（2）单头多尾型

如果在多处监视一个固定目标时，宜采用单头多尾型，如图8-10所示。

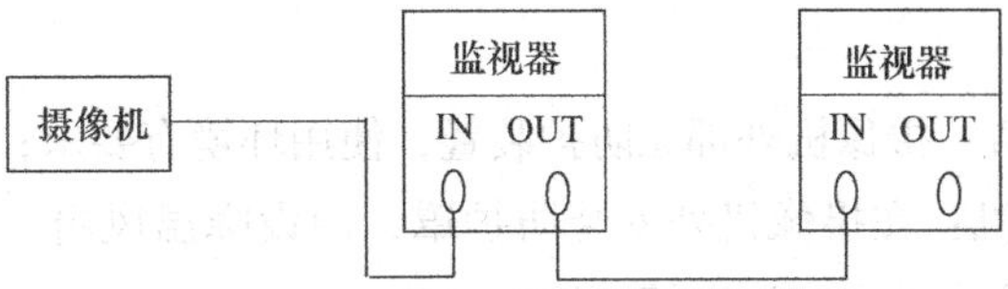

图8-10 单头多尾型电视监控系统

（3）多头单尾型

如果在一处需要监视多个固定目标时，应采用多头单尾型，如图8-11所示。

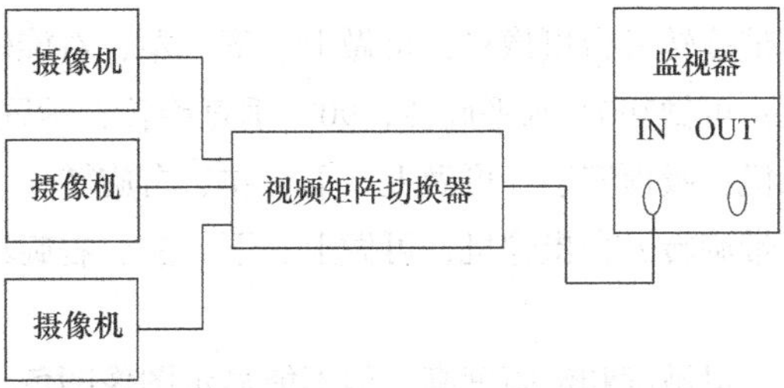

图8-11 多头单尾型电视监控系统

（4）多头多尾型

多头多尾型用于在多处监视多个目标。多头多尾型如图8-12所示。

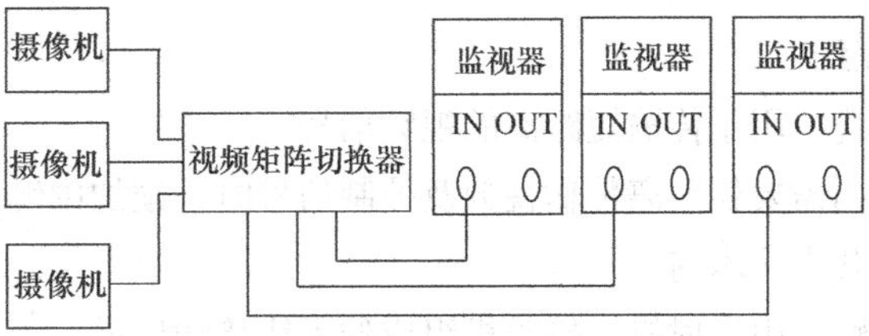

图8-12 多头多尾型电视监控系统

8.2.3 系统的功能

1．前端摄像部分

前端包括摄像机、镜头、云台、解码器、防护罩、支架等；其主要作用是将各个位置的图像转化成为可传输的电信号。摄像机是电视监视系统的重要部件，因为这个系统中只有它才能观察、收集希望得到的信息。所以选择摄像机型号是决定其系统能否充分发挥其作用的重要因素。一些摄像机的基本参数如下：

1）性能

（1）普通摄像机：工作于室内正常照明或室外白天；

（2）暗光摄像机：工作于室内无正常照明的环境里；

（3）微光摄像机：工作于室外月光或星光下；

（4）红外摄像机：工作于室内外无照明的场所。

2）功能

（1）视频报警摄像机：在监视范围内如有目标移动时，就能向控制器发出报警信号；

（2）广角摄像机：用于监视大范围的场所；

（3）针孔摄像机：用于隐蔽监视局部范围。

3）使用环境

（1）室内摄像机：摄像机外部无防护装置，使用环境有要求；

（2）室外摄像机：在摄像机外安装防护罩，内设降温风扇、遮阳罩、加热器、雨刷等，以适应室外温、湿度等环境的变化。

4）结构组成

（1）固定式摄像机：监视固定目标；

（2）可旋转式：带旋转云台摄像机，可做上、下、左、右旋转；

（3）球形摄像机：可做360° 水平旋转，90° 垂直旋转，预置旋转位置；

（4）半球形摄像机：吸顶安装，可做上、下、左、右旋转；

（5）可旋转式：带旋转云台摄像机，可做上、下、左、右旋转。

5）图像颜色

（1）黑白摄像机：灵敏度和清晰度高，但不能显示图像颜色；

（2）彩色摄像机：能显示图像颜色，灵敏度和清晰度在同种情况下比黑白摄像机低。

2．传输子系统

（1）同轴电缆：用于传输短距离的视频信号。

（2）光缆：当需要长距离传输视频及控制信号时，须加中继器。采用光缆传输，传输距离在几十千米内。

（3）无线传输：由发射机、接收机组成的无线传输信道。

3．控制子系统

1）控制分类

2）控制设备

（1）视频切换器：具有画面切换输出、固定画面输出等功能。

（2）多画面分割控制器：将1幅画分割为4、9、16块，每块显示1路现场图像。

（3）矩阵主机

所谓视频矩阵切换就是可以选择任意一台摄像机的图像在任一指定的监视器上输出显示，犹如：m台摄像机和n台监视器构成的$m \times n$型的矩阵一般。根据应用需要和装置中模板数量的多少，矩阵切换系统可大可小，小型系统可以是4×1，大型系统可以达到1024×256或更大。

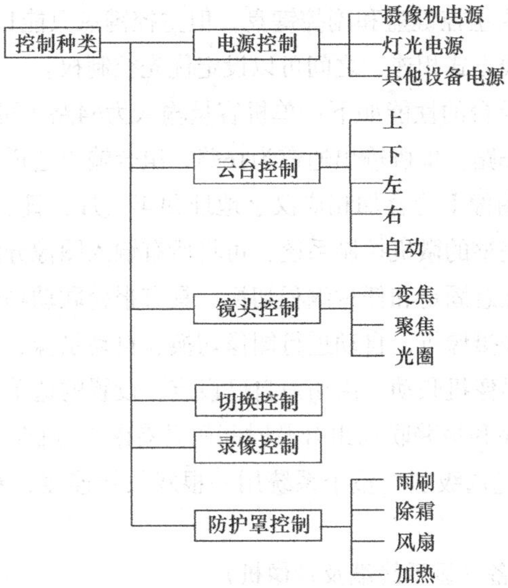

图8-13 闭路电视监控系统控制的种类

在以视频矩阵切换与控制主机为核心的系统中，每台摄像机的图像需经过单独的同轴电缆传送到切换与控制主机。对云台与镜头的控制，则一般由主机经由双绞线或者多芯电缆先送至称为解码／驱动器的装置，由解码器先对传送来的信号进行译码，即确定执行何种控制动作，再经固态继电器进行功率放大，驱动云台或镜头完成相应的控制动作。

视频矩阵切换控制主机是电视监控系统的核心，多为插卡式箱体，内有电源装置，插有一块含微处理器的CPU板、数量不等的视频输入板、视频输出板、报警接口板等，有众多的视频BNC接插座、控制连线插座及操作键盘插座等。具备的主要功能有：

① 接收各种视频装置的图像输入，并根据操作键盘的控制将它们有序地切换到相应的监视器上供显示或记录，完成视频矩阵切换功能。

② 接收操作键盘的指令，完成对摄像机云台、镜头、防护罩的动作控制。

③ 键盘有口令输入功能，可防止未授权者非法使用系统，多个键盘之间有优先等级。

④ 对系统运行步骤可以进行编程，有数量不等的编程程序可供使用，可以按时间来触发运行所需程序。

⑤ 有一定数量的报警输入和继电器接点输出端，可接收报警信号输入和端接控制输出。

⑥ 有字符发生器可在屏幕上生成日期、时间、场所、摄像机号等信息。

需要指出的是，视频矩阵切换控制主机的功能均是通过键盘来操作实现的，视频切换、前端控制、后端成像、系统编程均通过键盘完成。

键盘与视频矩阵切换控制主机之间的接口，随产品不同，有RS485、422和232等不同方式，而且键盘可不止1个，一般最多为8个，并且将其依据控制与响应级别的不同而分为主控键盘和副控键盘，但主控键盘只能1个。主控键盘与副控键盘一般采用总线方式相连，之间可以设定优先控制权。

一种典型的主控台的性能如下：单机容量输入为64路（可扩展到80路），组合容量为128路或256路。单机输出通道为16路，组合输出通道可扩展到32路或64路。每一个输出的图像上均叠加相应汉字地址和年、月、日、时、分、秒字符。它与操作键盘构成完整的微机控制系统，可将所有输入图像分配在各输出通道上显示和录像，可以任意固定和任意编程切换。具有报警联动功能，它可以在报警后，自动打开灯光和摄像机，自动进行图像切换、自动录像、自动打印，任何报警头可与任意几个摄像机联动。由用户自己设定，设置的选单在监视器屏幕上显示。每次的切换程序和报警联动组合及时间码具有断电存储，可以控制8个分控制器，相互间设置优选级别。整个系统用一根双绞线连接，双向通信，使用可靠，操作灵活。

4．后端处理设备（显示终端及录像机）

1）监视器：由前端摄像机传送到终端的视频信号由监视器再现为图像。

（1）图像监视器：它与电视接收机相比不含高频调谐、中频放大、检波、音频放大等电路。其特点是：

① 视频带宽可达7～8MHz，水平清晰度达500～600线以上；

② 显像管框内的画面在水平和垂直方向的大小可以自由调整，以便于对图像的全部画面进行检查。

（2）电视监视器：这种监视器兼有图像监视器和电视接收机的功能。其特点是：

① 可作为录像机的监视接收机，将广播电视信号转换为视频信号在屏幕显示的同时送往录像机进行录像；

② 作为录像机的录像信号重放时的图像显示设备；

③ 可以输入摄像机直接传送来的视频信号和音频信号，进行监视和监听，并同时送往记录设备录音、录像。

2）传统录像机。录像机的工作原理是通过磁头与涂有强磁性材料的磁带之间的作用，把视频和音频信号用磁信息方式记录在磁带上，并可将磁带上的磁信息还原为音视频电信号。

电视监视系统中一般都采用长时间录像机，它除了以标准速度进行记录和重放之外，还具有下述功能。

（1）以标准速度记录的图像可以用慢速度或静像方式进行重放；

（2）以长时间记录的图像可以用快速或静像方式重放。

3）数码录像机：近年来，越来越多的电视监控系统将计算机同电视系统工程结合起来，给复杂、呆板的机械系统加上了电脑，不仅功能达到了高度智能化，而且操作十分方便。这就是数码录像机，主要特点及功能如下。

（1）数码录像机图像监控系统除完成CCTV闭路电视监控系统功能外，其控制器还可连接红外、微波、门磁、烟感等各种探测器，并且可以输出到各种报警器或其他安全保卫装置。所有控制过程由电脑设置，简单、明了、方便、灵活，安全性、可靠性高。数码录像机将多路数码影像处理器、数码录影机及电脑等功能汇合于一体，将各项繁复功能简化，借此减少中间处理环节，提高工作效率，使图像清晰，效果更好；可取代多种普通设备，如四分割器、跳台器、视频录影机及外围云台控制器等。每套数码录像机能处理8支摄像枪。同时，先进的数码及时分处理技术的应用，使数码录像机能达到多项独有的功能。

（2）数码录像机系统拥有先进数码录影功能，取代了传统录像带储存方式，所有影像经过数码处理后，能根据预设选项放在硬盘内，并自动在特定电脑记录带上备份，有关硬盘能储存72h不间断影像（硬盘可根据用户需求扩充到达20G），而在一盘电脑记录带上更能保存长达168h不间断影像，电脑记录带可更换。因所有储存影像都经过数码处理，所以画面不但比传统影带储存更清晰，而且操作员可在回播过程期间，使用软件上生动的图案，任意选取所需观看准确时间的画面。

（3）数码录像机提供不同录影模式满足多方面要求，其中包括以下几种。

① 不间断录影。任何时刻都可将影像储存在硬盘内，当电脑记录带插入数码录像机内，有关资料将会自动备份电脑记录带上，绝不会中断正常监控录影。

② 预设时段录影。根据用户要求可在个别摄像机上编定录影时间。例如上下班时间。

③ 事故警报录像。在警报触发一刻起，根据预设录影时间，系统将自动切换画面，同时自动实时录影，更能选择将在事故警报发生一刻钟之前及之后的画面记录（这是传统控系统无法实现的），借此使用户更能清楚了解事故的前因后果。

（4）在微软里windows 环境下执行的软件都能与数码录像机管理软件共同工作于同一平台，当在执行其他软件期间，数码录像机所接驳的报警点被触发，有关事故现场影像将会即时自动显示并同时产生警鸣，一旦同时有多个警报点被触发，数码录像机会自动显示所发事故现场影像，并根据预设模式进行录影。

（5）其他功能：①选择画面显示大小比例；②选择录影速度；③设定画面显示模式；④编辑个别摄像机名称；⑤警报期间自动切换至最佳录影模式；⑥选取要求画面打印；⑦控制外围机电设备工作（与选配控制界面共同使用）；⑧编辑有关数字输出点名称；⑨在资料库挑选不同类型记录；⑩根据预定时间录像等。

4）多画面图像分割。采用图像压缩和数字化处理的方法，把几个画面按同样的比例压缩在一个监视器的屏幕上。有的还带有内置顺序切换器的功能，此功能可将各摄像机输入的全屏画面按顺序和间隔时间轮流输出显示在监视器上（如同切换主机轮流切换画面那样），并可用录像机按上述的顺序和时间间隔记录下来。其间隔时间一般是可调的。

8.3 防盗报警子系统

8.3.1 系统的目的及特点

随着人民生活水平的不断提高，如何有效地防范不法分子的盗窃行为，将是人们普遍关心的问题。仅靠人力来保卫人民生命财产的安全是不够的，借助现代化高科技的电子、红外线、声波、微波、光电成像和精密机械等技术来辅助人们进行安全防范是一种最为理想的方法。

防盗报警系统是指当非法侵入防范区时，引起报警的装置，它是用来发出出现危险情况信号的。防盗报警系统就是用探测器对建筑内外重要地点和区域进行布防。它可以及时探测非法入侵，并且在探测到有非法入侵时，及时向有关人员示警。

8.3.2 系统组成及工作过程

1. 系统组成

一个有效的防盗报警子系统由以下几部分组成。

（1）各种类型的探测器。按各种使用目的和防范要求，在报警系统的前端安装一定数量的各种类型探测器，负责监视保护区域现场的任何入侵活动。

（2）区域控制器。将探测器所感应到的入侵信息传送至报警控制中心，并完成报警信号的输出。

（3）报警控制中心。负责监视从各种保护区域送来的探测信息，并经终端设备处理后，以声、光形式报警或在报警屏显示、打印。

（4）报警验证。在较复杂的报警系统中要对报警进行复核，以检验报警的准确性。

（5）出击队伍。根据监控中心的指示，保安人员迅速前往报警地点，抓获入侵者，中断其入侵行为。

防盗报警系统的组成结构见图8–14。

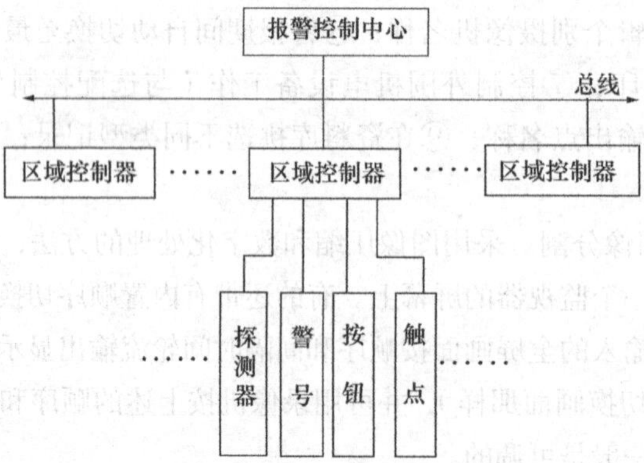

图8–14 防盗报警系统的组成结构图

2. 系统的工作过程

系统分三个层次。最底层是探测和执行设备，它们负责探测人员的非法入侵，有异常情况时发出声光报警，同时向区域控制器发送信息；区域控制器负责下层设备的管理，同时向控制中心传送自己所负责区域内的报警情况。一个区域控制器和一些探测器、声光报警设备等就可以组成一个简单的报警系统。一般的报警控制器具有以下几方面的功能。

（1）布防与撤防。在正常工作时，工作人员频繁出入探测器所在区域，报警控制器即使接到探测器发来的报警信号也不能发出报警，这时就需要撤防。下班后，需要布防，如果再有探测器的报警信号进来，就要报警了。报警控制器一般都用键盘来完成上述布防撤防设定。

（2）布防后的延时。布防后不能马上生效，这需要报警控制器能够延时一段时间，等操作人员离开后再生效。这是报警控制器的延时功能。

（3）防破坏。如果有人对线路和设备进行破坏，报警控制器也应当发出报警。常见的破坏是线路短路或断路。报警控制器在连接探测器的线路上加上一定的电流，如果断路，则线路上的电流为零；有短路则电流大大超过正常值，这两种情况中任何一种发生，都会引起控制器报警，从而达到防止破坏的目的。

（4）计算机联网功能。目前市场上许多报警控制器不带计算机联网功能设备，需要有通信联网功能，这样才能把本区域的报警信息送到控制中心计算机来进行数据分析处理，提高系统的自动化程度。

8.3.3 防盗报警系统的发展史

第一代防盗报警器是开关式报警器，它防止破门而入的盗窃行为，这种报警器安装在门窗上。

第二代防盗报警器是安装在室内的玻璃破碎报警器和振动式报警器。

第三代防盗报警器是空间移动报警器（例如超声波、微波、被动红外报警器等），这类报警器的特点是：只要所警戒的空间有人移动就会引起报警。这些入侵报警系统在报警探测器方面有了较快的发展。

防盗报警系统负责为建筑物内外各个点、线、面和区域提供巡查报警服务，它通常由报警探测器、报警系统控制主机（简称报警主机）、报警输出执行设备以及传输线缆等部分组成，入侵报警系统负责为建筑物内外提供巡查报警服务，当在监控范围内有非法侵入时，引起声光报警。其中探测器、信道、报警控制器是其必不可少的主要组成部分。

8.3.4 防盗报警系统的主要设备

作为智能保安系统，控制中心的安全系统所用的探测器随着科技的发展不断地推陈出新，可靠性与灵敏度也不断提高。

报警探测器是由传感器和信号处理组成的，用来探测入侵者入侵行为的，由电子和机械部件组成的装置，是防盗报警系统的关键，而传感器又是报警探测器的核心元件。采用不同原理的传感器件，可以构成不同种类、不同用途、达到不同探测目的的报警探测装置。

一套优秀的防盗报警系统中，需要各种不同类型的探测器配合及合理布防，以适应不同场所、不同环境、不同地点的探测要求。根据传感器的原理可分为下列几种类型。

1．开关报警器

开关报警器可以把防范现场传感器的位置或工作状态转换为控制电路通断变化，并以此来触发报警电路。由于这类报警器的传感器工作状态类似于电路开关，因此称为“开关报警器”。它作为点控型报警器，可分为如下几种类型。

1）磁控开关型。磁控开关由带金属触点的两个簧片封装在充有惰性气体的玻璃管（也称干簧管）和一块磁铁组成，如图8-15所示。

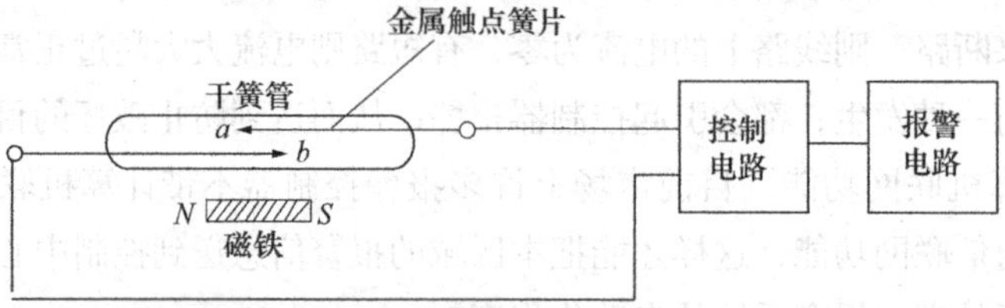

图8-15　磁控开关报警器结构示意图

当磁铁靠近干簧管时，管中带金属触点的两个簧片在磁场作用下被吸合。*a*、*b*两点接通，当磁铁远离干簧管达一定距离，干簧管附近磁场消失或减弱，簧片靠自身弹性作用恢复到原位置，则*a*、*b*两点断开。

使用时，一般把磁铁安装在被防范物体（如门、窗）的活动位，把干簧管装在固定部位（如门框、窗框）。磁铁与干簧管的位置需保持适当距离，以保证门、窗关闭时干簧管触点闭合，门窗打开时干簧管触点断开，控制器产生断路报警信号。

2）微动开关型。微动开关是一种依靠外部机械力的推动实现电路通断的电路开关，其结构如图8-16所示。

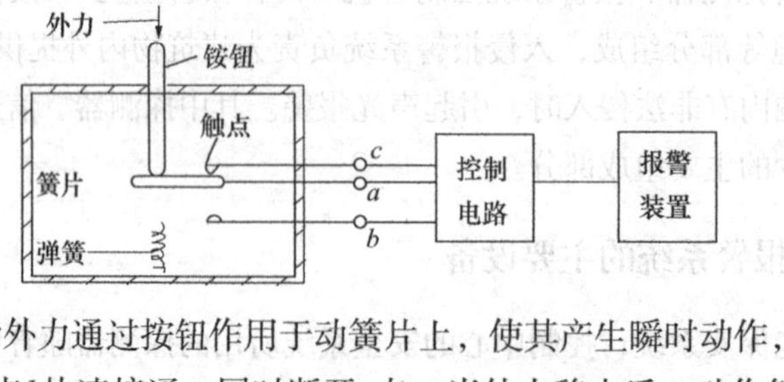

图8-16　微动开关报警器结构示意图

工作过程为外力通过按钮作用于动簧片上，使其产生瞬时动作，簧片末端的动触点*a*与静触点*b*快速接通，同时断开*c*点。当外力移去后，动作簧片在压簧的作用下，迅速弹回原位，电路又恢复*a*、*c*两点接通，*a*、*b*两点断开。

在使用微动开关作为开关报警传感器时，需要将它固定在被保护物之下。一旦被保护物品被意外移动或抬起时，按钮弹出，控制电路发生通断变化，引起报警装置发出声光报警信号。

3）压力开关型。压力垫也可作为开关报警器的一种传感器，压力垫是由两条长条形金属带平行相对应地分别固定在地毯背面，两条金属带之间有绝缘材料支撑，使两条金属带相互隔离。当入侵者踏上地毯时，两条金属带就接触上，相当于开关点闭合发生报警信号。

2．玻璃破碎报警器

玻璃破碎报警器一般是粘附在玻璃上，利用振动传感器（开关触点形式）在玻璃破碎时产生的 2kHz特殊频率，感应出报警信号。而对一般行驶车辆或风吹门、窗时产生的振动信号没有响应。

为了最大限度地降低误报，目前玻璃破碎报警采用了双探测技术。其特点是需要同时探测到破裂时产生的振荡和音频声响，才会产生报警信号。因而不会受室内移动物体的影响而产生误报，增加了报警系统的可靠性，适合于昼夜24h防范。

3．周界报警器

周界报警器的传感器可以固定安装在围墙或栅栏上及地层下，当入侵者接近或超过周界时产生报警信号，有以下几种类型。

1）泄漏电缆传感器。这种传感器是同轴电缆结构，但屏蔽层处留有空隙，当电缆传输电场式就会向周围泄露电场。把平行安装的两根泄漏电缆分别接到高频信号发生器和接收器上就组成了泄漏电缆报警器。当将泄漏电缆埋入地下后，有入侵者进入探测区时，使空间电磁场的分布状态发生变化，从而引起接收机收到的电磁能量产生变化，能量的变化就作为报警信号触发报警器工作。

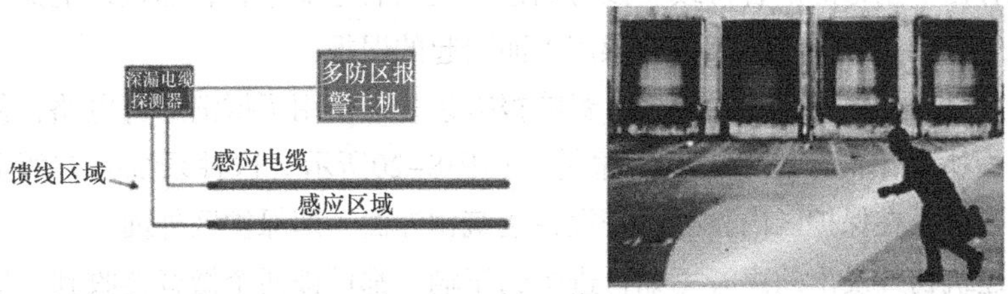

图8-17　泄漏电缆系统结构示意图

2）平行线周界传感器。这种周界传感器由多条平行导线构成，如图8-18所示。在多条平行导线中有部分导线与振荡频率为1～40kHz 的信号发生器连接，称为场线，工作时场线向周围空间辐射电磁场。另一部分平行导线与报警信号处理器连接，称为感应线，场线辐射的电磁场在感应线中产生感应电流。当入侵者靠近或穿越平行导线时，就会改变周围电磁场的分布状态，相应地使感应线中的感应电流发生变化，报警信号处理器检测出此电流变化量后作为报警信号发出。

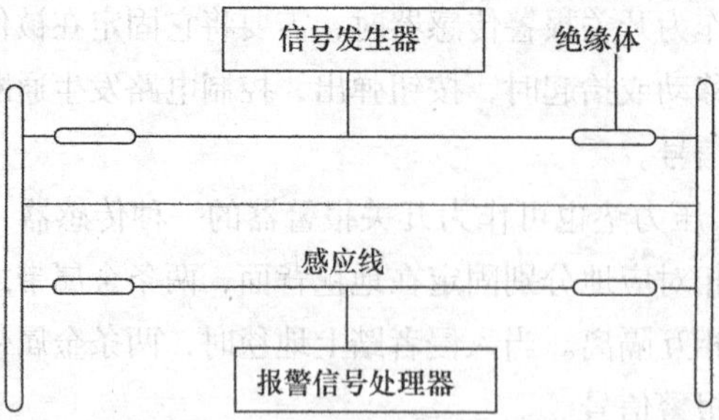

图8-18 平行线周界传感器

3）光纤传感器。随着光纤技术的发展，传输损耗不断降低，传输距离不断加长。可以把光纤固定在长距离的围栏上，当入侵者跨越光缆时压迫光缆，使光纤中的光传输模式发生变化，探测出入侵者的侵入，报警器发出报警信号。

4．声控报警器

声控报警器用微音器做传感器，用来监测入侵者在防范区域内走动或作案活动发出的声响（如启、闭门窗，拆卸、搬运物品及撬锁时的声响），并将此声响转换为电信号经传输线送入报警主控制器。此类报警电信号即可供值班人员对防范区进行直接监听或录音，也可同时送入报警电路，在现场声响强度达到一定电平时启动报警装置发出声光报警，见图8-19。

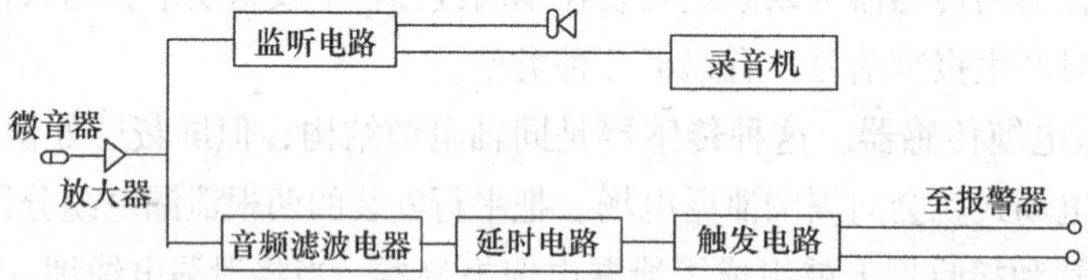

图8-19 声控报警器方框图

图8-19中报警部分使用了音频滤波器，通过对它进行调节可使系统鉴别出保护区内所发出的正常声音。另外还设有延时电路，延时的时间可以调节，以使系统只有在不正常的声音持续一段时间进行判别后才能报警，通过以上措施有助于避免外界干扰（雷电、车辆的噪声）而引起的误报。

为了更有效地防止外界干扰，音响报警系统还使用了抵消声音电路，使得建筑物外面所发出的声音不会触发报警，如图8-20所示。这种系统装有两个微音话筒，一个设在保护区内，另一个设在建筑物外面（即保护区外面）。

从建筑物外发出的声音（如行进中的车辆）都可被两个微音器收到。但电路的调整应使得当两个微音器都感应到同一声音，而外部的微音器输出信号大于内部微音器的输出信号的，报警器不触发，这就进一步降低了误报率。声控报警器通常与其他类型的报警装置配合使用，作为报警复核装置，可以大大降低误报及漏报率。因任何类型报警器都存在误报或漏报现象，在配有声控报警器的情况下，当其他类型报警器报警时，值班员可以监听防范现场有无相应的声响，若听不到异常的声响，就可以认为是误报。而在其他报警器虽未报警时，但是从声控报警器听到防范现场有异常响声时，也可以认为现场已有入侵者，而其他报警器已漏报，采取相应措施进行巡检。

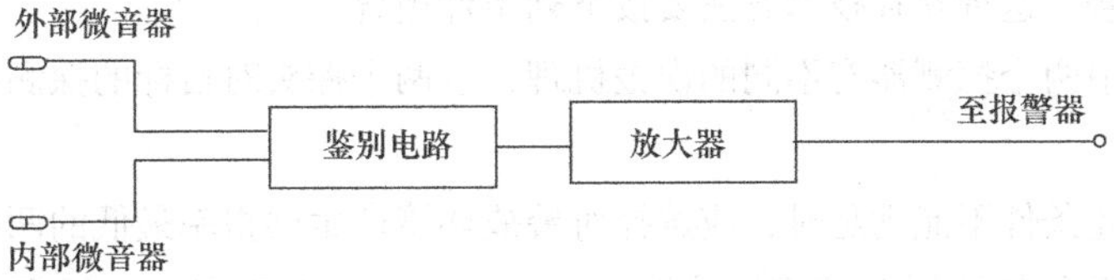

图8-20 声控鉴别报警器方框图

5．微波物体移动探测器

微波物体移动探测器，是利用超高频的无线电波来进行探测的。探测器发出无线电波，同时接受反射波，当有物体在探测区域移动时，反射波的频率与发射波的频率有差异，两者频率差称为多普勒频率。探测器就是根据多普勒频率来判定探测区域中是否有物体移动的。由于微波的辐射可以穿透水泥墙和玻璃，在使用时需考虑安放的位置与方向，通常适合于开放的空间或广场。

6．超声波物体移动探测器

超声波物体移动探测器与微波物体移动探测器一样，都是采用多普勒效应的原理实现的，不同的是它们所采用的波长不一样，通常将20kHz 以上频率的声波称为超声波。超声波物体移动探测器由于其采用频率的特点，容易受到振动和气流的影响，在使用时，不要放在松动的物体上，同时也要注意是否有其他超声波源存在，防止干扰。

7．热感应式红外线探测器

热感应式红外线探测器由于不需另配发射器，且可探测立体的空间，所以又称为被动式立体的红外线探测器，它是利用人体的温度来进行探测的，有时也称它为人体探测器。任何物体，包括生物和矿物，因表面温度不同，都会发出强弱不等的红外线。因物体的不同，其所辐射的红外线波长也不同。人体所辐射的红外线波长在10μm左右，热感应式红外线探测器就是利用这种特点来探测人体的。红外线探测器根据探测的原理不同，又分量子型和热型两种。一般量子型探测器的灵敏度及响应速度均较热型好，但其灵敏度对波长十分敏感。热型探测器的灵敏度与波长关系不大，其中又以焦电式具有最佳的灵敏度和响应速度，是目前防盗系统中用得最多的。焦电式探测器上设有7～15μm的带通滤波器，以屏蔽非人体光源的红外线，而只有接近人体的温度发生变化时，才能产生反应。焦电式探测器内的探测元件，有装一个和两个之分。装两个时，根据差动效应，可以对干扰有效地抑制，这样可以提高其稳定性，防止误报。一般来说，这种探测器是最有效的防人入侵的探测装置，只有在下面两种情况下可能失效。一种是入侵者以很低的速度移动（一般小于0.1m/s），以使探测器无法感觉到温度的变化；另一种就是入侵者因故产生的热辐射非常小，探测器无法探测到。

8．双鉴报警器

1）双鉴报警器产生的原因。由于单一类型的探测器误报率较高，多次误报将会引起人们的思想麻痹，产生了对防范设备的不信任感。为了解决误报率高的问题，人们提出互补探测技术方法，即把两种不同探测原理的探头组合起来，进行混合报警。这种互补技术方法要按下列条件组合。

组合中两个探测器有不同的误报机理，且两个探头对目标的探测灵敏度又必须相同。

当上述条件不能满足时，应选择对警戒环境产生误报率最低的两种类型探测器。如果两种探测器对警戒环境误报率都很高，组合起来，误报率也不会显著下降。

选择的探测器应对外界经常或连续发生的干扰都不敏感。也就是由这种方法复合成的探测器，两者都为对方的报警互相作鉴证。即必须同时或者在短暂时间间隔内相继探测到目标后，经鉴别后才能发出报警信号。

2）几种双鉴报警器的性能比较

（1）微波与超声波，被动红外与被动红外组合的双鉴报警器。微波和超声波探测器都是应用多普勒效应，属于相同工作原理的探测器，两者互相抑制探测器本身的误报是有效果的，但是对于环境干扰引起的假报警的抑制作用则较差。由两个被动红外探测器组合的双鉴报警器完全是两个同种探测器的组合，因而对环境干扰引起的假报警没有抑制作用。

（2）超声波和被动红外探测器组成的双鉴报警器。这种双鉴报警器是由两种不同类型的探测器组成，因而，对本身误报和环境干扰引起的假报警都有一定的相互抑制作用。但由于超声波的传播方式不同于电磁波，是利用空气做媒介进行传播的，因而环境的湿度对超声波探测器的灵敏度有较大影响。

（3）微波和被动红外探测器组合的双鉴报警器。这两种探测器的组合取长补短，对相互抑制本身误报和由环境干扰引起的假报警的效果最好，并采用了温度补偿技术，弥补了单技术被动红外探测器灵敏度随温度变化的不足。使微波／被动红外双鉴式探测器的灵敏度不受环境温度的影响。从表8-1可以看出微波／被动红外报警器的误报率最低，可信度最高，因而应用最广泛。

探测器误报率比较　　表8-1

类别	报警器类型	误报率	可信度
单技术探测器	超声波报警器 微波报警器 声音报警器 红外报警器	421%	低
双鉴式探测器	超声波/被动红外 被动红外/被动红外 微波/超声波 微波/被动红外	270%	中
	微波/被动红外	1%	高

各种防盗报警器由于工作原理和技术性能的不同，往往仅适用于某种类型的防范场所和防范部位，因此需按适用的防范场所和防范部位的不同对防盗报警器进行分类，见表8-2和表8-3。

按适用的防范场所对防盗报警器进行分类　　表8-2

防护场所	适用报警器的类型
点型	压力垫、平衡磁开关、微动开关
线型	微波、红外及激光遮挡式周界报警器
面型	红外、电视报警器、玻璃破碎报警器
空间型	微波、被动红外、声控、超声波、双技术报警器

按适用的防范部位对防盗报警器进行分类　　表8-3

防护部位	适用报警器的类型
门、窗	电视、红外、玻璃破碎，各类开关报警器
通 道	电视、微波、红外、开关式报警器
室 内	微波、声控、超声波、红外、双技术
周 界	微波、红外、周界报警器

8.4 出入口控制子系统

8.4.1 系统目的及特点

在机关单位、宾馆、住宅等多种场所，为了工作、生活的安全，需要进行封闭式管理。传统的方法是由警卫人员对进出人员进行验证或登记后才放行，这种方法效率低，而且占用人力。

随着电子技术的发展，出入口自动管理系统采用个人识别卡方式，给每个有权进入的人发一张个人身份识别卡，这张卡就相当于一把钥匙。系统根据该卡的卡号和当前的时间等信息，判断该卡持有人是否有权限可以进出，同时系统还可兼做考勤统计，根据需要随时增加和删除某一张卡，而不必像丢失钥匙那样当丢失某一张卡时会造成损失。

8.4.2 系统的组成结构及其工作过程

1. 系统的组成结构

出入口控制系统一般具有如图8-21所示的结构。出入口控制子系统由三个层次的设备组成。第一层是与人直接打交道的设备，包括负责凭证验收的读卡机，作为受控对象的电子门锁，以及起报警作用的出入口按钮、报警传感器、门传感器、报警喇叭等。第二层设备是智能控制器，它将第一层发来的信息同自己存储的信息相比较，作出判断后，再给第一层设备发出相关控制信息。第三层设备是监控计算机，管理整个防区的出入口，对防区内所有的智能控制器所产生的信息进行分析、处理和管理，并作为局域网的一部分与其他子系统联网。

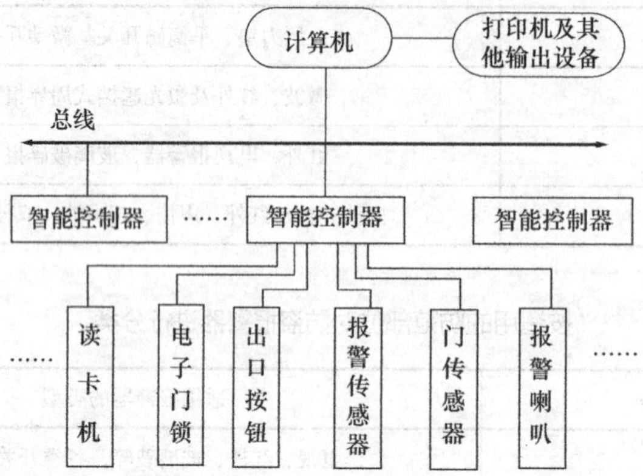

图8-21 出入口控制系统结构图

2．系统的工作过程

系统的工作过程是当识别卡放入读卡器或接近读卡器（用于感应卡）时，读卡器将识别卡的信息传送给控制器，根据卡号、当前时间和已登记信息读卡器进行判断该卡是否有效，并控制开锁。同时将卡号、登录时间，有效无效等信息记录下来。系统还能进行实时监测。对识别卡和读卡器来说有两种工作方式。一种是接触式，即识别卡必须插入读卡器内或在读卡槽中划动，才能读到卡上信息，这类卡有磁卡、IC卡等。另一种是非接触式，卡片与读卡器间通过无线方式传输信息。

3．出入口控制系统的组织管理法则

一个功能完善的出入口控制系统，必须对系统运行方式进行妥善组织。例如按什么法则，允许哪些用户出入，允许他们在什么日期及时间范围内出入，允许他们通过哪个门出入等必须作出明确规定。

由于保护区的保安密级不同、出入人员身份不同，在管理上，系统对于不同的受控制的门可能会有不同控制方式的要求。比较常用的方式有以下几种：

（1）进出双向控制。出入者在进入保安区及退出保安区时，都需要出入口控制系统验明身份，只有授权者才允许出入。这种控制方式使系统除可掌握何人在何时进入保安区域外，还可了解何人在何时离开了保安区域，还可以了解当前共有多少人在保安区域内，他们都是谁。

（2）多重控制。在一些保安密级较高的区域，出入时可设置多重鉴别，或采用同一种鉴别方式进行多重检验，或采用几种不同鉴别方式重叠验证。只有在各次、各种鉴别都获允许的情况下，才允许通过。

（3）二人同时出入。可通过把系统设置成只有两人同时经过各自验证后才允许进入或退出保安区域的方式来实现安全级别的增强。

（4）出入次数控制。对用户限制出入次数，当出入次数达到限定值后该用户将不再允许通过。

（5）出入日期（或时间）控制。对用户允许出入的日期、时间加以限制，在规定日期及时间之外，不允许出入，超过限定期限也将被禁止通过。

8.4.3 系统的功能

出入口控制系统通常有如下功能：

（1）设备注册。在增加控制器或卡片时，必须进行登记，使其有效；在减少控制器或是卡片遗失、人员变动时，使其失效。

（2）事件记录。系统正常运行时中记录相关事件，以备日后查询。

（3）报表生成。对各种出入事件、异常事件及其处理方式进行记录，保存在数据库，能够根据要求定时或随机地生成各种报表。比如，可以查找某个人在某段时间内所有的出入情况，某个门在某段时间内都有谁进出等，生成报表，并可以用打印机打印出来。

（4）系统不是作为一个单一的系统存在，它要向其他系统传送信息。比如在有非法闯入时，要向电视监视系统发出信息，使摄像机能监视该处情况，并进行录像，所以要有系统之间通信的支持。

（5）与其他系统联动。

例如，当接到消防报警信号时，可启动CCTV系统。

8.4.4 出入口控制子系统的主要设备

建立出入口控制系统对于确保保安区域内安全，实现智能化管理是简便有效的措施。出入口控制系统中使用的卡片有光学卡、磁矩阵卡、磁码卡、条码卡、红外线卡、铁码卡、感应式卡等。其中光学卡目前已是淘汰产品，市场上很少见到了。

（1）磁矩阵卡是用磁性物质按矩阵方式排列在塑料卡的夹层中，让读卡机阅读，这种卡容易被复制而且易被消磁。

（2）磁码卡就是我们常说的磁卡，它是把磁性物质贴在塑料卡上制成的。磁卡容易改写，用户可随时更改密码，使用方便。但缺点也是明显的，易被消磁、容易磨损，这种卡目前使用较为普遍。

（3）条码卡是在卡片上印上黑白相间的条纹组成条码，就像商品上贴的条码一样。这种产品在出入口系统中已被淘汰，因为它致命的缺点是可以用复印机等设备轻易复制。

（4）红外线卡是用特殊的方式在卡片上设定密码。用红外线读卡机阅读。这种卡也容易被复制和破损。

（5）铁码卡是在卡片中间用特殊的细金属线排列编码，难以复制。它能防磁、防水、防尘，是一种安全性较高的卡片。

（6）感应式卡是采用电子回路及感应线圈，利用该卡机本身产生的特殊振荡频率，产生共振感应电流使电子回路发射信号到读卡机，经该卡机把接收到的信号转换成卡片资料，送到控制器对比。这种卡是由感应式电子电路做成的，不易复制，同时具有防水功能。

在建设智能建筑时，具体选择哪一种卡，一般由用户决定。目前经常使用的是非接触式感应卡。

本章小结

本章从介绍安防系统的概念与功能入手，主要介绍了安防系统的组成、结构和功能。通常情况下，公共安全防范系统由闭路电视监控子系统、入侵报警子系统、出入口控制子系统、巡更子系统、内部对讲子系统等部分组成。但不论公共安全防范系统规模有多大，子系统有多少，其中电视监控子系统、入侵报警子系统和出入口控制子系统都是安防系统基本三大组成部分。

思考题

1. 简述安防系统的作用。
2. 简述闭路电视监控系统的功能。
3. 简述防盗报警系统的组成及工作过程。
4. 简述出入口控制子系统的组成及工作过程。
5. 列举安防系统各个子系统的主要设备。

9

智能建筑的广播音响系统

学习目的

1. 掌握广播音响系统的基本结构、种类和传输方式；
2. 熟悉广播影响系统的设备配置和布置安装；
3. 了解广播音响系统的系统运行原理。

本章要点

本章节主要讲述了广播音响系统的基本结构、种类和传输方式、广播影响系统的设备配置和布置安装、广播音响系统的系统设计。

9.1 广播音响系统的基本结构、种类和传输方式

9.1.1 广播音响系统的基本结构

智能建筑的广播音响系统由客房音响、背景音响、多功能厅音响、会议室音响、消防报警紧急广播音响以及卡拉OK包厢音响等部分的多种设备组成。它最基本的功能仍然是将较微弱的声源信号通过声电转换、放大等方法处理之后，传送到各播放点，再经电声转换器还原成具有高保真度的声音播放到听众区。一个完整的广播音响系统应该由音源输入设备、前级处理设备、功率放大设备、信号传送线路和扬声器等部分组成，其结构框图如图9–1所示。

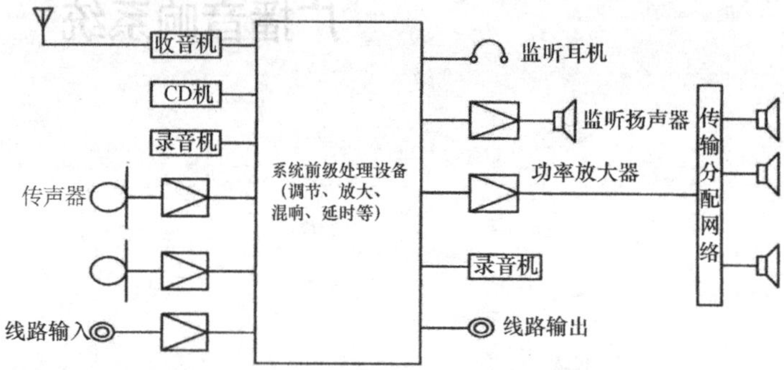

图9–1 广播音响系统结构框图

1．音源输入设备

音源输入设备是一种向广播音响系统提供节目源的设备，包括传声器、调频调幅收音机、CD机、磁带录音机、拾音器、线路输入接口等。输入设备的配置需根据可能使用的传声器的个数、准备播放的节目套数、广播音响系统的具体用途以及对音响效果的要求等来确定。例如，背景音响系统用来播送轻松悦耳的音乐，通常可配置循环播放的多碟片CD机；对于客房音响，一般配置3～5套节目，选用双卡座磁带录音机、多碟片CD机、调频调幅收音机等；多功能厅的音响设备则应根据其档次和规模进行具体配置。

2．前级处理设备

前级处理设备的作用是对输入的信号进行调节、放大、均衡、混响、延时、监听、压缩、扩展、分频、降噪、滤波等处理，以获得理想的信号输出。前级处理设备通常由扩声器、调音台、各种效果器、压限器以及监听电路等周边设备组成。其中最基本的设备是调音台，其他周边设备是为了达到某种音响效果或目的而选配的。在对音响效果已比较满意的播音环境或对音响效果要求不高的情况下，可不配置或适当配置周边设备。对于普通会议室或其他语言扩声系统，前级设备往往只需配置扩声器对声音信号进行放大调节即可。

3．功率放大设备

功率放大设备的作用是将前级处理设备输出的信号放大成具有足够驱动能力

的电声信号，从而可以直接驱动扬声器。功率放大器有单声道和双声道、高电平信号输出和低电平信号输出之分，功率从数十瓦到数百瓦甚至上千瓦不等。如果需要多个功率放大器，可将功率放大器组成功放柜的形式。功放柜具有输出电平调节控制、电平指示、输出信号监听等功能。功率放大器的输出功率要根据播音现场对声压级的要求、扬声器的总输出功率等因素计算确定。

4. 信号传输线路和扬声器

广播音响系统的信号传输线路是传输广播音响信号的通道，信号传送线路通过电线、电缆将功率放大设备输出的信号馈送到各扬声器终端。传输电缆要根据信号传输方式选择，并按照《民用建筑电气特性规范》的要求进行敷设。

扬声器和传声器的种类很多，使用时应根据播放节目的声源性质、环境要求以及具体用途来确定。一般说来，客房应采用小功率扬声器；背景音响可采用吸顶式扬声器；多功能厅和会议室多采用各种音箱和音柱；车库和室外采用号筒扬声器即可。

9.1.2 广播音响系统的种类划分

广播音响系统的种类可以按用途划分，也可以按功能划分；可以按工作原理划分，也可以按声源性质或扩声设备的构成划分；可以按信号传输方式划分，也可按信号处理方式划分；还可以按工作环境等其他多种方式划分。

1. 按用途划分

按照广播音响系统用途划分，可分为业务性广播和服务性音响两种。业务性广播主要是用于建筑物内日常工作、宣传教育、信息传递、召开会议等行政管理事务以及发生意外紧急情况时指挥大楼内人员疏散等作用。业务性广播以播放语音信息为主，其广播音响网络一般分布在会议室、办公室、展厅、走廊、机房、各通道口处，以及建筑物外空间等有人员活动的场所。服务性广播音响主要是用于大堂、走廊、多功能厅、咖啡厅、酒吧、茶座、商场、客房、健身娱乐室等处的服务性娱乐性广播，以播放供欣赏娱乐的音乐节目为主。对于涉外的宾馆、国际会议或贸易中心，还需配置同声传译会议系统。

2. 按系统的功能划分

1）客房音响

现代化旅游宾馆一般都设有客房广播音响设备。客房内设置广播音响设备的目的，一是为客人提供高级的音乐享受，建立优美的休息环境；二是为了在紧急意外事故如火灾发生时用来指挥客人安全转移。

客房音响的节目配置可根据宾馆标准等级而定。一般的配置是用调频调幅收音机提供3～4套新闻娱乐节目，再配置一套以上的CD机和磁带录音机来播放音乐节目。高级宾馆通常配置6套节目，国际豪华宾馆一般需配置10余套节目。客房音响的节目选择和音量调节按钮一般都安装在床头柜的集中控制器面板上，扬声器安装在床头柜内。除少数要求特别高的宾馆外，客房音响一般用单声道播出，对需要双声道的客房音响，扬声器往往根据立体声的要求安装在客房卧床两侧的隐蔽处。扬声器一般选用直径为5～6.5in.（约16.5cm）的纸盒式扬声器，功率选择1～2W即可满足客房收听的要求。

客房中的消防报警紧急广播扬声器，既可与客房音响共用，也可独立安装。与客房音响共用一个扬声器时，客房集中控制面板上设有紧急广播自动转换装置，无论客房广播在开或关的状态均能接通事故广播，向客人发出紧急报警，即使在停电或强行断电时，紧急广播自动切换装置也能自动切换到消防紧急报警广播位置，常备不懈。当紧急报警广播扬声器单独安装时，直接接受分层分区的消防报警广播系统的控制，与客房音响互不关联，便于管理维护，也增加了系统的可靠性。

2）背景音响

在大堂、走廊、商场、多功能厅、餐厅酒吧、门厅、商场、休息室等公共场所，一般都设有背景音响装置。设置背景音响的目的是为了给各个公共场所提供一种轻松的音乐氛围，用CD机或磁带录放音机作为音源设备，播放悦耳的音乐节目。

背景音响扬声器的安装环境分散又多样化，对音响效果一般只要求轻松悦耳，因此基本上采用单声道输出。背景音响扬声器大多采用吸顶式音箱，为了获得理想的音响效果，应根据具体环境和空间特点选择扬声器的功率、数量和安装布置方式。考虑到背景音响扬声器常常兼作日常业务或火灾紧急广播等用途，以及各个播音区环境空间可能大相径庭，背景音响产生的声场均匀度和声压级会有较大的差异。

在不同的背景音响播放区，应设置独立的消防报警广播强行切换装置和音量调节器。强行切换装置在原则上应首先满足消防事故紧急广播的要求，保证在紧急广播时能可靠地自动切换，并使扬声器满功率输出。

3）多功能厅音响

一般的多功能厅只用作会议厅、宴会厅、群众性歌舞厅等；高级的多功能厅既可用做会议厅、宴会厅、歌舞厅、演唱厅，也可作为放映厅、电视现场直播厅等。因此，不同用途的多功能厅音响系统，设备配置的档次、功能等相差甚远。

需要作为歌舞厅、演出厅、电视现场直播厅等用途的多功能厅，必须自配一套完整的播音系统，如多路有线、无线话筒及扩声器、多功能调音台、监听耳机、录音机、音频功率放大器和一套高级组合音箱等其他必备的周边设备。另外，还应根据需要配置各种舞台灯光设备、摄像录像设备、电视监听器、大屏幕投影电视机、小型放映机等。多功能厅的小舞台旁应有独立的音控室，放置各种音响和舞台灯光的控制设备。多功能厅若需设置背景音响，可以直接从中央音控室引入，通过独立的音量调节旋钮和开关控制。

多功能厅的消防报警紧急广播既可与背景音响共用扬声器，也可直接受消防报警中心指挥控制。若与背景音响共用扬声器，则必须通过可靠的自动切换装置进行控制。

4）会议厅（室）扩声、即席发言和同声传译系统

会议厅（室）是举行各种不同类型的会议如学术研讨会、报告会、座谈会、辩论会、代表大会，甚至国际会议的场所。会议厅（室）的基本音响设备是扩声设备，包括传声器、扩声功放机、录音机、监听设备和扬声器箱等。小型会议室应安装由中央音控室控制的广播输出控制箱并配置移动式放大器和传声器。

会议厅（室）的播音系统，除了多路话筒输入的前置和扩大器、3～6个有线话筒、1～2个无线话筒之外，还包括供各区与机房联系用的有线对讲机、提供会议或讲座用的大屏幕投影电视机、投影书写仪、自动控制幻灯机、小型电影机、各种型号不同制式的录像机、带话筒和扩声器的移动式大讲台、专供会议录音用的盒式录音卡座，以及供召开国际会议用的多国语言的即时同声翻译机等设备。兼有即席发言和同声传译系统设备的结构框图如图9-2所示。

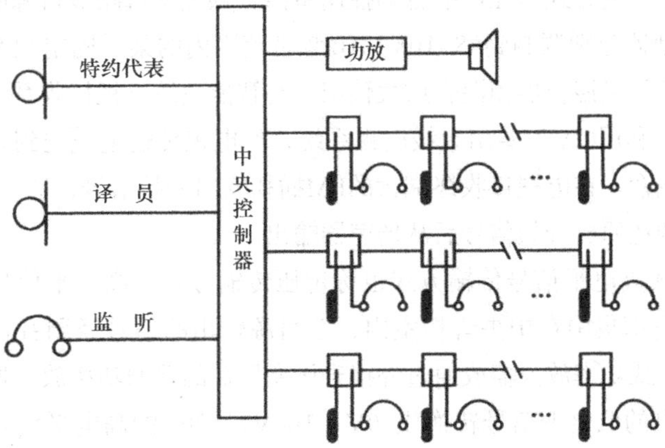

图9-2 即席发言和同声传译系统结构框图

会议厅（室）若设置背景音响，可以直接从中央音控室分路引入，在会议厅设置音量调节器和控制开关。会议厅的消防报警紧急广播可以与背景音乐共用扬声器，也可以单独设置。共用时需要可靠的自动切换装置。单独设置时直接受消防报警系统控制。

5）消防报警紧急广播

为了保证高层建筑尤其是兼有客房、舞厅的综合楼高层建筑在发生火灾时能及时传递信息，指挥疏散人群，根据有关部门规定，必须专门设置消防报警紧急广播系统。消防报警紧急广播系统的扬声器按照分层分区的方式布置，发生紧急事故时，通过自动或手动发出紧急广播。除了在客房和公共场所设置消防报警扬声器以外，建筑物的各出入口、门厅、娱乐场所、办公室等人员通行、停留和聚集的地点都应设置消防报警紧急广播扬声器。

消防报警紧急广播系统是智能建筑及所有的高层建筑必需的重要系统，在整个广播音响系统中占有最高级优先权，在紧急状态下，所有广播音响都将中断而被紧急广播所取代。

3．按工作原理划分

按广播音响系统的工作原理划分，可以分为单声道和多声道立体声音响系统等。由于智能建筑内广播音响系统的多样性以及具体应用的环境各不相同，对音响系统的设计要求也不相同，除了以音乐欣赏为主的音乐歌舞厅和多功能厅需要配置双声道或多声道立体声音响系统外，诸如大堂、走廊、餐厅、客房等许多场所一般都采用单声道音响系统。

4．按传输方式划分

广播音响系统的信号可以通过有线传输也可以无线传输。由于无线传输的设备投入大，且受频率管理的限制，所以智能建筑的广播音响系统一般都采用有线传输方式。按有线广播音响系统的信号馈送方式划分，可以分为CAFM调频信号传输方式和有线PA方式。有线PA方式又可分为高电平信号传输方式和低电平信号传输方式。

调频信号传输方式是在广播音响控制室内，预先将每路节目源的输出信号通过各自的调制器分别调制到88~108 MHz频带范围内的某一固定频率，然后将已调制的各路信号经混合器预混合放大输出，与智能建筑电视接收系统的频道信号混合到一起，利用CATV共用天线电视系统，经电视传输电缆送到每一个电视节目的接收终端盒。在电视接收终端盒的FM插孔输出调频信号，通过FM收音机将调频信号解调还原成音频信号后从扬声器输出。

有线PA式高电平信号传输方式也称定压传输方式。高电平信号传输系统的主要音响设备都集中在中央音控室内，节目源输出的信号经调音台或前级处理后，通过定压式功率放大器或通过外接升压变压器的普通功率放大器将音响系统前级设备输出的低电平信号转换成70V、100V或120V的高电平信号，再通过专门敷设的广播音响传输线路馈送到各个音响接收终端，在音响接收终端还需配置一个将高电平信号转变成与扬声器阻抗匹配的小型变压器和音量调节电位器。

有线PA式低电平信号传输方式也称定阻传输方式。定阻传输方式将广播音响系统前级放大器输出的0 dB左右的低电平信号（电压为0.775V、标准阻抗为600Ω）直接通过音响传输线路传送到播音终端，在各终端再通过功放电路将低电平信号放大后输出到各扬声器。

5．按信号处理的方式划分

音响设备的信号处理方式有模拟式和数字式两种。传统的音响设备都是模拟式设备。模拟音响设备在处理信号过程中，信号的变化始终是与输入模拟信号的频幅成某种比例关系的模拟信号。因此，模拟音响设备存在失真度和噪声较大等固有缺陷。随着集成电路和微处理机技术在音响领域得到越来越多的应用，出现了各种利用微处理机和大规模数字集成电路为核心的新一代数字化音响设备。这些数字化音响设备借助微处理机和集成电路的高速、高精密、大储存容量、可编程等特点，将输入的音频信号通过模／数转换器转换成对应的数字信号进行处理，再由数／模转换器还原成高保真的音频信号，经末级电路输出。数字化音响设备的特点是低失真、低噪声、多功能、高分辨率以及可预存、可编程等。

6．其他划分方式

除以上划分方式外，若按工作环境划分，可以将广播音响系统分成室内系统和室外系统；若按声能分配方式划分，可分为集中式系统、分布式系统或混合式系统；若按声源性质划分，可分为语音扩声系统、音乐扩声系统或语言、音乐兼用系统；若按扩声设备的安装形式划分，还可以分为固定式和移动式等。

9.1.3 广播音响系统的传输方式

1．调频信号传输系统

调频信号传输系统如图9-3所示。它是将录音机等节目源调频接收的输出信号通过各自的调制器将音频调制到射频，以88 ~ 108 MHz的调频频率按规定的固定频率进行分配（一般每隔2 MHz为一个频段，如图9-3所示三套调频信号则分别按100MHz、102MHz、104MHz输出），将全部BGM节目源调制成VHF频段的载波频率信号，再与电视频道信号混合后，接到公用天线电视系统（简称CATV系统）电缆线路中去。在每个客房床头柜中安置了一台FM接收设备，如将FM接收设备的天线插头插入客房电视插座FM插孔内，便可以收听到多套调频广播节目。将电视机的天线插头插入TV插孔，仍可收看电视节目。

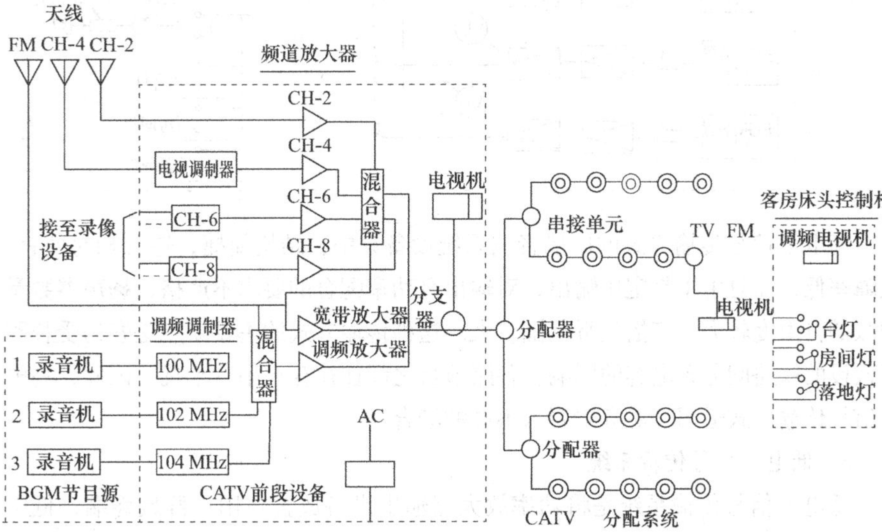

图9-3 CAFM调频信号传输系统

调频信号传输方式的最大优点是可以直接利用CATV电视系统的电缆，不需要专门为广播音响系统敷设电线，节省了线路敷设费用，施工简单，维修方便；不利之处是必须在中央音控室添置多路调频调制器，在每个接收端如客房床头柜中要配置一台调频收音机，此两项费用提高了工程造价，增加了维修技术难度。从系统的电性能指标看，调频信号传输方式具有抗干扰能力强的特点，避免了信号直接传输方式中的串台影响，但音质不如低电平信号传输方式。所以，调频信号传输方式主要适用于不便在建筑物内敷设广播音响系统电缆，或已敷设有线电视网的旧宾馆改造等场合。

2. 高电平信号传输系统

高电平信号传输系统如图9-4所示。这种传输系统中的AM/FM收音设备和BGM装置的放大器等设备都集中在中央广播音响控制室内。节目源输出的信号经调音台或前级处理后，由定压式功率放大器放大为70~120V的高电平信号，再直接由中央广播音响系统输出，通过专门敷设的广播音响线路送到每个客房床头控制柜，最后由床头控制柜选择开关收听广播节目。

图9-4所示的高电平信号传输系统能同时播放5套节目：即AM/FM收音机2套，BGM装置3套。这5套节目源通过各自的放大设备送往每层客房床头控制柜内。

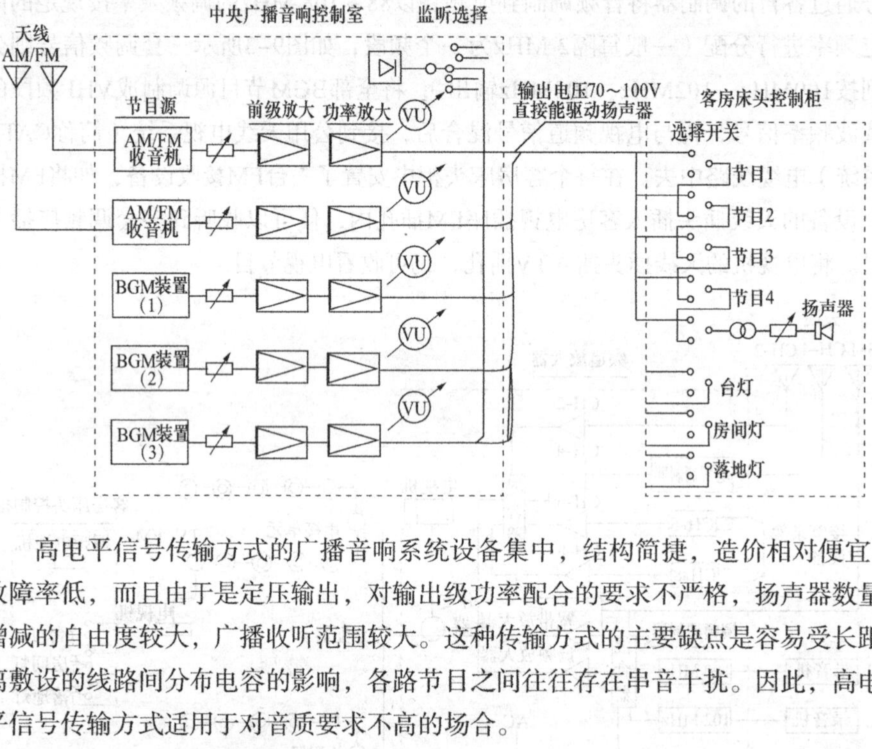

图9-4 有线PA式高电平信号传输系统

高电平信号传输方式的广播音响系统设备集中，结构简捷，造价相对便宜，故障率低，而且由于是定压输出，对输出级功率配合的要求不严格，扬声器数量增减的自由度较大，广播收听范围较大。这种传输方式的主要缺点是容易受长距离敷设的线路间分布电容的影响，各路节目之间往往存在串音干扰。因此，高电平信号传输方式适用于对音质要求不高的场合。

3. 低电平信号传输系统

低电平信号传输系统是将功率放大器输出设备放置在用户群最终端，低电平信号传输系统分配方式如图9-5所示。低电平信号传输的广播音响系统配线简单。由于低电平信号直接传输，避免了电感设备的引入，保证了频响效应，较好地抑制了各套节目间的串音干扰，音质较好。但低电平信号传输方式需要在每个接收终端前添加一个小型功率放大电路将信号放大，系统的安装调试和维护工作量较高电平信号传输系统大。此外，低电平信号传输方式对输出功率和阻抗匹配要求严格，为保证良好的匹配，对剩余的功率要配接假负载。一般要求假负载能承受剩余功率1.5倍以上的功率容量，以免被烧毁。系统安装完成后，若要增、减扬声器，必须用与增、减的功率，阻抗数相等的假负载补偿平衡，以保持功率放大器的输出级与扬声器组之间的功率和阻抗相匹配。因此，低电平信号传输的广播音响系统只适合于范围较小、音质要求较高的场合使用。

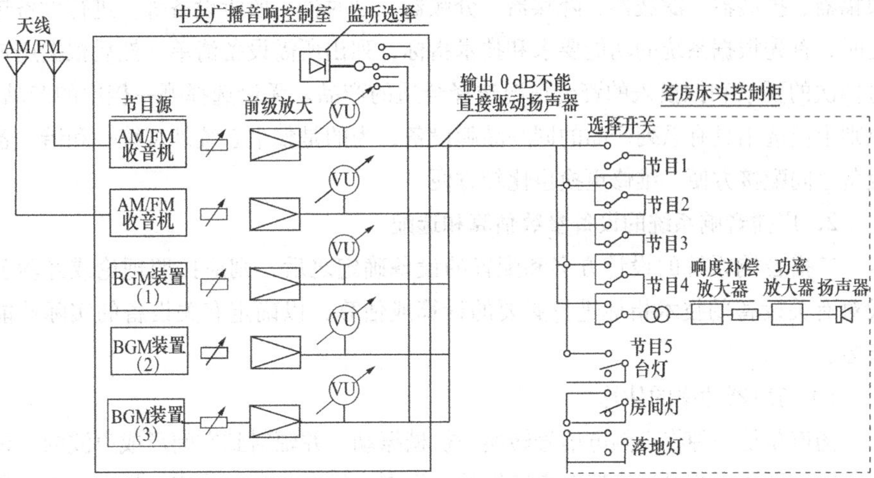

图9-5 有线PA式低电平信号传输系统

广播音响系统的三种传输方式的特点及适用场合如表9-1所示。

三种传输方式的特点和适用场合 表9-1

传输方式	系统特点	适用场合
CAFM调频信号传输方式	优点：1.共用CATV电视系统的电缆 2.抗干扰能力强 缺点：1.中央控制室须添置多路调频调制器 2.每个接收末端须配置调频收音机 3.音质较差 4.一次性投资高，系统维修费用高	1.不便在建筑物内敷设广播音响电缆的建筑物 2.已敷设有线电视网络的旧建筑物
有线PA式高电平信号传输方式	优点：1.集中控制功率放大及输出，便于维修 2.设备集中，结构简捷，造价较便宜，故障率低 3.对输出级功率配合要求不严，广播范围大 缺点：1.敷设传输线路多 2.线路传输损失大 3.存在串音干扰，音质较差	对音质要求不是很高的地方
有线PA式低电平信号传输方式	优点：1.中央控制为集中系统，便于维修 2.系统配线简单 3.广播音质较好 缺点：1.每个接收终端前须添加小型功率放大电路 2.安装调试维护工作量大	广播收听范围较小、音质要求较高的场合

9.2 广播音响系统的设备配置和布置安装

9.2.1 广播音响系统的设备配置和选择

1. 广播音响系统的设备配置和选择原则

广播音响系统的设备配置，应根据系统功能和档次的要求合理选择，认真考虑各单元设备之间的电气连接和性能匹配关系，以获得最佳的音响效果。

广播音响系统的设备主要有各种传声器、拾音器、调频调幅收音机、磁带录放机、CD机、调音台、功放机、扬声器等，其他周边设备有均衡器、混响器、限幅器、扩展器、滤波器、降噪器、分频器、延时器、监听设备等。进行设备选配时，首先根据系统的功能要求和技术指标，列出所需设备清单，然后根据用户对档次的要求和拟投入的资金情况选择合适的产品。无论选择哪一档次的产品，原则上应选用具有系列产品的同一品牌设备，为的是整个系统外观统一和谐，各设备之间配接方便，维修更换也比较方便。

2．广播音响系统的设备参数估算和选配

广播音响系统的设计方案和配置的设备确定之后，则应按照理论或经验公式对有关设备的技术指标进行必要的计算或估算，以确定有关设备的实际性能指标。

1）扬声器功率的估算

扬声器是一种将声频电信号转换为机械振动，并辐射到空间形成声波的一种电声转换设备。衡量扬声器电声特性的指标有灵敏度、频率响应、指向特性、最大噪声功率、电阻抗特性、失真度、瞬态特性等。作为广播音响系统的终端设备，扬声器除了应满足上述电声指标以外，还必须有足够的输出功率，才能获得令人满意的声压级和清晰度。

扬声器的功率W_D与扬声器的声功率W_A,电声转换效率η、指向特性系数Q、扬声器与听众之间的最大距离R，声波直接传播到最远听众处的声压级以及扬声器安装的环境空间等因素有关。扬声器的声功率W_A与给定点的声强I有关：

$$W_A=\frac{4\pi IR^2}{Q}(W) \tag{9-1}$$

扬声器功率W_D的经验公式为

$$W_D=\frac{W_A}{\eta}=\frac{4\pi IR^2}{\eta Q}(W) \tag{9-2}$$

对于声环境要求不很严格的场合，可以采用经验的方法来确定扬声器的功率：办公室、客房、生活间等环境空间较小的场所，一般可采用1～2W的扬声器；走廊、门厅、酒吧、茶秀、餐饮厅、商场等公共场所可采用3～5W的扬声器箱；地下室、室内停车场、员工车库等噪声高、湿度大的场所宜采用号筒式扬声器，其声压级应比环境噪声高10～15dB。

为了满足对扬声器指向性和声压级的要求，某些场合需要将数个相同型号的扬声器组成声柱或组成扬声器群，例如多功能厅、舞厅、会议厅等空间较大的场所，常常需要采用组合音箱或音柱，其总功率应视现场环境要求由经验方法确定。组合扬声器一般是通过串联、并联或串并联的方法来实现的。串并联时应注意组合后的扬声器等效阻抗。扬声器的三种基本组合方式及其等效阻抗如图9-6所示。

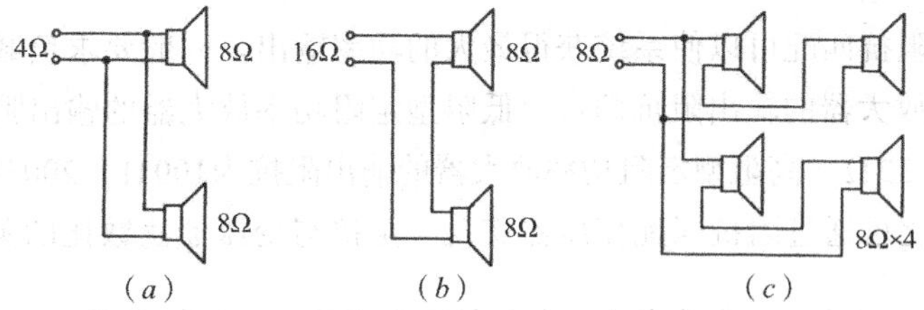

图9-6 扬声器的三种基本组合方式及等效阻抗

2）功率放大器输出功率的计算

功率放大器的输出功率应根据各支路上扬声器的数量，以及同时播放时最大输出功率、线路的衰减系数、老化系数、各分路扬声器同时播放系数等决定，通常用下列公式计算功率放大器的输出功率：

$$P=K_1K_2\times\sum P_0=K_1K_2\times\sum K_iP_i \tag{9-3}$$

式中K_1为线路的衰减补偿系数，当线路衰减1dB时，$K_1=1.26$,线路衰减2dB时，$K_1=1.58$，线路衰减3dB时，$K_1=2.00$；K_2为老化系数，通常取1.2～1.4；P_0为各个分路同时广播时的最大输出功率；P_i为第i分路的额定功率容量；K_i为第i分路用户的同时播放系数，分路不同，其同时播放系数也不相同：消防报警广播取1，业务广播取0.7～0.8，背景音响取0.5～0.6，客房音响一般取0.2～0.4。

3．传声器的选择

传声器是一种可以将声波振动转换成电信号的声电转换设备。传声器的声电转换方式可分为压强式、压差式、复合式三种。压强式传声器接收声波的方式是无指向性的，也称其为全指向性的；压差式传声器具有双指向性；复合式传声器因为利用控制振膜两表面的声程表，故可获得不同的指向性。

传声器种类很多，有动圈式、电容式、驻极体电容式、铝带式、立体声传声器、无线传声器等。衡量传声器特性的主要指标有灵敏度、频响特性、指向特性、输出阻抗、等效噪声、瞬态特性等。

在实际应用中，人们最关心传声器的灵敏度、频响特性、指向特性及输出阻抗等性能指标。良好的传声器频响特性应在几十赫到十几千赫范围内保持平坦；在需要减少声反馈的场合，应选用单指向性的传声器；传声器的输出阻抗分高阻和低阻两类，高阻型传声器标准输出阻抗为2kΩ，灵敏度高，可直接与音频设备连结，但易感应环境噪声，输出电缆不宜过长。低阻型传声器的输出阻抗有200Ω、600Ω等，这类传声器抗干扰能力强，信号传输距离可达100m左右，是目前应用比较广泛的一种传声器。

4．功放器与扬声器的配合

功率放大器与扬声器之间的连结需要考虑阻抗匹配、电压匹配、功率匹配等。

1）阻抗匹配

理想的阻抗匹配可以使系统获得最大的功率输出。一般要求负载总阻抗等于或稍小于放大器的输出阻抗即可。低阻型定阻功率放大器的输出阻抗为4Ω、8Ω、16Ω、32Ω。高阻型定阻功率放大器的输出阻抗为100Ω、200Ω。输入与输出阻抗之比可通过阻抗匹配变压器实现。阻抗与变压器匝数比的关系如下：

$Z_0=\left(\frac{n_1}{n_2}\right)^2\times Z_L$式中，$Z_0$为功率放大器材的输出阻抗；$Z_L$为负载阻抗；$n_1$为阻抗变压器初级线圈匝数；$n_2$为次级匝数。

2）电压匹配

电压匹配要求各扬声器分配的电功率等于或稍小于扬声器的标称功率。若扬声器的标称功率为W，定压功率放大器输出的电压为E，则电压E与扬声器变压器输入阻抗Z之间应满足下列关系式：

$$E=\sqrt{\frac{W}{Z}}$$

3）功率匹配

功率匹配影响到功率放大器与扬声器群之间的输出效率、输出波形的失真畸变和设备的安全使用问题。若功率放大器承受的输出功率过大，负载过重，功放管可能会因为电流太大而发热烧毁；功率放大器若负载太轻，则会因输出不足而引起信号失真，甚至损坏输出变压器。为了避免扬声器群与功率放大器因匹配不当而导致扬声器或功率放大器的损坏，一般要求功率放大器的输出功率应能驱动扬声器群在长期平均额定功率范围工作，并留有足够的余量，以防瞬间尖峰功率损坏扬声器。功率放大器允许的瞬间峰值功率，一般应比扬声器的给定长期平均功率大3～6dB。

9.2.2 广播音响系统控制室及设备的布置安装

1．广播音响系统控制室的布置要求和线路敷设原则

1）广播音响系统控制室或中央音控室，既可单独设置，也可与卫星电视系统的总控制室合用。广播控制室技术用房的土建及设施要求如下：

（1）录音室室内净高不低于2.8m,宜采用木地板或塑料地板，地板等效均匀净载荷不低于2000N/m^2，室内表面装饰应符合声学处理有关规定。录音室窗、墙面积之比不应超过1/6,门应满足隔声要求。室内照明宜选用白炽灯，照度150 lx。录音室宜单独设置空调设备，并应符合噪声限制要求。

（2）机房内配线较多或要求标准较高时，宜采用活动地板，地板等效均匀净载荷不低于3000N/m^2。机房室内墙壁抹水泥石灰砂浆，表面刷浅色油漆。机房防尘要求较高，不宜开窗，考虑设备进入，大门宽度不得小于1m。机房设备的周围可铺设橡胶垫或塑料垫等绝缘材料，室内照度150lx。三级以上旅馆和有值班要求的机房，应单独设置空调设备。

（3）各种音源设备、前级处理设备、功率放大器等，可以放在标准立柜中，调音台放在专用工作台上。广播音响设备的摆放位置应便于工作人员观察、操作。机柜与控制室墙面的距离不应小于0.8m，机柜前面的操作空间不应小于1.5m。

2）有双路电源供电的控制室，应设置两路电源末端配电箱互投供电。

（1）因为大型建筑的广播音响系统输出功率比较大，中央音控室应单独配置电源配电箱。

（2）为了保证扩声系统的功率放大器安全工作，功放机柜应采用单相三线制放射式供电。

（3）广播音响系统电源的电压波动值不能超过±5%。为了减少电压的不稳定性，广播音响系统的电源不宜接动力变压器，而应接照明专用变压器，并需注意防止可控硅调光调速设备对音响系统的影响。如果存在可控硅调光调速的影响，可采用隔离变压器或带抗干扰滤波电路的洁净电源给广播音响系统供电。对于交流电源稳定度较差的音控室，应另配交流稳压电源。

（4）广播音响系统用的交流电源容量一般应为终期广播设备的1.5～2倍。

3）为了有效地防止低频干扰，必须注意广播音响系统的工作接地问题，可将屏蔽层、电路板的地线、各个输入、输出插座按最佳一点接地方式接在一起。对于单独设置广播音响系统的保护接地装置，接地电阻应小于4Ω,若将保护接地接入共同接地网，接地电阻不应大于1Ω。

4）用于服务性广播音响信号传输的线路，应采用多对带色标对绞线电缆，其他广播线路可采用铜芯塑料绞合线。

5）广播音响信号传输线宜单独穿管或用线槽敷设，不宜与其他线路同管敷设。分路的广播音响信号传输线路最好采用不同颜色的电缆，以示区别。

6）从功率放大器输出到线路最远端扬声器之间的线路衰耗，对于业务性广播，控制在1dB之内，当频率为1000Hz时，不可大于2dB；对于服务性广播，应控制在0.5dB之内，当频率为1000Hz时，不可大于1dB。功率放大器馈送回路应采用二线制传送。

2．扬声器的布置原则及安装要求

1）扬声器的布置原则

扬声器的布置应考虑使用空间的大小、形状、听众区位置等多种因素，以便使听众区成为一个清晰悦耳的听觉环境。扬声器的布置常见的有以下几种方式：

（1）集中式布置方式。对于听众区要求直达声均匀、声反馈尽可能少的使用环境，如剧场、影院、会场、大礼堂等宜采用集中式布置。

集中式布置方式如图9-7所示。集中式布置必须考虑扬声器组的指向性、声场均匀性，以及对附近传声器的干扰性等，必须根据使用现场特点进行合理调整。

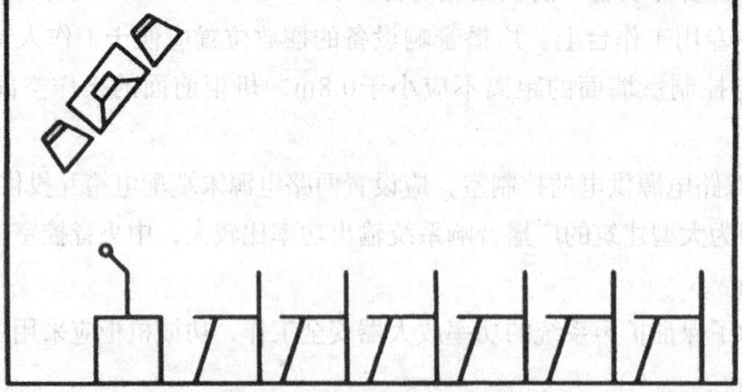

图9-7　扬声器集中式布置

（2）分散式布置方式。对于高大的或窄长的建筑环境，或需要分成若干使用区域的环境，以及希望厅堂内混响时间比较长的情况下，宜采用分散式布置。

分散式布置方式如图9-8所示。分散式布置应注意防止听众区产生双重声现象，如果听众区有较明显的双重声，可以在某些通道内装设适当的延时装置来消除。

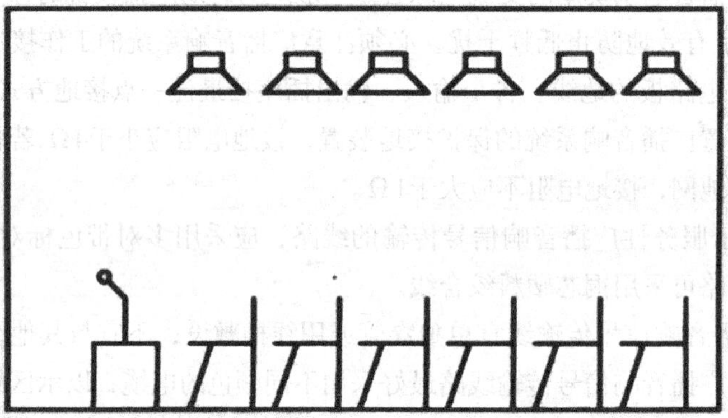

图9-8　扬声器分散式布置

（3）混合式布置方式。混合式布置方式是在集中式布置的基础上增加辅助扬声器，以弥补由于房间形状不同而造成听众区局部范围内声压级过小的缺陷。

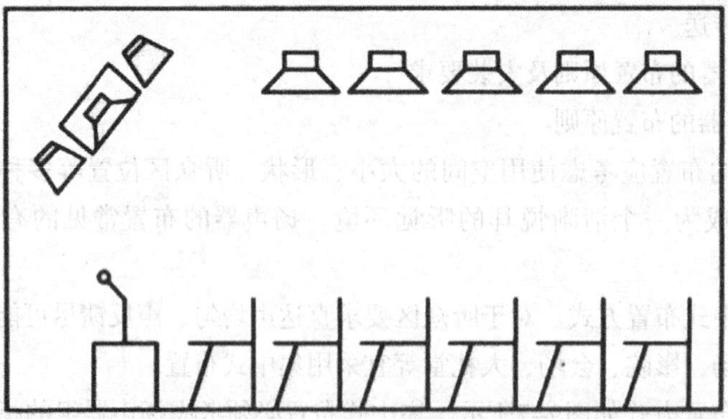

图9-9　扬声器混合式布置

混合式布置方式如图9-9所示。这种布置方式适合于眺台过深或设有楼座的影剧场、大会堂，以及面积较大或纵向距离比较深的大厅，或听众区分布比较分散的场合。

2）扬声器的安装原则

（1）满足听众区有足够的声压级和良好的清晰度。

（2）使听众区形成均匀的声场，避免产生声反馈和双重声现象。

（3）要求视听感觉一致，具有合理的混响效果，而且音质和谐、自然。

（4）扬声器的安装位置应便于检修、调整。

（5）扬声器的安装位置应与环境协调配合，不能影响建筑装饰的美观性。

3）传声器与声反馈的抑制方法

广播音响系统中导致声反馈的原因，主要是由于声场中扬声器的直达声和混响声进入了传声器，当进入传声器的声能超过某临界值时，就可能发生声共振式的声反馈，引起啸叫等刺耳的声响。如果扬声器与传声器共处同一声场，若声传递方式处理不当，就很容易发生声反馈。抑止声反馈的方法有：

（1）选择指向性较强的传声器。

（2）传声器与扬声器之间的距离必须大于发生声反馈的临界距离，而且应置于扬声器的辐射角之外，以降低扬声器传入传声器的平均声能级。

（3）当室内声场不均匀时，传声器应尽量避免放置在声压级较高的位置上。

（4）传声器的放置位置应远离可控硅干扰源及其辐射范围。

（5）提高扩声系统的稳定度，使声场尽量扩散，以缩短声音的混响时间。

（6）尽量减少传声器同时使用数目，控制距离传声器比较近的扬声器的功率分配。

本章小结

广播音响系统是智能建筑环境中不可缺少的基础设施之一，集播放背景音乐，宣传、寻呼广播和火灾事故的紧急广播为一体。这是一种通用性很强的广播系统。学习并掌握广播音响系统的结构、种类以及相关设备配置的选择，能够在建筑中发挥广播的重要作用。

思考题

1. 广播音响系统的基本结构有哪些？
2. 广播音响系统的种类有哪些？
3. 广播音响系统的传输方式有几种，分别介绍？
4. 广播音响系统的设备选择原则是什么？
5. 广播音响系统控制室的布置要求和线路敷设原则是什么？

10

智能建筑的综合布线技术

学习目的

1. 理解综合布线系统的概念；
2. 理解综合布线七个子系统的设计原则；
3. 掌握综合布线系统的组成；
4. 掌握综合布线系统的拓扑结构；
5. 掌握综合布线系统对电源的要求、电气防护措施和接地要求。

本章要点

综合布线系统的概念；综合布线系统的组成；综合布线系统七个子系统的设计；综合布线系统的拓扑结构；综合布线系统对电源的要求；综合布线系统电气防护和接地要求。

10.1 综合布线系统概述

10.1.1 综合布线系统的概念

所谓综合布线系统是指按标准的、统一的和简单的结构化方式编制和布置各种建筑物（或建筑群）内各种系统的通信线路，包括网络系统、电话系统、监控系统、电源系统和照明系统等。因此，综合布线系统是一种标准通用的信息传输系统。

通过它可使话音设备、数据设备、交换设备及各种控制设备与信息管理系统连接起来，同时也使这些设备与外部通信网络相连的综合布线。它还包括建筑物外部网络或电信线路的连接点与应用系统设备之间的所有线缆及相关的连接部件。综合布线由不同系列和规格的部件组成，其中包括：传输介质、相关连接硬件（如配线架、连接器、插座、插头、适配器）以及电气保护设备等。这些部件可用来构建各种子系统，它们都有各自的具体用途，不仅易于实施，而且能随需求的变化而平稳升级。

综合布线系统是智能化办公室建设数字化信息系统基础设施，是将所有语音、数据等系统进行统一的规划设计的结构化布线系统，为办公提供信息化、智能化的物质介质，支持将来语音、数据、图文、多媒体等综合应用。

10.1.2 综合布线系统的特性

综合布线系统是随着智能化建筑的发展而兴起的一个全新概念，它同传统的布线设计相比较有着许多的优越性，是传统布线系统无法可比的。其特点主要表现为它的兼容性、开放性、灵活性、可靠性、先进性和经济性，而且在设计、改造升级、施工和维护管理方面也给人们带来了许多方便。

1．兼容性

综合布线系统最突出的特点就是它的兼容性。所谓兼容性是指它自身是完全独立的而与应用系统相对无关，可以适用于多种应用系统。过去，为一幢大楼或一个建筑群内的语音或数据线路布线时，往往是采用不同厂家生产的电缆线、配线插座以及接头等。例如用户交换机通常采用双绞线，计算机系统通常采用粗同轴电缆或细同轴电缆。这些不同的设备使用不同的配线材料，而连接这些不同配线的插头、插座及端子板也各不相同，彼此互不相容。一旦需要改变终端机或电话机位置时，就必须敷设新的线缆，以及安装新的插座和接头。

综合布线将语音、数据与监控设备的信号线经过统一的规划和设计，采用相同的传输媒体、信息插座、交连设备、适配器等，把这些不同信号综合到一套标准的布线中。由此可见，这种布线比传统布线大为简化，可节约大量的物资、时间和空间。

在使用时，用户可不用定义某个工作区的信息插座的具体应用，只把某种终端设备（如个人计算机、电话、视频设备等）插入这个信息插座，然后在管理间和设备间的交接设备上做相应的接线操作，这个终端设备就被接入到各自的系统中了。

2．灵活性

传统的布线方式是封闭的，其体系结构是固定的，若要迁移设备或增加设备是相当困难而麻烦的，甚至是不可能。

综合布线采用标准的传输线缆和相关连接硬件，模块化设计。因此所有通道都是通用的。每条通道可支持终端、以太网工作站及令牌环网工作站。所有设备的开通及更改均不需要改变布线，只需增减相应的应用设备以及在配线架上进行必要的跳线管理即可。另外，组网也可灵活多样，甚至在同一房间可有多用户终端，以太网工作站、令牌环网工作站并存，为用户组织信息流提供了必要条件。

3．先进性

综合布线，采用光纤与双绞线混合布线方式，极为合理地构成一套完整的布线。所有布线均采用世界上最新通信标准，链路均按八芯双绞线配置。5类双绞线带宽可达100Mbps，6类双绞线带宽可达1Gbps。对于特殊用户的需求可把光纤引到桌面（Fiber To The Desk）。语音干线部分用钢缆，数据干线部分用光缆，为同时传输多路实时多媒体信息提供足够的带宽容量。

4．开放性

对于传统的布线方式，如果某种设备需要更换，则原来的布线系统就要全部更换，这对于一个已经完工的建筑物来说，要增加很多投资，不利于建筑物的改造和发展。综合布线系统由于采用开放式体系结构，符合多种国际上现行的标准，因此它几乎对所有著名厂商的产品都是开放的，如计算机设备、交换机设备等，并对所有通信协议也是开放的，如ISO/IEC 8802-3、ISO/IEC 8802-5、ISDN、ATM等。

5．可靠性

传统的布线方式由于各个应用系统互不兼容，因而在一个建筑物中往往要有多种布线方案。因此建筑系统的可靠性要由所选用的布线可靠性来保证，当各应用系统布线不当时，还会造成交叉干扰。

综合布线采用高品质的材料和组合压接的方式构成一套高标准的信息传输通道。所有线缆和相关连接件均通过ISO认证，每条通道都要采用专用仪器测试链路阻抗及衰减率，以保证其电气性能。应用系统布线全部采用点到点端接，任何一条链路故障均不影响其他链路的运行，这就为链路的运行维护及故障检修提供了方便，从而保障了应用系统的可靠运行。各应用系统采用相同的传输介质，因而可互为备用，提高了备用冗余。

6．经济性

通过上面的讨论可知，综合布线较好地解决了传统布线方法存在的许多问题，随着科学技术的迅猛发展，人们对信息资源共享的要求越来越迫切，尤其以电话业务为主的通信网逐渐向综合业务数字网（ISDN）过渡，越来越重视能够同时提供语音、数据和视频传输的集成通信网。因此，综合布线取代单一、昂贵、复杂的传统布线，是“信息时代”的要求，是历史发展的必然趋势。

10.1.3 综合布线系统的组成

综合布线标准是设计、实施、测试、验收和监理综合布线工程的重要依据。目前，综合布线广泛执行的综合布线标准有三个，分别是：GB或GB/T中国布线标准、ANSI/TIA/EIA美国综合布线标准、ISO/IEC国际综合布线标准。

综合布线标准的问世已经有很长的一段时间。电信与计算机网络技术的发展日新月异，许多新的布线系统和方案不断被开发出来，造成旧标准无法满足，所以国际标准化委员会（ISO/IEC）、欧洲标准化委员会（CENELEC）、北美工业技术标准化委员会（TIA/EIA）都在努力制定更新的标准以满足技术和市场的需求。我国的布线专业标准起步较晚，而且一般都是参照北美和ISO标准制定的，尤其是北美标准，更具有实际意义。尽管如此，国内的标准在很多时候仍然不能满足高性能网络布线的需要，所以除了执行强制性的国家标准外，布线行业主要参照美洲标准、国际标准、欧洲标准、国内行业标准及相应的地方标准实施。

中国第一个综合布线系统的设计规范是中国工程建设标准化会在1997年颁布的《建筑与建筑群综合布线系统工程设计规范》CECS 72—1997。该标准在很大程度上参考了北美的综合布线系统标准EIA/TIA 568，但是内容简单、落后。

经过几年的实践和经验总结，并广泛征求原建设部、原邮电部和原广电部等主管部门和专家意见后，该协会在1997年颁布了《建筑与建筑群综合布线系统工程施工及验收规范》CECS 89—1997。该标准与国际标准ISO/IEC 11801：1995接轨，增加了抗干扰、防噪声、防火和防毒等方面的内容，与旧版有很大区别。

《建筑与建筑群综合布线系统工程设计规范》CECS 72—1997和《建筑与建筑群综合布线系统工程施工验收规范》CECS 89—1997与1997年底上报国家原信息产业部、原建设部、原国家质量技术监督局审批，并与2000年2月28日发布，2000年8月1日开始执行。这标志着CECS 72—1997和CECS 89—1997正式升级为国家标准GB/T 50311—2000和GB/T 50312—2000。更新的标准是《综合布线系统工程设计规范》GB 50311—2016和《综合布线系统工程验收规范》GB/T 50312—2016，于2017年4月1日正式实施，目前仍在执行。新标准在旧标准的基础上，在实用和操作性方面有了很大的改进，同时也注入了新的内容。

根据2017年实施的GB 50311—2016中，综合布线系统则由7个子系统组成，分别是：

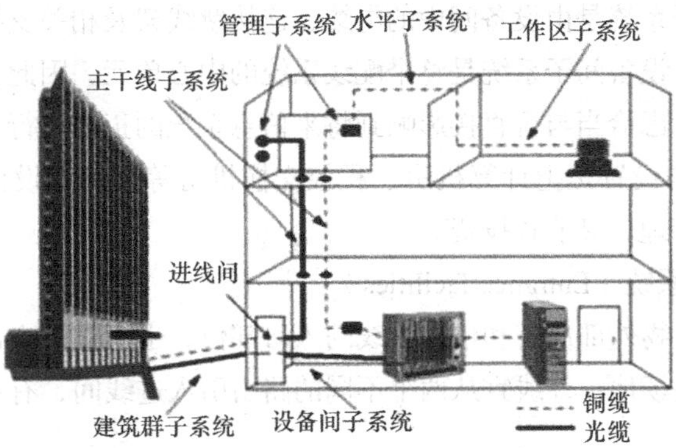

图10-1 综合布线7个子系统示意图

1. 工作区（Work Location）子系统

工作区子系统又称为服务区子系统，一个独立的需要设置终端设备（TE）的区域宜划分为一个工作区。它是由RJ45跳线与信息插座所连接的设备（终端或工作站）组成。其中，信息插座有墙上型、地面型、桌上型等多种。

2. 水平（Horizontal）子系统

水平干线子系统是整个布线系统的一部分，它是从工作区的信息插座开始到管理间子系统的配线架。结构一般为星型结构，它与垂直干线子系统的区别在于：水平干线子系统总是在一个楼层上，仅与信息插座、管理间连接。在综合布线系统中，水平干线子系统由4对UTP（非屏蔽双绞线）组成，能支持大多数现代化通信设备，如果有磁场干扰或信息保密时可用屏蔽双绞线。在高宽带应用时，可以采用光缆。

3. 干线（Backbone）子系统

垂直干线子系统也称骨干子系统，它是整个建筑物综合布线系统的一部分。它提供建筑物的干线电缆，负责连接管理间子系统到设备间的子系统，一般使用光缆或选用大对数的非屏蔽双绞线。它也提供了建筑物垂直干线电缆的路由。该子系统通常是在两个单元之间，特别是在位于中央节点的公共系统设备处提供多个线路设施。该子系统由所有的布线电缆组成，或由导线和光缆以及将此光缆连到其他地方的相关支撑硬件组合而成。传输介质可能包括一幢多层建筑物的楼层之间垂直布线的内部电缆或从主要单元如计算机房或设备间和其他干线接线间来的电缆。

4. 管理（Administration）子系统

它是干线子系统和水平子系统的桥梁。管理间子系统由交连、互联和I/O组成。管理间为连接其他子系统提供手段，它是连接垂直干线子系统和水平干线子系统的设备，其主要设备是配线架、HUB和机柜、电源。当终端设备位置或局域网的结构变化时，只要改变跳线方式即可解决，而不需要重新布线。

5. 设备间（Equipment）子系统

设备间是在每一幢大楼的适当地点设置进线设备和主配线架及其应用系统的

设备的场所。该子系统是由设备间中的电缆、连接跳线架及相关支撑硬件、防雷保护装置等构成。设备间子系统是整个配线系统的中心单元，因此它的布放、选型及环境条件的考虑恰当与否直接影响到将来信息系统的正常运行及维护和使用的灵活性。通常的设置是把计算机房、程控交换机房等设备间设计在同一楼层中，这样既便于管理，又节省投资。

6．进线间子系统（Entrance facilities）

进线间是建筑物外部通信和信息管线的入口部位，也可作为入口设施和建筑群配线设备的安装场地。外线宜从两个不同的路由引入进线间，有利于与外部管道沟通。

进线间子系统一般是提供给多家电信运营商和业务提供商使用，通常设于地下一层，一般一个建筑物宜设置1个进线间。建筑群主干电缆和光缆、公用网和专用网电缆、光缆及天线馈线等室外缆线进入建筑物时，应在进线间成端转换成室内电缆、光缆，并在缆线的终端处可由多家电信业务经营者设置入口设施，入口设施中的配线设备应按引入的电、光缆容量配置。进线间宜靠近外墙和在地下设置，以便于缆线引入。

7．建筑群（Campus）子系统

楼宇（建筑群）子系统也称校园子系统，它是将一个建筑物中的电缆延伸到另一个建筑物的通信设备和装置，通常是由光缆和相应设备组成，建筑群子系统是综合布线系统的一部分，它支持楼宇之间通信所需的硬件，其中包括导线电缆、光缆以及防止电缆上的脉冲电压进入建筑物的电气保护装置。

10.1.4 综合布线系统的应用

1．国外综合布线系统的应用

在当今信息社会中，信息已成为一种重要的战略资源，拥有信息量的大小，标志着一个国家的科技水平和发达程度。在20世纪80年代后期，国外就已出现了采用综合布线系统的智能建筑，并在短时间内迅速发展，一些主要的建筑物都采用了这种先进的布线方式。同时，作为该系统相应的一些软件、规程和标准等也相继制定，适应了社会发展的需要。20世纪90年代初，美国电话电报（AT&T）公司和加拿大北方电讯（NORTEL）公司的综合布线系统产品相继引入我国。下面主要介绍的是利用高质量双绞线或光缆以及各种相关联的布线部件组成的建筑物或建筑群传输网络，即建筑物综合布线系统。实际上就是把通信系统和大楼计算机管理系统合并在一个布线系统内。

2．我国综合布线系统的应用

目前，综合布线系统在我国已经得到迅速地推广。我国也已生产出5类双绞线和光缆。我国第一座采用结构化综合布线系统的大楼是北京新华社大厦，建成于1989年。目前采用结构化综合布线系统（SCS）的建筑正在日益增加。我国已经完成了综合业务数字网的模型试验，正在完善其功能，扩大业务范围和网络规模，并向实用化方向努力。综合业务数字网（ISDN）的实现将使网络资源得到充分利用，从而带来巨大的经济效益。同时，该数字网大大提高传输质量，简化网络结构和降低成本，结构化综合布线系统正好是该网络的一种最理想的通道，它的应用前景是不言而喻的。

3. 综合布线系统的应用环境

建筑物综合布线系统的应用环境主要有：

1. 具有商务功能的环境，包括银行、综合办公楼、股票、证券市场、饭店及大型会场等；

2. 办公自动化环境，包括政府机构、公司总部、律师事务所等；

3. 交通运输设施，包括航空港、火车站、交通调度中心等；

4. 卫生及健康设施，包括医院、防疫站、急救中心等；

5. 居住环境，包括小区住宅、公寓住宅、宾馆、招待所等；

6. 建筑群环境，包括公司建筑群、厂矿建筑群、大学校园等。

10.2 综合布线系统设计

10.2.1 综合布线系统的设计依据

目前综合布线系统标准一般为GB 50311—2016和美国电子工业协会、美国电信工业协会的EIA/TIA为综合布线系统制定的一系列标准。主要有下列几种。

1. 中华人民共和国国家标准《综合布线系统工程设计规范》GB 50311—2016；

2. 中华人民共和国通信行业标准《大楼通信综合布线系统第1部分：总规范》YD/T 926.1—2009；

3. 国际标准化组织/国际电工委员会的《国际综合布线标准》ISO/IEC11801；

4. 美国电子工业协会/通信工业协会的《工业标准及国际商务建筑布线标准》EIA/TIA 568A；

5. 电气与电子工程师学会的IEE802标准；

6. 美国电子工业协会/通信工业协会的《非屏蔽双绞线系统传输性能验收规范》EIA/TIA TSB-67。

这些标准支持下列计算机网络标准。

1. IEE802.3总线局域网络标准；

2. IEE802.5环形局域网络标准；

3. FDDI光纤分布数据接口高速网络标准；

4. CDDI铜线分布数据接口高速网络标准；

5. ATM异步传输模式。

在布线工程中，常常提到CECS 72—1997或CECS 89—1997，那么这是什么呢？CECS 72—1997《建筑与建筑群综合布线系统工程设计规范》是由中国工程建设标准化协会通信工程委员会北京分会、中国工程建设标准化协会通信工程委员会智能建筑信息系统分会、冶金部北京钢铁设计研究总院、邮电部北京设计院、中国石化北京石油化工工程公司共同编制而成的综合布线标准，而CECS 89—1997是它的修订版。我国当前使用的是GB 50311—2016《综合布线系统工程设计规范》与GB 50312—2016《综合布线系统工程验收规范》。

10.2.2 综合布线系统的设计等级

建筑物综合布线系统的设计等级可根据用户的实际需要选择不同的设计等级。通常，综合布线系统设计等级可分为三大类，即基本型综合布线系统、增强型综合布线系统、综合型综合布线系统。

1．基本型设计等级

这种设计等级适用于综合布线系统配置标准较低的场合，采用铜芯双绞电缆组网，以满足语音或语音与数据传输，且传输速率要求较低的用户。基本型系统配置为：

（1）每个工作区有一个信息插座；

（2）每个工作区的配线电缆为一条4对双绞线电缆；

（3）完全采用夹接式交接硬件；

（4）每个工作区的干线电缆至少有2对双绞线电缆。

它的特性为：

（1）能够支持所有语音和数据传输应用；

（2）支持语音、综合型语音/数据高速传输；

（3）便于维护人员维护、管理；

（4）能够支持众多厂家的产品设备和特殊信息的传输。

2．增强型设计等级

这种设计等级适用于综合布线系统中级配置标准的场合，采用铜芯双绞线电缆组网，能满足语音或语音与数据传输，且传输速率要求较高的用户。布线要求不仅具有增强功能，而且还具有扩展的余地。增强型系统配置为：

（1）每个工作区有两个或两个以上信息插座；

（2）每个工作区的配线电缆为两条4对双绞线电缆；

（3）采用夹接式或插接式交接硬件；

（4）每个工作区的干线电缆至少有3对双绞线电缆。

它的特点为：

（1）工作区灵活方便、功能齐全；

（2）提供语音和高速数据传输；

（3）便于管理与维护；

（4）能够为众多厂商提供服务环境的布线方案。

3．综合型设计等级

这种设计等级适用于综合布线系统配置标准较高的场合，采用光缆和铜芯电缆组网，可满足高质量的语音和高速宽带信号的传输。综合型系统配置为：

（1）在基本型和增强型综合布线系统的基础上增设光缆系统；

（2）在每个基本型工作区的干线中至少配有2对双绞线电缆；

（3）在每个增强型工作区的干线电缆中至少有3对双纹线电缆。

它的特点为：

（1）工作区灵活方便而且功能齐全；

（2）可供语音和高速数据传输；

（3）有一个很好环境，为客户提供服务。

4．关于传输级别的分级

国际标准化组织对传输级别也作了分级：

A级——最高传输频率为100kHz，用于语音和低速场合；

B级——最高传输频率为1MHz，适用于中速数字信号应用；

C级——最高传输频率为16MHz，适用于高速数字信号应用；

D级——最高传输频率为100MHz，适用于超高速数字信号应用。

根据采用的线缆类别不同，在不同传输级别中配线的传输距离按照有关规定应有所限制。

5．综合布线系统的设计要点

综合布线系统的设计方案不是一成不变的，而是随着环境、用户要求来确定的。其要点为：

（1）尽量满足用户的通信要求；

（2）了解建筑物、楼宇间的通信环境；

（3）确定合适的通信网络拓扑结构；

（4）选取适用的介质；

（5）以开放式为基准，尽量与大多数厂家产品和设备兼容；

（6）将初步的系统设计和建设费用预算告知用户。

在征得用户意见并订立合同书后，再制定详细的设计方案。

10.2.3 工作区子系统的设计

工作区子系统是指从设备出线到信息插座的整个区域，可支持电话机、数据终端、计算机、电视机、监视器以及传感器等的终端设备。

1．确定信息插座的数量和类型

综合布线系统的信息插座大致可分为嵌入式安装插座、表面安装插座和多介质信息插座三种。其中嵌入式和表面安装插座是用来连接3类和5类双绞线的；多介质信息插座是用来连接双绞线和光纤的，即用以解决用户对“光纤到桌面”的需求。其设计过程是：

（1）根据已掌握的客户需要，确定信息插座的类别，即是采用3类还是5类插座，或3类与5类插座混合使用；

（2）根据楼层平面图计算实际可用的空间；

（3）根据上述（1）、（2）估计工作区和信息插座的数量，可分为基本型和增强型两种设计等级。一个工作区的服务面积可按5~10 m^2估算，基本型为每9m^2一个信息插座，即每个工作区提供一部电话或一部计算机终端，增强型为每9 m^2两个信息插座，即每个工作区提供一部电话机和一部计算机终端；

（4）根据建筑物的结构不同，可采用不同的安装方式，新建筑物通常采用嵌入式信息插座，现有建筑物则采用表面安装的信息插座。

综合布线系统信息插座的类型有3类和5类之分，通常按下列原则选用：

（1）单个3类线连接的4芯插座，宜用于基本型低速率系统；

（2）单个5类线连接的8芯插座，宜用于基本型高速率系统；

（3）双个3类线连接的4芯插座，宜用于增强型低速率系统；

（4）双个5类线连接的8芯插座，宜用于增强型高速率系统。

一个给定的综合布线系统设计，可采用多种类型的信息插座。

2. 适配器的使用

综合布线系统是一个开放系统，它应满足各厂家所生产的终端设备，通过选择适当的适配器，即可使综合布线系统的输出与用户的终端设备保持完整的电器兼容。

工作区适配器的选用应符合下列要求：

（1）在设备连接器采用不同信息插座的连接器时，可用专用电缆或适配器；

（2）当在单一信息插座上进行两项服务时，宜用“Y”型适配器；

（3）在水平子系统中选用的电缆类别（介质）不同于设备所需的电缆类别时，宜采用适配器；

（4）在连接使用不同信号的数模转换或数据速率转换等相应的装置时，宜采用适配器；

（5）为网络的兼容性，可用适配器；

（6）根据工作区内不同的电信终端设备（例如ISDN终端）可配备相应的匹配器。

10.2.4 水平子系统的设计

水平布线子系统是由建筑物各层的配电间至各工作区之间所配置的线缆所构成的。综合布线系统的水平子系统多采用3类和5类4对的非屏蔽双绞线（UTP）。对于用户有高速率终端要求的场合，可采用光纤直接布设到桌面的方案。

水平子系统电缆长度应在90m以内，信息插座应在内部作固定线连接。具体设计过程说明如下。

1．确定导线的类型

（1）对于10Mb/s以下低速数据和话音的传输，采用3类双绞线；

（2）对于100Mb/s以下，10Mb/s以上的高速数据的传输，采用5类双绞线。

（3）对100Mb/s以上宽带的数据和复合信号的传输，采用光纤。

比较经济的方案是光纤、5类双绞线、3类双绞线混合的布线方案。

2．确定导线的长度

（1）确定布线方法和线缆走向；

（2）确定管理间或二级接线间管理的区域；

（3）确定离接线间最远的信息插座的距离（L）；

（4）确定离接线间最近的信息插座的距离（S）；

（5）按照可能采用的电缆路由确定每根电缆的走线距离；

（6）计算平均电缆长度（$=L$与S两条电缆路由之和除以2）；

（7）总电缆长度=平均电缆长度+备用部分（平均电缆长度的10%）+端部容差（6m）。

3．确定布线方式

水平布线可采用各种方式，要求根据建筑物的结构特点、与其他工种的配合、用户的不同需要等灵活掌握。一般可采用三种类型，即直接埋管方式，先走吊顶内线槽再走支管到信息出口的方式，适合大开间及需打隔断的地面线槽方式。

1）直接埋管方式

直接埋管布线方式由一系列密封在混凝土里的金属布线管道组成，这些金属管道从配线间向信息插座的位置辐射。根据通信和电源布线要求、地板厚度和占用的地板空间等条件，直接埋管布线方式可能要采用厚壁镀锌管或薄型电线管。

2）先走吊顶内线槽再走支管方式

线槽由金属或阻燃高强度PVC材料制成，有单件扣合方式和双件扣合方式两种类型，并配有各种转弯线槽、T字型线槽等各种规格。线槽通常安装在吊顶内或悬挂在天花板上方的区域，用在大型建筑物或布线系统比较复杂而需要有额外支持物的场合，用横梁式线槽将线缆引向所需布线的区域。由弱电间出来的线缆先走吊顶内的线槽，到各房间后，经分支线槽从横梁式电缆管道分叉后将电缆穿过一段支管引向墙柱或墙壁，剔墙而下到本层的信息出口；或剔墙而上引到上一层的信息出口，最后端接在用户的信息插座上。

3）地面线槽方式

地面线槽方式就是由弱电间出来的线缆走地面线槽到地面出线盒或由分线盒出来的支管到墙上的信息出口。由于地面出线盒或分线盒不依赖墙或柱体直接走地面垫层。因此这种方式适用于大开间或需要打隔断的场合。

10.2.5 干线子系统的设计

干线子系统是建筑物内部的主干电缆。它包括设备间至接线间的主干电缆，也包括干线接线间至二级接线间，设备间至网络端口，主设备间与计算机中心之间，设备间至建筑群子系统设施间的连接电缆。

干线电缆不但要满足现在的需要，还要适应将来的发展或留有余地，要确定和处理好单传话音、单传数据（传输速率一般铜缆不能承担者）、语音数据混合传输的问题。被确定仅为话音者，可将其合并至同一铜缆中，若仍采用（AT&T）SCS配线系统时，可采用3类UTP非屏蔽双绞线电缆，将两台话机端接在一个I/O上；若需集中数据传输者，可集中在传输同类数据的一条铜缆中，并按所需规划的传输速率来选定电缆。特别要对预计不到的工作区留有余地，混合传输时，应按SCS的标准进行设计。

干线子系统是根据SCS的总体规划而设计的，它要在明确楼层要求、整体要求和设备间位置等因素的基础上来进行设计，特别是要做好系统的规模规划和电缆的接合方式的确定等工作。

1．线缆的选择

干线子系统包括主干电缆（铜、光缆）和连接电缆。选择的依据是信息类型、传输速率、信息的带宽和容量。

在确定楼层电缆时要根据对话音、数据的需求确定。在确定主干电缆时一定要注意在同一电缆中话音和数据信号共享的原则。

（1）对每组话音通道可按基本型为2对，增强型和综合型为3对；

（2）对数据通道在要求不明确无法确定时，只有按2对线模块化系数来规划干线规模。

干线电缆中，每25对为一束，按具有同样电性能的线束分组，并为一独立单元，组与组之间无任何关联。在干线子系统中可采用以下4种类型的线缆。

（1）100Ω双绞电缆：传输速率10 Mb/s，容量规格有25、50、100、200等；

（2）1500Ω双绞电缆：传输速率155 Mb/s，容量规模目前仅有25对一种规格；

（3）8.3／125μm单模光缆；

（4）62.5/125μm多模光缆。

2．设计原则

干线子系统应遵循以下设计原则。

（1）在确定干线子系统所需要的电缆总对数之前，必须确定电缆中话音和数据信号的共享原则。对于基本型每个工作区可选定2对非屏蔽双绞线；增强型和综合型每个工作区可选定3对非屏蔽双绞线。综合型还可增设光缆系统。

（2）应选择干线电缆最短、最安全和最经济的路由。一般宜选择带盖的封闭通道敷设干线电缆。

（3）干线电缆可采用点对点端接，也可采用分支递减端接以及电缆直接连接的方法。

（4）如果设备间与计算机房处于不同的地点，而且需要把话音电缆连至设备间，把数据电缆连至计算机房，则宜在设计中选取干线电缆的不同部分来分别满足话音和数据的需要。当需要时，也可采用光缆系统予以满足。

3．设计步骤

1）确定每层楼的干线电缆要求

根据不同的需要和经济性选择干线电缆类别。根据我国国情和防火规范要求，一般常采用通用型电缆，外加金属线槽敷设。特殊场合可采用增强型电缆敷设。

2）确定整座楼的干线电缆要求

整座建筑物的干线子系统信道的数量是根据每层楼布线密度来确定的。一般每1000m^2设一个电缆孔或电缆井较为合适。如果布线密度很高，可适当增加干线子系统的信道。

整座建筑物的干线线缆类别、数量与综合布线设计等级和水平子系统的线缆数量有关。在确定了各楼层的规模后，将所有楼层的干线分类相加，就可确定整座建筑物的干线线缆类别和数量。

3）确定从楼层到设备间的干线电缆路由

建筑物垂直干线布线通道可采用电缆孔和电缆竖井两种方法。

（1）电缆孔方法。干线通道中所用的电缆孔通常是用一根或数根直径为100mm的刚性金属管做成。它们是在浇注混凝土地板时被嵌入混凝土地板中的，并应高出地板表面25～100mm，也可直接在地板中预留一个大小适当的孔洞。电缆往往捆在钢绳上，而钢绳又固定在墙上已铆好的金属条上。通常当楼层配线间上下都对齐时，采用电缆孔方法。

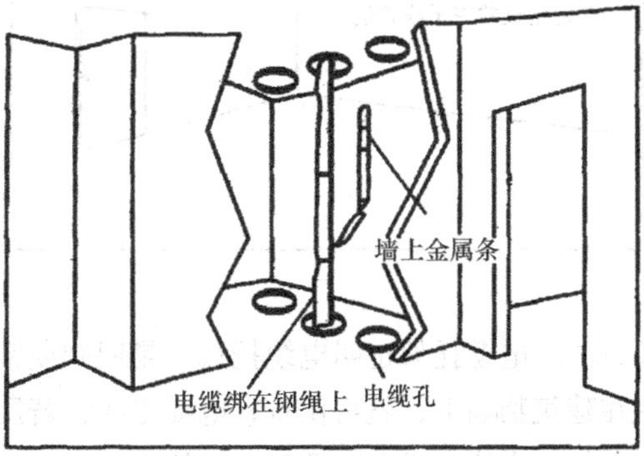

图10-2　电缆孔方法

（2）电缆井方法。电缆井是指在每层楼板上开出一些方孔，使电缆可以穿过这些电缆井从一层楼中到另一层楼，电缆井的大小依所用电缆的数量而定。与电缆孔方法一样，电缆也是捆在或箍在支撑用的钢绳上，钢绳靠墙上的金属条或地板三脚架固定住。离电缆井很近的墙上立式金属架可以支撑很多电缆。电缆井的选择非常灵活，可以让粗细不同的各种电缆以任何组合方式通过。电缆井虽然比电缆孔灵活，但在原有建筑物中开电缆井、安装电缆造价较高，它的另一个缺点是不使用的电缆井很难防火。

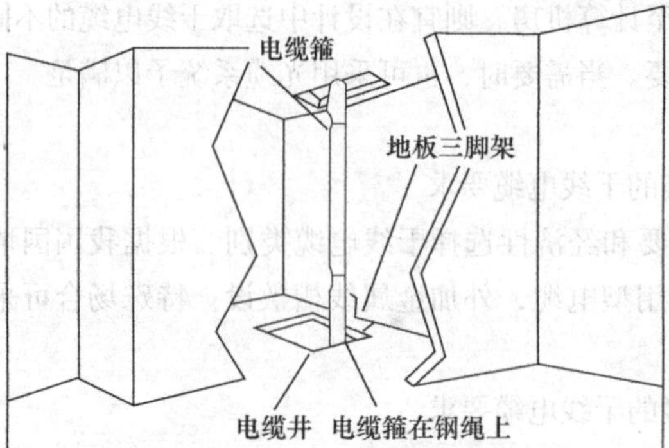

图10-3 电缆井方法

4）确定单层平面建筑物的水平干线电缆路由

单层平面建筑物水平干线布线通道可采用金属管道和金属托架两种方法。

（1）金属管道方法。管道方法是利用金属管道来安放和保护电缆，由于相邻楼层的干线配线间存在水平方向的偏距，因而出现了垂直的偏距通路，水平金属管道允许把电缆拉入这些垂直的偏距通路。在开放式通路和横向干线走线系统中（如穿越地下室），管道对电缆起着机械保护和防火的作用，而且它提供的密封和坚固的空间使电缆可以安全地延伸到目的地。但因管道很难重新布置，所以不是很灵活，而且其造价也较高。

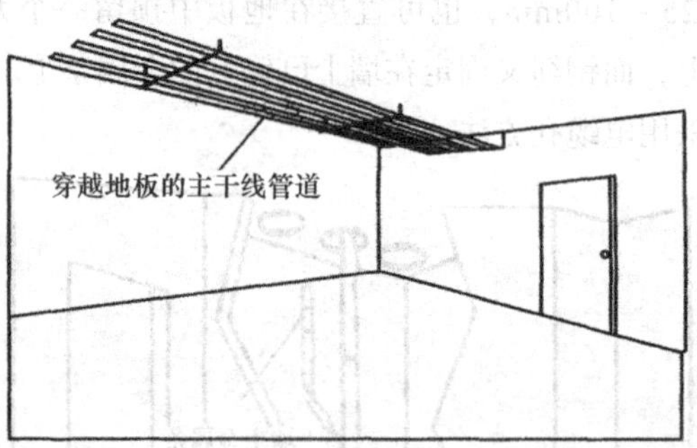

图10-4 管道方法

（2）电缆托架方法。电缆托架也叫电缆托盘，是铝制或钢制部件，外形很像梯子，它们若安装在建筑物墙上，就可供垂直电缆走线，若用水平支撑架固定在天花板上，可供水平电缆走线。必要时还可在托架上安装电缆绞接盒，以便进行电缆的连接。托架方法最适合电缆数量很多的情况，托架的大小由待安装的电缆的粗细和数量决定。托架安放电缆很方便，没有把电缆穿过管道的麻烦，但托架及支撑件较贵。由于电缆外露，很难防火而且也不美观。

由于不同建筑物的结构特点及用户要求不同，主干线布线可有多个路由或采用多种敷设方式。

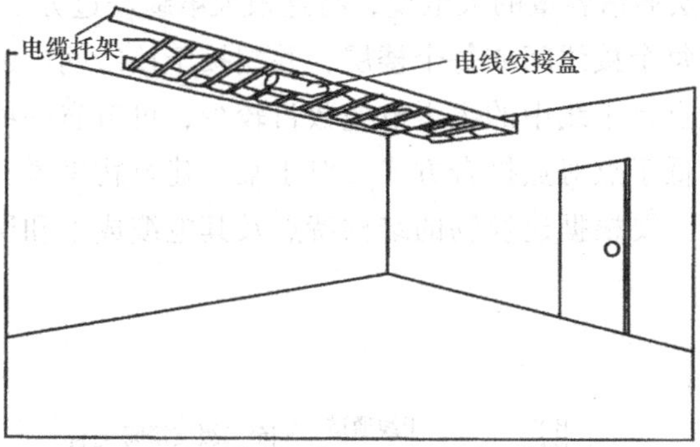

图10-5 托架方法

5）确定干线与干线接线间及二级接线间的接合方法

干线线缆敷设时，干线线缆与干线接线间及二级接线间的连接通常有三种接合方法可供选择，即点对点端接、分支接合、端接与连接电缆三种。

（1）点对点端接法。点对点端接是最简单、最直接的接合方法。首先选择一根含有足够数目双绞线的电缆或光缆，其容量足以支持一个楼层的全部信息插座需要，而且该楼层只需设一个接线间。然后从设备间引出这根电缆，经过干线通道，端接于该楼层的指定接线间里的连接硬件。这根电缆到此为止，不再往别处延伸。所以，这根电缆的长度取决于它要连往哪个楼层以及端接的接线间与干线通道之间的距离。也就是说，电缆长度取决于该楼层离设备间的高度以及该楼层上的横向走线距离。

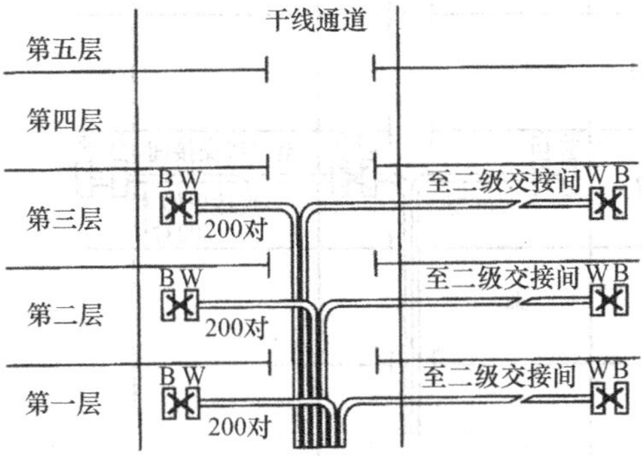

图10-6 点对点端接法

选用点对点端接方法带来的主要问题是干线中的各根电缆长度各不相同（每根电缆的长度要足以延伸到指定的楼层和接线间），而且粗细也不同。在设计阶段，电缆的材料清单应要反映出这一情况。此外，还要在施工图纸上详细说明那根电缆接到哪一楼层的哪个接线间。点对点端接方法的主要优点是可以在干线中采用较小、较轻、较灵活的电缆，不必使用昂贵的接线盒。缺点是穿过干线接线间的电缆数量较多。

（2）分支接合方法。分支接合方法是在干线中采用一根足以支持若干个接线间或若干楼层通信容量的大电缆，将这根大电缆经过分出若干根小电缆，它们分别延伸到每个接线间或每个楼层，并端接于接线间内的连接硬件。这种接合方法的优点是干线中的主干电缆数目较少，可节省一些空间。在某种情况下，其成本低于点对点接合方式。对于某一建筑物来说，究竟采用哪种接合方法最适宜，要根据建筑物的结构特点及其电缆成本和所需的工程费来全面考虑。

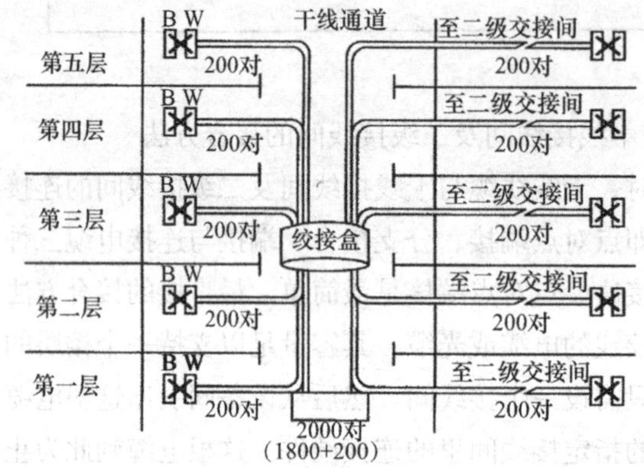

图10-7　分支结合法

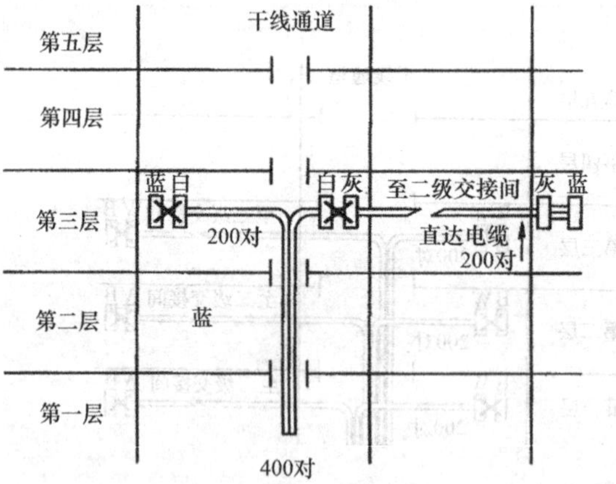

图10-8　端接和连接电缆方法

（3）端接与连接电缆。端接与连接电缆是在特殊情况下使用的技术。一种可能情况是用户希望一个楼层的所有水平端都集中在该楼层的接线间，以便能更方便地管理通道；另一种可能情况是二级接线间太小，无法容纳传输所需的全部电气设备。

6）确定干线电缆尺寸

干线电缆的长度可按实际楼层高及实际距离逐层计算（可用比例尺在图纸上直接量取），也可用等差数列计算。计算时每段干线电缆长度要有备用部分（约10%）和端接容差（可变）。

7）确定敷设电缆所需的支撑结构

干线电缆的数目与接合方法已经确定，接下来选定干线线缆型号，然后根据管道安装及拉伸要求，选择相应的电缆孔、管道或电缆井方式。孔和管道截面利用率为30%～50%。计算公式为$S_1/S_2 \leqslant 50\%$。式中，S_1为线缆所占面积，它等于每根线缆面积乘线缆根数；S_2为所选管道孔的可用面积。通常，管道内同时穿过的线缆根数越多，孔或管道截面利用率越大，一般为30%～55%，如果有必要增加电缆孔、管道或电缆井，也可利用直径／面积换算公式来决定其大小。首先计算线缆所占面积，即每根线缆面积乘线缆根数，在确定线缆所占面积后，按管道面积利用率公式，就可计算出管径。

4．干线布线子系统的距离

1）管理子系统到主配线架

此段距离在带宽为5MHz的范围内应用，楼层配线间的配线架的机械终端到设备间的主配线架（主交叉连接）的最大距离可查表。

通常将设备间的主配线架放在场地的中部附近使电缆的距离最短，安装超过了距离限制，就要采用中间交接（二级交接间），每个中间交接由满足距离要求的主干布线来支持。

2）主配线架到入楼设备

当有关分界点的位置的常规标准允许时，入楼设备到配线架的距离应包括在总距离中。所用媒体的长度和规格要作记录并满足用户的要求。

3）配线架到电信设备

直接与主配线架或二级交接间配线架连接的设备应使用小于30 m长的转接电缆。

10.2.6 管理子系统的设计

管理子系统包含干线接线间或二级接线间内的交叉互联设备。所谓管理就是指线路的交连直连控制，靠管理点来安排或重新安排（即改变路由），使信息传送到所需的新工作区，以实现通信线路的管理。所谓的“管理点”就是指交接设备，也可以说是跳接与控制的级数。管理区子系统设置在每层配线间内，是由交接间的配线设备（双绞线跳线架、光纤跳线架）以及输入输出设备等组成。管理区包括管理交接方案、管理连接硬件和管理标记。

1．管理交接方案

管理交接方案有单点管理和双点管理两种。其工作均在连接场上实现（场是表示在配线设备上，用不同颜色区分各种不同用途线路所占的范围），这个场的结构取决于工作区、布线规范和选用的硬件。

1）单点管理

在整个网络系统中，只有一“点”可以进行线路交连操作（即跳接调度），一般均在设备间（交换机房、主机房或交接网）内，采用星型网络，由它来接调度控制线路，实现对I/O的变动控制。它属于集中管理型。

这种管理职能适用于I/O至交换机或设备间的距离在25m范围内的情况，在I/O数量规模较小的工程中常用。

2）双点管理

在综合布线规模较大时，可设置双点管理双交连。它属于集中、分散管理型。双点管理除了在设备间里有一个管理点之外，在二级交接间或用户房间的墙壁上还有第二个可管理的交接区。双交接要经过二级交接设备。第二个交接可以是一个交接块，它对一个接线块或多个终端块（其配线场与站场各自独立）的配线场和站场进行组合。一般在管理规模比较大且复杂，又有二级交接间时，才设置双点管理双交接方式。

在设备间、配线间及二级交接间的配线设备宜采用色标区别各类用途的配线区。在每个配线区实现线路管理是采用各种色标场之间跳线的方法实现的，这些色标用来分别标明该场是哪一种类型的电缆，如干线电缆、水平电缆或设备端接点。

在管理点，宜根据应用环境用标记插入条来标出各个端接场，下述几种线路可用相应的色标来代表。

（1）在设备间，各种颜色对应的线路

绿色——网络接口的进线侧，即电话局线路以及网络接口的设备侧，即中继/辅助场的总机中继线；

紫色——系统公用设备（如分组交换机的线路）；

黄色——交换机的用户引出线；

白色——干线电缆和建筑群电缆；

蓝色——设备间至工作间或用户终端的线路；

橙色——来自多路复用器的线路；

灰色——端接与连接干线到计算机房或其他设备间的电缆；

红色——关键电话系统；

棕色——建筑群干线电缆。

（2）在配线间，各种颜色对应的线路

白色——来自设备间的干线电缆端接点；

蓝色——连接交接间I/O服务站线路；

灰色——至二级交接间的连接电缆；

橙色——来自交接间多路复用器的线路；

紫色——来自系统公用设备（如分组交换集线器）的线路。

（3）在二级交接间，各种颜色对应的线路

白色——来自设备间的干线电缆的点对点端接；

蓝色——连接交接间I/O服务站线路；

灰色——连接交接间的连接电缆端接；

橙色 / 紫色——与交接间所述线路类型相同。

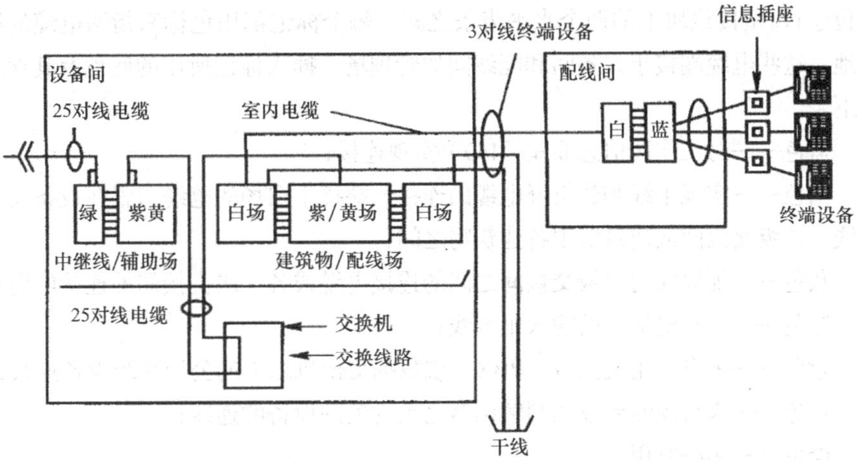

图10-9 典型的配线方案

图10-9是典型的配线方案，从图中可以看出：

① 相关色区应相邻放置；

② 连接块与相关色区相对应；

③ 相关色区与接插线相对应。

2.管理连接硬件

连接硬件主要有配线架和信息插座，它们用于端接或直接连接线缆，使综合布线组成一个完整的信息传输通道。管理区的核心部件是配线架。配线架又可分为电缆配线架和光缆配线架（箱）。

光缆配线架（箱）类型有光缆互连装置（LIU）、光纤交连框架（LGX）；电缆配线架类型主要是110系列交连硬件，110系列又分夹接式（110A型）和插接式（110P型）两类。

3. 综合布线管理标记

综合布线标记是管理子系统的一个重要组成部分。完整的标记应提供以下的信息：建筑物的名称、位置、区号、起始点和功能。

标记系统能使系统管理人员方便地经常改变标记，并且能够随着通信要求的提高扩充。

综合布线使用了三种标记：电缆标记、场标记和插入标记。其中插入标记最常用，这些标记通常是硬纸片，由安装人员在需要时取下来使用。

电缆标记由背面为不干胶的白色材料制成，可以直接贴到各种电缆表面上。其尺寸和形状根据需要而定。在交连场安装和做标记之前利用这些电缆标记来辨别电缆的源发地和目的地。

场标记也是由背面为不干胶的材料制成的，可贴在设备间、配线间、二级交接间、中继线／辅助场和建筑物布线场的平整表面上。

插入标记是硬纸片，可以插入1.27cm × 20.32 cm的透明塑料夹里。这些塑料夹位于110型接线块上的两个水平齿条之间。每个标记都用色标来指明电缆的源发地。这些电缆端接于设备间和配线间的管理场。插入标记所用的底色及其含义如下。

蓝色——对工作区信息插座（I/O）实现连接；

白色——实现干线和建筑群电缆的连接，端接于白场的电缆布置在设备间与干线／二级交接间或建筑群中各建筑物之间；

灰色——配线间与二级交接间之间的连接电缆或各二级交接间的连接电缆；

绿色——来自电话局的输入中继线；

紫色——来自专用交换机（PBX）或数据交换机之类的公用系统设备连线；

黄色——来自控制台或调制解调器之类的辅助设备的连线；

橙色——多路复用输出。

4.管理子系统的设计步骤

（1）决定系统要使用的硬件类型。对于不需要对楼层上的线路进行修改、移位或重新组合的系统，可使用夹接式如110A型；对于经常需要对楼层的线路进行修改、移动或重组的，宜使用插接式如110P型。

（2）决定端接线路的模块化系数。连接电缆端接采用3对线；基本型综合布线设计中的干线电缆端接采用2对线；增强型或综合型综合布线设计中的干线电缆端接采用4对线；工作站端接采用4对线。

（3）决定蓝场端接工作站所需的二级交接间跳线架数目。工作站端接必须选用4对线模块化系数。

例：计算含100对线的一个跳线架可以端接多少个4对线线路。一个跳线架每行可端接25对线。含100对线的跳线架每个有4行。

计算公式如下：

$$\frac{25\text{(线对最大数目/行)}}{\text{线路的模块化系数}}=\text{线路数/行} \qquad (10\text{–}1)$$

$$\text{线路数/个}=\text{行数}\times 4\text{对线线路数/行} \qquad (10\text{–}2)$$

若线路模块化系数选取4个线对，且选用含100对线的跳线架，则

$$\frac{25\text{对}}{4\text{对}}=6\text{条}4\text{对线线路/行}$$

一个100对线的跳线架有4行，所以一个100对线的跳线架有4 × 6＝24条线路，

每条线路含4对线。

（4）决定蓝场所需的跳线架的规格和数量可用以下公式：

$$\frac{\text{I/O数}}{\text{线路数/每个跳线架}}=\text{300对线的跳线架数量} \quad (10\text{–}3)$$

取高整数以得到所需的300对线跳线架的总个数。即需要2个含300对线的跳线架。

（5）决定目前在橙场或紫场上的二级交接间及配线间电子设备进行端接所需的300对线跳线架的数量。

橙场上的多路复用器端接于4对线模块，它选用25对线的带连接器或现场端接的电缆，配以50脚连接器。这个单元有6根带连接器的25对线电缆，因而需要在110硬件上占用6行，每行25对线。计算跳线架规格和数量的公式如下：

$$\text{蓝场为:}\frac{\text{I/O数}}{12\times 6}=\text{300对线跳线架的数量;} \quad (10\text{–}4)$$

$$\text{紫/橙和灰场为:}\frac{\text{I/O数}}{12\times 8}=\text{300对线跳线架的数量;} \quad (10\text{–}5)$$

$$\text{白场基本型为:}\frac{2\times\text{线路数}}{12\times 12}=\text{300对线跳线架的数量;} \quad (10\text{–}6)$$

$$\text{增强/综合型为:}\frac{3\times\text{线路数}}{12\times 8}=\text{300对线跳线架的数量。} \quad (10\text{–}7)$$

（6）决定在二级交接间和配线间端接干线电缆所需的300对线跳线架的数量。

干线电缆规模取决于工作区的数量而不是信息插座的数量。根据干线的设计结果就可以知道二级交接间或配线间的白场应选用什么规格的电缆来进行端接。

$$\text{用于端接干线电缆所需的300对线跳线架的数量}=\frac{\text{电线的线对数}}{300} \quad (10\text{–}8)$$

（7）决定二级交接间连接电缆进行端接所需的跳线架数量。

计算模块化系数应是每条线路含4对线。连接电缆是按灰场与蓝场之比为1∶1进行管理。按每个I/O分配4对线计算，就可得到在110C连接块上端接电缆所需的接线块数量。

（8）决定在配线间端接连接电缆所需的跳线架数量（同上）。

（9）列出管理配线间墙面的全部材料清单，并画出详细的墙区结构图。

（10）利用每个配线间墙面尺寸，画出每个配线间的等比例图，其中包括如下信息。

① 干线电缆孔；

② 电缆和电缆孔的配置；

③ 电缆布线空间；

④ 接线盒空间（如果需要的话）；

⑤ 房间进出管道和电缆孔的位置；

⑥ 根据电缆直径确定的配线间和二级交接间之间的配线管道；

⑦ 管道内要安装的电缆；

⑧ 110硬件的空间；

⑨ 硬件安装细节；

⑩ 其他设备如多路复用器、集线器或供电设备等的安装空间。

（11）在画出来详细施工图之前，利用为每个配线场和配线间准备的等比例图，从最高楼层和最远区位置开始逐一核查以下项目。

① 设备间、楼层配线间和二级交接间的底板间实际尺寸能否容纳配线场硬件。为此应对比一下连接块的总面积和可用墙面的总面积。

② 应把干线电缆总数与所提供的电缆孔数目进行对比。

③ 墙空间是否足以给穿过配线间的电缆提供路由和提供分支结合空间。

5．干线交接间（楼层配线间）的建筑考虑

管理子系统的干线交接间应根据建筑物平面的规模和内部布线分区来考虑，在楼层上可设置一个、两个或两个以上干线交接间。各楼层的干线交接间位置应与上层或下层相应对齐，便于垂直干线线缆敷设。

设计干线交接间应符合下列规定：

（1）线交接间的数目应从楼层配线架至信息插座水平布线的长度距离来考虑，当水平布线的长度在90 m范围以内，宜设置一个干线交接间。当超出这一范围时，可考虑设置两个或两个以上的干线交接间，或可采用经过分支电缆与交接间相连接的二级交接间（卫星接线间）。

（2）通常，干线交接间兼作楼层弱电电信间，即在交接间内安放弱电各个通信设备，如集线器（HUB）、楼层的电视监控报警、广播等分接设备时，其面积不应小于$10m^2$。当布线系统单独设置干线交接间时，其面积为$1.8m^2$，（1.2m深×1.5m宽）的扁长管道间，可安装200个单孔信息插座的工作区所需的连接硬件和相关设备。当一组单孔信息插座超过200个时，可在该楼层增加1个或2个二级交接间。

（3）干线交接间和二级交接间内，凡要安装布线硬件的部位，墙壁上应涂阻燃漆。

（4）根据规范要求，设备间总配线架至干线交接间和楼层干线交接间至二级交接间的干线线缆（光缆或铜缆）必须采用防火铠装线缆。当非阻燃型线缆被安放在带有防火阻燃措施的管道里，或每层交接间内采取了严格的防火措施后，则可以不采用防火铠装线缆。

（5）干线交接间和二级交接间的电源插座宜按照计算机设备电源要求进行工程设计，便于多个集线器HUB或路由服务器等设备的使用。

（6）交接间应避免电磁源的干扰，并安装小于或等于1 Ω阻值的接地装置。

10.2.7 设备间子系统的设计

设备间是一个可安放许多用户共用的通信装置的场所，是通信设施、配线设备所在地，也是线路管理的集中点。其作用就是把公用系统设备连接到建筑物综合布线系统上。

1. 设备间子系统的硬件

设备间子系统的硬件大致与管理子系统的硬件相同，基本是由光纤、铜线电缆、跳线架、引线架、跳线构成，但规模比管理子系统大得多，不同的是设备间有时要增加防雷、防过压、过流的保护设备。通常这些防护设备是同电信局进户线、程控交换机主机、计算机主机配合设计安装，有时需要综合布线系统配合设计。

设备间内的所有进线终端设备宜采用如下色标表示:

绿色——网络接口的进线侧，即电话局线路；

紫色——网络接口的设备侧，即中继／辅助场总机中继线；

黄色——交换机的用户引出线；

白色——干线电缆和建筑群电缆；

蓝色——设备间至工作间或用户终端的线路；

橙色——来自多路复用器的线路。

2. 设备间子系统的设计

设备间子系统的设计过程可分为三个阶段：第一阶段是选择和确定主布线场交连硬件（跳线架、引线架）的规模；第二阶段是选择和确定中继线／辅助场的交连硬件规模；第三阶段确定设备间各硬件的安置地点。

1）选择和确定主布线场的硬件规模

主布线场是用来端接来自电话局和公用系统设备的线路，以及连接建筑主干线子系统和建筑群子系统的线路。最理想的情况是交连场的安装应使跳线或跨接线可连接到该场的任意两点。在规模较小的交连场安装时，只要把不同颜色场一个挨一个地安装在一起，就容易达到上面的目的。对于较大的交连场，不得把一个颜色的场一分为二，即布置在另一个颜色的场的两边，因为，即使采用了这种办法，有时一个更大的场线路也无法进行管理。

确定主布线场交连硬件规模的步骤和确定楼层管理间内交连硬件的步骤是一样的。首先确定话音、数据等线路要端接的电缆线对数，其次确认每条线路的线对数，然后决定每个跳线架可供使用的线对总数，最后确定白场跳线架总数。其公式如下：

$$\text{白场跳线架总数}=\frac{\text{每种应用（话音或数据）所需的输入线对总数}}{\text{每个跳线架的可用线对总数}}\text{（取最高整数）} \tag{10-9}$$

一个场的最大规模视交连场硬件的类型而定。若采用110P型跳线架，白场的最大规模约3600对线；若采用110A型跳线架，最大规模是10800对线。对于需用1000多条线路的交连场，应当使用最大区规模（3600对线或10800对线）作为基本单元，并通过增加若干个区单元或半个单元来进行扩充。

2）选择和确定中继线/辅助场的硬件规模

中继线/辅助交连场用于端接中继线、公用系统设备和交换机辅助设备（如值班控制台、应急传输线路等）。中继线/辅助场分为三个色场：绿场、紫场和黄场。绿场用于端接网络接口的设备侧；紫场用于端接来自系统设备（如分组交换机）的线路；黄场用于端接交换机用户引出线。

按主布线场交连硬件规模的确定方法，可确定中继线/辅助交连场的规模，即所需跳线架的总数和类型。

3）确定设备间各硬件的安置地点

确定了主布线终端每场所需的跳线架总数之后，便可按选定硬件实际尺寸，决定墙面或机柜的配置。安排墙面布置时，一方面应使之适应所选用的线路管理方法、插入线方法或交连跨接线方法；另一方面应在交连场之间留空间，以便容纳未来扩充的交连硬件。比如中继线/辅助场和主布线场交连硬件之间应留出墙空间以便扩充。如果可能的话，应把网络接口和中继线/辅助场分别安装在相邻的墙上，如在同一墙壁上安装这些场，将使这两种场的任何一个都难以扩充。但注意任何一个交连场不应分布于两个墙壁上。

3．主布线场安装应考虑的问题

（1）设备间的位置和大小应根据设备间的数量、规模、最佳网络中心等因素来综合考虑确定。

（2）主布线场的位置应尽量接近弱电竖井的位置。

（3）主布线场应尽量安排在一个墙面上，这样可使跳线简捷，便于管理。

（4）当超大型建筑物布线系统规模和主设备间无足够大的墙面安装跳线架时，可在设备间适当位置安排单面或双面机柜。

4．设备间的建筑考虑

在综合布线系统中，设备间不但是安放大楼用户共用的通信设备的场所，如安放系统的主配线架、数字用户交换机、计算机主机、计算机局域网络等设备，而且还是建筑物内综合布线系统与所有电话局线缆以及计算机局域网与外界广域网连接口的交汇间，是整个建筑物或建筑群布线的重要管理所在地。因此，在设计设备间时应符合下列建筑规定：

（1）设备间应处于建筑物的中心位置，便于干线线缆的上下布置。当电话局引入大楼中继线采用光缆后，设备间通常宜设置在建筑物大楼总高的（离地面）1/4~1/3楼层处。当系统采用建筑楼群布线时，设备间应处于建筑楼群的中心处，并位于主建筑楼的底层或二层楼层中。

（2）设备间室温应保持在18～27℃之间，相对湿度应保持在60%～80%

（3）设备间应安装消防系统，采用防火防盗门以及采用至少能耐火1h的防火墙。

（4）设备间应对房内所有通信设备按照《民用建筑电气设计规范》JGJ 16—2008，保持有足够的安装操作空间。

（5）设备间的内部装修、空调设备系统和电气照明等安装应满足工艺要求，并在装机前施工完毕。

（6）设备间应洁净、干燥，通风良好，防止有害气体（如SO_2、H_2S、NH_3、NO_2等）侵入，并应有良好的防尘措施。

（7）设备间应采用防静电的活动地板，并架空高度0.25～0.3m，便于通信设备大量线缆的安放走线。活动地板平均荷载不应小于500 kg/m^2。

（8）设备间室内净高不应小于2.5m，大门的净高度不应小于2.1m（当用活动地板时，大门的高度不应小于2.4m），大门净宽不应小于0.9m 。凡要安装综合布线硬件的部位，墙壁和天花板处应涂阻燃油漆。

（9）设备间的水平面照度应大于300lx，照明分路控制要灵活、操作要方便。

（10）设备间的位置应避免电磁源的干扰，并安装小于或等于1Ω阻值的接地电阻。

（11）在设备间内安放计算机通信设备时，使用电源应按照计算机设备电源要求进行工程设计。

10.2.8 建筑群子系统的设计

建筑群子系统是指在两个以上的建筑物的电话、数据、图像和监控等系统组成的一个建筑群综合布线系统中，由连接各建筑物之间的传输介质和各种相关支持设备（硬件）组成的综合布线建筑群子系统。这部分布线系统可以采用有线通信方式，也可以采用无线通信方式，这里我们只介绍有线通信方式。有线通信就是在楼与楼之间敷设电缆，其敷设方式有架空电缆、直埋电缆、地下管道电缆，或者是这三者的任意组合。究竟采用何种方式要视现场具体情况而定。

1. 建筑群干线布线方法

1）架空布线法

采用这种方法，由电线杆支撑的电缆在建筑物之间悬空。电缆可使用自支撑电缆（电缆的铠皮中具有强有力的钢丝绳），也可把电缆系在钢丝绳上。如果原先就有电线杆，这种布线方法成本较低，但影响美观，而且保密性、安全性和灵活性也差，因而它不是理想的建筑群布线方法。采用这种布线要服从电信电缆架空敷设有关的规范和规定。

2）直埋布线法

直埋式布线方法是把电缆直接埋入地下，即在直埋沟中放入电缆，然后填土完成。直埋布线除了对穿越基础墙的那部分电缆要加保护套管外，电缆的其余部分都不需要加套管保护。基础墙里的电缆保护套管应尽量往外延伸，一直达到没有人动土的地方，以免以后有人在墙边挖土时损坏电缆。直埋电缆通常应埋在距地面0.6m以下的地方，或者应按照当地有关建筑施工法规去做。如果在同一土沟里埋入了通信电缆和电力电缆，应设计明显的公用标志。

直埋布线法优于架空布线法，它可对电缆提供某种程度的机械保护而且可保持建筑物的外貌，但电缆难以更换和扩容。

3）管道内布线法

管道内布线是由管道和人孔或手孔组成的地下系统，它用来对网络内的各个建筑物进行互联。由于管道是由耐腐蚀材料做成的，所以这种方法对电缆提供了最好的机械保护，使电缆受损和维修停用的机会减少到最小程度，而且能保持建筑物原貌。

一般来说，管道的埋设深度要在0.5m以下，或者应符合当地有关建筑施工法规规定的深度。在电源和通信人孔共用的情况下（管道内有电力电缆），通信电缆切不要在人孔里进行端接。通信管道与电力管道必须至少用8cm厚的混凝土或30cm的压实土层隔开。安装时至少应埋设一个备用管道并放进一根拉线，供以后扩充使用。

4）隧道内布线法

在建筑群环境中，建筑物之间通常有地下沟道，如供热管道地沟、冷热水管道地沟等。借助这些沟道来敷设电缆，不但成本低，而且可利用原有的安全设施。为了防止热气或热水可能泄漏而损坏电缆，电缆的安装位置应与热水管保持一定的距离，装在尽可能高的地方。关于这方面的要求，当地建筑施工法规有明确的具体规定。

以上4种布线方法的优缺点比较如表10-1所示。在我们进行设计时，一定要综合考虑，采用灵活的、思路开阔的方法。既要考虑实用，又要考虑经济、美观，还要考虑维护方便。

建筑群布线方法比较　　表10-1

方法	优点	缺点
管道内	提供最佳的机械保护，任何时候都可敷设电缆，电缆的敷设、扩充和加固都很容易，能保持建筑物的外貌	挖沟、开管道和人孔的成本很高
直埋	提供某种程度的机械保护，能保持建筑物	挖沟成本高，难以安排电缆的敷设位置，难以更换和加固
架空	如果本来就有电线杆，则成本最低	没有提供任何机械保护，灵活性差，安全性差，影响建筑物的美观
隧道	没有提供任何机械保护，灵活性差，安全 如果本来就有地沟，则成本最低，安全	热量或泄漏的热水可能会损坏电缆，有被水淹没的可能

2．建筑群电缆设计步骤

1）确定敷设现场的特点

（1）确定整个建筑群大小；

（2）确定建筑地界；

（3）确定共有多少幢建筑物。

2）确定电缆系统的一般参数

（1）确认起点位置；

（2）确认端接点位置；

（3）确认涉及的建筑物和每幢建筑物的层数；

（4）确定每个端接点所需的双绞线对数；

（5）确定有多个端接点的每幢建筑物所需的双绞线总对数。

3）确定建筑物的电缆入口

（1）对于现有建筑物，需要了解如下的几个方面：

① 了解各个入口管道的位置；

② 确定每幢建筑物有多少入口管道可供使用；

③ 明确入口管道数目是否符合系统的需要。

（2）如果入口管道不够用，则要确定如下内容：

① 确认在移走或重新布置某些电缆时是否能腾出某些入口管道；

② 确定在不够用的情况下应另装多少入口管道。

（3）如果建筑物尚未建起来，则要确定如下内容：

① 根据选定的电缆路由去完成电缆系统设计，并标出入口管道的位置；

② 选定入口管道的规格、长度和材料；

③ 要求在建筑物施工过程中安装好入口管道。

建筑物电缆入口管道的位置应便于连接公用设备，还应根据需要在墙上穿过一根或多根管道。所有易燃材料如聚丙烯管道、聚乙烯管道衬套等应端接在建筑物的外面。外线电缆的聚丙烯护皮可以例外，只要它在建筑物内部的长度（包括多余电缆的卷曲部分）不超过15m即可。反之，如果外线电缆延伸到建筑物内部的长度超过15m，就应使用合适的电缆入口器材，在入口管道中填入防水和气密性很好的密封胶。

4）确定明显障碍物的位置

（1）确定土壤类型，如沙质土、黏土、砾土等；

（2）确定电缆的布线方法；

（3）确定地下公用设施的位置；

（4）查清在拟定的电缆路由中沿线的各个障碍位置或地理条件；

（5）确定对管道的需求。

5）确定主电缆路由和备用电缆路由

（1）对于每一种待定的路由，确定可能的电缆结构；

（2）所有建筑物共用一根电缆；

（3）对所有建筑物进行分组，每组单独分配一根电缆；

（4）每个建筑物单用一根电缆。

查清在电缆路由中哪些地方需要批准后才能通过。比较每个路由的优缺点，从而选出最佳路由方案。

6）选择所需电缆类型和规格

（1）确定电缆长度；

（2）画出最终的系统结构图；

（3）画出所选定路由位置和挖沟详图，包括公用道路图或任何需要经审批才能动用的地区草图；

（4）确定入口管道的大小与规格；

（5）选择每种设计方案所需的专用电缆；

（6）如果需要用管道，应选择其规格和材料；

（7）如果需用钢管，应选择其规格、长度和类型。

7）确定每种选择方案所需的劳务费

（1）确定布线时间：

① 包括迁移或改变道路、草坪、树木等所花的时间；

② 如果使用管道，应包括敷设管道和穿电缆的时间。

（2）确定电缆接合时间；

（3）确定其他时间，例如拆除旧电缆、处理障碍物所需的时间；

（4）计算总时间（（1）项+（2）项+（3）项）；

（5）计算每种设计方案的成本（总时间×当地的工时费）。

8）确定每种选择方案所需的材料成本

（1）确定电缆成本：

① 确定每米的成本；

② 针对每根电缆，查清每100 m的成本。

（2）确定所有支撑结构的成本：

① 查清并列出所有的支撑结构；

② 根据价格表查明每项用品的单价；

③ 将单价乘以所需的数量。

（3）确定所有支撑硬件的成本

对于所有的支撑硬件，重复（2）项所列的三个步骤。

9）选择最经济、最实用的设计方案

（1）把每种选择方案的劳务费和材料成本加在一起，得到每种方案的总成本。

（2）比较各种方案的总成本，选择成本较低者。

（3）分析这个方案是否有重大缺点，以至于抵消了它的经济性。如果发生这种情况，应该取消此方案，考虑经济性次好的设计方案。

10.2.9 进线间子系统的设计

进线间因涉及因素较多，难以统一提出具体所需面积，可根据建筑物实际情况，并参照通信行业和国家的现行标准要求进行设计，其基本要求如下：

（1）进线间应设置管道入口。

（2）进线间应满足线缆的敷设路由、光缆的盘长空间、线缆的弯曲半径、维护设备、配线设备安装所需要的场地空间和面积。

（3）进线间的大小应按进线间进楼管道的最终容量及入口设施的最终容量设计，同时应考虑满足多家电信业务经营者安装入口设施等设备的面积。

（4）进线间宜靠近外墙和在地下设置，以便于线缆引入。

另外，进线间设计应符合下列规定：

① 进线间应防止渗水，宜设有抽排水装置。

② 进线间应与布线系统垂直竖井沟通。

③ 进线间应采用相应防火级别的防火门，门向外开宽度不小于1000mm。

④ 进线间应设置防有害气体措施和通风装置，排风量按每小时不小于进线间容积的5倍计算。

（5）与进线间无关的管道不宜通过。

（6）进线间入口管道口所有布放线缆和空闲的管孔应采取防火材料封堵，做好防水处理。

（7）进线间如安装配线设备和信息通信设施，应符合设备安装设计的要求。

图10-10是一个典型的进线间子系统的布置图，从电信局来的电缆进入一个阻燃接合箱，然后保护装置的柱状电缆（长度很短并有许多细线号的双绞线电缆）线对通过这个接合箱与该服务电缆的线对互相连接，装在墙上的网络接口器则把保护装置的另一端电缆连接到干线子系统的电缆。

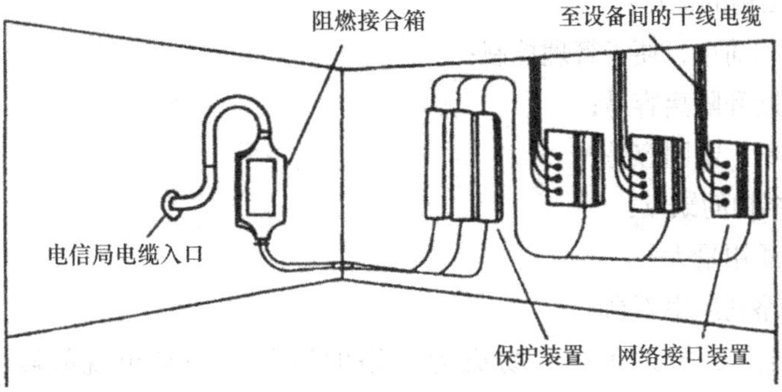

图10-10 建筑物线缆入口区

10.2.10 综合布线的拓扑结构

综合布线系统的网络结构，从几何上抽象、概括成一种典型结构，这种结构称为拓扑结构。若把综合布线系统中的基本单元定义为节点，两个相邻节点之间的连接线缆称为链路，则从拓扑学观点看，综合布线系统可以说是由一组节点和链路组成的。节点和链路的几何形状就是综合布线系统的拓扑结构。

综合布线系统中的节点有两类：转接点和访问点。干线交接间、楼层配线间、二级交接间内的配线管理系统及其有源设备等属转接点，它们在布线系统中只是转接和交换传送的信息。设备间的系统集成中心设备和信息插座所连接的终端（设备）是访问节点，它们是信息传送的源节点和目标节点。节点往往和工作区的终端（设备）联系在一起，也就是说，一个信息点既可以连接一台数据或语音设备，又可以连接一台图像设备，还可以连接一个传感器器件。

拓扑结构的选择往往和建筑物的结构和访问控制方式密切相关。节点的连接方式不同，也可得到不同的拓扑结构。综合布线系统的拓扑结构主要有星型、总线型、环型和树型等。

1. 星型拓扑结构

星型拓扑结构由一个中心节点（主配线架）向外辐射延伸到各从节点（楼层配线架）组成。由于每一条链路从中心节点到从节点的线路均与其他线路相对独立，所以布线系统设计是一种模块化的设计。如图10-11所示。

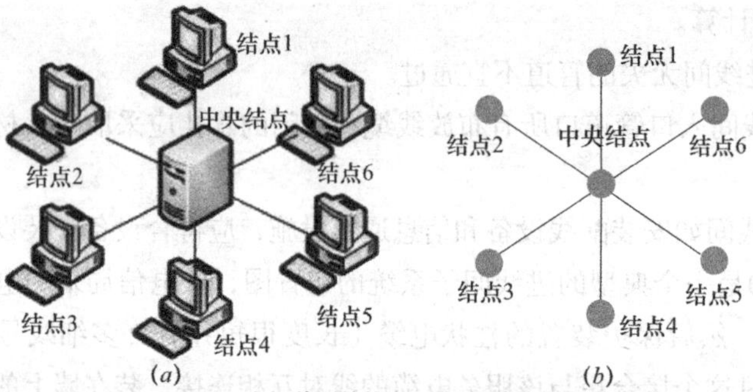

(a) 物理结构；(b) 拓扑结构

图10-11 星型拓扑结构

星型拓扑结构的优点：

① 网络结构简单，便于管理控制；

② 故障诊断和隔离容易；

③ 集中控制，组网容易。

星型拓扑结构的缺点：

① 传输介质用量大；

② 通信线路利用率不高；

③ 中央结点负担过重，容易成为网络的瓶颈，一旦出现故障则全网瘫痪。

2. 总线型拓扑结构

总线型拓扑结构采用公共主干线作为传输介质，所有的分配线架都通过相应分配线间的设备硬件接口直接连接到主干线上，或称总线上。任何一个分配线间的设备发送信号都可以沿着主干线传播，而且能被所有其他分配线间的设备接收。智能建筑的消防系统常采用这种结构。

总线型拓扑结构的优点：

① 结构简单，有较高可靠性；

② 易扩展性，安装扩展方便；

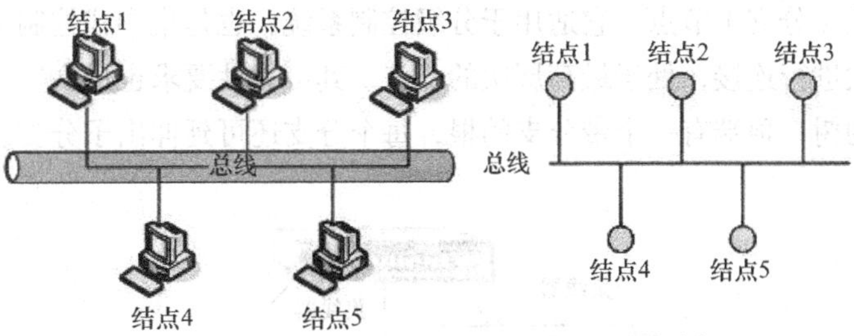

(a) 物理结构；(b) 拓扑结构

图10-12 总线型拓扑结构

③ 所需要的传输介质用量少。

总线型拓扑结构的缺点：

① 传输距离有限，通信范围受限；

② 难于进行故障隔离和重新配置；

③ 总线出现故障会终止所有通信。

3．环型拓扑结构

环型拓扑结构是各节点通过各分配线间的有源设备相接形成的环型通信回路，各节点之间无主从关系。每个分配线间的有源设备都与两条链路相连。

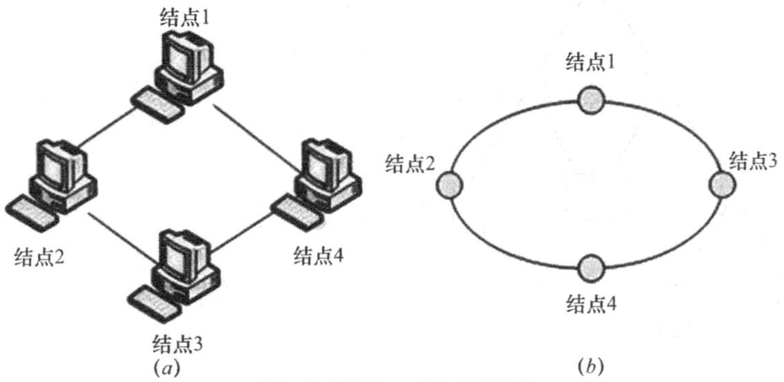

(a) 物理结构；(b) 拓扑结构

图10-13 环型拓扑结构

环型拓扑结构的优点：

① 结构简单，可靠性高；

② 易于扩展，安装方便；

③ 信息流动方向固定，两点只有一条线路，简化了路径选择的控制。

环型拓扑结构的缺点：

① 难于进行故障隔离和重新配置；

② 单环时，单点出现故障会终止所有通信；

③ 结点过多时，影响传输效率，使网络响应时间变长。

4．树型拓扑结构

树型拓扑实际是星型结构的发展和扩充，也是一种分层结构，具有主（根）

节点和各从（分支）节点。它适用于分级控制系统，也是集中式控制的一种。各节点按层次进行连接，处于最高层次的节点，其可靠性要求也最高。它的开头像一棵倒置的树，顶端有一个带分支的根，每个分支还可延伸出子分支。

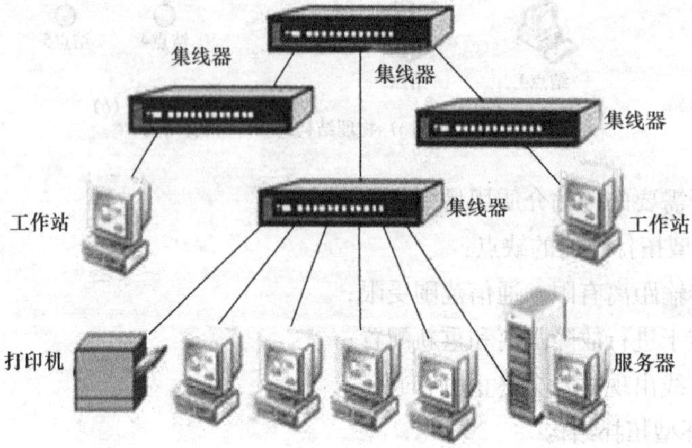

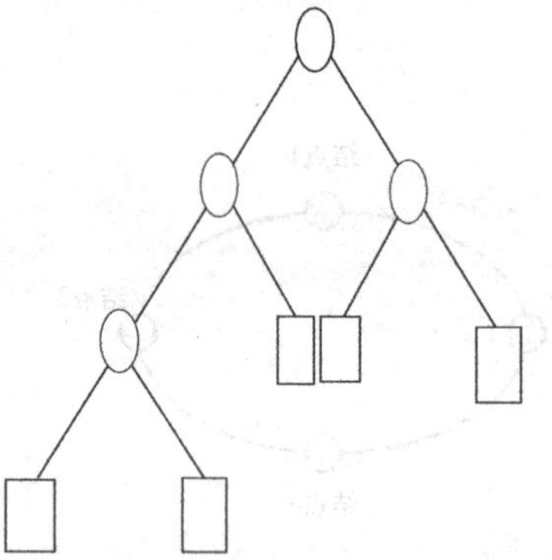

图10-14 树型拓扑结构

树型拓扑结构的优点：

① 结构比较灵活；

② 易于网络扩展；

③ 故障诊断与排除比较容易。

树型拓扑结构的主要缺点：对根节点的要求较高，一旦根节点出现问题，则整个网络不能正常运行。

一般来说，选择拓扑结构时应注意下列基本原则：

（1）可靠性。在布线系统中，有两类故障，一类是个别节点损坏，这只影响局部；另一类是系统本身无法运行。拓扑结构的选择要使故障检测和故障隔离较为方便。

（2）灵活性。布线系统中的终端是分布在各工作区的，要考虑到在增加、移动或拆除一些终端（设备）时，很容易重新配置成不同的拓扑结构，不至于使整个系统停止工作。

（3）可扩充性。新建的建筑物要预留弱电竖井和楼层配线间，并留有一定的扩展空间。线路要选择路由最短、最安全，且易于安装和扩充的。传输介质既要满足当前要求，又要适应今后的发展，通常主干线采用光缆和超5类双绞线。

10.3 综合布线系统的电源、电气防护和接地

10.3.1 电源要求

（1）设备间内安放计算机时，应按照计算机主机电源要求进行工程设计。

（2）设备间、交接间应用可靠的交流220 V，50 Hz电源供电。

10.3.2 电气防护

1.综合布线网络应采取防护措施的情况

1）在大楼内部存在的，且不能保持安全间隔的干扰源有：

（1）配电箱和配电网产生高频干扰；

（2）大功率电动机电火花产生谐波干扰；

（3）荧光灯管，电子启动器；

（4）开关电源；

（5）电话网的振铃电流；

（6）信息处理设备产生周期性脉冲。

2）在大楼外部存在的，且处于较高电磁场强度的环境下的干扰源有：

（1）雷达；

（2）无线电发射设备；

（3）移动电话基站；

（4）高压电线；

（5）电气化铁路；

（6）雷击区。

3）关于周围环境的干扰信号场强或综合布线系统的噪声电平有如下规定：

（1）对于计算机局域网，引入10 kHz ～600 MHz以下的干扰信号，其场强为1 V/m；600 MHz ～2.8GHz的干扰信号，其场强为5 V/m；

（2）对于电信终端设备，通过直流或交流等引入线，引入RF0.15MHz ～80 MHz的干扰信号，其场强度为3V（幅度调制80%，1kHz）；

（3）具有模拟 / 数字终端接口的终端设备，在提供电话服务时，噪声信号电平应符合有关规定。当终端设备提供声学接口服务时，噪声信号电平也应符合相应的规定；

（4）ISDN的初级接入设备的附加要求，在l0 s测试周期内，帧行丢失的数目

应小于10个；

（5）背景噪声最少应比基准电平小12 dB.

4）综合布线系统的发射干扰波的电场强度不得超过表10–2规定。

发散干扰波电场强度限值表　　　　表10–2

频率范围	测量距离	
30～230MHz	A类设备（第三产业）30m	B类设备（住宅）10m
	30dB μ V/m	30dB μ V/m
230MHz ～1GHz	37dB μ V/m	37dB μ V/m

2．综合布线系统与其他干扰源的间距

综合布线系统与其他干扰源的间距应符合表10–3要求。

与其他干扰源的间距表　　　　表10–3

其他干扰源	与综合布线接近状况	最小间距/m
380V以下电力电缆 ＜2kVA	与缆线平行敷设	13
	有一方在接地的线槽中	7
	双方都在接地的线槽中	4
380V以下电力电缆 2～5kVA	与缆线平行敷设	30
	有一方在接地的线槽中	15
	双方都在接地的线槽中	8
380V以下电力电缆 ＞5kVA	与缆线平行敷设	60
	有一方在接地的线槽中	30
	双方都在接地的线槽中	15
荧光灯、氩灯、电子启动器或交感性设备	与缆线接近	15~30
无线电发射设备（如天线、传输线、发射机……） 雷达设备 其他工业设备（开关电源、电磁感应炉、绝缘测试仪……）	与缆线接近（当通过空间电磁场耦合强度较大时，应按有关规定办理）	≥150
配电箱	与配线设备接近	≥100
电梯、变电室	尽量远离	≥200

3.综合布线系统缆线和配线设备

综合布线系统应根据环境条件选用相应的缆线和配线设备，并符合下面两条要求。

（1）各种缆线和配线设备的抗干扰能力，采用屏蔽后的综合布线系统平均可减少噪声20dB。

（2）各种缆线和配线设备的选用原则如下：

① 当周围环境的干扰场强度或综合布线系统的噪声电平高于电气防护的规

定，干扰源信号或计算机网络信号频率大于或等于30MHz时，可采用UTP缆线系统和非屏蔽配线设备。

② 应根据其超过标准的量级大小，分别选用FIP、SFTP、STP等不同的屏蔽缆线系统和屏蔽配线设备。

③ 周围环境的干扰场强度很高，采用屏蔽系统已无法满足各项标准的规定时，应采用光缆系统。

④ 当用户对系统有保密要求，不允许信号往外发射时，或系统发射指标不能满足规定时，应采用屏蔽缆线和屏蔽配线设备，或光缆系统。

10.3.3 接地要求

在综合布线系统采用屏蔽措施时，应有良好的接地系统，并符合下列规定：

（1）保护地线的接地电阻值，在单独设置接地体时，不应大于4Ω；采用联合接地体时，不应大于1Ω。

（2）综合布线系统的所有屏蔽层应保持连续性，并应注意保证导线相对位置不变。

（3）屏蔽层的配线设备（FD或BD）端应接地，用户（终端设备）端视具体情况宜接地，两端的接地应尽量连接同一接地体。若接地系统中存在两个不同的接地体，其接地电位差不应大于1V。

（4）每一楼层的配线柜都应单独布线至接地体，接地导线的选择应符合表10–4规定。

接地导线选择表　　表10–4

名称	接地距离≤30m	接地距离≤150m
接入自动交换机的工作站数量/个	≤50	>50,≤300
专线的数量/条	≤15	>15,≤80
信息插座的数量/个	≤75	>75,≤450
工作区的面积/m^2	≤750	>750,≤4500
配线室或电脑室的面积/m^2	10	15
选用绝缘铜导线的截面/mm^2	6~16	16~50

（5）信息插座的接地可利用电缆屏蔽层连至每层的配线柜上。工作站的外壳接地应单独布线连接至接地体，一个办公室的几个工作站可合用同一条接地导线，应选用截面积不小于2.5mm的绝缘铜导线。

（6）在综合布线的电缆采用金属槽道或钢管敷设时，槽道或钢管应保持连续的电气连接，并要求两端应有良好的接地。

（7）干线电缆的位置应接近垂直的地导体（例如建筑物的钢结构），并尽可能位于建筑物的网络中心部分。

10.3.4 引入建筑物线路保护

1.当电缆从建筑物外面进入建筑物内部容易受到雷击、电源碰地、电源感应电势或地电势上浮等外界影响时，必须采用保护器。

2.在下述任何一种情况下，线路均属于处在危险环境，均应对其进行过压过流保护。

（1）雷击引起的危险影响；

（2）工作电压超过250V的电源线路碰地；

（3）地电势上升到250V以上而引起的电源故障；

（4）交流50Hz感应电压超过250V。

3.综合布线系统的过压保护宜选用气体放电管保护器，过流保护宜选用能够自动恢复的保护器。

4.凡综合布线系统有关的有源设备的正极或外壳、干线电缆屏蔽层及连通接地线均应接地，并宜采用联合接地方式。如同层有避雷带及均压网（高于30m时每层都设置）时应与其连接，使整个大楼的接地系统组成一个笼式均压体。

10.3.5 其他

在易燃区或大楼竖井布放的光缆或铜缆必须有阻燃护套。当这些缆线敷设在不可燃管道里，或者每层楼都采用了隔火措施时，可以不设阻燃护套。

在易燃区或大楼竖井布放的光缆或铜缆，宜采用防火和防毒电缆。相邻的设备间应采用阻燃型配线设备。

本章小结

综合布线系统是一种在建筑物内或建筑群之间信息传输的网络系统，它是智能建筑的一部分，犹如智能建筑内的一条信息高速公路。综合布线系统一共有七个子系统，每个子系统都是一个相对独立的单元，对每个子系统的改变都不会影响其他子系统。兼容性、灵活性、先进性、开放性、可靠性和经济性是综合布线系统的特性，其常见的网络拓扑结构为星型、总线型、环型、树型等。通过本章的学习，使我们明白，楼宇自动化各个系统之间高度集成的基础和高速公路是综合布线系统。

思考题

1. 简述综合布线系统的概念。
2. 简述综合布线系统的组成和作用。
3. 简述综合布线系统的设计等级。
4. 综合布线系统包括哪几个子系统？
5. 简述综合布线系统的电源要求。

11 智慧社区

学习目的

1. 了解智慧社区的概念、基本构成、基本功能；

2. 了解智慧社区建设的总体框架及内容构成，总设计目标、指导思想与设计原则；

3. 熟悉智慧社区建设的总体技术路线、关键技术以及智慧社区服务系统功能架构及常见建设模式。

本章要点

智慧社区概述；智慧社区服务系统建设的主要内容；智慧社区总体设计；智能社区建设的关键技术；智慧社区服务系统概要设计。

11.1 智慧社区概述

智慧社区是社区管理的一种新理念，是新形势下社会管理创新的一种新模式。随着智慧城市概念的提出，并在中国城市化和信息化融合中发展。充分借助互联网、物联网涉及智能楼宇、智能家居、路网监控、智能医院、城市生命线管理、食品药品管理、票证管理、家庭护理、个人健康与数字生活等诸多领域，充分发挥信息通信（ICT）、RDIF相关领先技术，以及电信及信息化基础设施等优势，通过建设ICT基础设施、认证、安全等平台和示范工程，构建社区发展的智慧环境，形成基于海量信息和智能过滤处理的新的产业和社会管理等模式，构建面向未来的全新的城区（社区）形态。

11.1.1 智慧社区概念

智慧社区作为智慧城市的组成部分，是信息时代的社区形态。国内外学者对于智慧社区的定义，持有不同的见解。国际上，美国杂志Insight将其定义为："智慧社区"是指应用信息技术对一定区域范围内的各项重要领域进行改革。在国内，张澎认为，智慧社区是指充分借助互联网、物联网、传感网等网络通信技术对住宅楼宇、家居、医疗、社区服务等进行智能化的构建，从而形成基于大规模信息智能处理的一种新的管理形态社区。王喜富提出智慧社区是指充分借助信息技术，将社区家居、社区物业、社区医疗、社区服务、电子商务、网络通信等整合在一个高效的信息系统之中，为社区居民提供安全、高效、舒适、便利的居住环境，实现生活、服务计算机化、网络化、智能化，是一种基于大规模信息智能处理的新型管理形态社区。管理上，智慧社区本质上是一种新型管理形态的社区；技术上，智慧社区是充分运用物联网、云计算、传感网等网络通信技术的社区；最终目标上，智慧社区是以提高人们生活质量、方便人们生活为目的的社区。

智慧社区具有以下几个特点：舒适、开放的人性化环境；高度的安全性；便捷的数字化通信方式；便利的综合社区信息服务；家居智能化；物业管理智能化。

智慧社区将建筑艺术、生活理念、信息技术、电子技术等完美结合，提供更好的智能化、信息化的生活空间，促进社区人文环境的发展，实现社区管理服务运行的高效化、节能化和环保化。

11.1.2 智慧社区服务功能

社区作为城市居民生存和发展的载体，其智慧化是城市智慧水平的集中体现。智慧社区从功能上讲，是以社区居民为服务核心，为居民提供安全、高效、便捷的智慧化服务，全面满足居民的生存和发展需要。智慧社区由高度发达的

“邻里中心”服务、高级别的安防保障以及智能的社区控制构成。

通过对社区服务的调研和分析，结合居民的实际需求，总结智慧社区的服务功能主要可概括为9个方面，即社区基础信息管理、社区交流服务、社区电子商务、社区物流服务、社区物业与综合监管、社区电子政务、智慧家居、社区医疗卫生和社区家政服务。

图11-1 智慧社区服务功能

11.1.3 智慧社区发展现状

1. 国内发展现状

我国智慧社区的建设的主要参与者由居委员、物业公司和居民构成。社区服务水平不高，项目较少，供给方式单一，服务人才短缺，整体素质偏低，社会参与面较低，社区服务信息化程度较低。

1）国内运行模式

目前国内已形成体系或形成特色的运行模式的社区有宁波海曙的智慧社区（吴胜武）、北京清华园街道的智慧社区（王京春）、香港特区社区。刘君总结社区信息化建设主要有三种模式：北京模式、广州模式、杭州模式。北京模式就是政府统一投资管理，广州模式则是政府和基层通力合作，杭州模式是一种政府搭台、企业运作的模式。

（1）海曙智慧社区

海曙地区地处宁波市中心，是全市政治、经济文化中心。从技术实现上，海曙智慧社区包括五个层次和两大保障体系。五个层次从下而上分别是感知层、网络层、平台层、应用层和用户层，而两大保障体系包括政策法规与标准规范保障和信息安全保障。

在运行模式上，分为社区运行和运行保障两个方面。社区运行方面，海曙区结合信息资源中心平台，将地理空间库、人口库、法人库、宏观经济库以及其他资源库，围绕社区居民的“吃、住、行、游、购、娱、健”等方面进行平台建设。管理上，构建社区应用专题数据库，实现以地理空间信息为载体的深度信息资源融合。

（2）清华园智慧社区

清华园街道从2005年起着力于社区综合信息服务平台的建造，并在其基础上进行智慧社区建设的探索。通过几年的摸索，已形成清华园街道智慧社区实践的基本雏形。

首先，通过人口地理信息系统综合展示社区情况。其次，通过综合安全管理系统保障社区安全。再次，形成综合社区医疗、健康服务系统为社区居民提供了良好的卫生保健。最后，建立起辖区服务商的闭环管理系统。

（3）香港智慧社区

香港特区社区由政府下设的行政组织及社会组织进行管理并为社区居民提供日常管理服务，其中行政组织提供行政管理和公共服务，社会组织提供自治管理和公益服务。社区可提供多元化的服务体系，提供的服务几乎覆盖了社区居民社会生活的各个方面，主要包括政务服务、商业服务、家政服务、医疗服务、物业服务和物流服务。

香港社区的服务系统的服务内容主要由电子政务、社区网站以及电子商务三大模块提供，包括社区商务系统、社区物流信息平台、社区电子政务平台以及社区医疗卫生平台。

2）政府的作用

在建设智慧社区过程中，政府应在其中扮演主导作用。从国情、政府作用以及居民自主参与意识薄弱、非政府组织发育迟缓现状的角度分析发现政府在智慧社区建设中应该扮演以下几种角色：相关政策的出台者、相关法律法规的制定者、主要资金拨款者、部分公共产品与公共服务的提供者、社区非政府组织的培育者以及社区文化建设的引导者。

3）存在的不足

我国的智慧社区建设并不是十全十美的，其中存在着一些问题。

一是缺乏有效的顶层设计。自智慧社区提出至今，尚未形成普遍认可的“智慧社区”基本体系架构。

二是许多数字化社区服务平台单独开发。大多数服务平台都为某个社区“量身定做”，无法满足技术应用的大覆盖面需求。并且重复开发、增加运营成本。

三是符合要求的社区服务人员缺乏，人才体系不健全。“智慧社区”服务人员需要较强的信息化等专业知识，而目前的社区工作人员普遍不能满足要求。人才短缺、素质偏低、结构，这些都有待优化。

2. 国外发展现状分析

国外的成熟的智慧社区的基本运作模式是政府主导，社区主管，企业、非盈利部门、居民参与。政府出台建设指南，社区制定建设纲领与建设方案，即社区的规划通常有州政府或省政府规划，社区细化实施。新加坡、日本等国家均已探索智慧社区的建设，也取得一些成就，具体情况如下。

1）新加坡智慧社区现状

近年来新加坡打造智慧花园型城市国家，在构建智能交通系统、清洁能源系统、电子政务系统、通信基础设施等方面取得了显著的成果。智慧社区作为智慧城市的重要组成部分，其管理以政府为主导，充分发挥社团、公民的作用，是典型的政府主导与社区高度自治相结合的模式。智慧社区以全体社区居民为服务对象，提供物业服务、物流服务、商业服务、家庭服务、医疗服务以及公益服务等服务内容，以满足社区居民的日常生活需求。

新加坡智慧社区服务系统主要包括电子商务、电子政务、社区医疗及社区文娱四个系统。系统的各项职能主要通过政府开办的政务类网站及民间组织开办的互助类网站、论坛、社区信息查询网站来实现。

2）日本智慧社区现状

日本的智慧社区在法律制度的制定、组织机构的建立以及具体实施方面，已形成一套完整的服务体系。在政府的引导下，由区域自治组织、社会部及社区民间组织共同对社区进行管理，在居民生活的物业、物流、家政、商业、医疗卫生等方面提供全方位、多样化的社区服务。

日本社区服务系统主要包括以便利店及生活协同组合为主要形式的电子商务系统，以宣传和咨询服务为主的电子政务系统，以个人消费者为主要对象的物流信息系统，以育婴服务、儿童看护、老人服务及家庭保洁服务为主的家政服务信息系统和以社区电子助医及电子病历为主要功能的医疗卫生信息系统共五个系统。

信息系统的各项职能由政府开办的政务网站、物流、物业及医院等服务机构的官方网站及自治团体或志愿者创建的服务网站来实现。

11.2 智慧社区服务系统建设的主要内容

智慧社区服务系统是智慧社区建设的主要内容，对外承载着社区与城市的信息互联，满足政府、企业、个人对社区内部信息的要求，对内承担着感知层信息的收集、转换、处理，并与互联层完全连接和融合，从而实现社区的智能化管理。

11.2.1 智慧社区建设总体框架

智慧社区服务系统建设总体框架设计，主要包括以政务职能部门为核心服务对象的社区电子政务系统，是以政府职能部门为核心，提供社区居民相关政府信息、网上政务处理等服务；以物业公司为核心服务对象的社区物业与综合监管系统，主要功能体现在对社区管理；以社区居民为核心服务对象的七大业务功能系统，包括社区基础信息管理系统、社区交流服务系统、社区电子商务系统、社区物流服务系统、社区智慧家居系统、社区医疗卫生系统、社区家政服务系统，以及基于系统集成技术的智能决策支持系统。

社区智能决策支持系统基于前述九个系统的数据共享与交换，为社区管理提供决策支持服务。系统构架需要的相关技术支持主要包括EDI系统、GIS系统、GPS系统、条形码数据采集管理系统、射频码数据采集管理系统，以及处理器、设备终端等软硬件设施。

智慧社区服务系统主要面对的用户有以居委会为代表的政府部门、物业公司、社区居民，还包括相关贸易商、银行、物流公司等，不同用户因其功能需求不同，享有不同的系统使用权限。

11.2.2 服务建设主要内容

1. 智慧社区服务系统建设单体规划与设计

智慧社区服务系统的总体规划与设计是基于云计算技术、物联网技术、系统集成、人工智能等技术，实现社区居民生活和社区综合管理的智能化而进行构思与设计，总体规划如下。

1）系统总体结构设计

智慧社区服务系统以基础设施（包括各类传感器、射频标签等）为社区的神经末梢，把人、地、物、网络等互联互通，通过云计算平台、交互平台等形成有序网络，为智慧社区的管理与服务提供有力支持，并实现面向政府、企业、公众等社区活动的智能化。

2）基础设施建设

目前的社区并不具备实施和应用智慧社区系统的基础设施和功能。为了达到智慧社区服务系统应用的条件，应当对社区楼宇、社区内线网进行改造，实施包括各类传感器的铺设、必要的网络设施、数据库系统、社区服务中心的信息化建设等。

3）数据库与信息安全管控

由传感器采集的数据信息通过计算机网络传输到数据库，利用云计算架构搭建数据中心，将海量的数据和计算任务分布在大量计算机上，使各种应用系统能按需获取计算、存储空间等各种服务，实现智慧社区服务系统内部不同业务功能之间的资源共享和调度，提高信息安全管控能力。

4）数据管理

将采集的数据信息进行汇总、分析，并对基础软硬件进行管理，主要是大规模基础软件、硬件资源的监控和管理，为云计算中心的资源调度等高级应用提供决策信息，建立云计算中心操作系统的资源管理基础。

5）应用系统设计

主要是智慧社区服务系统提供的各项功能系统的设计，同样基于云计算技术，针对不同种类用户的需求和特点进行功能系统的设计，根据系统的定位、布局、功能等进行具体设计。

2. 智慧社区业务系统规划与建设

智慧社区业务系统包括社区基础信息管理系统、社区交流服务系统、社区电子商务系统、社区物业与综合临管系统、社区电子政务系统、社区物流服务系统、社区智慧家居系统、社区医疗卫生系统、社区家政服务九大功能系统。

社区物业与综合监管系统主要用于社区的物业综合管理，可以对社区房产、业主、车位、基本服务、特服、收费等进行全程信息化管理。同时，社区业主可以查询社区服务指南、房产信息、抄表信息、车位信息、缴费信息、代扣信息，支持24小时在线服务、从而实现物业管理的信息化。

社区电子政务系统借助移动互联网、物联网、云计算、人工智能、数据挖掘等信息手段，对社区各类业务进行科学分类、梳理、规范，为街道办事处提供的电子政务系统，可以发布办事机构、办事电话、指南、政务公开信息，供社区业主查询，同时受理社区业主的咨询投诉和办事预约，从而实现社区政务的在线化。

社区基础信息管理系统是信息资源共享平台，主要涵盖互联网信息、同城信息、社区网信息三大领域，提供多样信息例如家庭能耗信息、国内外新闻，物业管理机构发布的通告和紧急通知，本地社区相关的衣食住行等。

社区交流服务是交互式应用的聚合平台，主要包括社区论坛、社区文娱、社区图书馆等内容。

社区电子商务系统以社区客户为中心，以服务企业或商家为主旨，保持企业与商家之间的高效联系，将销售、营销、运营、供应链进行整合，使社区居民享受到便利和优惠。

社区物流服务系统管理主要包括商品配送和仓储管理，以及社区物流服务系统还提供快递查询接口，为社区内业主提供快递代收业务。

社区智慧家居系统包括家居环境自动调节、家居设备自动化服务以及自动防盗防灾报警为主的家庭安全服务等。

社区医疗卫生系统主要通过物联网技术，打造医疗信息平台，实施域内医疗资源信息的共享，并提供各类在线、远程便民医疗服务等。还能借助智能终端的健康监护设备实时监护老年人健康指数，预防突发事件对老年人健康的威胁。

社区家政服务系统主要针对家庭生活服务需求，主要包括保洁服务、护理服务、维修服务、家教服务等。

3. 社区智能决策支持系统规划与建设

基于九大系统提供的实时信息，通过统计分析和数据挖掘的基础引擎，建立相关的分析模型形成定制的分析流程，便于自动提取数据库中的数据，分析形成有价值的结果，提供决策支持服务。还能根据数据库中的数据自动生成报表，将上报内容设计成特定的格式，定期自动发送到使用者的计算机桌面或电子邮箱中。

11.3 智慧社区总体设计

11.3.1 总体设计目标

智慧社区信息系统的总体设计目标可概括为四个方面。

1. 为智慧城市平台的建设提供良好基础条件。

在建设业务系统的基础上利用物联网、云计算以及SOA架构等技术搭建平台，并整合各信息平台资源，实现信息共享。建成后既为社区居民提供各项服务，也能为今后智慧城市建设提供条件。

2. 促进社会进步

社区是社会的缩影与组成单元，“智慧社区”既是社会建设的一种理念思考，也是新形势下探索社会公共治理的一种新模式。以满足社区居民、企事业单位、社会组织的需求为落脚点，利用信息化技术手段，构建涵盖社会管理、社会服务、社区建设、社会动员、社会组织、社会领域党建等于一体的智能化综合信息服务管理平台。

3. 加强政府工作

围绕街道办和居委会的行政特点来设计相关业务，构建电子政务模块，建成能方便政府机构间的协同工作，政府与社区居民之间的信息共享，并提供简单快捷的服务。

4. 提高居民生活质量

居民是智慧社区系统最直接最根本的对象，应体现以人为本，从居民有生活需求与提高生活质量出发。主要从社区居民交流、文化生活、网购、与政府沟通、安全保障、家居管理、居民医疗、家政服务等方面进行设计，为居民的生活带来真正的便利。

11.3.2 系统建设指导思想与设计原则

1. 设计指导思想

（1）提供低成本、高运营效率、高用户服务质量的全方位信息服务。

（2）从社会、政府、城市、居民的需求出发，结合实际情况，进行总体规划，确保系统的集成、安全、优化。

（3）整体规划，分步设计，从总体上把握全局，没有疏漏。

（4）软硬件配置，在满足用户需求的基础上，具有先进性和可扩展性。

2．设计原则

1）规范性

智慧社区的信息平台必须支持各种开放的标准，不论操作、数据库管理系统、开发工具、应用开发平台等系统软件，还是工作站、服务器、网络等硬件都要符合当前主流的国家标准、行业标准和计算机软硬件标准。

2）先进性

尽可能地利用一些成熟、先进的技术手段，使系统更有活力。

3）可扩展性

要充分考虑与现有系统的无缝对接，还要考虑未来新技术发展对平台的影响，保证平台改造与升级的便利性，以适应新的技术与新的应用功能的要求。

4）开放性

社区信息平台应充分考虑与外界的信息系统之间的信息交换，需要通过接口与外界的其他平台或系统相连接。

5）安全性

保证信息传输的安全性和系统的高度安全，才能为用户的利益提供保障。

6）合作性

需要整合不同的部门信息，需要政府、企业和信息系统开发商等多方参与系统的开发、维护和使用，要求参与各方统一规则、通力合作、积极参与，才会取得良好的效益。

11.3.3 总体技术路线

基于智慧社区所涉及的业务分析，依据信息的建设基础及需求分析，在信息系统战略分析的前提下，对信息系统进行总体设计（包括逻辑结构设计、网络拓扑结构、关键技术选择等），从而进行详细的平台应用系统设计，完成系统示范工程配置（软硬件）、平台系统测试与综合评估等相关工作，总体设计路线如图11-2所示。

11.3.4 信息系统总体架构

以智慧社区信息平台的发展战略及设计指导思想为指导，结合智慧社区信息系统建设的相关需求而构建。

1．基础设施层

基础设施层是智慧社区建设的核心内容，主要包括两方面，一方面是智慧社区系统的基础应用条件，支持电子政务的政府机构，体验智慧社区运作的人群，

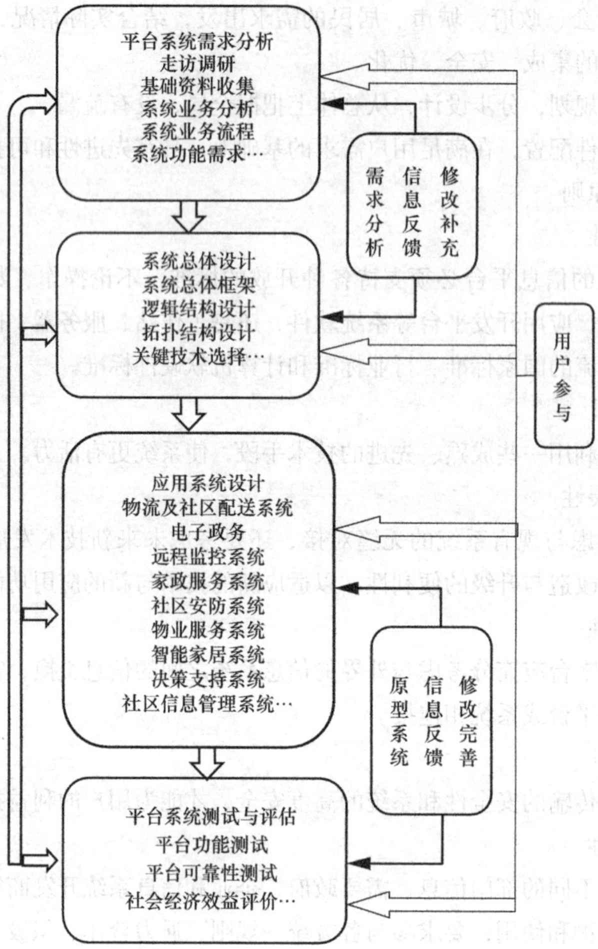

图11-2 智慧社区系统总体设计路线

具备自动化功能的楼宇建筑及家庭中对接智慧家居。另一方面，通过芯片、摄像装置、传感器来接收处理相关的信息。

2. 基础环境层

基础环境层是智慧社区信息采集、处理和交互传输中心，是最核心的组成部分，主要包括支撑环境层以及网络层。

1）支撑环境层

基于物联网的技术架构支撑环境层包括系统的运营环境、操作系统、数据库及仓库环境。它们为物流系统运行、开发工具的使用、Web Service服务和大规模数据采集与存储等提供了环境支撑，保障了整个平台架构的运营环境的完整性。

2）网络层

主要提供平台运行的网络设施，包括物联网的承载网络、广域互联网、局域网、移动通信网，网络设备以及接入隔离设备。网络层与相关系统接口可为Web Service信息服务、资源寻址服务等提供服务基础，用于支持社区外进行相关业务的信息传输。

3. 感知层

感知层是实现信息采集功能的核心组成，通过感知工具的相关信息处理模块和数据集成处理模块，实现消息队列服务、信息管理、对管理中心、数据交换和应用集成所需的数据格式定义进行统一管理等。

1）物联网集成技术平台

主要由感知系统集成适配器、数据集成系统、业务过程执行引擎、感知消息集成器、消息中间件、感知数据容错、感知数据安全组成。

2）感知设备

信息系统中的感知设备将社区有关信息采集并录入到社区相关数据库存中。智慧社区信息系统中所涉及的感知设备主要包括数字电视、报警传感器、摄像机、电话、触摸屏、RFID、传感器、采集器等。

4. 应用支撑层

1）技术支持平台

技术支持平台一方面通过服务引擎与资源、数据访问服务与感知技术相关功能有机结合，以安全认证服务、调度引擎、工作流引擎、规则引擎、异常处理机制、元数据服务等关键功能为基础，实现感知系统的数据管理、业务过程执行引擎功能等。另一方面通过云计算平台、数据交换平台、数据字典等对感知数据在业务应用方面提供传输、处理、转换等功能支持。此外，技术支持平台还引入了相关开发工具集，为各种复杂的社区应用系统提供专业、安全、高效、可靠的开发、部署、运行物流管理应用软件的开发工具平台。

2）外部接入平台

外部应用支撑层主要包括企业完成各项业务所需的外部接口，智慧社区信息平台通过电子商务、客户端、电子政务、医疗信息服务等接口与社区外客户、政府机构、服务机构等信息系统对接，从而实现社区内外各部门间的协同工作与服务，以及动态联盟间有效的信息协同和信息共享。

5. 业务应用层

业务应用层是智慧社区最关键的部分，强大的基础信息平台只有通过功能应用层的各个模块才能将信息优势转化为应用优势，最终服务于社区居民。社区业务应用系统主要包括以下几个方面：社区基础应用信息管理系统、社区交流服务系统、社区电子商务系统、社区物流服务系统、社区物业及综合监管系统、社区电子政务系统、社区智慧家居系统、社区医疗卫生系统、社区家政服务系统、社区智能决策支持系统。

6. 呈现层

运用感知层中的应用技术将采集到的数据信息通过数据库技术、数据挖掘工具等与物联网技术相结合，通过业务应用系统的处理利用后，根据业主的不同需求，将所需信息呈现在相关设备上。

7．总体技术架构

智慧社区信息系统的建成将是社会和城市实现智能化、信息化、人性化、发展的重要标志，同时，在智慧社区信息系统的基础之上，可以搭建更加广泛、多样、具体的功能设施，为居民、企业、政府提供更多的便利。

依据智慧社区信息系统建设的总体思路，在信息系统发展战略的指导下，结合对智慧社区内的相关业务的研究分析，基于智慧社区内的业务特性和现有的信息化建设现状，设计可以随需求的变化而不断发展和优化的总体技术构架。信息系统总体技术架构如图11–3所示。

总体技术架构由下至上由感知层技术、网络层技术、应用控制层技术系统集成技术及物联网相关技术构成。每一层都是上一层的底层支持，整个架构以感知层技术为依托，以网络层技术和应用控制层技术为支撑，通过系统集成技术对各系统聚合集成，同时全方位借助于物联网相关技术，最终为各层次用户提供高品质的个性化功能。

图11–3 信息系统总体技术架构

11.4 智能社区建设的关键技术

智慧社区服务系统可以从最基础的方面分为两个部分：基础的硬件环境和软件环境。硬件环境的关键技术主要有：物联网技术、卫星定位与导航技术、RFID技术。这些技术偏重于硬件，进行信息的收集，充当智慧社区服务系统的“感官”。软件环境的关键技术主要有SOA架构技术、云计算技术、数据仓库与数据挖掘技术、系统安全技术。这些技术主要用于服务平台的搭建，使之具有安全性、开放性、可扩展性等。

11.4.1 SOA架构技术

面向服务的体系结构（Service Oriented Architecture，SOA）是一个组件模型，它将应用程序的不同功能单元，通过这些服务之间定义良好的接口和契约联系起来。接口虽采用中立的方式进行定义，它独立于实现服务的硬件平台、操作系统和编程语言。构建在这样的系统中的服务可以用一种统一和通用的方式进行交互。接口是采用中立的方式进行定义的，它应该独立于实现服务的硬件平台和操作系统编程语言。这样可以使各种系统中的服务通过一种统一和通用的方式进行交互。

SOA架构具有敏捷性、重用性、低耦合等特性。敏捷性是服务的独立性，使得每个服务可以被单独地开发、测试和集成。重用性是指不同模块和系统中的重复部分，可独立出一个个服务。低耦合性是指技术和位置的透明性，使得服务的请求者和提供者之间高度解耦。

在智慧社区服务系统的建设中，智慧社区服务系统的建设是由多个开始者共同开发的，因而建立一个开放者的平台是系统设计的最基本原则。开放平台是一种非功能需求模式，可以创建和维护更加开放和灵活的复杂系统。

SOA架构技术的特点使得它能很好地应用于智慧社区服务系统，它将应用程序的不同功能单元，通过这些服务之间定义良好的中立接口和契约联系起来。

基于SOA架构技术的智慧社区服务划分成用户层、业务流程层、服务组件层、应用服务层、数据库和信息服务层这六个层面，整合智慧社区服务系统利用各服务层次，能够对智慧社区服务系统的核心业务的变化作出快速反应，呈现出可以支持有机业务构架的能力。

11.4.2 物联网技术

物联网技术（The Internet of Things）的核心和基础仍然是互联网，它是在互联网基础上加以延伸和扩展的网络，其用户端延伸和扩展到了任何物品与物品之间，进行信息交换和通信。因此，物联网的定义是：通过射频识别（RFID）、红外感应器、全球定位系统、激光扫描器等信息传感设备，按约定的协议，把任何物品与互联网相连接，进行信息交换和通信，以实现智能化识别、定位、跟踪、监控和管理的一种网络。

物联网技术具有如下特点：

（1）它是各种感知技术的广泛应用。物联网上部署了海量的多种类型传感器，每个传感器都是一个信息源，不同类别的传感器所捕获的信息格式不同。传感器获得的数据具有实时性，按一定的频率周期性地采集环境信息，不断更新数据。

（2）它是一种建立在互联网上的泛在网络。物联网技术的重要基础核心仍旧是互联网，通过各种有线和无线网络与互联网整合，将物体的信息实时准确地传递出去。在物联网上的传感器定时采集的信息需要通过网络传输，由于其数量极其庞大，形成了海量的信息，在传输过程中，为了保障数据的正确性和及时性，必须适应各种异构网络和协议。

（3）物联网不仅仅提供了传感器的连接，其本身也具有智能处理的能力，能够对物体实施智能控制。物联网将传感器和智能处理相结合，利用云计算、模式识别等各种智能技术，扩充应用领域。从传感器获得的海量信息中分析、加工和处理有意义的数据，以适应不同的需求，发现新的应用领域和应用模式。

物联网技术能将家庭中的智能家居系统、社区，以互联网为依托，运用物联网技术将家庭中的智能家居系统、社区的物联系统和服务整合在一起，使社区管理者、用户和各种智能系统形成各种形式的信息交互，以达到更加方便快捷的管理，给用户带来更加舒适的“数字化”生活体验。

依据智慧社区物联网的特点，可将其分为设备层、应用层和增值服务层。设备层由社区内所有的电器设备和智能家居系统的电器设备共同组成。基本应用层可以分社区和家庭两个网络部分。增值服务的提供商可以是物业，也可以是外部的专门提供商（如物流企业、医院、商铺等）。

11.4.3 卫星定位与导航技术

卫星定位与导航技术就是使用卫星对某物进行准确定位的技术。可以保证在任意时刻，实现导航、定位、授时等功能。可以用来引导飞机、船舶、车辆，以及个人，安全、准确地沿着选定的路线，准时到达目的地，还可以应用到手机追寻等。

应用卫星定位与导航技术可为居民出行服务。例如，应用于城市交通的公交系统，可利用车载设备的卫星定位功能，对公交运行状态进行实时监控。将所得数据接入智慧社区服务系统，使用户通过系统可以实时查询公交到站运行情况，方便用户乘坐公交出行。

应用卫星定位与导航技术可为社会公共事务服务。例如，使老人或小孩的日常生活处于远程监控状态，有效避免老人和小孩走失。

11.4.4 RFID技术

射频识别，RFID（Radio Frequency Identification）技术，又称无线射频识别，是一种通信技术，可通过无线电讯号识别特定目标并读写相关数据，而无需识别系统与特定目标之间建立机械或光学接触。射频识别技术具有如下的优点：

（1）非接触操作，长距离识别，因此完成识别工作时无须人工干预，应用方便；

（2）无机械磨损，寿命长，并可工作于各种油渍、灰尘污染等恶劣的环境；

（3）可识别高速运动物体并同时识别多个电子标签；

（4）读写器具有不直接对最终用户开放的物理接口，保证其自身的安全性；

（5）数据安全方面除电子标签的密码保护外，数据部分可用一些算法实现安全管理；

（6）读写器与标签之间存在相互认证的过程，实现安全通信和存储。阅读速度极快，大多数情况下不到100m/s；

（7）有源式射频识别系统的速写能力。可用于流程跟踪和维修跟踪等交互式业务。

射频识别技术，可以应用智慧社区统一感知识别方面。如采取统一的RFID身份识别（如二代身份证作为智慧社区卡的惟一标识号），可用于社区门禁、社区医疗、社区服务支付、就餐购物、社区活动等所有社区服务，确保智慧社区的服务“智慧便捷”。在产品中嵌入RFID芯片，这样渠道商、销售商即可读RFID芯片来为客户辨别真伪，并提取产品数据；将RFID标签贴于公共设施上，在使用时读取RFID以记录、检查使用次数，超过使用次数之后便淘汰，以免影响服务品质或发生危险；将RFID标签贴于药瓶上，可用于记录每一笔药品的使用，确保用药安全性；社区居民及居民所有车辆均可配备RFID识别证，门禁自动识别。

11.4.5 云计算技术

云计算是一种商业计算模型，它将计算任务分布在大量计算机构成的资源池上（资源包括网络、服务器、存储、应用软件、服务），使用户能够按需获取计算力、存储空间和信息服务，这种资源池被称为“云”。通过专门软件实现自动管理，无须人为参与。

云计算具有如下特点：

1）超大规模

“云”具有相当的规模，Google云计算已经拥有100多万台服务器，Amazon、IBM、微软、Yahoo等的“云”均拥有几十万台服务器。企业私有云一般拥有成百上千台服务器。“云”能赋予用户前所未有的计算能力。

2）虚拟化

云计算支持用户在任意位置、使用各种终端获取应用服务。所请求的资源来自“云”，而不是固定的有形的实体。应用在“云”中某处运行，但实际上用户无需了解，也不用担心应用运行的具体位置。只需要一台笔记本或者一个手机，就可以通过网络服务来实现我们需要的一切，甚至包括超级计算这样的任务。

3）高可靠性

“云”使用了数据多副本容错、计算节点同构可互换等措施来保障服务的高可靠性，使用云计算比使用本地计算机可靠。

4）通用性

云计算不针对特定的应用，在“云”的支撑下可以构造出千变万化的应用，同一个“云”可以同时支撑不同的应用运行。

5）高可扩展性

“云”的规模可以动态伸缩，满足应用和用户规模增长的需要。

6）按需服务

“云”是一个庞大的资源池，你按需购买；云可以像自来水、电、煤气那样计费。

7）极其廉价

由于“云”的特殊容错措施可以采用极其廉价的节点来构成云，“云”的自动化集中式管理使大量企业无需负担日益高昂的数据中心管理成本，“云”的通用性使资源的利用率较之传统系统大幅提升，因此用户可以充分享受“云”的低成本优势，经常只要花费几百美元、几天时间就能完成以前需要数万美元、数月时间才能完成的任务。

8）潜在的危险性

云计算服务除了提供计算服务外，还必然提供了存储服务。但是云计算服务当前垄断在私人机构（企业）手中，而他们仅仅能够提供商业信用。对于政府机构、商业机构（特别像银行这样持有敏感数据的商业机构）对于选择云计算服务应保持足够的警惕。一旦商业用户大规模使用私人机构提供的云计算服务，无论其技术优势有多强，都不可避免地让这些私人机构以“数据（信息）”的重要性挟制整个社会。对于信息社会而言，“信息”是至关重要的。另一方面，云计算中的数据对于数据所有者以外的其他云计算用户是保密的，但是对于提供云计算的商业机构而言确实毫无秘密可言。所有这些潜在的危险，是商业机构和政府机构选择云计算服务，特别是国外机构提供的云计算服务时，不得不考虑的一个重要的前提。

智慧社区服务系统，以云计算平台为枢纽，通过社区门户网站将社区基础信息、社区交流服务、社区电子商务、社区物流服务、社区物业和综合监管系统等社区子系统有机结合起来，向社区居民提供全面的、便捷的、开放的服务项目。

智慧社区公众服务云平台是为广大社区居民提供全方位、立体式生活服务的平台。平台聚焦居家养老、小区物业、社区商圈以及居民互动等服务，旨在通过信息化技术整合社会力量，组织公共资源，提供社区公众服务，以最终实现为居民提供更优质的信息化服务。

构建云计算服务平台，需要运用以下的云计算技术。

1）虚拟化技术

云计算最重要的特点包括资源虚拟化和应用虚拟化，每一个应用部署的环境和物理平台是没有关系的，通过虚拟平台进行应用的扩展、迁移、备份。虚拟化技术让云服务平台不用关心每一个子系统的基础架构，统一为上层门户提供服务。

2）多租户技术

多租户技术能够使大量用户共享同一堆栈的软硬件资源，且可以对软件服务进行客户化配置，而不影响其他用户使用。当社区用户大规模地访问系统资源时，可以对各个子系统资源进行优化配置，保证用户的访问需要。

3）分布式存储技术

分布式存储技术并不是将数据存储在某个或多个特定节点上，而是通过网络使用每台机器的磁盘空间，并将其构成一个虚拟的存储设备，数据分散地存储在各个角落。由于社区物业与综合监管、社区智慧家居等子系统涉及用户信息安全，通过使用分布式存储技术可以降低安全风险。其特征是存储资源能够被抽象表示和统一管理，并且能够保证数据读写与操作的安全性、可靠性等。

4）弹性扩展技术

弹性扩展技术为云计算应用实现了真正意义上的资源按需分配，并不是简简单单的凭空复制，对于应用服务来说，增加服务器个数只是增加资源计算能力，还需要传统意义上的“集群”技术将它联合成一个整体对外提供服务。所以通过使用弹性扩展技术，假如有新的社区服务需要时，可以及时添加，不影响整体对外提供服务的能力。

11.4.6 数据库与数据挖掘技术

1）数据库技术

数据库是一个面向主题的、集成的、相对稳定的、随时间不断变化的数据集合，用于支持管理决策。除具有传统的数据共享性、完整性和独立性外，数据仓库还具有以下几个基本特征。

（1）面向主题

主题从根本上说一个抽象概念，它是把数据在较高层次上综合、归类后进行分析利用的抽象。面向主题的数据组织方式，就是在较高层次上对分析对象的数据的完整、一致的描述，和刻画出各个分析对象所涉及的企业的各项数据，以及数据之间的联系。

（2）集成性

数据仓库的数据是从原有的分散的数据库数据抽取来的。第一，数据仓库的每一个主题所对应的源数据在原有的各分散数据库中有许多重复和不一致的地方，且来源于不同的联机系统的数据和不同的应用逻辑捆绑在一起；第二，数据仓库中的综合数据不能从原有的数据库系统直接得到。因此在数据进入数据仓库之前，必然要经过统一与综合。要统一源数据中所有矛盾之处，如字段的同名异义、异名同义、单位不统一、字长不一致，等等。

（3）数据相对稳定性

数据仓库的数据主要供决策分析之用，所涉及的数据操作主要是数据查询，一般情况下并不进行修改操作。数据仓库的数据反映的是一段相当长的时间内历史数据的内容，是不同时点的数据库快照的集合，以及基于这些快照进行统计、综合和重组的导出数据，而不是联机处理的数据。数据库中进行联机处理的数据经过集成输入到数据仓库中，一旦数据仓库存放的数据已经超过数据仓库的数据存储期限，这些数据将从当前的数据仓库中删去。

（4）数据是随时间不断变化的

数据仓库的数据是随时间的变化而不断变化的，随时间变化不断增加新的数据内容，不断删去旧的数据内容。数据仓库中包含大量的综合数据，这些综合数据中很多跟时间有关，如数据经常按照时间段进行综合，或隔一定的时间段进行抽样等。这些数据要随着时间的变化不断地进行重新综合。

智慧社区服务系统业务涉及个人信息、数据监控信息、商业信息、政务信息、物流信息、医疗信息等复杂多样的信息种类，现有信息系统结构也迥然不同，每个系统都拥有多个数据库。在如此众多的数据库上直接进行共享检索和查询是难以实现的，这需要去了解众多数据库的结构，而且还要面对这些数据库存随时可能发生的结构变化，以及随时可能出现新数据库的情况。同时，要得到决策支持信息就必须使用大量的历史数据，因此在已有的各个数据系统的基础上建立用于决策的数据仓库，将数据仓库技术应用智慧社区服务系统信息管理，可以辅助管理者的决策。

2）数据挖掘技术

数据挖掘是从大量的、不完全的、有噪声的、模糊的、随机的实际应用数据中，提取隐含在其中的、事先不知道的，但又是潜在有用的信息和知识的过程。一般数据挖掘过程如图所示。

基于数据挖掘技术信息平台的应用可以从社区服务系统中提取具有决策价值的信息，从社区基础信息、社区交流服务、社区电子商务、社区物流服务、社区物业与综合监管、社区电子政务、社区智慧家居、社区医疗卫生、社区家政服务等系统数据库中提取出有效信息，主要用于社区决策支持系统的使用。

11.4.7 系统安全技术

1）平台安全管理区域划分

针对智慧社区服务系统的安全管理可将整个系统划分为三个安全管理区域：核心业务区、外围应用区和用户应用区。

（1）核心业务区

由于核心业务区是平台数据存储和处理的重心，对这个区域应着眼于保护数据和核心业务，对主机系统加固，对系统内核、文件系统、关键进程、网络端口等进行保护；对入侵行为监测和阻断。

（2）外围应用区

由于这一区域的安全敏感度相对比较低，同时处于核心业务区的外围，是核心业务区的安全缓冲地带，因此在该区域以防范黑客攻击和病毒感染为重点。

（3）用户应用区

由于该区域的网络环境复杂，面向用户广泛，存在着较多安全隐患，同时是整个平台的对外窗口，根据智慧社区服务系统的应用特点，应侧重于防范病毒威胁。同时该区域应与核心业务区以防火墙或物理隔离的方式进行网络隔断，以保证核心业务区的安全。

2）平台安全技术应用

平台的安全主要是网络安全，针对不同的网络入侵和攻击手法，根据智能社区服务系统上不同用户的具体情况，研究和开发了多种网络安全技术和协议。平台应用的安全技术包括防火墙、SSL加密技术、滤波、身份验证、访问控制等，主要实现以下功能。

（1）完整性

保证各类服务系统数据的完整性，验证收到的数据和原来的数据是否保持一致。可以通过加入一些验证对等冗余信息，用验证函数来处理，确保信息技术在发送途中不被修改。

（2）机密性

把通信内容变成第三者无法理解的内容形式传递，防止在传递过程中用户信息泄露，通常由加密算法保证。

（3）不可否认性

服务系统信息的提供及接收方的不可否认性，即强制提供方及接收方不得否认他提供或接收了相关信息。

（4）防重传性

保证每一个信息在被各类用户收到后不能再被重新传输。

11.5 智慧社区服务系统概要设计

11.5.1 社区基础信息管理系统

1．系统概况

本系统是集各种社区信息于一体的管理系统，是对整个智慧社区的数据信息进行采集、维护、查询、分析、展现的综合利用工具。通过社区基础信息管理系统，业主可以了解社区内的基本信息，包括人口等。同时在社区基础信息管理系统的社区公告中，可以及时获得社区的最新动态与社区相关的新闻。

2．社区基础信息系统总体结构

社区基础信息管理系统是一个集成化、智能化的信息管理系统，该系统主要包括系统管理社区基本情况、社区人口信息管理、社区档案、社区安全管理、社区消费管理、社区环境信息管理、社区医疗信息管理、物业信息管理及社区服务管理等功能模块。

社区信息管理系统具体架构如下所述：

1）系统管理

系统管理包括用户信息管理、权限管理、系统代码设置和数据备份与恢复四项功能。

2）社区基本情况

主要对社区的基本信息进行维护，包括社区简介、社区楼院、商业网点及公共设施等业务模块。

3）社区人口信息管理

主要对家庭资料、人口信息档案数据进行编辑和维护，包括常住人口、暂住人口、家庭信息管理及档案管理等。

4）社区档案

社区档案主要实现与规范的文书、实物、基建、设备、会计、合同、资料汇编等相关资料扫描、文档管理、搜索查询及文档打印功能。

5）社区安全管理

社区安全管理通过对智慧社区内纠纷、出租屋等方面的治安信息进行管理，规范治安信息，提高社会稳定程度。主要包括调解纠纷管理、治安网络管理、出租屋管理、治安联防管理、案件管理及安保管理等功能。

6）社区消费管理

社区消费管理主要为用户提供各类消费信息和物价信息，主要包括对社区内部或周边商户信息、物价信息、医疗费用、物业费用及出租屋费用的管理等。

7）社区环境信息管理

社区环境信息管理主要包括社区绿化、居住环境、文化环境及基础设施环境，方便用户了解社区周边环境及居住环境等。

8）社区医疗信息管理

社区医疗信息管理主要提供医疗预防、医疗保健、健康教育及计划生育等综合性医疗信息管理功能。

9）物业信息管理

物业信息管理是智慧社区的一个重要组成部分。随着智慧社区的快速发展，良好的物业管理已经成为构建社区文化的重要因素，也成为业主或租户选择物业公司时考虑的重要因素。

10）社区服务管理

社区服务管理是以互联网为基础，在政府的倡导下，为满足社会成员的多种需求，由政府、企业、社团、个体工商用户、志愿者等所有的具有社会福利性和公益性或微利性的居民服务。主要包括志愿服务、社会保障服务、优抚服务、家政服务、残疾人服务、青少年服务及信息服务等功能。

11.5.2 社区交流服务系统

社区交流服务系统以社区居民为服务对象，以实现社区居民在线交流以及丰富业余文化生活为目标，借助计算机网络实现社区交流、资源及信息共享的系统。主要包括用户管理、在线交流、公共资源管理、社区娱乐、社区论坛等功能。

11.5.3 社区电子商务系统

社区电子商务系统主要服务于社区中商户和居民。对于商户来说，电子商务能够使商品的宣传推广更加方便，吸引更广泛的消费群体，提高服务质量，降低经营成本，扩大利润空间；对居民来说，由于忙碌的工作去实体店购物的时间越来越少，更多地选择网上购物的方式。这一系统基于社区居民的日常消费需求，为其提供更便捷的购物方式和更舒心的消费体验。从而有效提高社区的服务水平，提高居民的生活质量，满足智慧社区的需求。

社区电子商务系统主要由商品展示、网上交易、网上支付、订单管理、物流配送、商户管理和顾客服务七个子系统组成。

11.5.4 物流服务系统

物流服务系统将智慧社区的物流服务集为一体，将各项业务展现在一个公共平台上，方便用户或业主对社区物流服务进行查询与使用。主要服务于商家的商品的配送和仓储管理，同时社区物流服务系统提供快递查询接口，为社区业主提供快递收投服务。

本系统是集整个社区快递业务为一体的服务系统，该系统主要包括系统管理、商品配送、仓储管理、快递查询、快递收投和快递跟踪六个功能模块。

11.5.5 社区物业及综合监管系统

物业管理是对业主共有的建筑物、设施、设备、场所、场地进行管理的活动。综合监管是指社区相关部门通过摄像监控等措施对社区交通、消防安全、社区治安等方面进行实时监控的过程。

本系统主要服务于社区居民和物业管理部门。实现对社区内的建筑、住户、设备、人员等的综合管理，还可实现各项物业费用缴费通知、费用查询、收取以及报表生成等过程的全程信息化管理，提高物业管理部门的工作效率。在安全监管方面，通过一卡通服务系统和视频监控服务来监控整个社区的安全情况，社区居民可通过社区综合临客系统实时查询自己居住单位的安全状况。

针对智慧社区物业及综合监管相关业务的管理需求，结合社区内物业管理部门工作特性，以增强社区居民的生活便利性，提高物业管理等部门的工作效率为目标，设计社区物业及综合监管系统。物业及综合监管系统分为系统设置、收费管理、社区服务、综合监管、资源管理以及报表管理六大功能模块。

11.5.6 社区电子管理信息政务系统

智慧社区电子政务信息系统是以社区政务工作为基础建立的办公自动化系统，包括系统管理子系统、个人办公子系统、文件管理子系统、行政办公子系统、信息发布管理子系统、协同办公子系统、决策支持子系统七个子系统。电子政务系统是从社区居委会业务过程中的人员、设备、管理等环节方面入手，将行政办公与信息技术相结合，建立一套适应智能社区电子政务管理工作要求的，集安全数据信息采集、传输、办公、决策、支持为一体的安全信息平台。

电子政务信息系统是基于互联网技术，面向社区居委会内部、政府机构、企业以及居民的信息服务和信息处理系统，通过整合政府职能，优化业务流程，建设一个跨部门、一体化、支持门户网站和后台办公无缝集成的智能化综合系统，实现网上审批、公共管理和政府信息服务等功能。

电子政务管理信息系统应用现代信息和通信技术，将管理和服务通过网络技术进行集成，在互联网上实现组织结构和工作流程优化重组，超越时间和空间及部门之间的分隔限制，向社区居民提供优质和全方位的、规范而透明的管理和服务，依靠七个管理子系统，社区居委会日常工作实现了电子化和无纸化，行政工作流程得到优化，公共服务水平大幅提高，办事效率得到有效提升。

11.5.7 社区智慧家居系统

社区智慧家居系统主要包括家居环境智能控制、信息家电功能、智能家居安防预警中、数字化家庭服务四部分功能，能实现家庭中对各种跟信息有关的通信设备、家用电器和安防设备的集中监视、控制和管理，以保持住宅环境舒适、安全，最大程度简化居民的生活，提高居民的生活品质。

11.5.8 医疗卫生管理信息系统

医疗卫生管理信息系统既是面向居民提供医疗卫生服务的业务信息系统，又是垂直的医疗卫生管理业务信息系统。前者基于基层医疗卫生服务提供机构，既服务于个人和医疗卫生提供者，又与平台相连，并通过平台实现相互间及其与卫生管理业务系统间的联系，为基础数据资源库和卫生管理业务系统提供基础数据，是健康档案和电子病历数据的主要产生者；后者是在基层医疗机构、卫生行政管理部门和大型医疗机构之间建立起资源与信息共享平台。

11.5.9 社区家政服务系统

社区家政服务系统由五个子系统组成，分别是基础信息管理、基础服务信息管理与发布、个性化服务信息管理与分布、用户个人服务撮合、服务评价管理等子系统。可以通过对各种基础服务信息、个性化服务信息的整合，为用户提供便捷的交易撮合平台。

11.5.10 决策支持系统

基于对相关业务的需求，结合数据挖掘与GIS等技术，提取、汇集、整合、共享各业务系统的数据，设计决策支持系统和商务智能子系统。

本章小结

从智慧社区的概念和内涵入手，介绍智慧社区的建设概况和基本构成、基本功能以及服务功能。阐述了智慧社区建设的总体框架及主要内容构成，以及智慧社区系统总设计目标、指导思想与设计原则，总体技术路线、以及信息系统的总体架构。通过分析建设智慧社区服务系统的关键技术的需求，具体介绍了关键技术。列举了智慧社区服务系统功能架构及常见建设模式，并分析了适合智慧社区服务系统发展现状的联合开发和采购引进相结合的模式，以及智慧社区服务系统运营的可能模式，并分析了企业主导结合政府协调的运营模式。

思考题

1. 简述智慧社区的概念和内涵。
2. 简述智慧社区的建设基本构成。
3. 简述智慧社区的基本功能、服务功能。
4. 简述智慧社区建设的总体框架及主要内容。
5. 简述智慧社区系统总设计目标、指导思想与设计原则。
6. 简述智慧社区系统总体技术路线。
7. 简述智慧社区系统信息系统的总体架构。
8. 简述建设智慧社区服务系统的关键技术。
9. 简述智慧社区服务系统功能架构。
10. 智慧社区服务系统总体结构是什么？

12

智能建筑设备管理概述

学习目的

1. 了解设备管理的含义及其内容；

2. 了解设备管理与产品质量、安全生产、节能、环保保护之间的关系；

3. 了解国外及国内设备管理的发展、智能建筑设备管理的社会化、市场化和现代化程度；

4. 熟悉设备管理的方针、原则与任务；

5. 熟悉智能建筑设备管理的重要性、设备管理技术经济指标的构成、原则、研究意义；

6. 掌握智能建筑的含义及其构成、智能建筑设备管理的主要目的和任务。

本章要点

本章介绍了设备与智能建筑设备的有关知识，设备管理的含义、内容、方针、原则与任务、技术经济指标、国内外设备管理的发展，智能建筑设备管理的基本内容，包括智能建筑设备管理的含义、目的、任务、管理的内容、技术经济指标，还介绍了智能建筑设备管理的社会化、市场化和现代化的有关内容。

12.1 设备与智能建筑设备

12.1.1 设备

设备是企业的主要生产工具，也是企业现代化水平的重要标志。设备既是发展国民经济的物质技术基础，又是衡量社会发展水平与物质文明程度的重要尺度。

设备是固定资产的重要组成部分。国外设备工程学把设备定义为“有形固定资产的总称”，它把一切列入固定资产的劳动资料，如土地、建筑物（厂房、仓库等）、构筑物（水池、码头、围墙、道路等）、机器（工作机械、运输机械等）、装置（容器、蒸馏塔、热交换器等），以及车辆、船舶、工具测试仪器等都包含在其中了。在我国，只把直接或间接参与改变劳动对象的形态和性质的物质资料才看做设备。一般认为，设备是人们在生产或生活上所需的机械、装置和设施等，可供长期使用，并在使用中基本保持原有实物形态的物质资料。

12.1.2 智能建筑设备

智能建筑设备是为智能建筑内的客人和使用者提供良好的环境和服务而设置的，能够满足智能建筑各项使用功能的设备，它附属于智能建筑本体，是智能建筑的有机组成部分。智能建筑设备主要包括给排水设备、暖通空调设备、电气设备、电梯设备、消防设备、安防设备、通信与网络设备以及智能化监控管理设备等。如按功能也可分类如下：

1．提高办事效率的各种设备

（1）办公用设备：如计算机、打印机、复印机、打字机、印刷设备等；

（2）通信设备：如电话和传真设备等；

（3）交通设备：如电梯、观光梯及自动扶梯等。

2．保证客人与工作人员工作和生活条件的设备

（1）照明设备；（2）给排水设备；（3）送排风及空调设备；（4）制冷设备（包括制冷机、冷却塔等）；（5）锅炉设备；（6）变配电设备；（7）喷泉和环境美化设备；（8）除尘及清洗设备等。

3．保证人身和财产安全的各种设备

（1）消防设备；

（2）火灾报警及通信广播设备；

（3）防特、防盗、报警、保安及监控设备；

（4）防雨设备；

（5）应急发电设备。

12.2 设备管理

12.2.1 设备管理的含义

设备管理又称设备工程，是以提高设备综合效率，追求寿命周期费用经济性，实现企业生产经营目标为目的，运用现代科学技术、管理理论和管理方法，对设备寿命周期（规划、设计、制作、购置、安装、调试、使用、维护、修理、改造、更新、报废）的全过程，从技术、经济、管理等方面进行综合研究和管理。

因此，设备管理应从技术、经济和管理三个要素以及三者之间的关系来考虑。从这个观点出发，可把设备管理问题分为技术、经济和管理三个侧面。

1. 技术侧面

对设备硬件所进行的技术处理，是从物的角度控制管理活动。其主要组成要素有：设备的设计和制造技术；设备诊断技术和状态监测维修；设备维护保养、大修、改造技术。其要点是设备的可靠性和维修性设计。

2. 经济侧面

是对设备运行的经济价值的考核，从费用角度控制管理活动，其主要组成要素有：设备规划、投资和购置的决策；设备能源成本分析；设备大修、改造、更新的经济性评价；设备折旧。其要点是设备寿命周期经济费用的评价。

3. 管理侧面

是从管理等软件的措施方面控制，即从人的角度控制管理活动，其主要组成要素有：设备规划购置管理系统；设备使用维修管理系统；设备信息管理系统。其要点是建立设备信息管理系统。

12.2.2 设备管理的内容

设备管理的内容，主要有设备物质运动形态和设备价值运动形态的管理。企业设备物质运动形态的管理是指设备的选型、购置、安装、调试、验收、使用、维护、修理、更新、改造、直到报废；对企业的自制设备还包括设备的调研、设计、制造等全过程的管理。不管是自制还是外购设备，企业有责任把设备后半生管理的信息反馈给设计制造部门。同时，制造部门也应及时向使用部门提供各种改进资料，做到对设备实现从无到有到应用于生产的一生的管理。

企业设备价值运动形态的管理是指从设备的投资决策、自制费、维护费、修理费、折旧费、占用税、更新改造资金的筹措到支出，实行企业设备的经济管理，使其设备一生总费用最经济。前者一般叫做设备的技术管理，由设备主管部门承担；后者叫做设备的经济管理，由财务部门承担。将这两种形态的管理结合起来，贯穿设备管理的全过程，即设备综合管理。设备综合管理有如下几方面内容。

1．设备的合理购置

设备的购置主要依据技术上先进、经济上合理、生产上可行的原则。一般应从下面几个方面进行考虑，合理购置。

①设备的效率。如功效、行程、速度等。②设备性能的保持性、安全可靠性。③可维修性。④耐用性。⑤节能性。⑥环保性。⑦成套性。⑧灵活性。

2．设备的正确使用与维护

将安装调试好的机器设备，投入到生产使用中，机器设备若能被合理使用，可大大减少设备的磨损和故障，保持良好的工作性能和应有的精度。严格执行有关规章制度，防止超负荷、拼设备现象发生，使全员参加设备管理工作。

设备在使用过程中，会有松动、干摩擦、异常响声、疲劳等，应及时检查处理，防止设备过早磨损，确保在使用时每台设备均完好，处在良好的技术状态之中。

3．设备的检查与修理

设备的检查是对机器设备的运行情况、工作精度、磨损程度进行检查和校验。通过修理和更换磨损、腐蚀的零部件，使设备的效能得到恢复。只有通过检查，才能确定采用什么样的维修方式，并能及时消除隐患。

4．设备的更新改造

应做到有计划、有重点地对现有设备进行技术改造和更新。包括设备更新规划与方案的编制、筹措更新改造资金、选购和评价新设备、合理处理老设备等。

5．设备的安全经济运行

要使设备安全经济运行，就必须严格执行运行规程，加强巡回检查，防止并杜绝设备的跑、冒、滴、漏，做好节能工作。对于锅炉、压力容器、压力管道与防爆设备，应严格按照国家颁发的有关规定进行使用，定期检测与维修。水、气、电、蒸汽的生产与使用，应制定各类消耗定额，严格进行经济核算。

6．生产组织方面

合理组织生产，按设备的操作规程进行操作，禁止违规操作，以防设备的损坏和安全事故的发生。

如果用系统工程理论，设备管理可分解成时间维、资源维和功能维上的三维立体图形。如图12-1所示。时间维上的任何一点，均可分解为资源维或功能维上的循环过程。例如，时间维上的一个点“安装”，投影到资源维上，包含“人力、信息、资金、材料、能源”等要素；而投影到功能维上，也离不开“认识——计划——组织——实施——检查——反馈”这些过程。也就是说，当我们要进行设备的安装，就要从资源上作好“人力、信息、资金、材料、能源”等方面的准备。从管理上和组织上，首先要认识和了解安装的特性，然后制定计划，落实组织和实施，对安装质量进行检查，最后评估和反馈。了解了设备管理的系统三维结构，有助于我们从系统空间的角度思考问题。

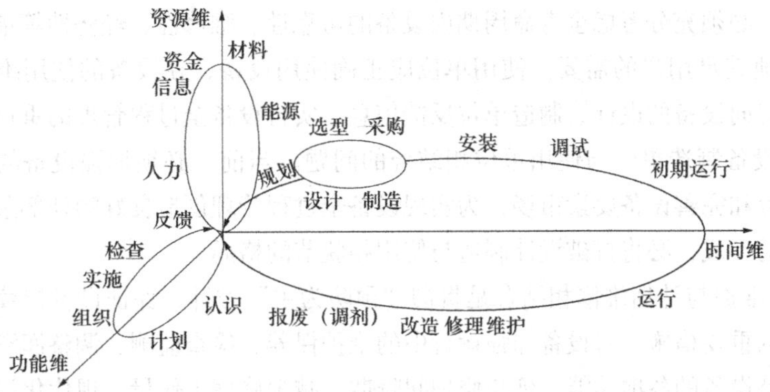

图12-1 设备管理的三维系统结构

12.2.3 设备管理的方针、原则与任务

1. 设备管理的方针

设备管理必须以效益为中心，坚持依靠技术进步，促进生产经营发展和预防为主的方针。

以效益为中心，就是要建立设备管理的良好运行机制，积极推行设备综合管理，加强企业设备资产的优化组合，加大企业设备资产的更新改造力度，挖掘人才资源，确保企业固定资产的保值增值。

设备管理依靠技术进步，一是要适时用新设备替换老设备；二是运用高新技术对老旧设备进行改造；三是推广设备诊断技术、计算机辅助管理技术等管理新手段。无论是提高装备效率，还是采用新技术，实现经济效益和社会效益，技术进步已显示出巨大潜力。

坚持“促进生产发展”的方针，就是要正确处理企业生产经营与设备管理的辩证关系。首先，设备管理必须坚持为提高生产率、保证产品质量、降低生产成本、保证订货合同期和安全环保，实现企业经济效益服务；其次，必须深化环保管理的改革，建立和完善设备管理的激励机制，企业经营者必须充分认识设备管理工作的地位和作用，尤其重要的是必须保证资产的保值增值，为企业的长远发展提供保障。

坚持“预防为主”的方针就是企业为确保设备持续高效正常运行，防止设备非正常劣化，在依靠检查、状态监测、故障诊断等技术的基础上，逐步向以状态维修为主的维修方式发展。设备制造部门应主动听取和搜集使用部门的信息资料，不断改变设计水平，提高制造工艺水平，转变传统设计思想，把“维修预防”纳入设计新概念中去，逐步向“无维修设计”目标努力。

2. 设备管理原则

设备管理坚持“五个相结合”的原则，即设计、制造与使用相结合；维护与计划检修相结合；修理、改造与更新相结合；专业管理与群众管理相结合；技术管理与经济管理相结合。

1）设计、制造与使用相结合是指设备制造单位在设计的指导思想上和生产过程中，必须充分考虑全寿命周期内设备的可靠性、维修性、经济性等指标，最大限度地满足用户的需要。使用单位应正确使用设备，在设备的使用维修过程中，及时向设备的设计、制造单位反馈信息。实行设备全过程管理的重点和难点也正是设备制造单位与使用单位相结合的问题。当前，必须加强设备的宏观管理，培育和完善设备要素市场，为实现设备全过程管理创造良好的外部条件。买方市场的形成，必将打破设计制造与使用相脱节的格局。

2）维护与计划维修相结合是贯彻“预防为主”方针，保证设备持续安全经济运行的重要措施。对设备加强运行中的维护保养、检查监测、调整润滑可以有效地保持设备的各项功能，延长修理间隔期，减少修理工作量。现代化设备的使用，尤其应加强维护保养，可起到事半功倍的作用。在设备检查和状态监测的基础上实施预防性检修，不仅可以及时恢复设备功能，同时又为设备的维护创造了良好条件，减少工作量，降低维修费用，延长设备使用寿命。此外，在设备的设计、制造、选购时应考虑其维护和检修的特性。

3）修理、改造与更新相结合是提高企业技术装备素质的有效措施。修理是必要的，但一味追求修理是不可取的，它阻碍技术进步，企业必须建立自我发展的设备更新改造运行机制，依靠技术进步，采用高新技术，多方筹集资金改造更新旧设备。以技术经济分析为手段和依据，进行设备大修、更新改造的决策。当前，在修理中强调与重视技术改造，实行修改结合尤其具有现实意义。

4）专业管理与群众管理相结合要求必须建立从企业领导到一线工人全部参加的组织体系，实行全员管理。全员管理有利于设备管理的各项工作的广泛开展，专业管理有利于深层次的研究，两者结合有利于实现设备综合管理。

5）技术管理与经济管理相结合是不可分割的统一体。只有技术管理，不讲求经济管理，易产生低效益或无效益管理，使设备管理缺乏生命力。技术管理包括对设备的设计、制造、规划选型、维护修理、监测试验、更新改造等技术活动，以确保设备技术状态完好和装备水平不断提高。经济管理不仅是折旧费、维持费和投资费的管理，更重要的是设备资产的优化配置和有效营运，确保资产的保值增值。

上述“五个结合”是中国多年设备工程实践的结晶。随着市场经济体制和现代企业制度的建立和完善，推行设备综合管理必须与企业管理相结合，必须实行设备全社会管理与企业设备管理相结合。

3．设备管理任务

1）设备管理基本任务和内容

（1）设备管理的基本任务

① 适应经济体制向市场经济体制的转变和经济增长方式从粗放型向集约型的转变；

② 积极探索并建立设备管理新体制和新模式；

③ 培育规范化设备要素市场，促进设备资源的有效利用和优化配置；

④ 认真贯彻执行固定资产管理条例，确保固定资产的保值增值；

⑤ 在贯彻《设备管理条例》的基础上深化设备管理改革，开拓创新，把设备管理工作提高到一个新水平，为保证国民经济持续发展打下坚实基础。

（2）设备管理基本内容

① 加强设备宏观管理，完善设备管理的法规制度，加强执法监督；

② 依靠技术进步，加大设备更新改造力度；

③ 培育和规范设备交易市场，制定和完善市场规则，加强指导和监督；

④ 加强设备管理人员的培训工作，开展设备管理和维修技术的国际国内交流活动。

2）企业设备管理任务和内容

（1）企业设备管理任务

① 优化企业资本有机构成和设备资源配置；

② 运用各种经营、管理手段，不断改善和提高企业技术装备素质，充分发挥设备效能；

③ 不断提高设备综合效率和降低设备寿命周期费用；

④ 提高设备利用率；

⑤ 提高设备的可靠性、安全性和适用性；

⑥ 使投资者和经营者的收益最大化，是企业设备管理的根本目标。

（2）企业设备管理内容

① 建立和完善企业设备管理激励机制和约束机制；

② 建立寿命周期费用统计分析系统，对费用进行估算和核算；

③ 加强设备前期管理，明确设备管理部门在前期管理中的职责；

④ 完善企业设备资产管理体制，进行资产评估，防止资产流失；

⑤ 加强设备的现场管理，确保企业文明生产；

⑥ 加强重点设备管理；

⑦ 加强设备的故障管理，探索故障发生原因及其对策；

⑧ 选择适合企业的设备维修方式，逐步向状态维修方式发展；

⑨ 依靠技术进步，适时进行设备技术改造和更新；

⑩ 继续推行设备管理现代化，广泛采用现代设备管理方法和手段；

⑪ 完善设备管理基础工作，推进设备管理标准化工作；

⑫ 积极开展设备管理社会化、专业化工作；

⑬ 建立和完善设备一生信息管理系统；

⑭ 重视设备组织机构和人员培训；

⑮ 确保动能动力设备的安全经济运行。

12.2.4 设备管理技术经济指标

1. 设备技术经济指标的意义与原则

1）设备技术经济指标的意义

指标是检查、评价各项工作和各项经济活动执行情况、经济效果的依据。指标可分为单项技术经济指标和综合指标，也可分为数量指标和质量指标。指标的主要作用有：

（1）在管理过程中起监督、调控和导向的作用，通过指标考核、分析，发现技术偏差并采取措施调整、控制，制定新的考核指标；

（2）通过指标考核，定量评价管理工作的绩效；

（3）指标通过数据的形式反应实际工作的水平，评价与考核的绩效与企业及个人的利益挂钩，起到激励和促进的作用。

设备管理的技术经济指标体系就是一套相互联系、相互制约，能够综合评价设备管理效果和效率的指标。设备管理的技术经济指标是设备管理工作目标的重要组成部分。设备管理工作涉及资金、物资、劳动组织、技术、经济、生产经营目标等各方面，要检验和衡量各个环节的管理水平和设备资产经营效果，必须建立和健全设备管理的技术经济指标体系。此外，有利于加强国家设备管理工作的指导和监督，为设备宏观管理提供决策依据。

2）设备技术经济指标的原则

（1）在内容上，既有综合指标，又有单项指标；既有重点指标，又有一般性指标。

（2）在形态上，既有实物指标，又有价值指标；既有相对指标，又有绝对指标。

（3）在层次上，既有政府宏观控制指标，又有企业微观及车间、个人执行的指标。

（4）在结构上，从系统观点设置设备全过程各环节的指标，既要完整，又力求精简。

（5）在考核上，应按照企业的生产性质、装备特点等分等级考核。

指标应逐步标准化，力求统一名称、统一术语、统一计算公式、统一符合意义，扼要、实用、可操作性强。指标考核值的确定应建立在周密的分析基础上，并具有一定进取性。

2. 设备管理技术经济指标的构成

1）技术指标

（1）设备更新改造指标

$$设备改造计划完成率=\frac{实际改造项数（或金额）}{计划改造项数（或金额）}\times 100\% \quad (12\text{-}1)$$

$$设备改造成功率=\frac{达到预期技术经济的项数（或金额）}{实际改造项数（或金额）}\times 100\% \quad (12\text{-}2)$$

$$设备更新计划完成率=\frac{实际完成更新项数（或金额）}{计划完成更新项数（或金额）}\times 100\% \quad (12\text{-}3)$$

$$设备资产形成率=\frac{形成设备资产的台数}{计划投资设备台数}\times 100\% \quad (12-4)$$

（2）设备利用指标

$$设备制度台数利用率=\frac{设备实际开动台时}{设备制度工作台时}\times 100\% \quad (12-5)$$

$$设备闲置率=\frac{期末闲置设备原值}{期末全部设备原值}\times 100\% \quad (12-6)$$

$$设备效率=计划时间利用率\times 性能利用率\times 合格品率 \quad (12-7)$$

（3）设备技术状态指标

$$设备完好率=\frac{设备完好台数}{设备总台数}\times 100\% \quad (12-8)$$

$$设备精度指数（T）=\sqrt{\frac{\sum\left(\frac{T_p}{T_s}\right)^2}{n}} \quad (12-9)$$

式中 T_p——精度实测值；

T_s——规定的允差值；

n——测定项数。

$$设备工程能力指数（C_{pm}）=\frac{\delta}{8\times \sigma_m} \quad (12-10)$$

式中 δ——工序质量分布；

σ_m——设备质量分布标准差。

$$故障停机率=\frac{设备故障停机台时}{设备实际开动台时+设备故障停机台时} \quad (12-11)$$

$$事故率=\frac{设备事故次数}{实际开动的设备台数}\times 100\% \quad (12-12)$$

（4）设备维修管理指标

$$设备修理计划完成率=\frac{实际完成修理台数}{计划完成修理台数}\times 100\% \quad (12-13)$$

$$定期检查（保养）计划完成率=\frac{实际完成检查保养台数}{计划完成检查保养台数}\times 100\% \quad (12-14)$$

$$设备维修保养优等率=\frac{维护优等的设备台数}{设备评定总台数}\times 100\% \quad (12-15)$$

$$设备大修（项修）返修率=\frac{大修（项修）返修台数}{大修（项修）总台数}\times 100\% \quad (12-16)$$

2）经济指标

（1）设备效益指标

$$设备资产保值增值率=\frac{年末设备资产总净值}{年初设备资产总净值}\times 100\% \tag{12-17}$$

$$设备净资产收益率=\frac{设备年收益额}{企业设备总净值}\times 100\% \tag{12-18}$$

（2）设备投资评价指标

$$设备（追加）投资利润率=\frac{设备年创利润额}{设备（追加）投资额} \tag{12-19}$$

（3）设备折旧指标

$$设备新度系数=\frac{年末企业设备净值}{年初企业设备原值} \tag{12-20}$$

（4）维修费用指标

$$设备维修费用率=\frac{设备维修费用总额}{设备总原值}（元/百元） \tag{12-21}$$

$$故障（事故）停机损失=故障（事故）修理费用+故障（事故）停产损失费用 \tag{12-22}$$

$$备件资金周转率=\frac{年备件消耗总额}{年均库存总额}\times 100\% \tag{12-23}$$

（5）能源利用指标

$$能源弹性系数=\frac{年均能源增长率（\%）}{年均工业总厂值增长率（\%）} \tag{12-24}$$

$$能源利用率=\frac{用能设备总有效使用量}{能源供给总量}\times 100\% \tag{12-25}$$

$$单位产值综合耗能量=\frac{综合耗能量}{企业净产值}（t/万元） \tag{12-26}$$

3）设备管理技术经济指标评价

在经济体系转变过程中，由于变化因素较多，企业之间发展的不平衡，很难形成统一的设备管理技术经济指标体系及评价标准，需要在实际工作中不断修订和完善，才能形成比较完整的指标体系，才能适合现代化设备管理的要求。下面仅就一些指标的设置作一简单分析与评价。

（1）国家作为国有资产所有者，除对国有资产的投资效益、保值增值提出考核指标，还应通过法律、经济和行政手段对全社会的设备资源的有效利用和优化配置进行宏观调控和指导。培育和发展设备要素市场，制定技术装备政策，规定限期淘汰浪费能源和污染环境的设备及鼓励发展的装备，引导投资方向，促进技术装备素质和设备管理水平的提高。

（2）设备完好率作为设备技术状态的主要考核指标，目前仍是有效的，企业可继续使用。但在具体操作中，应对完好标准的定性条款加以研究改进，力求减少主观因素的影响；或对指标的计算加以改进，确保指标的准确。有条件的企业，对质控点设备可考核设备工程能力指数（C_{pm}），当$C_{pm}>1$时，该设备满足产品工艺要求，其技术状态完好。企业通过主要生产设备完好率、质控点设备工程能力指数、主要生产设备故障停机率三项指标的考核能保持设备的技术状态完好、高效运行。有条件的企业，还可以用设备效率替代设备技术状态指标。

（3）维修定额对全面衡量维修的劳动组织、物质、技术装备、修理技术水平有价值，应继续使用。但制定维修定额依据的修理复杂系数（F），随着设备科技含量的不断增加，一方面，修理复杂系数需作修订和补充，另一方面，需不断探讨科学的维修标准，促进中国维修使用的发展。为降低维修定额标准，提高维修经济效益应逐步把机修工作推向市场，促进维修市场化的形成，同时加大设备使用单位巡回检查人员的考核力度，增加维修活动、维修方式方面的考核指标，如状态维修项数率，以增强检查人员的工作效率及责任心，推进状态维修的发展。

（4）企业应重视设备净资产收益率的考核，促进企业设备管理以效益为中心，积极开拓市场，生产适销对路的产品。通过加强设备投资管理，优化企业资产组合，盘活闲置资产，充分挖掘现有设备资产潜力，提高设备资产运营效益。通过指标的纵向比较，确定企业发展和资产经营的目标。

（5）为加大企业设备改造更新的力度，企业可根据具体情况提高设备折旧率。在资金短缺的情况下，尤其应重视考核设备改造更新的成功率、设备投资利润率等指标，确保资金使用到位。

12.2.5 设备管理与质量、安全、节能、环保

设备管理以提高设备综合效益为目标，综合效益高就是投入最少的资金（Money）、人力（Man）、设备（Machine）和原材料（Material）并采用最优的方法（Method），力争获得更多的输出，即获得产量（Product）高、质量（Quality）好、成本（Cost）低、交货期（Delivery）准，并且生产安全、环境保护（Safety）良好，同时促进操作人员的精神状态（Morale）随着自动化程度的提高，生产对设备的依赖程度不断提高，因此，影响输出的主要要素将是设备。

1. 设备管理与产品质量

设备管理的宗旨之一就是为保证产品质量服务。目前，企业开展的ISO 9000论证是建立产品质量体系的基础和依据，它是通过对企业内部各过程进行管理和有效控制，实现质量体系的要求。设备是现代工业生产过程中的关键因素，是影响产品质量的重要因素。所以，必须对产品质量尤其是“质控点”设备进行全过程的有效控制，不仅对设备设计制造及选型质量、设备运行状态、设备精度、性能、可靠性、各种规章制度进行控制，还要对设备操作人员的能力、技术水平、环境条件和加工产品的全过程进行控制，只有在设备管理工作中对影响质量的环节进行有效的控制，产品质量才能得到保证。

2. 设备管理与安全生产

设备管理是企业安全生产的重要保证。企业安全生产就是保证生产过程中人

身和设备的安全。造成企业生产不安全的因素主要是“人—设备”这一系统的硬件和软件。如设备的防护装置不完整，设备结构不安全，存在缺陷；违反操作规程、超负荷使用设备，劳动组织不合理；设备维护管理不善等。所以，必须在设备一生全过程中考虑安全问题，进行安全管理。设备设计、制造时需全面考虑各种安全装置，并确保装置的功能和质量；在进行工艺布置和设备安装时不仅要考虑安全上的合理性，更重要的是要考虑生产技术上的安全性；定期对设备尤其是功能动力设备进行安全性检查和试验；严格遵守设备的安全操作规程，经常对操作人员进行安全教育，牢固树立“安全第一”的观点。

3. 设备管理与节能

企业使用的能源是由能源转化设备、传输设备、用能设备所组成的系统实现的。所以，节约能源与设备及设备管理密切相关。首先，节约能源必须实行“全员管理”及能源消耗定量管理，广泛开展节能教育，消灭设备跑、冒、滴、漏等明显浪费能源的现象；凡经大修的设备必须恢复原有设备的性能和效率；加强全厂设备的维护保养，保持良好的技术状态，利于节能；对能耗高、效率低的设备必须实施技术改造措施或更新计划，尤其是对耗能大户的能源转换设备如风机、水泵、炉、窑，必须及时更新，这对提高能源利用率、节约能源有着重要意义。

4. 设备管理与环境保护

工业企业设备是造成公害的主要污染源，它与环境污染密切相关。设备工程的内容之一，就是解决设备对环境的污染，实现无事故、无公害。设备运转过程中，可能产生的公害有：粉尘和有害气体、噪声和振动、废渣和废液、电磁波和电离辐射。为消除污染，企业必须对有污染源的老旧设备制定更新改造计划；加强设备前期管理，确保污染设备不进厂；保持设备运行状态良好，防止出现污染泄漏事故；对于排放、存储、处理污染源的设备均应实行定人定机定责操作制度，并实行定期测试、定期检查、定期维修的管理制度，环保设备必须开动在生产设备运行之前，停机在生产设备之后。

12.2.6 设备管理的发展

1. 国际上设备管理体系的发展

自从人类使用机械以来，就伴随有设备的管理工作，只是由于当时的设备简单，管理工作单纯，仅凭操作者个人的经验行事。随着工业生产的发展，设备现代化水平的提高，设备在现代大生产中的作用与影响日益扩大，加上管理科学技术的进步，设备管理也得到了相应的重视和发展，以致逐步形成一门独立的学科——设备管理。现观其发展过程，大致可以分为五个阶段。

1）事后维修阶段

事后维修（Breakdown Maintenance，简称BM）是指机器设备在生产过程中发生故障或损坏之后再进行修理。事后维修制经历了一个相对比较漫长的发展过程，在西方工业国家一直延续到20世纪30年代，在我国则直到20世纪50年代初仍实行事后维修制。

资本主义工业生产刚开始时，由于设备简单，修理方便，耗时少，一般都是在设备使用到出现故障时才进行修理，这就是事后维修制度，此时设备修理由设备操作人员承担。

后来随着工业生产的发展，结构复杂的设备大量投入使用，设备修理难度不断增大，技术要求也越来越高，专业性越来越强，于是，企业主、资本家便从操作人员中分离一部分人员专门从事设备修理工作。为了便于管理和提高工效，他们把这部分人员统一组织起来，建立相应的设备维修机构，并制定适应当时生产需要的最基本管理制度。在西方工业发达国家，这种制度一直持续到20世纪30年代，而在我国，则延续到20世纪40年代末期。

2）设备预防维修管理阶段

事后维修造成故障停机时间长，在这种情况下出现了为防止突发故障而对设备进行预先修理的“预防性”修理模式，即预防维修（Preventive Maintenance，简称PM）。由于这种修理安排在故障发生之前，是可以计划的，所以也叫做计划预修。

在这个阶段中，世界上形成了两大设备维修体系。一个是苏联的“计划预修制”，在苏联、东欧、中国等当时的社会主义国家得到广泛应用；另一个是美国的“预防维修制”，在西欧、北美、日本等发达国家得到推广。

苏联在20世纪30年代末期开始推行设备预防维修制度。苏联的计划预防制度除了对设备进行定期检查和计划修理外，还强调设备的日常维修。

1925年前后，美国首先提出了预防维修的概念，对影响设备正常运行的故障，采取“预防为主”、“防患于未然”的措施，以降低停工损失费用和维修费用。主要做法是定期检查设备，对设备进行预防性维修，在故障尚处于萌芽状态时加以控制或采取预防措施，以避免突发事故。

（1）计划预修制

计划预修制（Planning Preventive Maintenance）实际上实行的是定期维修（Time—BasedMaintenance，简称TBM）。苏联的计划预修制是在20世纪30年代提出来的。根据设备实际开动时，确定一系列定期检查、保养、中修和大修等组成的修理周期结构，以及计算各种修理消耗定额的修理复杂系数，构成了计划预修制的两大基础。

计划预修制是以设备的磨损规律为基础制定的，在设备使用周期较长、设备更新换代缓慢的情况下，确实有它科学合理的一面。

计划预修制的不足之处在于：片面强调定期修理而忽视了设备的实际状态，容易造成设备在使用的前、后期分别出现维修过剩和维修不足的现象。

（2）预防维修制

预防维修制（Preventive Maintenance）实际上实行的是状态维修（Condition—Based Mainte—nance，简称CBM）。美国的预防维修制于1914年福

特汽车厂建成第一条流水装配线后开始实施，到20世纪50年代初期在西方国家得到普遍推广。预防维修制以设备的日常检查和定期检查为基础并据此确定修理内容、方式和时间。由于没有严格规定的修理周期，因而有较大的灵活性，但对检验和管理人员要求较高，对设备性能也要能够真正把握精准。

（3）生产维修

1954年，美国通用电气公司等一些企业对原来的预防维修制作出调整，于是出现了将预防维修与事后维修结合起来的“生产维修制”。生产维修（Productive Maintenance，简称PM）就是对主要生产设备实施预防维修，一般设备则实施事后维修，这样既减少了故障停机损失，降低了维修费用，又节省了大量不必要的检查和检测工作，维修经济性较好。

预防维修比事后修理有明显的优越性。预先制定检修计划，对生产计划的冲击小，采取预防为主的维修措施，可减少设备恶性事故的发生和停工损失，延长设备的使用寿命，提高设备的完好率，有利于保证产品的产量和质量。

20世纪60年代，我国许多先进企业在总结实行多年计划预修制的基础上，吸收三级保养的优点，创立了一种新的设备维修管理制度——计划保修制。其主要特点是：根据设备的结构特点和使用情况的不同，定时或定运行里程对设备施行规格不同的保养，并以此为基础制定设备的维修周期。这种制度突出了维护保养在设备管理与维修工作中的地位，打破了操作人员和维护人员之间分工的绝对化界限，有利于充分调动操作人员管好设备的积极性，使设备管理工作建立在广泛的群众基础之上。

3）设备生产维修阶段

这一阶段主要根据设备重要性选择不同的维修方法。

随着科学技术的发展以及系统理论的普遍应用，1954年，美国通用电器公司提出了“生产维修”的概念，强调要系统地管理设备，对关键设备采取重点维护政策，以提高企业的综合经济效益。

4）设备的维修预防阶段

在设备的设计和制造阶段就考虑维修问题，提高设备的可靠性和易修性。

到了20世纪60年代，美国企业界又提出了设备管理“后勤学”的观点。它是从“后勤支援”的要求出发，强调对设备的系统管理，设备在设计阶段就考虑其可靠性、维修性及其必要的后勤支援方案。设备出厂后，要在图纸资料、技术参数和检测手段、备件供应以及人员培训方面为用户提供良好的、周到的服务，以使用户达到设备寿命周期费用最经济的目标。至此，设备管理从传统的维修管理转为重视先天设计和制造的系统管理，设备管理进入了一个新的阶段。

5）设备综合管理阶段

这一阶段是在设备维修预防的基础上，从行为科学、系统理论的观点出发，对设备进行全面管理的一种重要方式。

设备综合管理就是根据企业生产经营的宏观目标，通过采取一系列技术、经济、管理措施，对设备的制造（或选型、购置）、安装、调试、使用、维修、改造、更新直到报废的一生全过程进行管理，以保持设备良好状态并不断提高设备的技术素质，保证设备的有效使用和获得最佳的经济效益。

体现设备综合管理思想的两个典型代表是“设备综合工程学”和“全员生产维修制”。

“设备综合工程学”是由英国的丹尼斯·帕克斯于1971年提出的，并在英国工商部的支持下迅速发展和逐步完善起来的一门设备管理新学科，它是以设备寿命周期费用最经济为设备管理目标。在此目标下，设备管理主要围绕四个方面进行：

（1）对设备进行综合管理。即运用管理工程、运筹学、质量控制、价值工程等管理方法对设备进行技术、组织、财务等多方面的综合管理。

（2）研究设备的可靠性与维修性。无论是新设备设计，还是老设备改造都必须重视设备的可靠性和维修性问题，以减少故障和维修作业时间，达到提高设备有效利用率的目的。

（3）运用系统工程的观点，以设备的一生，而不是其中一个环节作为研究和管理对象，包括设备从提出方案、设计、制造、安装、调试、使用、维修、改装、改造直至报废的全过程。

（4）重视设计、使用、维修中技术经济信息反馈的管理。一方面是设备在使用过程中，由使用部门记录和积累设备在使用过程中发现的各种缺陷，反馈给维修部门，进行状态修理。另一方面把设备使用记录和积累的设备在使用过程中发现的缺陷反馈到设备制造厂的设计部门，以便在研制下一代设备时加以改进。

“全员生产维修制”是日本在设备综合工程学的基础上，结合他们的国情，提出的一套全员参加的生产维修方法。其特点是：

（1）把设备的综合效率作为最高目标。

（2）强调全体成员参与，即从企业最高领导到第一线工人都参加设备管理。

（3）建立以设备一生为对象的全系统管理体制，包括设备计划、使用、维修、财务等所有部门。并且重视设备的日常点检、定期点检，并运用精度指数公式，作为实行计划预防修理的依据。突出重点设备，把重点设备的计划预防维修同一般设备的事后修理结合起来。

（4）加强设备保养的思想教育工作，广泛进行技术培训，开展多面手活动。

2. 中国设备管理的发展

中国工业企业设备管理经历了50年的起伏曲折的历程，大致分为四个阶段。

1）初创阶段

随着第一个五年计划的实施，重点工程和大中型企业相继建立，与之相应的企业管理水平也得到了提高。1956年，中国在设备管理方面引进了苏联的计划预防修理制，这与中国当时的状况基本上是适应的。通过几年的学习和运用，中国设备管理从无到有，建立和健全了相应的设备管理组织机构，培养了设备管理与维修人员，为企业设备管理工作打下了基础。

2）曲折阶段

“大跃进”时期，设备和设备管理受到了严重破坏。三年调整时期，国民经济逐渐恢复提高，企业的设备管理工作在计划预防修理制的基础上有所创新，形成了自身的特色，主要表现有以下几个方面。

（1）以“预防为主”为方针，以“维护与计划检修并重”、“专业管理与群众管理相结合”为原则；

（2）建立了“三级保养制”，以及“三好四会”、“润滑五定”等一套规章制度；

（3）在组织形式上，除了精简、健全专业管理外，还设立了“专群”结合的管理组织，实现了“专管成线，群管成网”，经常开展设备管理的评比检查活动；

（4）开展地区性的设备管理活动，建立设备专业修理厂、精修站、备件定点厂和备件总库等。

3）振兴阶段

十一届三中全会以来，设备管理工作得到了恢复并迅速发展。1981年国家经济贸易委员会设立了全国设备管理主管部门，1982年成立了中国设备管理协会，1983年颁布了“国营工业交通企业设备管理试行条例”，开始引进了“设备综合工程学”、“全员生产维修”、“后勤工程学”等现代设备管理理论，经过多年研究、比较，本着“以我为主，博采众长，融合提炼，自成一家”的方针，在学习和参照设备综合工程学的理论和总结中国设备管理实践经验的基础上，经过反复研究，最后确定“设备综合管理”为中国设备管理的实践模式。1987年7月国务院颁布的《全民所有制工业交通企业设备管理条例》（以下简称《设备管理条例》）中，明确提出了这一管理模式。

中国设备综合管理的基本内容是：坚持依靠技术进步，促进生产发展和预防为主的方针；在设备一生的全过程管理中，坚持设计、制造与使用相结合，维护与计划检修相结合，专业管理与群众管理相结合，技术管理和经济管理相结合，修理、改造与更新相结合的原则。运用技术、经济和法律等手段，管好、用好、修好、改造好设备，不断改善和提高企业装备素质，充分发挥设备效能，以追求设备全寿命周期费用的经济性和提高设备综合效率为目标，从而为提高企业经济效益服务。设备综合管理是对中国传统管理的重大挑战与突破，对加快实现中国设备管理现代化起到了重要的作用。

《设备管理条例》的颁布实施，使中国设备管理初步走上了法制轨道；国家统一管理，实行政府分级管理；有计划、有组织地大力贯彻实施，获得了明显效果，主要表现在以下几个方面。

（1）设备管理的观念有了不同程度的转变，设备及其管理的意识有了不同程度的增强；

（2）设备管理基础工作普遍受到重视和加强；

（3）设备经济管理普遍开展，收到了一定的成效，设备管理经济效益和社会效益有了提高；

（4）提高了设备完好率，设备技术改造和更新得到加强，企业设备素质有了不同程度的提高；

（5）设备管理的组织机构得到了充实和提高，重视设备管理的培训和提高，设备管理人才的正规培训纳入了国家计划轨道，员工总体素质有了提高；

（6）在全国范围内开展了设备管理评优活动，有效促进了企业和主管部门设备管理的积极性，设备管理水平得到了提高。

在《设备管理条例》的指导下，原机械工业部及其下属企业在设备现代管理中，积极推进设备综合管理，并创造了许多好的经验，树立了许多先进典型，使机械工业企业设备管理逐步走上了具有自身特色的道路。

4）探索发展阶段

在政府职能转变和建立现代企业制度的进程中，政府全面淡化了各项行政管理职能，设备管理成为了企业的自主行为，但中国有关资产经营、管理与维修的法制法规尚未健全和完善；设备固定资产的数量不断扩大，技术含量不断提高；企业经营机制转变过程中，全能型的组织模式正在改变或已经改变，而设备要素市场尚未健全完善。市场的动态化和竞争的进一步加剧，给企业设备管理带来了新的机遇与挑战。所以，把握现代企业的发展趋势，结合具体情况探索中国设备管理的发展，提升企业设备管理水平，增强企业竞争能力，提高企业经济效益是当前中国设备管理急需研究的新课题。

3．设备管理的发展趋势

设备管理的发展历经了从设备维修管理到综合维护管理，在管理范围层面，由对设备装置本身进行管理发展到对依靠设备进行生产作业、生产过程为中心的业务管理；在管理目标上，由保障设备技术指标到关注设备可靠性、全寿命周期成本等。目前设备管理正不断朝着智能化、网络化的方向发展，信息正在成为设备管理的资源主体；同时，设备管理更注重环境保护和可持续发展。

设备管理信息化使企业设备管理进入了一个新的阶段，一些适应设备全寿命周期管理理念的新的信息系统相继出现，如企业资产管理系统（EnterpriseAsset Management，EAM）和企业资源计划（Enterprise Resources Plan—ning，ERP），实现了企业的物资流、资金流、信息流的集中管理和共享应用，保证了设备在设计规划、基建采购、运行维护、策略检修、退役报废的全寿命周期管理。基于信息驱动的设备管理是设备管理的一个发展方向，设备管理所需要资源除了人力资源外，还有时间、资金以及信息等，信息将作为设备管理的运作动力，通过对设备监测系统所获信息的分析，预测并安排维护计划可以有效地提高设备的可用度，从而使停机损失达到最小，使设备管理的质量、效率和成本达到最优。

网络技术的发展使得网络技术与设备管理过程相结合成为现实，设备的生产和维护过程通过网络实现了资源的整合。采用计算机支持的协同工作方式成为设备管理的又一发展方向，通过设备管理各业务的协同，实现设备的全寿命周期的管理最优。

随着现代化生产设备的广泛使用以及生产过程的不断复杂化，即使行业专家都难以把握设备的全过程管理。近几十年来，人工智能技术得到了长足的发展。目前将智能技术与各项设备管理技术相融合，以辅助人类专家解决纷繁复杂的设备管理问题已成为研究热点。设备管理智能化以其对设备管理的高效性、可靠性及其解决复杂维护问题的能力，不但能提高设备维护质量和效率，还能有效地降低设备管理的成本。

近年来，随着我国BIM技术的发展，物业运营阶段BIM技术的使用，也是未来的发展方向。BIM技术在智能化建筑的物业管理中，可以有如下方面的应用。

1）预留维修更换设备条件

利用BIM模型很容易模拟设备的搬运路线，我们要认真分析，对今后10年甚至20年需更换的大型设备，如：制冷机组、柴发、锅炉等做出管道可拆装、封堵、移位的预留条件。

2）基于BIM的建筑数据统计

BIM模型中的建筑数据比传统的CAD软件要求更严、更准，利用这一点在物业管理中可对诸如石材面积、地毯面积、地板面积、外窗（外玻）面积以及阀门、水泵、电机等大量材料和零配件进行精准的定位统计。

3）大型清洁维修设备的模型利用

BIM模型可对较小空间中要使用大型清洁设备如蜘蛛车、液压升降车等进行模拟，为采购提供依据。

4）BIM–ERP的连接

在物业管理企业中，ERP系统已开始广泛应用，多种版本的软件紧紧围绕物业管理需求，系统内容逐渐丰富，适用性逐渐落地。在应用中许多物管企业参与或改进了这一系统，因此使其越来越完善。

5）RFID卡和二维码

在机电设备运维管理中，利用RFID卡（射频卡）或二维码作为设备标签已开始普及，我们开始试验用RFID卡对隐蔽工程中的VAVBOX（变风量空调末端）、阀门等进行标签。但因设备多、标签数量大、电源需更换等问题，感觉比较麻烦。现开始采用二维码，在设备本体、基座、隐蔽设备附近（如通道墙面）贴附二维码，感到很实用。用智能手机、平板电脑扫描二维码可得到设备的相关信息及上下游系统构成，也可将巡视资料通过WIFI（或3G、4G）送回后台。

6）去顶棚功能房间分隔

风道风口要移位、灯光电线要增加，可是有顶棚挡着，路由看不见，是否有安装空间看不见，从检修孔探进头也被空调末端挡着，看不清，这时我们就想把顶棚拆了，看个究竟。BIM模型的建立，解决了这个难题，在现场拿着平板电脑，调出房间图纸，做去天花功能处理（涂层透明化），这时整个顶棚从图像中去掉，甚至连四壁墙的装修也去掉，天花内、装修内的设备、管线、电线一清二楚，为改造、检修提供了极大方便。

7）人员定位

在BIM模型中，在晚间对入室的保洁服务员、巡视保安人员及运维的技工进行定位，就可了解每个人的移动轨迹，这无疑对内部可能发生的偷盗、泄密等事件起到监视和威慑，从而提高敏感区域的安全性，使物业整体保卫保密工作的水平进一步提高。

8）BIM模型与运维人员的培训

BIM模型直观、准确，各种机电设备、管线、风道、建筑布局一目了然，加上动态信息、人流、车流、设备运行参数，又以动画方式演绎出来。这些信息正是我们培训运维技工、安保人员以及各类服务人员的极好教材。因此，充分利用这些教材进行培训，又成为BIM模型的重要应用内容。

12.2.7 国外设备管理介绍

1. 苏联计划预防修理制度

1923年苏联就提出了设备定期维修的方法，直至1967年才形成了苏联统一的计划预防修理制。计划预防修理制的理论依据是设备组成单元的磨损规律。

1）计划预防修理制度的主要内容

（1）确定修理工作的类别。各类设备的计划修理有：大修理、中修理、小修理、预防性检查。

（2）编制设备修理计划，进行有计划的修理，并监督其实现。

（3）确定各类设备的修理周期结构。修理周期结构是指在一个大修理周期内，把设备的维修类别按照规定的时间间隔，依据一定顺序进行的排列。它是根据机器零件的磨损规律和修理工作量确定的，不同类型的设备其修理周期结构不同。如在计划预防修理制度中规定金切设备中普通机床的修理周期为26000h，相当于两班制运行车间，约6年左右大修一次。修理周期结构是：K—O—M—O—M—O—C—O—M—O—M—O—C—O—M—O—M—O—K，即两次大修理（K）之间应安排两次中修（C），六次小修（M），九次检查调整（O）。在一个修理周期内共有十八次各种定期的计划修理，约四个月就需进行一次检查或修理。

（4）确定各类设备的修理复杂系数。修理复杂系数是设备修理难易程度的一个假定单位，计划预修制度中的计算、测定和考核都是以设备修理系数为基础的。该系数主要用于制定各种修理定额，如修理工作的劳动量定额、停歇时间定额、材料消耗定额和修理费用定额等。

（5）组织修理业务，包括组织机修车间、各车间机修站、修理组，准备必要的设备及配备管理人员和劳动力。

2）计划预防修理制度的发展

20世纪80年代以来，计划预防修理制度正在逐步发生改变，但其基本理论基础相同。

（1）改进维修方式和维修制度

在设备维修活动中肯定了操作工人参加的重要性；使修理周期结构更加符合设备的实际运动规律；根据设备的实际使用情况，延长了修理间隔期；提高修理工作的机械化水平，采用现代化管理方法；取消中修。

（2）重视设备的更新改造

逐步改变以扩大设备拥有量为主的做法，合理调整加工设备的结构，增加特种加工设备及热加工和毛坯加工设备比重；大幅度增加高效和自动化设备的数量和比重；结合大修理进行旧设备的改造。

（3）加强设备的技术维护，推行技术维护及修理规程化

苏联国标ГOCT 18322—78规定：技术维护是当产品（指设备）按规定用途使用、待用、存放和运输时，为保持产品的工作能力或良好状态而进行的一套作业或某项作业。所谓规程化技术维护与维修是指按技术文件中所规定的时间间隔和工作量进行技术维护与计划修理，图12-2是技术维护和修理制度的结构示意图。许多企业推行规程化维修后，大大提高了维修作业效率和质量，减少了设备因突发故障造成停机损失。

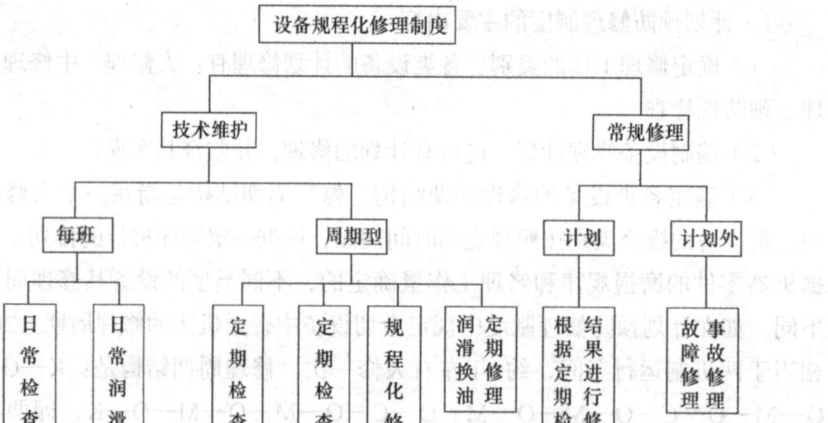

图12-2 技术维护与修理制度结构示意

（4）设备修理工作集中化与专业化

设备修理由跨部门的专业化修理企业、行业（或地区）专业化企业、大型企业修理厂共同进行。

此外，苏联还注意采用状态检查、监测技术、故障理论、计算机等新技术。值得注意的是，计划预防修理制的实施支柱——修理周期结构和修理复杂系数仍未改变。

2. 英国设备综合工程学

20世纪70年代初，英国的丹尼斯·派克斯（Dennis Parkes）提出了设备综合工

程学。此后，经欧美、日本等国家不断的研究、实践和普及，成为一门新兴学科。

1974年，英国工商部给设备工程下的定义是：为了追求经济的周期费用，而对有形资产的有关工程技术、管理、财务以及其他实际业务进行综合研究的学科。它是一门以设备一生为研究对象，以提高设备效率，使其寿命周期费用最经济为目的的综合学科。其主要特点如下：

（1）以寿命周期费用作为评价设备管理的重要经济指标，并追求寿命周期费用最经济；

（2）强调对设备从工程技术、工程经济和工程管理三方面进行综合管理和研究；

（3）进行可靠性和维修性设计，综合考虑设置费与维修费，使综合费用不断下降，最大限度提高设备效率；

（4）强调发挥有形资产（设备、机械、装置、建筑物、构筑物）即设备一生各阶段机能的作用；

（5）重视设计、使用和费用的信息反馈，实现设备一生系统的管理。

设备综合工程学的创立，开创了设备管理学科的新领域，从理论方法上突破了设备管理的狭义概念，把传统的设备管理由后半生扩展到设备一生的系统管理，并协调设备一生的各个环节，有目的地系统分析、统筹安排、综合平衡，充分发挥各环节的机能，实现设备寿命周期最经济。

为了推进设备综合工程学的应用和发展，英国成立了国家设备综合中心及国家规模的可靠性服务系统；开展以可靠性为中心的维修，更加注重可靠性和维修性设计；把节能、环保和安全作为设备综合工程学的新课题。经过多年的实践和完善，已取得了明显效果，带来了较好的经济效益。

同时，在派克斯先生的倡议下，成立了“欧洲维修团体联盟”，该团体每两年召开一次欧洲设备管理维修会议，近年来，中国每次均派代表团参加。会议宗旨是开展各国设备管理实践、维修技术的交流，促进设备综合工程学的推广和发展，帮助发展中国家培养设备工程人才。

3．日本全员生产维修

日本全员生产维修（Total Productive Maintenance，简称TPM）是从20世纪50年代起，在引进美国预防维修和生产维修体制的基础上，吸取了英国设备综合工程学的理论，并结合本国国情而逐步发展起来的。

1）TPM的含义

日本设备工程协会对全员生产维修下的定义：

（1）以提高设备综合效率为目标；

（2）建立以设备一生为对象的生产维修系统，确保寿命周期内无公害、无污染、安全生产；

（3）涉及设备的规划、使用和维修等所有部门；

（4）从企业领导到生产一线工人全体参加；

（5）开展以小组为单位的自主活动推进生产维修。

全员生产维修追求的目标是“三全”，即全效率——把设备综合效率提高到最高；全系统——建立起从规划、设计、制造、安装、使用、维修、更新直至报废的设备一生为对象的预防维修（PM）系统，并建立有效的反馈系统；全员——凡涉及设备一生全过程所有部门以及这些部门的有关人员，包括企业最高领导和第一线生产工人都要参加到TPM体系中来。

全员生产维修是日本式的设备综合工程学，其有自身的特点：

（1）重视人的作用，重视设备维修人员的培训教育以及多能工的培养；

（2）强调操作者自主维修，主要是由设备使用者自主维护设备，广泛开展5S（整理、整顿、清洁、清扫、素养）活动，通过小组自主管理，完成预定目标；

（3）侧重生产现场的设备维修管理；

（4）坚持预防为主，重视润滑工作，突出重点设备的维护和保养；

（5）重视并广泛开展设备点检工作，从实际出发，开展计划修理工作；

（6）开展设备的故障修理、计划修理工作；

（7）讲究维修效果，重视老旧设备的改造；

（8）确定全员生产维修的推进程序。

自全员生产维修推广以来，发展迅速，效果显著。在日本，全员生产维修的普及率已到65%左右，使很多企业的设备维修费用降低50%，设备开动率提高50%左右，并在国际上的影响也逐渐扩大，已有十多个国家引进、研究TPM的管理制度。

2）TPM的发展现状

近年来，全员生产维修又有了新发展，主要有以下几个方面。

（1）更加重视操作者自主维修

全员生产维修的目标是“通过改善人和设备的素质改善企业素质”来实现的。机器人化、自动化、柔性化等所谓工厂自动化（Factory Automation，简称FA）的发展，必须培训适应FA时代要求的关键人员，即为自动化设备配备能手，应做到：

① 操作人员要学会自主维修的本领；

② 维修人员应提高维修机械电子设备的本领；

③ 设计制造人员使自动化设备不断接近“无维修设计”。

为了在改善“人”的素质的同时改善“设备”的素质，要做到：

① 靠改善现有设备的素质提高设备效率；

② 把通过改善现有设备素质所取得的经验和信息收集起来，向设备的规划阶段反馈，以期实现设备寿命周期费用设计与配置的改善。

（2）提高设备效率

日本就设备现场管理提出提高设备效率，是指如何从时间和质量两方面掌握设备的开动动态，增加能够创造价值的时间和提高产品的产量。其手段有：从时间上增加设备的开动时间；从质量上增加单位时间内的产量，即通过减少废次品来增加合格品的数量。

提高设备效率的最终目标是如何充分发挥和保持设备的固有能力，即维持人机的最佳状态——极限状态，也就是“使故障为零，使废次品为零”的人机极限状态。

影响设备效率提高的有六大因素，下表汇总了六大损失的改进目标。

六大损失的改进目标　　表 12-1

序号	损失类型	目标	说明
1	故障损失	0	所有设备的故障损失都必须为零
2	工装模具调整的损失	时间极少	尽量用较短的时间完成
3	速度损失	0	要使加工速度与设计速度之差变为零，而且通过改进，实现超过设计速度的目标
4	小故障停机的损失	0	有程度的差别，但要控制在百万分之几的范围内
5	废次品及返修的损失	0	
6	调试生产的损失	时间极少	

在全员生产维护中，不是仅仅以故障为对象，其最终目的是通过提高与设备效率有关的时间开动率、性能开动率、合格品率等所有因素，来提高设备效率，一般可用下式表示：

$$时间开动率=\frac{负荷时间-停机时机}{负荷时间} \tag{12-27}$$

$$性能开动率=净开动率\times速度开动率 \tag{12-28}$$

$$净开动率=\frac{产量\times实际加工节拍}{负荷时间-停机时间} \tag{12-29}$$

$$速度开动率=\frac{理论加工节拍}{实际加工节拍} \tag{12-30}$$

$$合格品率=\frac{合格品数}{投料数量} \tag{12-31}$$

12.3 智能建筑设备管理

12.3.1 智能建筑设备管理与物业管理

1. 物业管理的内容

物业管理服务按物业工程周期可分为两部分，即交付使用前和交付使用后两种服务。

1）交付使用前

物业交付使用前，物业服务企业的服务对象是大业主，即发展商或投资商。此阶段的服务内容包括：

（1）从物业管理角度，就楼宇的结构设计和功能配置提出建议。

（2）制定物业管理计划，包括计算管理份额。

（3）制定物业管理组织架构。

（4）制定物业管理工作程序并提供员工培训计划。

（5）制定第一年度物业管理财务预算。

（6）参与工程监理。

（7）参与设备购置。

（8）参与工程验收。

（9）拟定物业管理文本。

2）交付使用后

交付使用后的物业管理服务对象是个体业主（用户），基本内容通常包括以下几方面：

（1）楼宇及设备的维修保养。

（2）楼宇保险事宜。

（3）保安服务。

（4）清洁服务。

（5）绿化环境保养。

（6）紧急事故处理。

（7）处理住户投诉。

（8）财务管理。

（9）根据业主（用户）要求还可提供一些有偿服务，如代理租售业务、户内维修。

2．智能建筑的构成

智能建筑系统构成的技术基础是4C技术（Computer计算机技术、Control控制技术、Communication通信技术、CRT图形显示技术）。4C技术综合运用于建筑物中，利用集成方法，对4C技术进行优化组合，形成一个运行于建筑物中，具有监测、控制、管理及信息传输与信息处理能力的智能化系统，即建筑智能化系统。

美国、新加坡等国认为智能建筑系统构成的三大基本要素是楼宇自动化系统（Building Automation System，BAS）、通信自动化系统（Communication Automation System，CAS）、办公自动化系统（Office Automation System，OAS），而我国学者认为应将BAS中的火灾报警、消防系统（Fire Automation System，FAS）和大楼信息管理（Maintenance Automation System，MAS）独立出来，由

3A变成5A。

此外，智能建筑系统还包含两大块内容，即针对上述系统综合运用而产生出来的技术基础：综合布线系统（Generic Cablings System，GCS）和系统集成技术（System Integrated，SI）。

3．智能建筑设备管理

智能建筑设备管理是以设备的一生（寿命周期）为对象，包括对设备的物质运动形态，即设备的计划、设计、购置、安装、使用、维修、改造、更换直至报废，以及设备的价值运动形态，即设备的最初投资、维修费用支出、折旧、更新改造资金的筹措、积累、支出等的管理。从这个定义来看，智能建筑设备管理与我们平常所理解的意义不同，或者说其涵盖的范围要广得多，绝不仅仅是对设备进行维修保养那么简单。

从系统工程理论来看待智能建筑设备管理，我们发现，智能建筑设备和智能建筑设备管理都具有系统的特点。智能建筑设备是由各种不同的设备所构成，如电气设备、给排水设备、暖通空调设备、消防与安防设备、通信和网络设备、电梯设备、智能化监控管理设备等。智能建筑设备管理是由一系列以智能建筑设备为核心的管理规章、方法和环节组成，这些设备与系统、管理规章、方法和环境互相联系、互相制约、协调配合地组成了一个为人们提供特大使用功能，实现设备资产投资目标的设备及其管理的有机体系。

4．智能建筑设备管理与物业管理的关系

从物业管理的角度来看，智能建筑设备管理是物业管理的一部分，它是为了实现各类设备、设施的完好及正常使用而进行的管理与服务工作。而对智能建筑设备管理的好坏，又直接关系到物业管理的水平。事实上，设备管理几乎涉及物业管理企业经营过程的各个环节，归纳其功效与意义主要有以下几个方面：

1）关系到物业服务企业的声誉和生存

作为物业服务企业管理的重要组成部分，智能建筑设备管理的好坏对企业的社会声誉乃至生存有着重要意义。物业设施一直处于良好状态，人们能安心方便地生活和工作，企业被认可，社会地位逐渐提高，竞争力得以加强，企业发展前景广阔。反之，如果一些设备经常处于性能不良或停机待修状态，直接影响整个物业的功能发挥，降低物业的使用价值和社会声誉。甚至无法再取得人们的承认，丢掉市场，丧失生存的根本条件。

2）关系到物业服务企业服务的成本和企业资金的合理利用

设备管理对服务成本的影响，除了表现在数量和质量上外，还有设备的投资效果、停工损失、维修费用、能源和材料消耗等。加强维护保养，能有效地延长设备的使用寿命和检修周期，节省维修费用和减少停工损失。要提高企业的经济效益，就要设法提高资金的合理利用程度，而设备管理的科学化无疑是关键。具体说，就是取决于设备经济管理的一系列环节是否达到最佳水平。

3）关系到技术安全和环境保护

若设备的可靠性低，管理不善，在运行中发生意外，不仅破坏了企业的生产经营秩序，同时也使国家和企业遭受重大的经济损失，给家庭带来不幸。若设备陈旧落后，排放有害物质或噪声超标，就会污染环境，危害人类和生物的生存，成为社会公害。

物业服务企业的迅猛发展，物业建设中的科技含量在迅速上升，网络化、智能化管理服务已经成为当前物业管理企业竞争制胜的关键筹码。为保证在激烈的竞争中具有较强的应变能力，就必须依靠技术进步，而先进的设备管理是企业技术进步的根本保证。

12.3.2 智能建筑设备管理的重要性

智能建筑设备是指智能建筑或智能化小区中办公自动化系统、建筑设备监控系统、火灾自动报警系统、安全防盗系统、综合布线系统及通信网络系统所包含的设备、仪器、仪表建筑物的附属设备（含机电设备）。智能建筑设备在整栋智能建筑物或智能化住宅小区中，占有非常重要的地位，就像人体的内脏、经络，必不可少，也不允许出现故障。它是企业的物质基础，因此进行科学的智能建筑设备管理具有重要意义。

智能建筑设备的管理是对建设单位（或称业主及物业公司）固定资产使用、维护、检修、管理工作进行的一系列具有预防性和计划性的组织措施和技术措施，这是一种计划预修和使用的管理制度。

智能建筑设备是建设单位或业主投入的固定资产的主要组成部分，是智能建筑或智能化住宅小区正常使用的物质基础。保持设备应有的良好性能和效率直接影响住户的生活和工作。智能建筑设备及构成智能建筑、智能化小区的各个系统比较复杂，一个环节发生问题就会影响正常管理，甚至影响人身安全。因此妥善地使用、维护、检修和管理设备对保证“安全、可靠、经济、合理”地进行现代物业管理具有特别重要的意义。实践证明，必须加强设备计划预修和使用管理工作，建立并贯彻执行设备计划预修和使用管理制度，并使之正常化，才能保证智能建筑或智能住宅小区设备的正常运行和延长设备使用寿命。

智能建筑设备管理的质量是智能建筑物业管理其他工作质量的基础和保证。例如，安全监控设备系统的正常管理运作是安防管理的基础；消防监控管理只有在消防报警系统和中控设备以及楼宇自控系统联动下，才能保证尽早发现火警并采取应急措施，避免不应有的损失。智能建筑的变配电系统、给排水系统、消防和安防系统、暖通空调系统、通信网络系统以及智能化管理系统的正常运行是保证智能建筑具有现代化使用功能的根本条件，设备系统的任何一个环节发生故障都必须尽快修复，严重的故障或事故将会给人们的正常工作、生活秩序造成混乱，给业主用户带来经济上的损失。

因此，运用设备的寿命周期理论、可靠性理论以及故障理论，对智能建筑的寿命周期进行综合管理，以获取设备资产的投资效益，舒适、高效、便捷、安全的智能建筑管理质量，追求设备寿命周期费用的最经济，具有极其重要的现实意义。

12.3.3 智能建筑设备管理的主要目的和任务

智能建筑设备管理的目的和任务简单地说就是使所有的楼宇设备经常处于良好的工作状态，并尽量避免它们的使用价值下降，在提高各种设备功能的同时，最好地发挥其综合效益，以提高经济收入和达到经济运行的目的。

具体地说，智能建筑设备管理的主要目的是：

1．保持设备完好

通过一系列的技术、经济、组织与综合管理措施，正确使用、精心维护、科学检修，保持设备运转正常，性能良好，设备完好率达到规定要求，设备输出功能量与能源资源消耗比达到设计要求或规定。

2．保障设备“安全、可靠、经济、合理”地运行

这是对设备使用寿命周期管理的根本要求。按原国家机械电子工业部在生产司和中国机械工程协会设备维修专业学会对设备分类的有关规定，楼宇设备应归属为动力设备类。智能化设备以电子网络线路、电子元器件和计算机等为主体，同样可归属为动力设备类。实际上，以计算机为核心的智能化监控管理设备系统运行的安全可靠性更是首要要求。所以，国家规定的动力设备运行管理的“安全、可靠、经济、合理”八字方针对智能建筑设备的运行管理同样适用。

对智能建筑设备来说，“安全”主要体现在设备运行状态参数应符合设计或说明书要求，应在安全界限参数以内的适当范围，按照安全技术规定操作设备，避免事故的发生；“可靠”是指设备的运行操作、保养、维修应按有关规定、规程实施，其内容和质量应达到相应标准，杜绝组织管理上的疏忽，保证设备无故障可靠运行；“经济”主要是指在运行方式上的管理和调节，在不同的使用要求、季节变化、外界条件变化等因素下，确定比较经济的运行方式，在管理措施上给以保证，在具体运行中给以适当调节；“合理”主要指在具体运行操作规程或程序上的合理性，在运行过程中状态参数调节的合理性，在不同情况和条件下运行管理的合理性。

3．追求设备寿命周期的费用最经济

追求设备寿命周期费用的最经济，获得良好的设备投资效益是建设单位和设备管理者要达到的总体目标。对建设单位来说，智能建筑的使用功能定位，确定了设备购置项目及投资额，设备购置费用的合理性、经济性是由建设单位规划确定的，而设备使用寿命维持费用的经济性，则是在建设单位对楼宇功能定位、规划设计符合市场客观要求、设备规划设计、购置合理的基础上，由设备管理达到的。由于设备使用寿命期占设备整个寿命期大部分时间，其使用寿命周期费用的经济性对设备整个寿命期费用的影响极为显著，所以衡量建设单位设备的投资效益，应从设备规划购置费和使用维持费两部分分析权衡。根据统计分析，智能建筑设备使用维持费大约是规划购置费的2.5部左右。为了使设备寿命周期费用最经济，获得良好的设备投资效益，设备管理者不仅要负责设备使用寿命期的管理，还要参与建设单位的智能建筑设备规划设计和购置的工作。

4．延长设备自然寿命，实现设备资产保值

通过科学合理的组织实施设备的综合管理，使设备的自然寿命得以延长。当设备的自然寿命超过了折旧年限，但又在其技术寿命和经济寿命年限之内时，可以认为设备资产实现了保值。而设备资产的保值又构成了智能建筑保值的主要内容。

12.3.4 智能建筑设备管理的内容

智能建筑设备管理的基本内容包括设备管理机构设置，智能建筑设计建筑阶段的设备规划、选型购置、订货、安装，设备的验收接管等前期管理，设备资料管理、设备的经济管理，以及设备使用、维护、维修管理和安全管理。其中对于物业管理企业来说，主要内容是设备运行、维护管理、维修管理和安全管理，这四个方面的管理内容随具体设备的组成、结构、性能和用途的差异，有较大的差别，需要根据各类设备各自的特点制定相应的管理办法。然而，不论各种设备具体运行、维护、维修管理措施办法有多大差异，从宏观角度看智能建筑设备管理根本上都包括对设备管理人员的管理和设备管理人员对设备的科学管理。通常良好的设备管理是通过一套科学、完善的管理制度来实现的，因此设备管理的关键工作之一是各级设备管理员要做好管理制度的制定、实施和考核工作，一般应完善下列制度（详见后面章节）。

12.3.5 智能建筑设备管理的技术经济指标

智能建筑设备管理的经济指标体系是一套相互联系、相互制约，能够综合评价智能建筑设备管理效果和效率的指标。智能设备管理的技术经济指标是智能建筑设备管理工作目标的重要组成部分。智能建筑设备管理工作涉及资金、物资、技术、经济、生产经营目标等各方面，要检验和衡量各个环节的管理水平和智能建筑设备资产经营效果，必须建立和健全智能建筑设备管理的技术经济指标体系。

智能建筑设备管理的技术经济指标体系如图12–3，包含技术指标和经济指标两个层次的内容，具体的指标计算方法同第一节设备管理的技术指标。指标体系的建立，为我们在后面研究智能建筑设备管理在三个不同阶段的管理以及能源和经济的管理起到了铺垫作用。

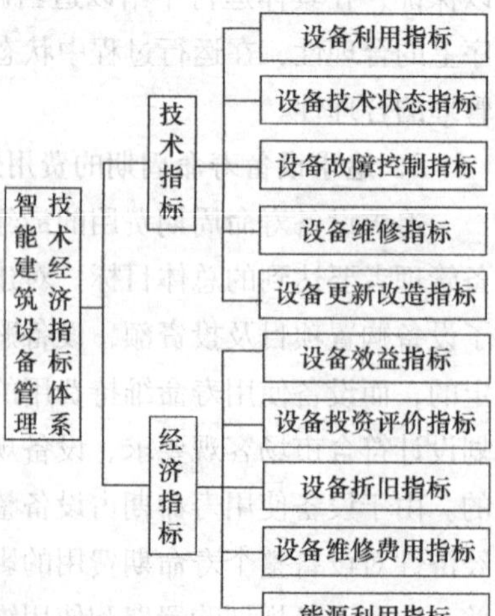

图12–3 智能建筑设备管理的技术经济指标体系

12.3.6 智能建筑设备管理的社会化、市场化和现代化

1．智能建筑设备管理的社会化

智能建筑设备管理社会化是指适应社会化大生产的客观规律，按照市场经济发展的客观要求，组织设备运行各环节的专业化服务，形成全社会的设备管理服务网络，使企业设备运行过程中所需要的各种服务由自给转变为社会提供的过程。

智能建筑设备管理专业化是指智能建筑设备管理的若干工作由形成行业的企业来承担。把各专业化企业推向市场，遵循社会化的行为准则，成为合格的专业服务机构，并不断在社会化服务中发挥作用。各专业化企业在社会化服务中作用和贡献愈多，对设备社会化的影响愈大，社会化的发展速度愈快，其社会化的服务体系、服务质量就愈完善。

智能建筑设备管理的社会化是以组建中心城市（或地区）的各专业化服务中心为主体，小城市的其他系统形成全方位的全社会服务网络。其主要内容为：

1）智能建筑设备制造企业的售后服务体系

主要任务是为用户提供有关设备的使用、维修、咨询、培训操作和维修人员等服务，在中心城市或地区设立设备维修和备品备件供应网点；设备设计、制造企业应利用售后服务体系的各项业务活动，广泛搜集设备用户的信息反馈，以便积极改进产品的设计、制造水平。

2）智能建筑设备维修与改造专业化服务中心

在充分调查设备资产及其技术状况、维修力量的前提下，依托大中型企业组建中心城市各类通用设备、各类专业设备的维修与改造专业化服务中心，为社会提供规范化、标准化服务，尤其重要的是要开展精密、数控、大型、稀有等设备的专业化维修以及进口设备、备品配件的消化和创新工作。要结合大修进行技术改造，提高装备质量。

3）智能建筑设备备品配件服务中心

组织备件的专业化分工协作生产，形成备品配件市场的专业化生产企业；组织地区性备品配件供应中心，掌握企业的设备及其所需的备件名称、规格、数量、更换周期，为企业提供质量可靠、价格合理、快捷周到的服务，减少企业备件占用资金。

4）智能建筑设备市场交易中心

包括设备调剂、设备租赁、设备销售等服务中心。中心开展统一的技术鉴定及资产评估，促进设备调剂、租赁等工作的规范化。建立和完善中心城市可调剂、租赁设备资源信息系统，为企业提供设备调剂、租赁信息。资金短缺企业，可通过设备租赁进行设备更新改造。为减少各企业在设备销售、规划选型中的环节，设备市场中心可与设备技术信息中心联合发挥作用，一方面为企业提供货源渠道、决策、咨询等服务，另一方面通过市场竞争，促进设备更新，提高装备素质。

5）智能建筑设备诊断技术服务中心

在企业推广状态维修的进程中，各级政府和行业协会应充分发挥宏观指导作用，积极倡导和支持建立状态诊断技术的社会化服务机构。中心除为企业提供状态监测诊断技术培训咨询服务外，主要是为企业提供精密诊断技术服务，随时为企业排除现场故障。

6）智能建筑设备技术信息中心

设备技术信息中心可提供大量设备科学技术、经营、管理以及设备和备品配件的供需、设备维修保养、状态诊断、更新改造等国内外信息，并通过经营者的管理活动转化成生产力，使设备要素得到充分利用和优化配置。企业参与设备技术信息中心的联网可增强适应环境的能力和竞争能力。技术信息中心还可开展技术转让、信息咨询、信息检索服务、信息软件开发。设备技术信息中心应与其他各专业化服务中心、高等院校、企业集团的设备管理库联网并经常沟通。

7）智能建筑设备工程教育培训中心

智能建筑设备教育培训中心一方面通过市场机制调节劳动力供需关系，促进设备人才的合理流动；另一方面开展设备专业人才，尤其是高档设备维修人员的培训工作，促进设备人才整体素质的提高。

2．智能建筑设备管理的市场化

智能建筑设备管理市场化是指通过建立完善的设备要素市场，为全社会智能建筑设备管理提供规范化、标准化的交易场所，以最经济合理的方式为全社会设备资源的优化配置和有效运行提供保障。

培育和规范设备要素市场，充分发挥市场机制在优化资源配置中的基础性作用，是实现智能建筑设备管理市场化的前提。应积极鼓励和促进更多的设备要素供需方走向市场，只有社会能提供更多、更便捷的专业化服务，才能建立起智能设备管理社会化的基础。培育和规范设备要素市场，形成统一、开放、竞争、有序的市场体系，才能以优取胜，促进智能建筑设备管理社会化服务质量的提高和服务体系的完善，促进智能建筑设备管理市场化的实现。

目前，培育和规范设备要素市场，主要包括五个方面的工作：

1）制定智能建筑设备要素市场进入规则

由各城市的设备市场管理机构负责维修资质等级的认定和维修资质证书的核发，采取“四统一”的做法，即统一资质条件、统一审批程序、统一资质证书和重大问题统一协调。

2）制定智能建筑设备要素市场的监督管理办法

包括国家制定的法律、法规，市场管理机构制定的管理条例、规章制度，尤其应加快制定设备技术鉴定标准、维修质量标准、统一计价标准和计价方法。以确保交易有法可依，有章可循。

3）加强智能建筑设备要素市场的价格管理

根据实际工作经验提出设备管理、设备租赁的收费标准，企业以此浮动收费；备品配件销售按合理差价收费；旧设备调剂原则上根据量质论价，重要设备应进行价值评估。国家物价部门对上述工作实行监督。

4）加强智能建筑设备要素市场的合同管理

为保障交易双方的合法利益，稳定经济秩序，智能建筑设备要素合同条款除质量、价格要求外，还应规定交货期、保修期、售后服务、违约责任以及赔偿等内容。

5）建立和健全智能建筑设备要素市场监督或仲裁机构

建立、健全设备要素市场监督及仲裁机构，一方面预防和惩处市场中违法违纪活动；另一方面，开展服务质量鉴定、纠纷调解、仲裁等工作。监督机构通过鼓励或限制企业或个人的某些市场行为，解决市场出现的各种问题和困难，促进市场的健康发展。

3．智能建筑设备管理现代化

智能建筑设备管理现代化是为了适应现代科学技术和生产力发展水平，遵循社会主义市场经济发展的客观规律，把现代科学技术的理论、方法、手段，系统地、综合地应用于智能建筑设备管理，充分发挥智能建筑设备的综合效能，适应生产现代化的需要，创造最佳的设备投资效益，使之达到世界先进水平。智能建筑设备管理现代化是指设备管理的综合发展过程和趋势，是一个不断发展的动态过程，它的内容体系随科学技术的进步不断更新和发展。

智能建筑设备管理的现代化体现在以下五个方面

1）管理思想现代化

实现管理现代化，要求用现代科学管理理论和管理思想指导管理实践。涉及设备管理的现代化管理理论有：系统论、控制论、信息论、工程经济学、管理工程学、可靠性工程学、摩擦学等；现代化管理思想包括设备综合管理观念、战略观念、市场观念、效益观念、竞争观念、安全与环保观念等。

2）管理组织现代化

要求不断适应经济体制改革，适应现代化大生产的要求，建立合理的、高效的设备管理运行体制和组织机构。最大限度地调动和发挥组织中每个成员和群体的作用。设备管理组织应当与推行设备管理现代化相适应，组织严密，体制健全，工作高效，充分协调，信息畅通，并具有良好的跟踪与反馈控制能力。

3）管理方法现代化

管理方法现代化要求一方面继承传统的管理经验和方法，另一方面应积极推广运用先进的管理方法，确保各项管理工作标准化、系统化、科学化。设备一生全过程管理应实行定量与定性管理方法相结合，尽量以定量方法为主。推广应用的现代化管理方法有：价值工程、网络技术、ABC分析法、决策技术、预测技术等。

4）管理手段现代化

管理手段现代化是管理现代化的工具。如采用先进的设备诊断仪器对设备进行自动检测和控制，应用计算机辅助设备管理，采用精密检测工具提高设备修理精度等。

5）管理人才素质现代化

应按职责分工和管理层次对设备管理人员提出不同的要求，做到专业知识结构、知识层次结构、年龄结构等的全面优化。

从规划、设计、制造、筹措、安装、使用、维修、改造、更新直至报废全过程物资运动形态的科学管理；从设备的初始投资、维修费用、折旧、更新改造资金直至涉及设备的其他各种费用的筹措、积累、支出的价值运动形态的科学管理。

本章小结

智能建筑的设备管理是智能建筑不可缺少的基本组成部分，它的任务是对建筑物内部的能源使用、环境、交通及安全设施进行检测、控制与管理，以提供一个既安全可靠又节约能源，而且舒适宜人的工作或居住环境。建筑的智能化往往是从建筑设备自动化开始，为实现对建筑物内水、暖、电、交通、消防、安防等各类设备的综合监控与管理，利用计算机网络和接口技术将分散在各子系统中不同楼层的直接数字控制器连接起来，通过联网实现各个子系统与中央监控管理级计算机之间及子系统相互之间的信息通信，达到建筑设备各系统的智能化管理。建筑设备自动化系统通常包括暖通空调、给排水、供配电、照明、电梯、消防、安全防范等子系统。

思考题

1．智能建筑主要有哪几部分组成？

2．什么是设备管理？设备管理的内容有哪些？

3．简述设备管理的基本内任务。

4．影响设备管理的技术指标有哪些？经济指标有哪些？

5．简述国际上设备管理体系的发展阶段。

6．设备综合管理阶段主要包括哪些内容？

7．简述我国设备管理的发展阶段。

8．苏联计划预防修理制度主要包括哪些内容？

9．计划预防修理制度的发展的基本理论有哪些？

10．英国设备综合工程学有何特点？

11．什么是TPM？它有哪些特点？

12．什么是物业？什么是物业管理？

13．简述智能建筑设备管理的主要目的、主要任务。

14．影响智能建筑设备管理的技术指标有哪些？经济指标有哪些？

13 设备管理的基本理论

学习目的

1. 熟悉设备寿命周期的基础理论、设备故障理论；

2. 了解相关的术语概念，分类、方法及规律；

3. 掌握智能建筑设备的全寿命周期理论的原理及应用、设备故障理论的构成及规律；

4. 掌握建筑设备的经济寿命及全寿命周期费用估计方法，构成分析方法、寿命阶段的评价，以及故障发生机理分析和管理规律。

本章要点

设备寿命周期的基础理论；故障理论。

13.1 设备寿命周期的基础理论

13.1.1 设备寿命周期概述

1．设备寿命周期的概念

设备的寿命是指设备从开始使用到淘汰的整个过程。导致设备淘汰的原因可能是因磨损而不能正常工作，或由于技术改进使得设备功能落后，或者经济性差等，由此设备的寿命可分为自然寿命、技术寿命、经济寿命。

1）自然寿命

自然寿命也称为物理寿命，是指设备在规定的使用条件下，从开始使用到无法修复而报废所经历的时间。以摩擦损耗为主的设备，其自然寿命是根据磨损寿命确定的。对设备的正确使用、维护和修理，可以延长其自然寿命，反之会缩短设备的自然寿命。

2）技术寿命

技术寿命是指设备投入使用直到因技术功能落后而被淘汰所经历的时间。因出现性能更完善、生产效率更高的设备，而导致原设备在技术上显得陈旧和落后产生的无形磨损会缩短计划寿命，所以设备要通过现代化改造延长技术寿命。

3）经济寿命

经济寿命是指设备从投入使用直到因继续使用不经济而退出使用经历的时间。经济寿命受有形磨损和无形磨损共同影响。设备到了自然寿命的后期，由于设备的不断老化，维持费用越来越高，依据设备的维持费用来决定设备的更新周期即为设备的经济寿命。

2．基于设备寿命周期的设备管理标准及分类

按照设备寿命周期，以设备的选择、评价、使用、维修和更新等管理事项为对象而制定的标准，称为设备管理标准。其具体分类如表13-1所示：

基于设备寿命周期的设备管理标准及分类　　表13-1

管理阶段	具体分类	管理内容
前期阶段	设备规划管理	设计设备的计划、选购、安装及试运行管理
正式运行阶段	设备基础管理	1．预置设备控制类别、维护等级和完好/不完好程度等信息
		2．定义设备普查标尺
		3．创建设备保养规程、预防性维护内容和操作规程
		4．设备检修项目
		5．创建设备固定资产卡片

续表

管理阶段	具体分类	管理内容
正式运行阶段	设备运行管理	1. 设备技术状况记录和分析
		2. 设备运转台时统计
		3. 设备价值评估
		4. 设备封存/启封管理、事故管理和报废处理
	设备维护保养	1. 设备一级保养与评价
		2. 设备二级保养与验收
		3. 设备预防性维护与有效性评价
	设备检修管理	1. 确定设备检修分类和检修计划创建/分解方法
		2. 控制设备临时检修和计划检修
		3. 记录检修实施和验收并进行检修情况统计
后期阶段	设备更新改造	涉及设备更新与改造全过程管理，包括设备资产清理

13.1.2 设备寿命周期的基础理论

设备寿命周期理论是根据系统论、控制论和决策论的基本原理，结合企业的经营方针、目标和任务，分析和研究设备寿命周期以下三方面的理论。

第一、设备寿命周期的技术理论

依靠技术进步，加强设备的技术载体作用，研究寿命周期的故障特性和维修特性，提高设备的有效利用率，采用合适的新技术和诊断修复技术，从而改进设备的可靠性和维修性。

第二、设备寿命周期的经济性理论

研究设备磨损的经济规律，掌握设备的技术寿命和经济寿命，对设备的投资、修理和更新进行技术经济分析，力争投入少，效益高，从而达到寿命周期费用最经济和提高设备综合效率的目标。

第三、设备寿命周期的管理理论

由于设备设计、制造和使用各个阶段的责任者和所有者往往不是单一的，故其经营管理策略和利益会有很大的区别，因此需要研究控制三者相结合的动态管理，强调设备一生的管理和控制，并实现适时的信息反馈，从而实现全面的综合管理。

1. 设备寿命周期费用的概念

1）设备寿命周期费用

每一种设备从其规划、设计、制造、安装、使用、维修、改造、更新直至报废的整个过程称为设备的寿命周期。在设备寿命周期过程中，要投入和消耗各种物质资料、能源和劳动，这些物质和资源的价值量度就是费用。设备寿命周期费用就是这些费用之和，包括设备资产形成过程的设置费（购置费）和投入使用后的维持费（使用费）。

2）设备使用寿命费用（设备使用维持费）

设备从安装交付使用开始，其使用维护、维修、改造直至报废处理的全过程称为设备的使用寿命期。为维持设备在使用寿命期持续使用所需要支出的全部费用，就是设备使用寿命周期费用。

3）设备寿命周期经济性

它是指采用一系列的技术、经济、组织管理等手段，使设备寿命周期费用达到最经济，而不是指设备的某项费用最小。也就是在满足规定功能量输出的条件下，设备的购置费与使用维持费之和最小，而功能收益与费用消耗比最大。

物业公司对智能建筑设备管理的着重点在于追求设备使用寿命期维持费用的最经济，是设备在使用寿命期具有最大的功能收益与费用消耗比。

2．设备寿命周期曲线

瑞典设备维修协会的乌尔曼教授对设备寿命周期内各阶段费用变化情况，做了如图13-1所示的表述，这就是设备寿命周期费用曲线。

乌尔曼认为，在一般情况下，设备在其规划、设计、制造阶段费用是上升的，到安装阶段费用开始下降，进入正常运行阶段费用维持在一定额度水平，这个阶段视设备维护保养情况可以维持相当长的一段时间，设备维护保养工作做得好，就可以延长这段费用支出较低的运行时间。当费用再度上升时，设备的自然寿命行将结束，就是设备需要更新的时期，设备的一生到此结束。设备的总费用——寿命周期费用，就是图13-1中曲线所包围的总面积。

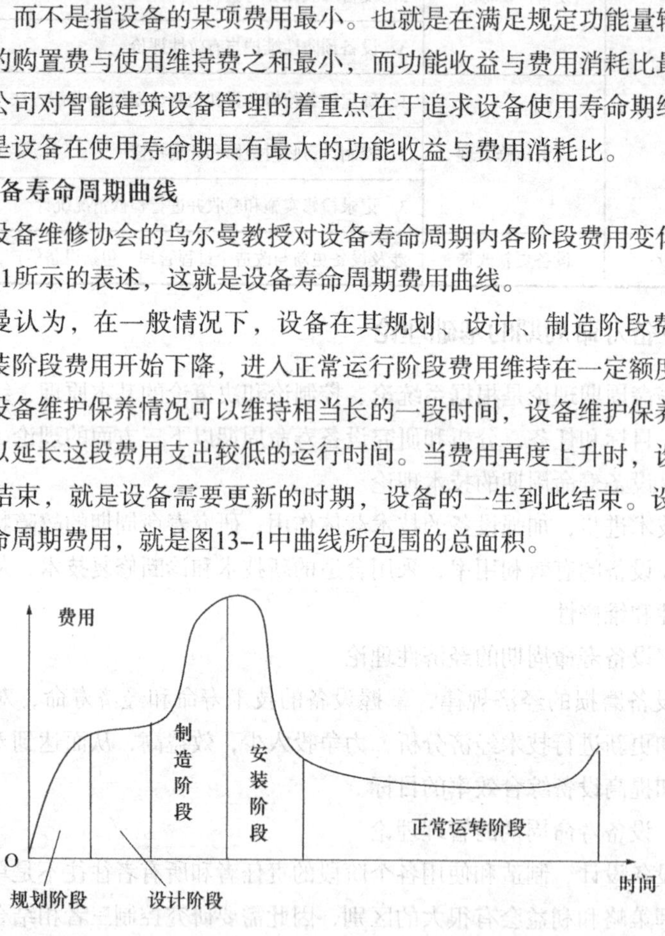

图13-1 设备寿命周期费用曲线

房屋建设单位在研究确定了建筑物的使用功能后，其配套设备系统的运行方式和设备的技术性能也就由专业设计确定下来。在实际工作中，满足系统运行方式，达到系统设计技术性能要求的设备，存在一个可供选择的范围。如果只追求节省设置费，而不考虑使用、维修费用问题，将导致在设备使用寿命期支出大量的使用维护费及维修费。从设备寿命周期费用的角度看，设置费与维持费之和不一定最小，也不一定最经济。

为了对设备寿命周期费用中的两项费用有一个量的概念，请看表13-2，深圳市某建筑物中央空调系统两项费用分析计算实例。

深圳市某建筑物中央空调系统两项费用分析计算实例　　表13-2

（计算中取：设备使用寿命＝折旧寿命，设备包括变配电设备）

月设置费/万元	空调系统设计费	0.12	设置费/寿命周期费
	设备购置安装费	15.48	28.99%
	电力增容费	0.99	
	小计	16.59	
月维持费/万元	运行水电费	28.46	维持费/寿命周期费
	维护修理费	6.23	71.01%
	工资福利费	2.25	
	不可预见费（1%）	3.69	
	小计	40.63	维持费/设置费
月设备寿命周期费用/万元		57.22	2045

表中的数据说明：

① 设备形成固定资产前期，其规划设计制造和购置安装费（设置费）与设备投入使用后的运行维护维修费（维持费）相比，只是设备寿命周期费用的一小部分；

② 设备使用维持费占设备寿命周期费用的大部分，可达到设置费（购置费）的2倍以上，故项目建设单位对项目的功能定位、设备配置等问题的科学决策显得非常重要；

③ 鉴于上述两点，人们应该树立追求设备整个寿命周期费用最经济的观念，采用寿命周期费用分析方法，对设备实施技术经济的最佳管理。物业管理中的设备管理，主要是采用寿命周期分析方法，对设备使用寿命期实施技术经济的科学化管理。

3．设备寿命周期费用分析方法

设备寿命周期费用管理方法包括：设备寿命周期费用构成分析、设备寿命周期费用估算方法、设备寿命周期费用分析步骤、设备寿命周期费用评价、设备寿命费用管理五个方面。

1）设备寿命周期费用构成分析

对设备寿命周期费用构成进行分析，主要是确定设备寿命周期费用中各组成费用部分的量值，以及他们占总费用的比例，以便人们掌握控制各组成费用的额度及合理性。

设备寿命周期费用包括设备一生所支出的所有有关的费用。费用构成分析可以是一种逐项排列而成的细致表格，项目应由粗到细，不遗漏不重复，为本项设备设置的其他专项费用也应计入。多项设备共有的建设费应分摊到各项设备上，但设备折旧费不应计入。因为设备在使用中随着磨损而造成的损耗以折旧费的形式转移进入产品成本或管理服务成本中，这部分费用累计起来用于设备更新，其性质是非设备使用维持费范畴。

楼宇设备寿命周期费用的基本构成内容见图13-2。

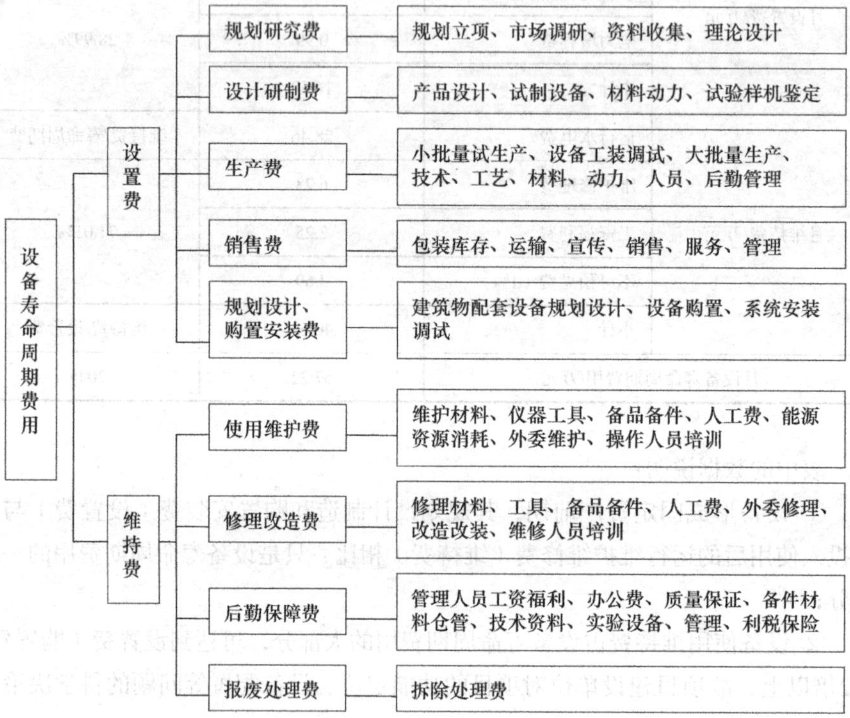

图13-2 楼宇设备寿命周期费用的基本构成内容

2）设备寿命周期费用估算方法

为了对各项不同的设备方案作出决策，首先应对各项不同的设备方案可能形成的投资费用作出量化分析，以提供决策依据。为此必须建立设备费用估算关系式，常用的设备费用估算方法大致分为三类：

（1）参数法。根据掌握的资料，建立设备费用与设备结构参数之间的关系，进行费用估算。此法比较粗糙，结果误差大，主要用于项目早期预测估算。

据统计分析，生产设备的投资费正比于其生产能力的0.5～0.8次方，即

$$C_1/C_2=(F_1/F_2)^{0.5\sim0.8} \tag{13-1}$$

其中C_1、F_1分别是一种设备的投资费用和它的结构参数或性能参数（如外形尺寸、重量或运转速度、荷载量、功率、产量等）；C_2、F_2分别是另外一种设备的投资费用和它的结构参数或性能参数（如外形尺寸、重量或运转速度、荷载量、功率、产量等）。

在设备项目的规划设计阶段，一般仅已知设备的某项重要参数，可采用参数

法，由已知同类设备的费用参数比推算出拟建设备项目的费用。实际应用此关系式时，应对相当数量的相同类别设备作统计分析计算，确定出适当的指数，再进行估算。

（2）类比法。将要估算的设备与已有的类似设备作类比，估算出设备的费用。此法需要有较丰富的经验和专门知识，误差较大，适用于初期规划。

（3）工程法。对设备寿命周期费用所有项目逐个统计计算累加，得出寿命周期总费用。此法主要用于初步设计阶段，较参数法和类比法要准确。

3）设备寿命周期费用分析步骤

设备寿命周期费用分析是在各项费用构成与量化的基础上，分析各费用单元对设备寿命周期费用的影响，为降低设备寿命周期费用提供决策信息。设备周期费用分析的一般步骤如图13-3所示。

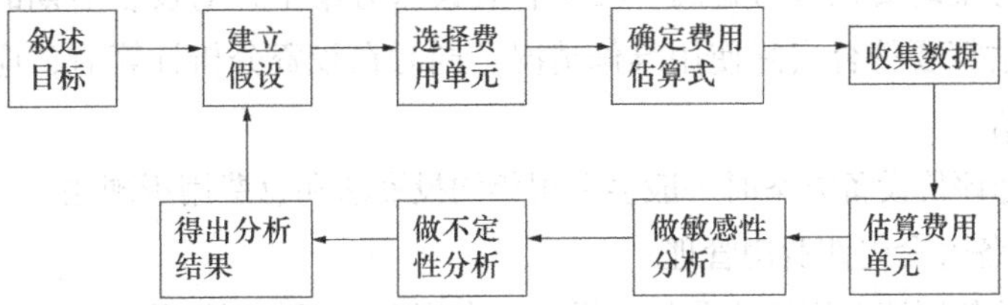

图13-3 设备周期费用分析步骤

设备寿命周期费用分析步骤中常用的分析方法包括：

（1）工程项目分析。即对设备的性能、结构、可靠性、威胁性、使用、维修及收益作研究分析。

（2）费用构成及估算分析。建立费用计算公式，作统计预测、回归分析，作风险和敏感性分析，应用最佳决策方法等。

（3）应用网络、线性规划方法作后勤保障、维护修理等一系列辅助项目的分析。

（4）设备的费用—效能或费用—效益分析。

要应用上述各种分析方法完成设备寿命周期费用分析步骤，就要求分析人员具备较丰富的工程知识，较全面的经济管理知识、数学知识和计算机应用能力。

4）设备寿命周期费用评价

设备寿命周期费用评价是一种权衡设备项目方案的方法，见图13-4。其要求是对设备方案进行费用分析评价的范围应是各设备的整个寿命周期费用，即应包括设置费和使用维持费两大部分；应在能满足功能、任务要求的机构方案中进行分析比较，以设备寿命周期费用最小者为最经济方案。当几种可供选择的设备方案其效能、效益不等时，可以进一步进行费用—效能或费用—效益分析评价。

设备前期设置费可根据建设单位提出的规划设计要求确定，只要对设备转为固定资产后的使用维持费进行分析估算，将前期设置费与后期使用维持费用

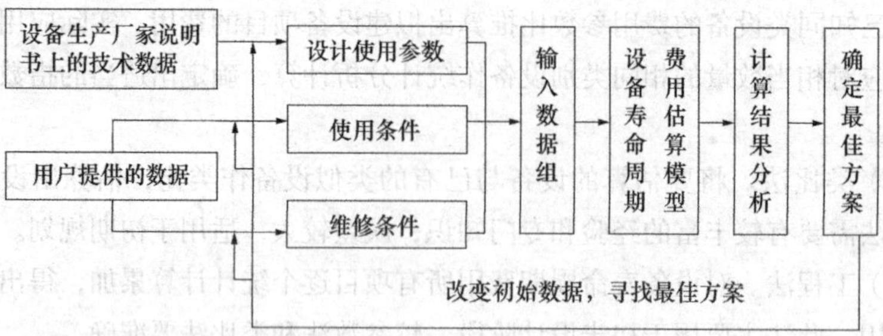

图13-4 设备寿命周期分析评价计算步骤

加在一起，即是所选择设备的寿命周期费用，选择最小者即可。一般应注意如下几方面：（1）由前述已知，设备的使用维持费要比购置费大许多，故对设备可靠性、维修性和保障性作细致的分析比较，增加提高相应性能的投资，可以获得使用寿命期维持费用大幅度降低，设备投资的效益大大提高。这是在选择评价设备方案时要认真考虑的。（2）在各设备方案中，对设备后期的使用维持费用分析估算要符合实际使用维修情况，同时在投资分析计算时，应考虑资金的时间价值。

在选择评价设备方案时一般会采用年均投资法和总费用折现法。

5）设备寿命周期费用管理

上述设备周期费用构成分析、设备寿命周期费用分析评价等，都是一种具体的经济分析方法，这些方法必须在有效的管理措施之下才能发挥应有的效用，也就是说在实施设备寿命周期方法进程中必须辅以相应的管理措施、方法，才能使此项工作得以有效开展并取得成效。

13.2 故障理论

13.2.1 故障的概念

设备故障一般定义为设备（系统）或零部件丧失其规定性能的状态。显然，这种状态只在设备运转状态下才能显现出来；如设备已丧失（或局部丧失）规定性能而一直未开动，故障便无从发现。

13.2.2 故障的分类

故障分类的方法很多，见图13–5。

间断性故障是指在很短的时间内发生故障，使设备局部丧失某些功能，而在发生后又立刻恢复到正常状态；永久性故障是指使设备丧失某些功能，直到出故障的零部件更换或修复后功能才恢复；永久性故障可进一步分为完全性故障及部分性故障；完全性故障是指完全丧失功能；部分性故障是指某些局部功能丧失；突发性故障是指不能早期预测的故障；渐发性故障是指能通过测试早期预测的故障；磨损性故障是指设计时已预料到的、不可避免的正常磨损造成的故障；错用

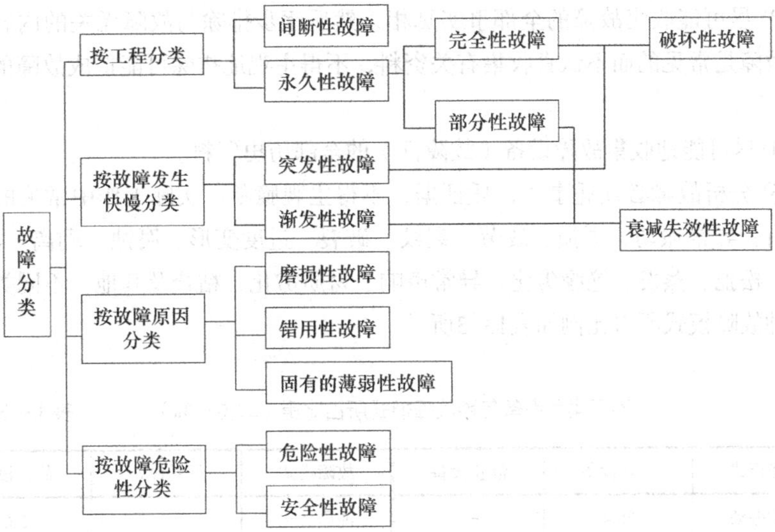

图13-5 故障分类图

性故障是指由于使用时应力超过规定值所致；固有的薄弱性故障是指使用时的应力虽未超过设计规定值，但此值本身已不适用而导致发生故障。

危险性故障，例如保护系统在需要动作时发生故障，丧失保护作用，造成人身及设备损伤的故障；安全性故障，例如牵引系统不需要发生制动而发生制动时造成的故障。

13.2.3 故障的典型模式

当设备发生故障时，人们首先接触到的是故障实物（现场）和故障的外部形态即故障现象。故障现象是故障过程的结果。为了查明故障的原因，首先必须全面准确地搞清故障现象。这是开展故障分析的前提。

每一项故障都有其主要特征即故障的表现形式，称其为故障模式，它是通过人的感官或测量仪器等观测到的，如磨损、腐蚀、断裂等。

故障现象可为分析故障的原因、机理提供可靠的线索，是分析故障原因的客观依据。因此，为了搞清故障的原因及其发生发展的过程，首先就须采用有效的技术手段查明故障的特征，并以此为起点逐步探索故障的原因和机理。第一步工作是故障现象（现场）的纪实。发生故障后，应立刻利用图像记录和文字记录，将故障的现象、负载、环境条件和有关故障的情况、数据全部记录下来，力求保持故障现场的实况。同时，要根据有关的文字记载（例如运行日志等）、仪表记录及有关人员的回忆，弄清设备发生故障前的情况及有关数据资料，以便全面掌握故障现象（状态）及其有关的环境、应力等情况。进行故障纪实时应强调以下原则。

① 故障纪实工作抓得越早，确定故障原因、机理的机会越大。

② 不允许改变故障的损坏表面及周围环境，不得销毁和故障有关的证据，直至负责鉴定人员提出故障纪实工作已经完成并同意改变现场时为止。

③ 尽可能收集故障的全部事实真相，然后逐步排除与故障无关的内容；不能因故障是常见的而不认真收集有关资料，不得主观地排除可能造成故障的各种原因。

④ 尽可能地收集故障设备（故障件）的全部历史资料。

⑤ 分析故障必须凭事实，凭证据，不得主观臆断。实际工作中常见的故障模式有：异常振动、磨损、疲劳、裂纹、破裂、过度变形、腐蚀、剥离、渗漏、堵塞、松弛、蒸发、绝缘劣化、异常声响、材质劣化、粘合及其他。不同类型设备各种故障模式所占比例如表13-3所示。

不同类型设备各种故障模式所占比重（单位：%）　　表 13-3

故障模式	回转设备	静止设备	故障模式	回转设备	静止设备
异常振动	30.4	—	油质劣化	3	3.6
磨损	19.8	7.3	材质劣化	2.5	5.8
异常声响	11.4	—	松弛	3.3	1.5
腐蚀	2.5	32.1	异常温度	2.1	2.2
渗漏	2.5	10.2	堵塞	—	3.7
裂纹	8.4	18.3	剥离	1.7	2.9
疲劳	7.6	5.8	其他	4	4.4
绝缘老化	0.8	2.2	合计	100	100

实际上，不同类型企业、不同种类设备的主要故障模式和各种故障模式所占的比重，有着明显的差别。

从表13-3可以看出，回转机械的主要故障模式是异常振动、磨损、异常声响、裂纹、疲劳，而静止设备的主要故障模式是腐蚀、裂纹、渗漏。每个企业由于设备和管理的特点不同，各有其主要的故障模式，经常发生的故障模式便是故障管理的重点目标。

13.2.4　故障发生机理分析

故障机理是指诱发零部件、设备系统发生故障的物理与化学过程、电学与机械学过程，也可以说是形成故障源的原因，故障机理还可以表述为设备的某种故障在达到表面化之前，其内部的演变过程及其因果原理。弄清发生故障的机理和原因，对判断故障，防止故障的再发生，有重要的意义。

故障的发生受空间、时间、设备（故障件）的内部和外界多方面因素的影响，有的是某一种因素起主导作用，有的是几种因素共同作用的结果。所以，研究故障发生的机理时，首先需要考察各种直接和间接影响故障产生的因素及其所起的作用。

1. 对象。指发生故障的对象本身，其内部状态与结构对故障的抑制与诱发作用，即内因的作用，如设备的功能、特性、强度、内部应力、内部缺陷、设计方法、安全系数、使用条件等。

2. 原因。能引起设备与系统发生故障的破坏因素，如动作应力（体重、电流、电压、辐射能等），环境应力（温度、湿度、放射线、日照等），人为的失误（设计、制造、装配、使用、操作、维修等的失误行为），以及时间的因素（环境等的时间变化、负荷周期、时间的劣化）等故障诱因。

3. 结果。输出的故障种类、异常状态、故障模式、故障状态等。产生故障的共同点是：来自与工作条件、环境条件等因素作用于故障对象，当故障对象的能量积累超过某一界限时，设备或零部件就会发生故障，表现出各种不同的故障模式。

一般说来，故障模式反映着故障机理的差别。但是，即使故障模式相同，其故障机理也不一定相同。同一故障机理，可能出现不同的故障模式。也就是说，纵然故障模式不同，也可能是同一机理派生的。因此，即使全面掌握了故障的现象，并不等于完全具备了搞清故障发生原因和机理的条件。搞清故障现象是分析故障发生机理和原因的必要前提。

故障分析的基本程序和方法如图13-6所示。在故障分析的初期，要对故障实物（现场）和故障发生时的情况，进行详细的调查和鉴定，还要尽可能详细地从使用者和制造者那里收集有关故障的历史资料，通过对故障的外观检查鉴定，找出故障的特征，查出各种可能引起故障的影响因素。在判断阶段，要根据初步研究结果，提出需要进一步开展的研究工作，以缩小产生故障的可能原因的范围。在研究阶段，要用不同方法仔细地研究故障实物，测定材料参数，重新估算故障的负载。研究阶段应找出故障的类型及产生的原因，提出预防的措施。

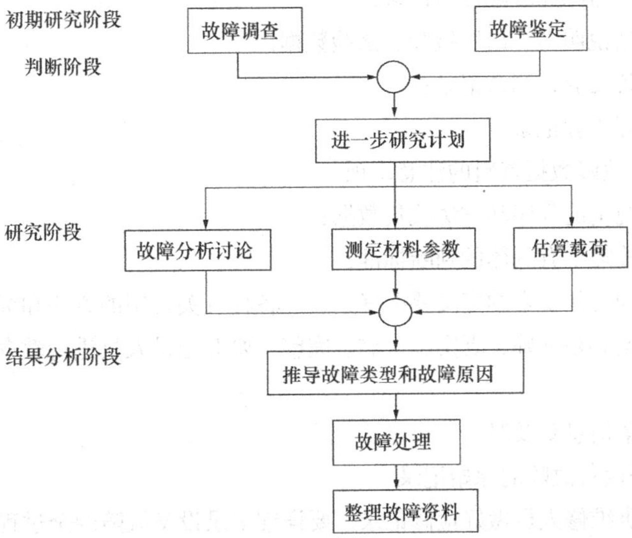

图13-6 故障分析的基本程序和方法

产生故障的主要原因大体有以下四个方面：设计错误、原材料缺陷、制造缺陷、运转缺陷。有的故障是上述一种原因造成的，有的是上述多种原因综合影响的结果，有的是上述一种原因起主导作用而另一种（或几种）原因起媒介作用等等。因此，判断何种因素对故障的产生起主要作用，是故障分析的主要内容。

13.2.5 故障分析与管理

在故障管理工作中，不但要对每一项具体的设备故障进行分析，查明发生的原因和机理，采取预防措施，防止故障重复出现。同时，还必须对本系统、企业全部设备的故障基本状况、主要问题、发展趋势等有全面的了解，找出管理中的薄弱环节，并从本企业设备着眼，采取针对性措施，预防或减少故障，改善技术状态。因此，对故障的统计分析是故障管理中必不可少的内容，是制定管理目标的主要依据。

1. 故障信息数据收集与统计

1）故障信息的主要内容

（1）故障对象的有关数据有系统、设备的种类、编号、生产厂家、使用经历等；

（2）故障识别数据有故障类型、故障现场的形态表述、故障时间等；

（3）故障鉴定数据有故障现象、故障原因、测试数据等；

（4）有关故障设备的历史资料。

2）故障信息的来源

（1）故障现场调查资料；

（2）故障专题分析报告；

（3）故障修理单；

（4）设备使用情况报告（运行日志）；

（5）定期检查记录；

（6）状态监测和故障诊断记录；

（7）产品说明书、出厂检验、试验数据；

（8）设备安装、调试记录；

（9）修理检验记录。

3）收集故障数据资料的注意事项

（1）按规定的程序和方法收集数据；

（2）对故障要有具体的判断标准；

（3）各种时间要素的定义要准确，计算各种有关费用的方法和标准要统一；

（4）数据必须准确、真实、可靠、完整，要对记录人员进行教育、培训，健全责任制；

（5）收集信息要及时。

4）做好设备故障的原始记录

（1）跟班维修人员做好检修记录，要详细记录设备故障的全过程，如故障部位、停机时间、处理情况、产生的原因等，对一些不能立即处理的设备隐患也要详细记载。

（2）操作工人要做好设备点检（日常的定期预防性检查）记录，每班按点检要求对设备做逐点检查、逐项记录，对点检中发现的设备隐患，除按规定要求进行处理外，对隐患处理情况也要按要求认真填写，以上检修记录和点检记录定期汇集整理后，上交企业设备管理部门。

（3）填好设备故障修理单，当有关技术人员会同维修人员对设备故障进行分析处理后，要把详细情况填入故障修理单，故障修理单是故障管理中的主要信息源。

2．故障分析内容

1）故障原因分类

开展故障原因分析时，对故障原因种类的划分应有统一的原则。因此，首先应将本企业的故障原因种类规范化，明确每种故障所包含的内容。划分故障原因种类时，要结合本企业拥有的设备种类和故障管理的实际需要。其准则应是根据划分的故障原因种类，容易看出每种故障的主要原因或存在的问题。当设备发生故障后进行鉴定时，要按同一规定确定故障的原因（种类）。当每种故障所包含的内容已有明确规定时，便不难根据故障原因的统计资料发现本企业产生设备故障的主要原因或问题。

2）典型故障分析

在原因分类分析时，由于各种原因造成的故障后果不同，所以通过这种分析方法来改善管理与提高经济性的效果并不明显。

典型故障分析则从故障造成的后果出发，抓住影响经济效果的主要因素进行分析，并采取针对性的措施，有重点地改进管理，以求取得较好的经济效果。这样不断循环，效果就更显著。

影响经济性的三个主要因素是：故障频率、故障停机时间和修理费用。故障频率是指某一系统或单台设备在统计期内（如一年）发生故障的次数；故障停机时间是指每次故障发生后系统或单机停止生产运行的时间（如小时）。以上两个因素都直接影响产品输出，降低经济效益。修理费用是指修复故障的直接费用损失，包括工时费和材料费。典型故障分析就是将一个时期内（如一年）设备所发生的故障情况，根据上述三个因素的记录数据进行排列，提出三组最高数据，每一组的数量可以根据企业的管理力量和发生故障的实际情况来定，如定10个数，则分别将三个因素中最高的10个数据的原始凭证提取出来，根据记录的情况进一步分析和提出改进措施。

3）MTBF分析法（Mean tine Between Failure，即平均故障间隔期的缩写）

是指对于进行修理的设备从这次停机起至下停机为止的时间的平均值，是分析设备的停机是怎样发生的一种分析法。

设备的MTBF是一项在设备投入使用后较易测定的可靠性参数，它被广泛用于评价设备使用期的可靠性。设备的MTBF可通过MTBF分析求得，同时还可以对设备故障是怎样发生的有所了解。MTBF分析一般按下述步骤进行：选择分析对象、规定观测时间、数据分析。如果MTBF的分析目的是为了了解故障的发生规律，则应把不管什么原因造成的故障，包括非设备本身原因造成的故障，都统计在内。如果测定MTBF对目的是求得可靠性数据，则应在故障统计中剔除那些非正常情况造成的故障，明显的设备超负荷使用、人为的破坏、自然灾害等造成的设备故障。

如果把记录故障的工作一直延续进行下去，当设备进入使用的后期（耗损故障期），将会出现故障密集现象，不但易损件，就连一些基础件也连续发生故障而形成故障流，且故障流的间隔时间也显著缩短。通过多台相同设备的故障记录分析，就可以科学地估计该设备进入损耗故障期的时间，为合理地确定进行预防修理的时间创造条件。

4）故障分析法

故障树分析（Fault Tree Analysis，简称FTA）是一种演绎推理法，这种方法把系统可能发生的某种故障与导致故障发生的各种原因之间的逻辑关系用一种称为故障树的树形图表示，通过对故障树的定性与定量分析，找出故障发生的主要原因，为确定安全对策提供可靠依据，以达到预测与预防故障发生的目的。

故障树分析是根据系统可能发生的故障或已经发生的故障所提供的信息，去寻找故障发生有关的原因，从而采取有效的防范措施，防止故障发生。这种分析方法一般可按下述步骤进行。

① 准备阶段

确定所要分析的系统；熟悉系统；调查系统发生的故障。

② 故障树的编制

确定故障树的顶事件。确定顶事件是指确定所要分析的对象事件。根据故障调查报告分析其损失大小和故障频率，选择易于发生且后果严重的故障作大故障的顶事件。

调查与顶事件有关的所有原因事件。从人、机、环境和信息等方面调查与故障树顶事件有关的所有故障原因，确定故障原因并进行影响分析。

编制故障树。把故障树顶事件与引起顶事件的原因事件采用一些规定的符号，按照一定的逻辑关系，绘制反映因果关系的树形图。

③ 故障树定性分析

主要是按故障树结构，求取故障树的最小割集或最小径集以及基本事件的结构重要度，根据定性分析的结果，确定预防故障的安全保障措施。

④ 故障树定量分析

主要是根据引起故障发生的各基本事件的发生概率，计算故障树顶事件发生的概率；计算各基本事件的概率重要度和关键重要度。根据定量分析的结果以及故障发生以后可能造成的危害，对系统进行分析，以确定故障管理的重点。

⑤故障树分析的结果总结

与应用必须及时对故障树分析的结果进行评价、总结，提出改进建议，整理、储存故障树定性和定量分析的全部资料与数据，并注重综合利用各种故障分析的资料，提出预防与消除故障的对策。

正确建造故障树是故障树分析法的关键，因为故障树的完善与否将直接影响到故障树定性分析和定量计算结果的准确性。

3．设备故障管理程序

（1）做好宣传教育工作，使操作工人和维修工人自觉地遵守有关操作、维护、检查等规章制度，正确使用和精心维护设备，对设备故障进行认真的记录、统计、分析。

（2）结合本企业生产实际和设备状况及特点，确定设备故障管理的重点。

（3）采用监测仪器和诊断技术对重点设备进行有计划的监测，及时发现故障的征兆和劣化的信息。一般设备可通过人的感官及一般检测工具进行日常点检、巡回检查、定期检查（包括精度检查）、完好状态检查等，着重掌握容易引起故障部位、机构及零件的技术状态和异常现象的信息。同时要建立检查标准，确定设备正常、异常、故障的界限。

（4）为了迅速查找故障的部位和原因，把设备常见的故障现象、分析步骤、排除方法汇编成故障查找逻辑程序图表，以便在故障发生后能迅速找出故障部位与原因，及时进行故障排除和修复。

（5）完善故障记录制度。

（6）及时进行故障的统计与分析。通过对故障数据的统计、整理、分析，计算出各类设备的故障频率、平均故障间隔期，分析单台设备的故障动态和重点故障原因，找出故障的发生规律，以便突出重点采取对策，将故障信息整理分析资料反馈到有关部门，以便安排预防修理或改善措施计划，还可以作为修改定期检查间隔期、检查内容和标准的依据。根据统计整理的资料绘出统计分析图表。

（7）针对故障原因、故障类型及设备特点的不同采取不同的对策。对新设置的设备应加强使用初期管理，注意观察、掌握设备的精度、性能与缺陷，做好原始记录。在使用中加强日常维护、巡回检查与定期检查，及时发现异常征兆，采取调整与排除措施。重点设备进行状态监测与诊断。建立灵活机动的具有较高技术水平的维修组织，采用分部修复、成组更换的快速修理技术与方法，及时供应合格备件，利用生产间隙整修设备。对已掌握磨损规律的零部件采用改装更换等措施。

（8）做好控制故障的日常维修工作。通过维修工人的日常巡检和按计划进行的设备状态检查取得的状态信息、故障征兆和有关记录，由各班组针对设备的特点和已发现的一般缺陷，安排日常维修。

（9）建立故障信息管理流程图，如图13–7所示。

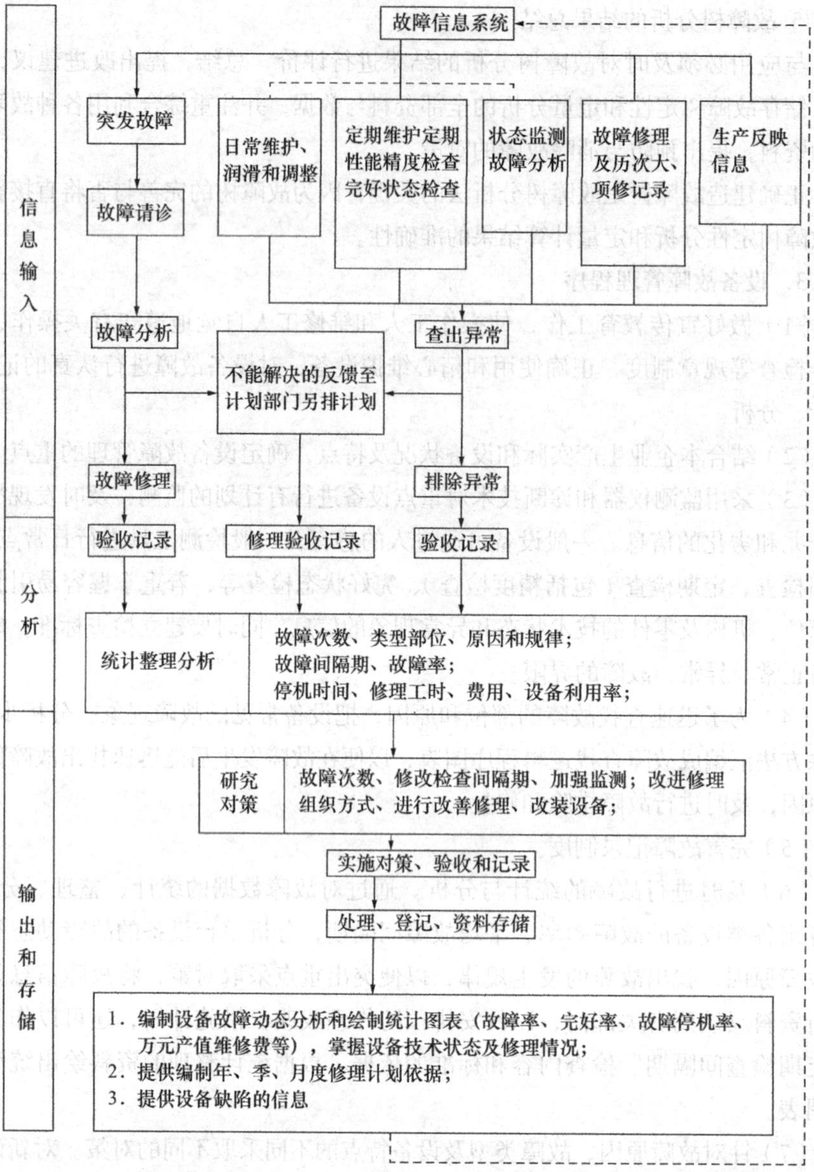

图13-7 故障信息管理流程图

设备寿命周期理论和故障理论是互相对应的两个理论，物业公司对智能建筑设备的管理着重于追求设备使用寿命，维持费用的最经济，使设备在使用寿命期具有最大的功能收益与费用消耗比。依据这两个基本理论，针对智能建筑的特点，提出智能建筑设备管理的方法，主要是用各种不同的数学模型来说明问题，达到设备的最优化运行。

本章小结

为促进智能建筑设备的技术、经济、安全运行管理，提出了设备寿命周期理论和故障理论两大理论。主要阐述了设备寿命周期理论，设备故障理论的构成及规律。建筑设备的经济寿命及全寿命周期费用估计方法，构成分析方法、寿命阶段的评价。故障分类及典型模式、规律，以及故障管理。

思考题

1. 什么是技术寿命、经济寿命？
2. 设备寿命周期的基础理论是什么？
3. 设备寿命周期费用的构成是什么？
4. 设备寿命周期费用的分析方法有哪些？
5. 设备故障的分类有哪些？
6. 设备故障典型模式有哪些？
7. 设备故障的分析与管理有哪些内容？

14

智能建筑设备的前期管理、运行管理及后期管理

学习目的

1. 了解智能建筑设备前期管理、运行管理及后期管理的有关概念、工作程序;
2. 掌握智能建筑设备的规划、设计、选购管理的内容;
3. 掌握智能建筑设备的技术状态检查、监测与设备故障诊断技术;
4. 掌握智能建筑设备更新的经济性分析方法;
5. 熟悉智能建筑设备安装的验收全过程;
6. 熟悉前期介入管理的有关知识、智能建筑设备状态维修相关流程;
7. 熟悉智能建筑设备维修的经济性分析、设备报废相关知识;
8. 了解智能建筑设备更新与改造的概念、流程。

本章要点

本章着重介绍了智能建筑前期管理、正式运营阶段管理以及后期管理的有关知识。包括前期管理的基本概念、规划管理、设计管理、选购管理，智能建筑技术状态检查、技术状态监测、故障诊断技术、状态维修流程、智能建筑的运行管理、维修管理、大修费用管理、智能建筑设备更新改造的重点和有效途径、更新的经济性分析以及报废的有关知识。

14.1 智能建筑前期管理

14.1.1 设备前期管理的概念及工作程序

1．设备前期管理的含义

设备前期管理是指设备从开始规划决策直到投入生产使用为止的阶段性管理工作。它是从制定设备规划方案起到设备投入使用这一阶段全部活动的管理工作，又称设备规划工程，包括设备的规划决策、外购设备的选型采购和自制设备的设计制造、设备的安装调试和设备使用的初期管理四个环节。

设备前期管理的优劣不仅影响设备的使用和维修，而且影响整个智能物业管理系统的实现。其主要研究内容包括：设备规划方案的调研、制定、论证和决策；设备货源调查及市场情报的搜集、整理与分析；设备投资计划及费用预算的编制与实施程序的确定；自制设备的设计方案的选择和制造；外购设备的选型、订货及合同管理；设备的开箱检查、安装、调试运转、验收与投产使用，设备初期使用的分析、评价和信息反馈等。做好设备的前期管理工作，为进行设备投产后的使用、维修、更新改造等管理工作奠定了基础，创造了条件。

2．设备前期管理的重要性

从设备一生的全过程来看，设备的规划对设备一生的综合效益影响较大。一般来说，降低设备成本的关键在于设备的规划、设计与制造阶段。因为在这个阶段设备的成本（包括使用的器材、施工的工程量和附属装置等的费用）已基本上确定了。显然，精湛优良的设计会使设备的造价和寿命周期费用大为降低，并且性能完全达到要求。设备的寿命周期费用主要取决于设备的规划阶段，如图14–1所示。在前期管理的各个阶段中，费用的实际支出由曲线A表示，费用的计划（决定）支出由曲线B表示。可以看出，在设备规划到50%时，$a \sim b$段虽然只花去20%的费用，但已决定了85%的设备寿命周期。在规划$b \sim c$段花的费用多，但对寿命周期费用的影响不大。设备前期管理的重要性体现在：

（1）设备的规划和选择，决定企业的规模。这些都是关系企业发展方向的根本性问题。设备的规划合理，设备的选择得当，就能为企业掌握和应用先进的技术装备奠定良好基础，就能使企业的生产经营目标顺利实现；如果决策失误，选择不当，必将妨碍企业生产的正常进行和经营目标的实现，影响企业的顺利发展。

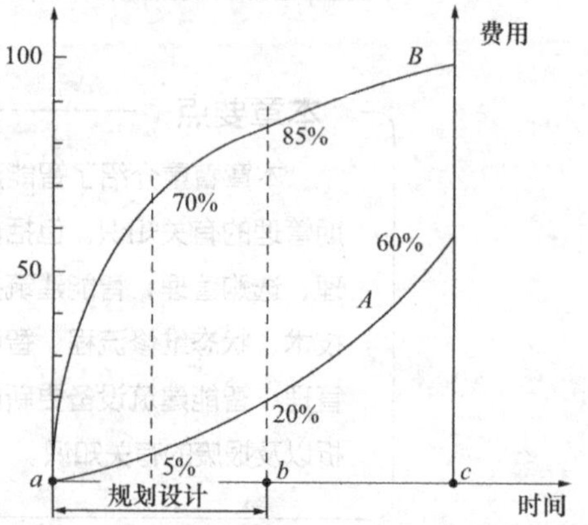

图14–1 设备的寿命周期费用

（2）设备投资一般占企业固定

资产投资的60% ~70%，而投资的使用是否合理得当则取决于对设备的规划和选择。设备规划得当，选择合理，便可求得满足生产要求与节约投资的统一；反之，就会造成投资的浪费和设备积压。

（3）设备的规划和选择，决定着设备的质量。设备的生产效率，精度性能，可靠程度如何，生产是否适用，维修是否方便，使用是否安全，能源节省或浪费，对环境有无污染等，都决定于规划和选择。如果规划、选型得当，将可使设备长期稳定地运转，使设备的有效利用率得到提高，使产品生产工艺对设备的各项要求得到满足，使生产在保证产品质量的条件下顺利进行；反之，精度性能不能满足产品生产工艺要求，可靠性差，维修不便，故障不断，修理频繁，安全事故时有发生，修理停歇时间增长，必将严重影响生产的正常进行。

（4）设备的规划和选型，决定着设备全寿命周期的费用，决定着产品的生产成本。设备的寿命周期费用是设置费和维持费的总和。设备的设置费是以折旧的形式转入产品成本的，是构成产品固定成本的重要部分，使用费（包括动力费和操作工人工资等）则直接影响着产品的变动成本。设备寿命周期费用的大小，直接决定着产品制造成本的高低，决定着产品竞争能力的强弱和企业经营的经济效益；而设备寿命周期费用的95%以上，则取决于设备的规划、设计与选型阶段的决策。欲求在保证设备的技术性能、满足生产使用要求的前提下使设备的寿命周期费用最小，就必须做好设备规划选型决策前的方案论证和可行性分析工作，在满足生产技术的要求下，设法降低设备的设置费和维持费。这样才能以较低的寿命周期费用，取得较高的综合效益。

重视设备前期管理体现了设备综合管理的一个主要特点——设备全过程管理，同时还具有以下几个重要意义。

（1）设备前期管理阶段决定了几乎全部寿命周期费用的90%，这直接影响到企业产品的成本和利润。

（2）设备前期管理阶段决定了企业装备的技术水平和系统功能的生产效率及产品质量，是后期管理的先天条件。

（3）设备前期管理阶段决定了设备的适用性、可靠性和维修性及设备效能的发挥和效益的提高。设备前期管理是设备一生管理中的重要环节，它决定着企业投资的成败，与企业经济效益密切相关，同时对提高设备技术水平和设备后期使用运行效果也具有重要意义。

3．智能建筑设备前期管理的工作程序

智能建筑设备的前期管理按照工作时间先后可分为规划、实施和总结评价三个阶段，各阶段的内容和程序如图14-2所示。

设备前期管理一般应当做好以下工作：

（1）首先要做好设备的规划和选型工作，加强可行性的论证，不但要考虑设备的功能必须满足产品产量和质量的需要，而且要充分考虑设备的可靠性和维修性要求。

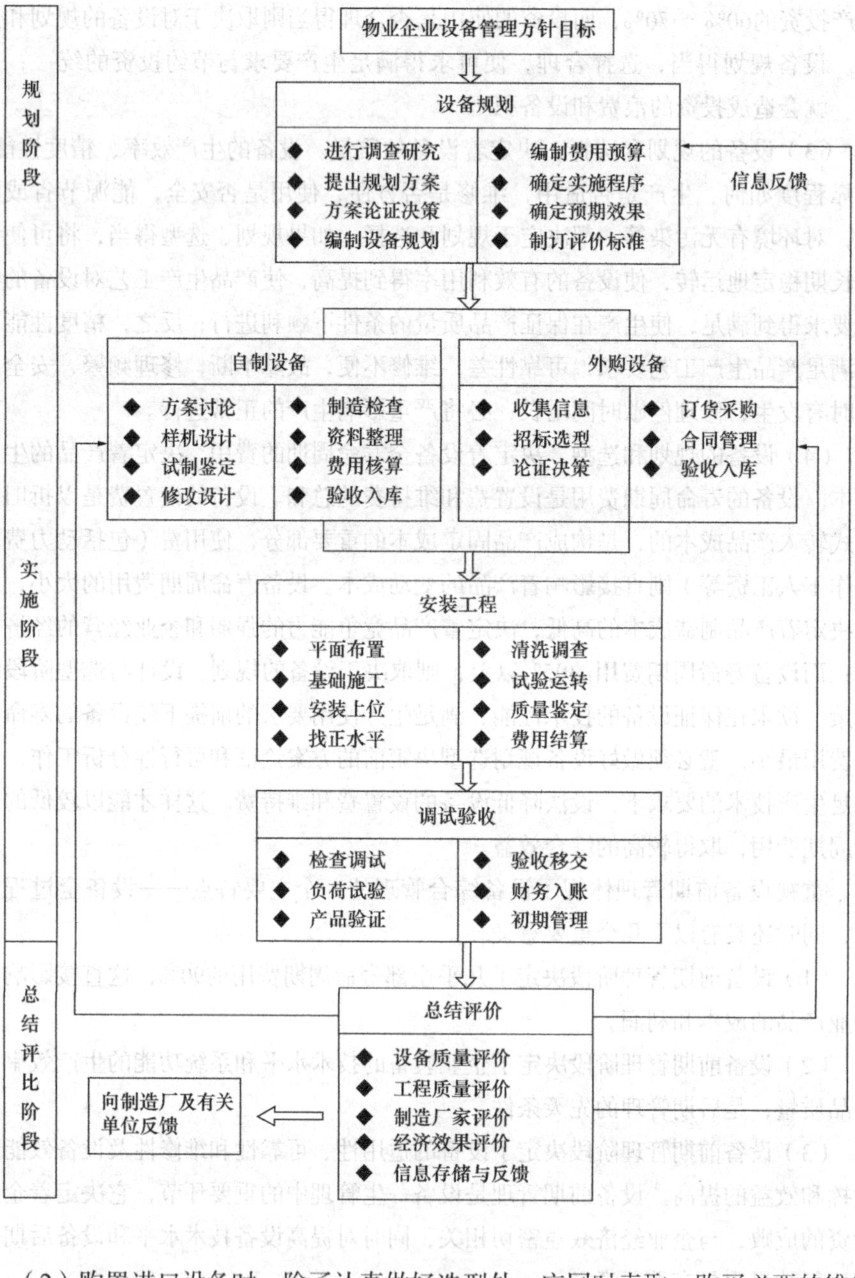

图14-2 智能建筑设备前期管理的工作程序

（2）购置进口设备时，除了认真做好选型外，应同时索取、购买必要的维修资料和备件。

（3）在设备到货前，应及早做好安装、试车的准备工作。

（4）进口设备到货后，应及时开箱检验和安装调试，如发现数量短缺和质量问题，应在索赔期内提出索赔。

（5）企业应组织设备管理和使用人员参加自制设备的设计方案审查、检验和技术鉴定，设备验收时应有完整的技术资料。

（6）设备制造厂与用户之间应建立设备使用信息反馈制度，通过改进设计，不断提高产品质量，改善可靠性和维修性。

14.1.2 智能建筑设备规划设计与选购管理

1. 智能建筑设备的规划管理

智能建筑设备的规划是对智能建筑设备寿命周期的物质运动形态的预先设计和价值运动形态的评价。也就是说，在智能建筑设备的规划阶段，必须考虑到智能建筑设备从最初的规划、设计、安装到使用、维修、改造、更新直至最后报废的整个物质运动过程，并对设备的最初投资、维修费用支出、折旧、更新改造资金的筹措、积累、支出等进行评价。

智能建筑设备的规划管理就是为了有条不紊地开展和完成各项规划业务，并达到规划的目的所进行的管理。包括对智能建筑设备的调查研究、投资计划、费用估算等项目管理业务。可见，智能建筑设备的规划管理是智能建筑设备管理中最高形态的综合管理，是根据多种纵横相连、交叉相间的计划，在科学调查、预测、决策的基础上，通过系统分析，精确计算和综合平衡，为了实现智能建筑设备的总功能，对智能建筑设备进行总体设计的组织、领导、监督等活动。

2. 智能建筑设备的设计管理

智能物业设备的设计也是设备寿命周期的最初期阶段，进行了设备的总体规划之后，就要进一步进行智能建筑设备的设计。

1）智能建筑设备设计管理的程序

智能建筑设备设计阶段的管理，应遵循以下程序：

（1）调查研究

业主、设备管理部门和设备设计人员应多沟通，使设计人员深入了解楼宇的实际情况，了解业主与设备管理部门的要求，研究目前国内外同类型建筑的现状，掌握智能建筑设备技术的发展情况。

（2）提出初步设计方案

设计人员经过大量的调查研究之后，拟出初步设计方案，交给业主和设备管理部门。

（3）审查设计方案

业主与设备管理部门对初步设计方案进行认真的论证、审查，提出修正的意见。

（4）修改设计方案

设备设计人员根据初步方案的审查意见，根据现有可能条件，予以修改，再交给业主与设备管理部门审查。

（5）确定设计方案

经过多次审查和修改，确定正式设计方案。方案一经确定后，不经业主、设备管理部门及设计人员的同意，不得随意更改。

2）智能建筑设备设计时应注意的问题

（1）设备的可靠性。对于智能建筑设备来说，可靠性是十分重要的。可靠性高，不仅要求智能建筑设备在使用过程中，能够稳定不间断地工作，并且要长期保持其原有的效率和能耗。设备的可靠性受到投资因素的制约，在设计时要对可靠性与投资的关系加以全面考虑和正确处理。

（2）设备的适应性。在设计时要考虑到将来设备升级或扩容的可能性，以及智能建筑内空间功能的改变所引起的设备增减等，如需设计备用的预埋管线，在控制室内预留足够的空间等。

（3）设备的经济性。尽量降低能源与原材料的消耗，是智能建筑设备设计的一个重要指导思想。在设计智能建筑设备时，不仅要考虑其最初投资的节约，也要考虑其使用过程中的节约。既要考虑设备前半生的费用，又要考虑设备后半生的费用，而且后者更重要。因此，节能是智能建筑设备设计时的一个非常重要的问题。

（4）设备的维修性。在设计智能建筑设备时，要尽量为日后着想，使维修和保养方便，尽可能地减少维修保养费用。

（5）设备的安全性。即操作性和安全性要好。智能建筑设备的设计必须考虑设备运行过程中的技术安全性能，保证操作安全方便，减少噪声和污染。忽视这些因素，不仅造成潜在的浪费，而且容易造成更大的设备及人身事故。

（6）设备的效率在智能建筑设备设计时，要尽量提高各种设备的效率。

3．智能建筑设备的选购管理

设备的选购就是使新设备从智能建筑系统外部，经过选择、购买、运输、安装、调试进入管理系统的过程，是设备管理的首要环节。因此，编制设备购置计划与设备投资计划同步进行，要进行技术经济可行性论证，要严格执行审批制度并健全责任制度，把技术上先进、经济上合理、生产上适用作为设备选购的原则。

1）智能建筑设备的选购

选购设备总的原则是技术先进，经济合理。这是智能建筑设备管理人员必须明确的。设备的技术先进性，具体表现在设备的若干技术要求上；设备的经济合理性，需要有一定的评价尺度和评价方法。智能建筑设备选购的技术要求如下：

（1）设备的效率

智能建筑设备的效率是选购智能建筑设备的重要经济技术指标之一。对于不同的智能建筑设备，效率的表达方式亦不同。例如对制冷机，其效率用单位能耗的制冷量来表示；对于泵和风机，其效率用输出功率与轴功率的比来表示。效率的提高，意味着能耗的降低和工作能力的提高，因此，在选购设备时，要对同类型的设备效率进行比较。

（2）设备使用的可靠性、维修性

① 设备的可靠性

设备的可靠性属于产品质量管理范畴，是指设备对产品质量（或工程质量）的保证程度，包括精度、准确度的保持性、零件耐用性、安全可靠性等。在设备管理中的可靠性是指设备在使用中能达到的准确、安全与可靠。

可靠性只能在工作条件和工作时间相同的情况下才能进行比较，所以其定义是：系统、设备、零部件在规定时间内，在规定的条件下完成规定功能的能力。定量测量可靠性的标准是可靠度。可靠度是指系统、设备、零部件在规定条件下，在规定的时间内能毫无故障地完成规定功能的概率。它是时间的函数，用概率表示抽象的可靠性，使设备可靠性的测量、管理、控制，能保证有计算的尺度。可靠性是保持和提高设备生产率的前提条件。人们投资购置设备都希望设备能无故障地工作，以达到预期的目的，这就是设备可靠性的概念。

可靠性在很大程度上取决于设备的设计与制造。因此，在进行设备选型时必须考虑设备的设计制造质量。

选择设备可靠性时要求使其主要零部件平均故障间隔期越长越好，具体的可以从设备设计选择的安全系数、冗余性设计、环境设计、元器件稳定性设计、安全性设计和人机因素等方面进行分析。

② 设备的维修性

设备的维修是指通过修理和维护保养手段，来预防和排除系统、设备、零部件等故障的难易程度。其定义是系统、设备、零部件等在进行修配时，能以最小的资源消耗（人力、设备、工具、仪器、材料、技术资料、备件等）在正常条件下顺利完成维修的可能性。是指设备或零部件具有易于维修的特点，可以迅速拆卸、易于检查、便于修理，零部件的通用化标准化程度高。同可靠性一样，对维修性也引入一个定量测定的标准——维修度。维修度是指能修理的系统、设备、零部件等按规定的条件进行维修时，在规定时间内完成维修的概率。

影响维修性的因素有易接近性（容易看到故障部位，并易用手或工具进行修理）、易检查性、坚固性、易装拆性、零部件标准化和互换性、零件的材料和工艺方法、维修人员的安全、特殊工具和仪器设备的供应、生产厂的服务质量等。广义可靠度的概念，它包括设备不发生故障的可靠度和排除故障难易的维修度。同样，人们希望投资购置的设备一旦发生故障后能方便地进行维修，即设备的维修性要好。

（3）设备的安全性和操作性

① 设备的安全性

设备的安全性是指设备的安全保障性能和预防事故的能力。要求设备具有安全防护设施。在选择设备时，要选择在生产中安全可靠的设备。设备的故障会带来重大的经济损失和人身事故。对有腐蚀性的设备，要注意防护设施的可靠性，要注意设备的材质是否满足设计要求。还应注意设备结构是否先进，组装是否合理、牢固，是否安装有预报和防止设备事故的各种安全装置，如压力表、安全阀、自动报警器、自动切断动力装置、自动停车装置。安全性是设备对生产安全的保障性能，即设备应具有必要的安全防护设计与装置，以避免带来人、机事故和经济损失。

在设备选型中，若遇有新投入使用的安全防护性元部件，必须要求其提供实验和使用情况报告等资料。

② 设备的操作性

设备的操作性是指操作方便、结构简单、组成合理，有适应环境的能力，能提供良好的劳动条件。

设备的操作性属人机工程学范畴内容，总的要求是方便、可靠、安全，符合人机工程学原理。通常要考虑的主要事项如下：

a. 操作机构及其所设位置应符合劳动保护法规要求，适合一般体型的操作者的要求。

b. 充分考虑操作者生理限度，不能使其在法定的操作时间内承受超过体能限度的操作力、活动节奏、动作速度、耐久力等。

c. 设备及其操作室的设计必须符合有利于减轻劳动者精神疲劳的要求。

（4）设备的适应性

对于智能建筑设备来说，其适应性是指智能建筑设备能够适应不同的工作条件和环境，操作、使用比较灵活方便。

（5）设备的环保与节能

智能建筑设备的环保性，通常是指其噪声振动和有害物质排放等对周围环境的影响程度。在设备选型时必须要求其噪声、振动频率和有害物排放等控制在国家和地区标准的规定范围内。

设备的能源消耗是指其一次能源或二次能源消耗。通常是以设备单位开动时间的能源消耗量来表示；在化工、冶金和交通运输行业，也有以单位产量的能源消耗量来评价设备的能耗情况。在选型时，无论哪种类型的企业，其所选购的设备必须要符合国家《节约能源法》规定的各项标准要求。

（6）设备的经济性

设备选择的经济性，其定义范围很宽，各企业可视自身的特点和需要而从中选择影响设备经济性的主要因素进行分析论证。设备选型时要考虑的经济性影响因素主要有：①初期投资；②对产品的适应性；③生产效率；④耐久性；⑤能源与原材料消耗；⑥维护修理费用等。

选择设备经济性的要求有：最初投资少、生产效率高、耐久性长、能耗及原材料损耗少、维修及管理费用少、节省劳动力等。最初投资包括购置费、运输费、安装费、辅助设施费、起重运输费等。耐久性指零部件使用过程中物质磨损允许的自然寿命。很多零部件组成的设备，则以整台设备的主要技术指标（如工作精度、速度、效率、出力等）达到允许的极限数据的时间来衡量耐久性。自然，寿命愈长每年分摊的购置费用愈少、平均每个工时费用中设备投资所占比重愈少，生产成本就愈低。但设备技术水平不断提高，设备可能在自然寿命周期内因技术落后而被淘汰。所以应区分不同类型的设备要求不同的耐久性。如精密、重型设备最初投资大，但寿命长，其全过程的经济效果好；而简易专用设备随工艺发展而改变，就不必要有太长的自然寿命。能耗是单位产品能源的消耗量，是一个很重要的指标。不仅要看消耗量的大小，还要看使用什么样的能源。油、电、煤、煤气等是常用的能源，但经济效果不同。

2）智能建筑设备选购的经济评价

在选购智能建筑设备时，要比较几种同类型设备经济上的优劣，即对设备进行经济评价，从而选择经济性最好的设备。设备选型时要考虑的经济性影响因素主要有：初期投资；对产品的适应性；生产效率；耐久性；能源与原材料消耗；维护修理费用等。智能建筑设备选购评价的方法主要有：

（1）投资回收法

投资回收法适用所有投资的决策。一项投资，如果投资回收期过长，投资者就要慎重考虑，因为时间越长，对投资前途越没有把握。但是，不能单凭投资回收期评价投资效果。因为投资回收期没有回答投资回收后获利有多大，所以在评价设备时要以获利指数为主要指标，参考投资回收期和投资回收额。

投资回收期计算方法有两种：静态法和动态法。

① 静态法

静态法的优点是计算方法简单，适用于对若干个方案进行初步的选择，缺点是缺乏货币的时间概念，没有考虑利息因素。静态法的计算公式如下：

当每年收入相等时：

$$\text{投资回收期}=\frac{\text{投资额}}{\text{每年收入}} \tag{14-1}$$

$$\text{投资回收额}=\text{每年收入}\times\text{可收入年限} \tag{14-2}$$

$$\text{投资获利指数}=\frac{\text{投资回收额}-\text{投资额}}{\text{投资额}}\div\text{可收入年限} \tag{14-3}$$

$$\text{其中，每年收入}=\text{年利润}+\text{年折旧} \tag{14-4}$$

当各年收入不等时，采用下面公式计算：

$$\text{投资回收期}=T-1+\text{第}T-1\text{年净现金流累计值的绝对值/第}T\text{年的现金流量} \tag{14-5}$$

② 动态法

动态法是指每年的收入，按照一定的利率折算成现金的价值，再与投资额进行比较，看看投资效果好不好的方法。

$$\text{现值计算公式：现值}=\frac{1}{(1+i)^{n}}\text{（表示1元}i\text{利率第}n\text{年的现值）} \tag{14-6}$$

如果2年后按10%利率得100元，则

$$\text{现值}=\frac{100}{(1+0.1)^{2}}=82.64\text{元}$$

若求n年的总现值，则

$$每年每元i利率n年的总现值=\frac{(1+i)^n-1}{i(1+i)^n} \tag{14-7}$$

投资回收期$=T-1+$第$T-1$年净现金流现值累计值的绝对值/第T年的现金流量现值

（2）成本比较法

这是通过各种设备的成本比较，来选购成本小的设备的方法。这里介绍等价同额年成本比较法和投资额、维持费用的现值比较法这两种方法。

① 等价同额年成本比较法

这是求出投资额和维持费用的等价同额年成本之和，选购成本合计为最少的投资的方法。

在每年的设备运行维持费为同额的情况下：

$$等价同额年成本合计=(P-O)\frac{i(1+i)^n}{(1+i)^n-1}+L+Oi \tag{14-8}$$

式中　P——投资额；

O——残余价值；

L——每年的运行维持费；

$\frac{i(1+i)^n}{(1+i)^n-1}$——资本回收系数。

运用这种方法时，首先把购置设备一次支出的最初投资费，依据设备的寿命周期减去残值，按复利率计算，换算成相当于每年成本的支出。然后估算不同设备在投入使用后，每年必须支出的能源消耗费、维修保养费、运行劳务费等（这些费用总称为维持费）。把等价同额年成本，加上每年的维持费，得出不同设备的总的年成本，据此进行比较分析，选购最优设备。

② 投资额、维持费用的现值比较法

这种方法同上述等价同额成本法比较，主要区别在于：每年维持费用，通过现值系数换算成相当于最初一次投资费的数额，而最初一次设备投资费不变。据此进行总值比较，则总支出的现值为最小的投资是有利的。其计算公式如下：

$$总支出的现值=P_0+\frac{P_j}{(1+i)^j}-\frac{O}{(1+i)^n}+\frac{L_1}{(1+i)}+\frac{L_2}{(1+i)^2}+\cdots+\frac{L_n}{(1+i)^n} \tag{14-9}$$

式中　P_0——最初投资额；

P_j——第j年追加的投资额；

L_1，L_2，…，L_n——各年的运行维持费；

O——残值。

3）附加成本

在进行智能建筑设备的选购时，除了需考虑初投资、利息等直接经济因素外，还需考虑附加成本、关于投资效果实现的可能性，有时可能还要进行投资效果评价的灵敏分析。

14.1.3 智能建筑设备安装验收全过程的前期介入管理

1. 智能建筑前期介入管理的概念

1）智能建筑前期介入的含义

前期介入，又称早期介入，是指物业管理公司在房地产开发的立项决策阶段，即项目可行性研究阶段的介入。物业管理公司早期介入，充当顾问的作用具体表现在：审阅设计图纸，提出有关楼宇结构布局和功能方面的改进建议；提出设备配备或容量以及服务方面的改进意见；指出设计中遗漏的工程项目等。物业管理公司一般会从配套设备、环境附属工程、保安消防等方面严格把关。

2）智能建筑设备安装验收的前期介入含义

智能建筑设备安装验收的前期介入是指物业管理公司以未来业主用户的“管家”身份即未来智能建筑设备管理者的身份参与从智能建筑设备安装工程开始，一直到整个设备安装工程项目竣工验收这一工程时段全过程的施工管理。它是物业公司参与智能建筑建设项目施工阶段前期管理内容的一个重要部分。

物业管理公司对于智能物业设备安装施工阶段的前期介入管理工作的内容，一是对工程质量控制的一种补充完善和监督；二是以未来管理者的身份和角度参与管理，了解、熟悉智能物业设备与系统，为日后的管理和维护奠定必要的基础；三是作为物业管理本身也有一个学习、丰富和提高自身知识水平与素质的要求，以利于为业主及用户提供优质的物业管理服务。物业管理公司在工程施工阶段前期介入的工作目标主要是做好物业接管所涉及的、必要的基础工作。

2. 参与智能建筑设备安装验收全过程的意义

物业公司的设备管理人员参与智能建筑建设工程中设备系统的安装验收全过程有这样几项积极意义：

（1）有利于全面了解、熟悉智能建筑各专业设备系统的设计布置情况，设备供应厂家情况及技术性能参数，系统设计特点，管线走向，材料材质等的施工质量及更改情况，隐蔽工程施工质量情况，系统调试方法、调试结果等等，为日后智能建筑设备投入使用后的运行维护及维修打下良好基础。

（2）有利于使设计更加完善。由于物业管理人员具备较丰富的设备使用管理经验，故在熟悉了设备设施系统后，根据使用管理过程中易发生的问题和应具备的使用管理条件，可向建设单位、施工单位、监理单位及设计单位提出合理的调整修改意见，完善设计与施工中的一些容易被疏忽的细节或实际问题。

（3）有利于提高施工质量。由于增加了物业管理人员的现场检查监督，从代理用户的角度对设备系统的安装施工提出了更加细致严格的要求，弥补了监理人员因缺乏经验而忽略的一些施工质量问题。

（4）有利于提高物业人员的素质。通过监理人员与物业管理人员的共同把关，相互学习，也使物业管理人员学习与了解到各类专业设备系统的安装、调试验收过程及要求，工具仪器的使用方法，缺陷处理的要求，最终验收结果等。丰富了设备管理的经验，提高了处理设备故障的能力。

（5）有利于收集整理与设备管理有关的各项技术文件与资料。物业管理人员的前期介入，使得设备前期的主要基础技术文件能够较完整地归入设备技术档案，成为楼宇物业管理文件档案资料的一部分。

3. 智能建筑设备安装验收阶段介入的工作内容

物业管理公司从智能建筑设备安装工程开始，到安装完毕调试验收全过程的跟进介入，参与监督与管理，期间工作的主要内容有：

1）准备工作

（1）通过详细研读各专业设计图纸，结合到现场比较、对照建筑结构空间尺寸和设备外形尺寸，熟悉了解建筑物的全部配套设备设施系统的设计布置情况。包括变配电设备系统、给排水设备系统、空调通风设备系统、消防设备系统、通信网络设备系统、电梯设备系统、供暖设备系统、燃气设备系统以及智能化监控管理设备系统。由于智能建筑功能的多样性、完备性和设备系统的多专业复杂性，要求介入的物业管理人员也要具备相应的专业技术、安装工程技术和一定的工程施工管理经验，能发现施工中不符合设计要求、违反专业规范要求的不合格操作结果，能发现设计或施工中的不足点和矛盾点。

（2）通过详细查看各专业设备设计技术参数，结合设备随机技术文件，了解掌握各专业设备的技术性能参数，安装基础、标高、位置和方向，维修拆卸空间尺寸、动力电缆连接等技术要求。

（3）在详细研读设计图纸和现场检查建筑空间位置及设备外形尺寸的基础上，从设备运行维护及维修的角度认真考虑设备及系统的可操作性、可维修性、是否经济合理、是否满足管理的要求等。在符合设计规范、设计技术要求的前提下，应使设备及系统的巡视操作便利、易于维修保养，设备系统容量容易调节匹配，系统管线布置和流程控制更趋于经济合理，各系统的动能、功能流量输出应便于计量管理，便于经济核算。就这些问题提出改进意见或建议供设计和建设单位参考。

（4）参加设备安装工程的分部、分项工程验收，隐蔽工程的验收和设备安装工程的综合验收。提出设备运行管理方面的整改意见和建议。

（5）建立比较完整的设备前期技术资料档案。要求收集整理的文件资料主要有设备选型报告及技术经济论证、设备购置合同、设备安装合同、设备随机文件（说明书、合格证、装箱单等）、进口设备商检证明文件、设备安装调试记录、设备性能检测和验收移交书、设备安装现场更改单和设计更改单、相关产品样本、管理业务往来文件、批件等。

2）设备的开箱检查

设备的开箱检查工作由设备采购、管理部门组织安装部门、工具安装及使用部门参加，进口设备的开箱要有海关检验机关的代表参加。主要检查内容如下：

（1）检查设备的外观及包装情况。

（2）按照设备装箱清点零件、部件、工具、附件、说明书及其他资料是否齐全，有无缺损。

（3）检查设备有无锈蚀，如有锈蚀应及时处理防锈。对可拆卸部分进行清洗或更换润滑剂。

（4）未清洗过的滑动面严禁移动，以防破损。清除防锈油最好使用非金属工具及防损伤设备。

（5）核对设备基础图和电气线路和设备的实际情况，基础安装与电源接线位置，电气参数与说明书是否相符合。

（6）不需要安装的备件、附件、工具等，应注意移交，妥善装箱保管。

（7）检查后作出详细记录。对严重锈蚀、破损等情况，做好拍照或图示说明以备查询，并作为向有关单位进行交涉、索赔的依据，同时把原始资料入档。

3）设备的验收

设备的验收在试验合格后进行，设备基础的施工验收由土建部门质量检查员进行验收，并填写“设备基础施工验收单”。设备安装工程的验收在设备调试合格后进行，由设备管理部门、工艺技术部门协同组织安装检查，使用部门的有关人员参加，共同鉴定。设备管理部门和使用部门双方签字确认后方为完成。达到一定规模的设备工程（如200万元以上）由监理部门组织。设备验收分试车验收和竣工验收两种。

（1）试车验收。在设备负荷试验和精度试验期间，由参与验收的有关人员对“设备负荷试验记录”和“设备精度检验记录”进行确认，对照设备安装技术文件，符合要求后，转交使用单位作为试运转的凭证。

（2）竣工验收。竣工验收一般在设备试运转后三个月至一年后进行。其中设备大项目工程通常按照国际惯例一年后进行验收。竣工验收是针对试运转的设备效率、性能情况作出评价，由参与验收的有关人员对“设备竣工验收记录”进行确认。如发现设计、制造、安装等过程中的缺陷问题，则要求索赔。

14.2 智能建筑设备正式运行阶段的管理

14.2.1 智能建筑设备的技术状态检查、监测与诊断

1．智能建筑设备技术状态检查

1）智能建筑设备技术状态检查的含义

智能建筑设备技术状态检查就是对运行中的智能建筑设备，为了维持其规定的功能，按不同的检查类别，用规定的方法检测其技术特性，并与其标准技术特性相比较，从而判断智能建筑设备有无异状，以便进一步分析其存在的缺陷，为智能建筑设备的诊断和修理积累资料。

通过对智能建筑设备技术状态的检查，可以了解零部件的磨损情况（劣化程度），以及机械、液压、电气、润滑等系统的技术状况；可以及时发现并消除隐患，防止发生急剧磨损和突发事故；可以针对检查的问题，对智能建筑进行诊断，提出修理和改进的意见及措施，并做好维修前的准备工作。

2）智能建筑设备技术状态检查的类别

（1）日常检查

日常检查又称日常点检或巡检，由设备的操作人员施行，是日常维护保养的一个重要内容。日常检查是检查人根据事先编制好的检查标准项目，依靠其五官感觉，利用其技术知识和经验来识别对象，并将官能测定结果和判定标准相比较，作出设备是否良好或有无异状的判断。如果发现必须立即处理的问题，而检查人无法自己处理时，应向设备管理部门报告，及时处理，防止突发故障；对于不能和无需即时处理的问题，应按规定在有关的卡片和表格上记录下来，作为日后判断和修理的依据。

（2）定期检查

定期检查是专业维修人员在操作人员的参与下，对日常检查无效果（或效果不明显）或无法进行日常检查的设备或设备的某些部位，按照一定的间隔所进行的检查。

（3）专项检查

专项检查由有关工程技术人员和专业维修人员针对设备在运行中出现的某项或某几项问题进行的检查。主要是针对楼宇设备的性能和能耗情况进行检查和测定，其目的在于保持楼宇设备所规定的性能和效率，为设备的修理和更新提供依据。设备的专项检查是不定期进行的。设备出现故障后所进行的专项检查又可称为临时检查。

3）智能建筑设备技术状态检查的技术方法

（1）直视检查

是指用目视、听觉和触觉对设备易接触部位进行检查。例如设备的外表锈蚀、仪表读数等可以用目视检查；设备的噪声可以通过听觉来检查；设备的表面温度可以用触觉检查。

（2）润滑油检查

润滑油检查设备的结构比较复杂，在运行时检查其零部件故障特征比较困难的情况下，通过对润滑油的取样检查可以检测设备的技术状态。因为，润滑油是在设备内部循环使用的，所经之处，各种零部件的技术状态通过它都会有反应。所以，对润滑油和润滑油带出的微粒进行检查时，就能达到检查设备技术状态的目的。

（3）泄漏检查

检查泄漏的方法很多，例如用水或皂液检查就是其中最简单的方法。超声检测也是很有效的方法。

（4）裂缝检查

检查设备零部件的裂缝是在设备停机的情况下进行的。实践证明，设备的很多严重故障都是以裂缝为先兆的。裂缝可以用染色法、磁力探伤法、电阻法、涡流法、超声探伤法、射线检查等方法检查。

（5）腐蚀检查

为了检查设备机体内有无腐蚀，可以在其内放入试样，定期取出观测。也可以用超声法测定设备零部件由于腐蚀引起的尺寸变化。

2. 智能建筑设备技术状态监测——故障理论的运用

1）智能建筑设备技术状态监测的含义

监测即监视测定，智能建筑设备技术状态的监测就是人们应用某些专用仪器和方法对设备的局部和整体进行监视测定，以掌握智能建筑设备的技术性能状态。从广义上来解释，智能建筑设备技术状态的监测包含于设备技术状态的检查之中，但与一般概念上的检查又有所区别。主要表现在两个方面。其一，检查大多为通过人们的感观和借助一些简单的工具对设备的表象进行主观的定性描述；监测则大多应用仪器或组成一个系统对设备的技术性能进行客观的量化表示。其二，检查大多是对设备的某些部位定期或不定期地进行；监测大多则是对设备连续地进行。随着设备管理与维修理论的发展，设备技术状态监测一词越来越多地以独立的概念出现，它的内涵也将得到不断的深化。

状态监测是通过测定设备的一个或几个单一的特征参数，检查其状态是否正常。当特征参数小于允许值时，则可认为是正常的；超过允许值时，则可认为是异常的。当参数值将要达到某个设定极限值时，设备就应判定安排停机修理。设备状态监测和故障诊断的全部工作系统如框图14–3所示。

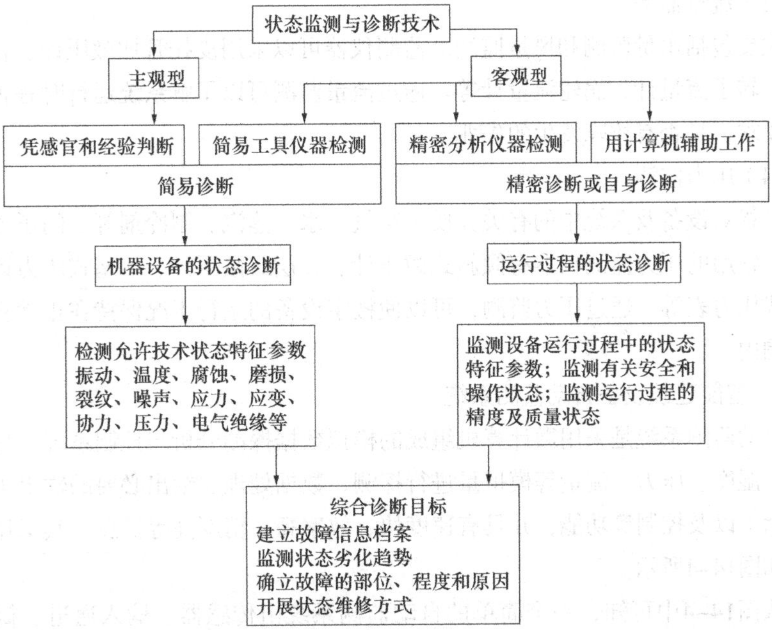

图14–3 智能建筑设备状态监测和诊断工作框图

智能建筑设备技术状态的监测可以分为定期监测和连续监测。定期监测是每隔一定时间，例如一周、一月或数月对运行状态下的设备进行监测；而连续监测是用仪器仪表和计算机信息处理系统对设备运行状态连续监视或控制。两种监测方式的采用，取决于设备的关键程度、设备事故影响的严重程度、运行过程中设备性能下降的快慢以及设备故障发生和发展的可预测性。如果设备性能下降的速度快、故障不可预测，宜采用连续监控方式，例如消防设备；如果设备性能下降的速度慢、故障可预测，则宜采用定期监测的方式。如果在设备上安装固定的仪器或系统进行连续监测，又称为在线监测，例如制冷机的进出水温度。定期监测的周期应根据故障方式的频率、故障后果的严重性以及所用的监测技术的预告能力等进行调整，使之符合实际需要。

2）智能建筑设备技术状态监测的方法

（1）温度监测

主要包括智能建筑设备表面温度监测和设备内部介质的温度监测。通过监测设备表面温度，可以判断设备的运行状态是否正常。智能建筑设备内部介质的温度监测是很重要的，有水温的监测、风温的监测、制冷剂温度监测、蒸汽温度监测等。温度监测装置主要有液体膨胀式传感器（水银温度计）、双金属传感器、热偶传感器、电阻传感器、光学传感器、辐射传感器、红外扫描摄像仪等。

（2）振动监测

振动监测一般是在设备不停机的情况下进行的。可以采用便携式测振仪定期监测，也可以安装固定的测振仪器进行在线监测。通过振动监测，可以掌握和识别设备的劣化程度和故障特征。

（3）流量监测

主要包括水量监测和风量监测。监测仪器可以采用皮托管加微压计、孔板流量计、转子流量计、涡轮流量计等。通过流量监测可以了解系统运行时是否达到设计要求，是否有故障发生的先兆。

（4）压力监测

是指对设备及系统中的有关介质（空气、水、蒸汽、制冷剂等）的压力进行监测。常用的压力监测仪器有倾斜式微压计、补偿式微压计、活塞式压力计、弹簧管式压力表等。通过压力监测，可以使楼宇设备的运行工况保持在正常安全要求范围内。

3）智能建筑设备自动监测系统

自动监测系统是采用微计算机组成的模拟数据探测分析与控制系统，具有对温度、湿度、压力、流量等模拟量进行探测、数据处理、给出必要的输出（打印或显示）以及控制等功能，并具有速度快、效率高、精度高等优点。其工作原理框图如图14–4所示。

从图14–4中可知，一个简单的自动监测系统由传感器、输入通道、微计算机和外围设备等部分组成。其中传感器的作用是检测物理量，并把物理量转换成电信号输出，输入通道一般由采样器、采样控制、变送器与模/数（A/D）转换等部分组成，它的作用是将监测系统的N个传感器的监测信号依次地通过输入通道转换成符合计算机数据处理需要的数字代码送入计算机。键盘的作用是实现人——机之间的联系，主要是把事先编好的程序和所需要的数据输入到计算机的内存储器中存放起来，以对系统进行操作；输出设备为显示器和打印机等，它们的作用是把经过计算机处理后的结果予以显示或打印输出。

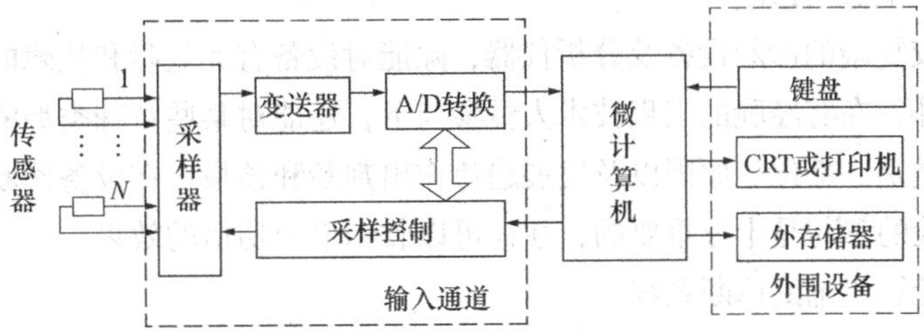

图14-4 智能建筑设备自动监测系统工作原理

3．智能建筑设备故障诊断技术

1）智能建筑设备故障诊断技术的含义

所谓智能建筑设备故障诊断技术，就是掌握设备现在的技术状态，预知预测设备的故障及其有关原因，以及对未来影响的技术。所谓预知，就是指对具体的诊断对象和收集到的技术参数，运用故障分析诊断方法作出判断。所谓预测，就是指对不确定的对象运用概率论和数理统计方法所作的故障周期和寿命周期的预测。

智能建筑设备的故障诊断与设备技术状态的检查和监测既有联系，又有区别。状态检查和监测从根本上来说，主要是为故障诊断提供定量的技术状态量（即数据）。但是，在状态检查和监测过程当中，又不可避免地要对设备的技术状态进行分析，所以往往把状态检查和监测称为简易诊断或分别称为“一次诊断”和“二次诊断”，而这里所说的诊断称为“三次诊断”。

2）智能建筑设备故障诊断技术的基本方法

智能建筑设备诊断的方法很多，并且还在不断发展，利用设备状态信号的物理特征为诊断手段，有以下几种：

（1）振动诊断：以机械振动、冲击、机械导纳以及模态参数为检测目标。

（2）声学诊断：以噪声（声压和声强）、声阻、超声、声发射为检测目标。

（3）温度诊断：以温度、温差、温度场、热像为检测目标。

（4）污染物诊断：以泄漏、残留物以及气、液、固体磨粒成分的变化为检测目标。

（5）性能趋向诊断：以机械设备各种主要性能指标为检测目标。

（6）强度诊断：以力、应变、应力、扭矩为检测目标。

（7）压力诊断：以压力、压差以及压力脉动为检测目标。

（8）电参数诊断：以电流、电压、电阻、功率等电信号及电磁特性为检测目标。

（9）表面形貌诊断：以变形、裂纹、斑点、凹坑、色泽等为检测目标。

以上这些方法对不同的设备有不同的灵敏程度，所以效果也不同。因此，有个合理选用的问题。这些方法可以单独使用，也可几种联合对比综合使用。

智能建筑设备故障诊断可以从人工参与、计算机辅助诊断和专家系统这三个不同的层次进行。

（1）人工参与诊断

使用较复杂的诊断设备及分析仪器，除能对设备有无故障和故障的严重程度作出判断外，在有经验的工程技术人员参与下，还能对某些特殊类型的典型故障的性质、类别、部位、原因以及发展趋势作出判断和预报。在设备诊断中人工的介入和经验的参与是十分重要的，往往可以收到事半功倍的效果。

（2）计算机辅助诊断系统

在智能建筑设备状态监测与诊断工作中，建立一种以计算机辅助诊断为基础的多功能自动化诊断系统是十分重要的。在该系统中，不仅配有自动诊断软件，实现状态信号采集、特征提取、状态识别的自动化，还能以显示、打印、绘图等多方式输出分析结果。当设备发生故障超过门限值后，系统能用声光方式发出报警指令，并自动进行故障性质、程度、类别、部位、原因及趋势的诊断及预报，能将大量设备（机组等）的运行资料储存起来，建立设备状态数据库，让工作人员随时通过人机对话调出查阅历史运行资料，帮助工程技术人员作出设备管理和诊断的相关决策。

（3）智能建筑设备诊断的专家系统

这是设备诊断技术的高级形式，又称知识库咨询系统。它实质上是一种具有人工智能的计算机软件系统，是设备诊断技术的发展方向之一。专家系统用于设备诊断时，不仅包括信号检测和状态识别，而且还包括了从决策形成到干预的全过程。它不但具有计算机辅助诊断系统的全部功能，还将设备管理专家的宝贵经验和思想方法同计算机巨大存贮、运算与分析能力相结合，形成人工智能的系统。它事先将有关专家的知识和经验加以总结分类，形成规则存入计算机构成知识库，根据数据库中自动采集或人工输入的原始数据，通过专家系统的推理机，模拟专家的推理和判断思维过程来建立故障档案，解决状态识别和诊断决策中的各种复杂的问题，最后对用户给出正确的咨询答案、处理对策和操作指导等。

这种诊断专家系统可以很方便地修改、增加和删除知识库里的内容，还能高度仿真各个专家辩证解决问题的思维方法，使知识库的内容不断充实完善，诊断水平和准确度不断提高。专家系统具有十分有效的诊断与干预能力，但目前这种智能诊断系统知识的获取是个瓶颈，实用进展缓慢。近几年，开发了神经网络的智能诊断系统备受关注。

3）智能建筑设备诊断技术的程序

智能建筑设备诊断技术的程序，见图14-5。

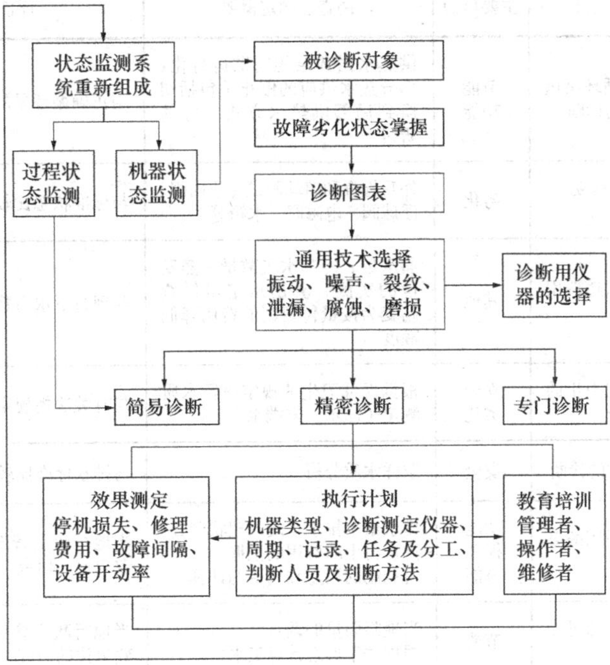

图14-5 诊断技术的典型程序

4）智能建筑设备故障诊断项目

（1）给排水系统

智能建筑给排水卫生设备的诊断项目　　表14-1

序号	诊断项目	主要目的	调查、测定概要	评价方法
1	给水使用量的诊断	节能 劣化	对楼宇全体和各系统的用水量进行全年调查，查明过剩用水量、用途不明的水量（管理数据、代表性系统量水器测定）	与设计值（给水器具单位等）比较，与同种用途的其他楼宇比较
2	给水的水量、水压的测定	节能 劣化	在末端给水栓实测 截水栓的开度调整情况的调查	根据配管腐蚀引起的阻塞情况的测定结果进行校核 与设计值比较
3	便器洗净水量、水压的诊断	节能 劣化	各便器洗净水量、水压的测定 确认有无采用节水型器具	与基准值比较 根据配管腐蚀测定结果进行校核
4	供热水热源的效率诊断	节能 劣化	热水锅炉效率的测定 负荷率的调查 锅炉节能措施采用状况的确认	与竣工时数据比较 与最新设备比较
5	供热水温度的诊断	节能 劣化	热水供水温度和末端供热水温度的测定 隔热材料传热系数的测定	与末端容许最低温度的比较 由配管系统热损失量算出
6	供热水量、供热水压力的诊断	节能 劣化	末端供热水栓的测定 按季节调查热水器具的使用率	可否改为局部供热水方式 与容许供热水量、水压的比较

续表

序号	诊断项目	主要目的	调查、测定概要	评价方法
7	供热水循环泵运行方法的诊断	节能 功能	供热水循环泵的间歇运行化、部分热水供应的停止（包括切换到局部供热水方式）等的研讨	与正确循环量的比较
8	卫生器具劣化诊断	劣化	外观检查和启动测试（止回阀、浮球阀、电磁阀、水箱等）	与标准状态比较
9	降低下水道费用的诊断	其他	涌水量、冷却水飞散量、蒸发量的实测，算出从定量付费制变为按量付费制的费用降低额度	与现行下水道费用比较
10	有关保健卫生的水质检查	安全 劣化	根据保健卫生的规定进行水质测定（原水，末端水）	与有关法规规定的标准比较
11	排水水质的诊断	安全	取样水质分析	与排水标准比较
12	排水再利用的可能性诊断	功能 提高 节能	排水量、排水水质的现状调查 排水再生的费用的把握 再利用的用途和用量的计算	当地行政主管部门的确认费用效果比的研究
13	雨水利用的可能性诊断	节能	当地降雨量的调查 根据楼宇形态计算集水量	当地行政主管部门的确认费用效果比的研究
14	卫生设备系统宏观诊断	节能 省力	根据其他诊断项目、竣工图纸、验收报告的数据，探讨可否采用已知的节能技术措施	与已知的节能技术措施比较
15	燃气设备安全性诊断	安全	根据竣工图纸、验收报告和现场确认调查	与标准状态比较
16	其他诊断	节能 劣化	根据楼宇的实际情况，通过预诊断确定有效诊断的方案	

（2）电气系统

智能建筑电气设备的诊断项目　　表 14-2

序号	诊断项目	主要目的	调查、测定概要	评价方法
1	设备内外诊断（除照明器具）	劣化 安全	外观检查，绝缘试验，程序试验（受变电，干线，动力，电灯各设备）	与各项规范比较
2	接地阻抗诊断	劣化 安全	为防止感电、抑制异常电压、保安装置确实动作而应保持恰当的接地阻抗值，用接地阻抗计测定	与电气设备技术标准比较
3	避雷器诊断	劣化 安全	调查有雷击、开关冲击等异常电压造成的电力设备保护功能（避雷器简易测定值）。绝缘测定，放电开始电压测定	与避雷器标准比较

续表

序号	诊断项目	主要目的	调查、测定概要	评价方法
4	照明器具劣化诊断	劣化 安全	防止火灾事故的稳定器的劣化，调查照明器具使用状况，外观调查，稳定器抽样调查	根据总点灯时间、设备特性等与标准值比较
5	带电导线温度诊断	劣化 安全	绝缘受热劣化的发现，防止由于温度上升引起的事故，用火线温度计测定设备和配线材料等的表面温度	与电气设备机器的容许最高温度标准比较
6	变压器的负荷率调查	节能 提高 机能	为降低变压器的损失，调查变压器的集中和容量降低的可能性。平日、休息日各变压器的负荷率调查	以平均负荷率50%为大致标准进行评价
7	省电设备利用的调查（变压器、电容器、照明器具、信号灯等）	节能	采用省电型设备的可能性调查竣工文件、验收报告、现场情况的确认	根据更新工程费、运行费的降低额度等进行综合评价
8	合适照度诊断	节能 环境	各房间取若干代表点作照度测定	与规范比较
9	昼光利用可能性的诊断	节能	有采光窗的房间中作白天清灯、减灯可能性调查；各房间昼光照度的测定	与规范比较
10	引导灯消灯可能性诊断	节能	引导灯消灯的可能性调查征求消防部门的意见	费用效果比和安全性的评价
11	有可能用时间表控制的设备的调查	节能 省力	根据运行记录和现场观察表明在不需要的时间带中运行的设备进行调查（自动售货机、户外灯等）	根据改造工程费、运行费的降低额度等进行综合评价
12	利用深夜电力可能性的调查	节能	热水器的用水量和需要热水的时间分布等的调查	同上
13	采用双联开关的可能性调查	节能	调查可否采用双联开关使用状况、管理状况的调查	对节能效果和改进管理体制等进行综合评价
14	其他	节能 劣化	根据楼宇的实际情况，通过预诊断确定有效诊断的方案	

（3）空调系统

智能建筑空调换气设备的诊断项目　　表14-3

序号	诊断项目	主要目的	调查、测定概要	评价方法
1	主要设备的性能诊断	劣化 节能 功能 提高	根据各设备的实测进行分析 测定内容以温度、流量、耗能量为主。在检测系统不完备的楼宇中要为测定作大量准备 冷冻机（成绩系数）、锅炉（效率）、冷却塔（换热效率）、水泵（全效率）、风机（全效率）、空调机（传热系数）	与竣工时数据比较 与最新设备比较 不同期间各设备负荷参差率的状态

续表

序号	诊断项目	主要目的	调查、测定概要	评价方法
2	耗能量诊断	节能	耗电量、燃料耗量的测定（其中还要调查不同用途、不同设备群的耗能量构成）	与同用途的其他楼宇比较，与基准值比较
3	二次侧负荷分布的诊断	节能 功能 提高	对代表期间二次侧负荷的量和变动作调查测定，把握热负荷的实态，研究设备系统有效利用的方法（实测水温、流量、设备负荷参差率等）	与其他楼宇热负荷量比较 设备系统负荷对应性的优劣设备容量的验证
4	模拟二次侧负荷分布的诊断	节能 功能 提高	根据实际的房间使用状态、设备工作状态等进行负荷计算 按节能的观点，对热源设备的容量进行验证，研究提高设备系统有效性的对应方法	与其他楼宇的热负荷比较设备系统负荷对应性的优劣 计算值与实测值的比较
5	冷热水、冷却水的温度、流量诊断	节能 功能 提高	根据温度、流量的测定，从节能的观点出发调查系统是否处于健全的状态（检查过大流量、负荷对应性的优劣）	与设计值比较 与基准值比较 控制系统的检验
6	空调机的送风量、送风温度诊断	节能 环境	根据空调机送风量、送风温度的实测，从节能的观点出发，调查输送动力的低劣化	与居室环境诊断得到的数据进行对照与设计风量比较
7	风量平衡诊断	节能 环境	根据各系统的风量平衡实测，明确空调域和非空调域之间热量的传递	与不同用途的正压、负压要求对照
8	新风量诊断	节能 环境	根据新风量和居室环境的测定，明确新风量的过量或不足	与设计值比较
9	环境诊断	节能 环境	主要以居室环境为对象 温度、湿度、浮游粉尘量、CO_2浓度、CO浓度、风速等的实测	与标准值比较 与新风量对照
10	燃气使用器具的排气量诊断	安全 环境	燃气使用量、排气量的测定 排气面风速的实测	与建筑规范、消防规范的基准值比较
11	电气室、机械室的换气量诊断	节能 环境	室内热环境、换气量的测定 风机运行方法的现场确认	与对机器没有恶劣影响的热环境基准所要求的换气量比较
12	停车场的换气诊断	节能 环境	CO_2、CO浓度、换气量的实测 风机运行方法的现场确认	与停车场的换气标准比较
13	风系统的阻力诊断	节能 劣化	在认为阻力损失大的部位实测阻力损失，探明阻力过大的原因 对象：风阀、盘管、过滤器、静压箱、弯头等	与基准值比较 设计风量与实测风量的比较
14	水系统的阻力诊断	节能 劣化	在认为阻力损失大的部位实测阻力损失，探明阻力过大的原因 对象：盘管、阀门、过滤器、阀门开度等	与基准值比较 设计水量与实测水量的比较
15	蒸汽配管系统的诊断	劣化 节能	蒸汽的泄漏、流出量的实态调查，流水器等抽样解体调查	与基准值比较

续表

序号	诊断项目	主要目的	调查、测定概要	评价方法
16	自动控制系统的诊断	节能 劣化 省力	模拟动作检验，现场校正传感器精度，控制阀等执行机构动作检验 运行管理数据、现场等的确认比较	与基准值比较 设计意图与实际运行管理方法的比较
17	各空调换气设备系统的宏观诊断	节能 劣化	根据其他诊断项目、竣工图纸、验收报告的数据，探讨可否采用已知的节能技术措施	与已知的节能技术措施比较
18	其他诊断	节能 劣化	根据楼宇的实际情况，通过预诊断确定有效诊断的方案	

5）故障树诊断法

在分析故障原因时，往往要从设备及其系统的功能联系出发，采用顺向分析法即归纳法，逆向分析法即演绎法进行。归纳法从设备及其系统的下位层次向上位层次进行分析，也就是从故障的原因系统出发，摸索功能联系、调查原因（下位）对结果（上位）的影响的分析方法。故障模式影响与致命分析法是归纳法的典型应用。演绎法是从故障结果状态（上位层次）出发，向故障原因（下位层次）进行分析的方法。故障树诊断法就是演绎法的典型应用。故障树诊断法又叫做故障因果图诊断法或故障逻辑查找法。它是一种将设备（系统）故障形成的原因作由总体至部分按树枝状逐级细化的分析诊断方法。这种方法的优点是不仅能够分析设备的硬件产生的影响，而且可将人为因素、环境因素等产生的影响包括在分析诊断内容之中；不但可以分析由单一零部件缺陷引起的设备故障，还可分析两个以上的零部件同时发生影响而产生的故障。如果分析诊断对象的零部件故障率和某些固定故障现象的概率等基础数据完整，则可对故障的原因进行定量分析，求出分析诊断对象的故障率。但是这种方法也有其缺点，即由于所列举的设备（系统）故障的种类不同，有可能漏掉重大的部件或零件故障。另外，由于故障树诊断法的理解性强，逻辑性较严密，当诊断人员本身的经验和知识水平不一时，所得结论的置信度可能有所不同。故障树诊断法是用各种逻辑符号和代表不同事件的符号绘制成的逻辑图，用以说明各事件间的逻辑关系和影响。因此，它便于在电脑中进行分析。以下举例说明。

像风机盘管加新风系统是目前常用的一种空调系统，被大量用在旅馆、办公楼、商场等建筑当中。但是，这种系统有其致命的缺点，就是“水患”。所谓“水患”，是指因风机盘管集水盘溢水而使得顶棚被水污染，甚至滴入室内，使室内工作环境品质大为降低。对于这样的问题，可以用图14-6所示的故障树来分析。

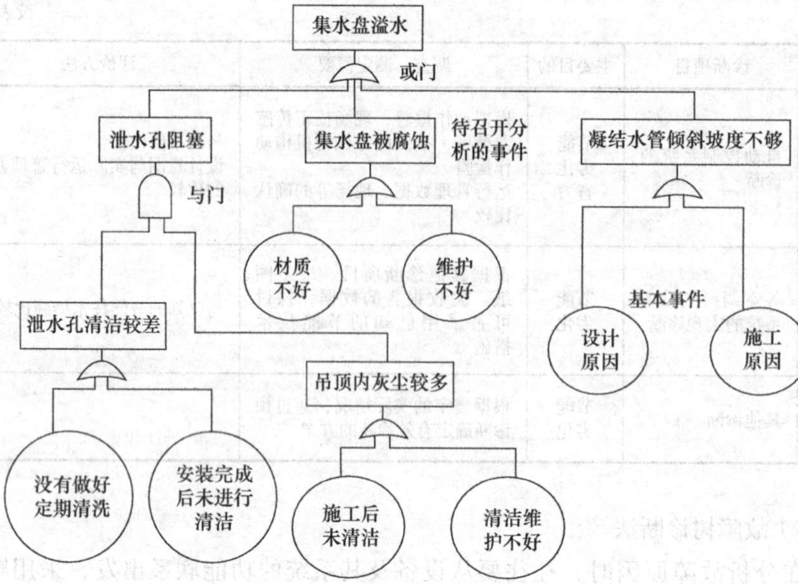

图14-6　风机盘管集水盘溢水的诊断

图14–6中采用的有关符号的意义是：

与门：下端的各事件出现时，才能导致上端事件发生。

或门：下端的各事件中只要有一件出现，即可导致上端事件发生。

基本事件：表示导致故障的基本原因，不能或不需要再展开的事件。

从以上的例子可以看到，故障树是联结基本事件和上一层事件，用以分析诊断设备（系统）产生某种故障原因的一种逻辑结构。要注意的是，组成故障的基本事件是伴随着上一层事件的改变而改变的。故障树诊断的顺序如图14–7所示。

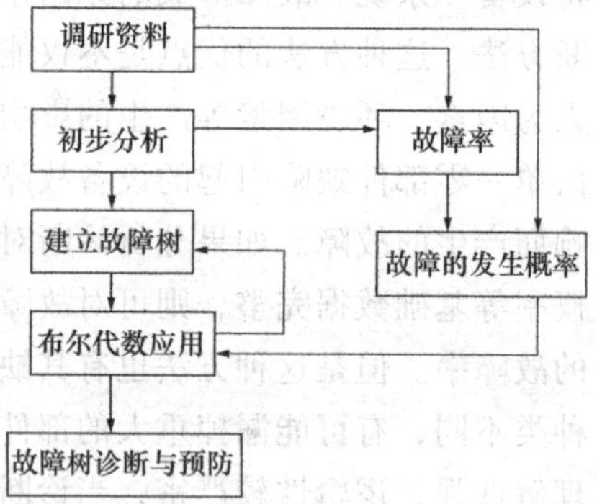

图14-7　故障树诊断的顺序

具体诊断步骤为：

（1）给系统以明确的定义，选定可能发生的故障作为上一层的事件。

（2）对系统的故障进行定义，分析其形成原因（如设计、制造、运行、人为因素等），对外部环境条件、人为因素作充分的考虑。

（3）作出故障树逻辑图。

（4）对故障树结构作定性的分析，分析各事件结构重要度，应用布尔代数对故障树作简化，寻找故障树的最小割集，以判断薄弱环节。

（5）对故障树结构作定量分析。如掌握了各零部件的故障率数据，就可以根据故障树逻辑，对系统的故障作定量分析。

4．智能建筑设备状态维修相关流程

状态监测维修的含义是利用检测技术对设备的状态或性能进行监测，如其特性参数的变化表明设备已显著恶化，就采取相应的维修措施，这个过程就是状态监测维修。现在就以一些简单的工作程序进行介绍。

1）以劣化异常监测为基础的状态维修方式

建立一个综合诊断系统，用各种仪器和手段对设备系统进行连续的或定期定量的多参数的状态检测，也可采取两者相结合的监测方式来掌握设备运行状态，建立数据库，进行定期的趋势分析、特征识别和状态分类，并结合现场点检、巡回检查和日常维修信息的档案资料，通过多种参数不同的状态量进行综合分析，作出维修决策，如图14-8所示。

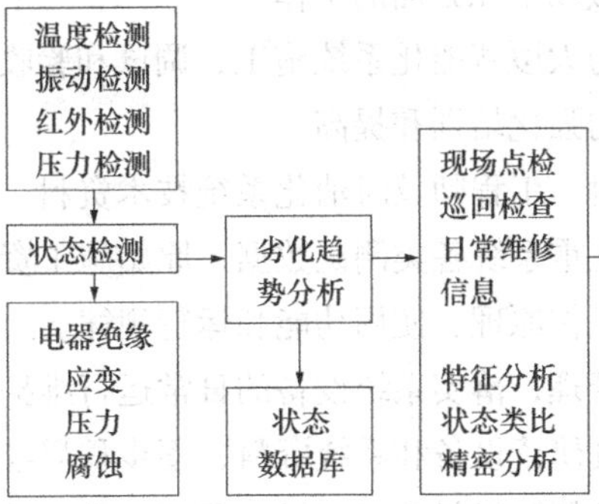

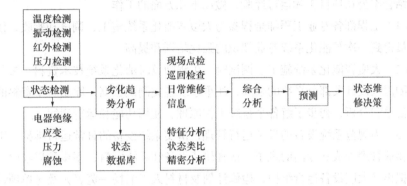

图14-8 智能建筑设备状态维修决策流程工作

2）以设备故障诊断技术为手段的状态维修方式

以设备故障诊断技术为监测手段开展状态维修的工作流程如图14-9所示。日常检查工作由维修和检查人员负责，进行检测和控制设备的劣化趋势，及时发现异常症状。当设备的状态已通过简易诊断检查出有状态异常后，可提出通过机器状态诊断中心负责对此异常状况进行精密诊断，并综合各种情况，决定修理对策。修复后，在机器试运转过程中，要用诊断手段进行最后的调试运转诊断，直至全部检查工作完成为止。

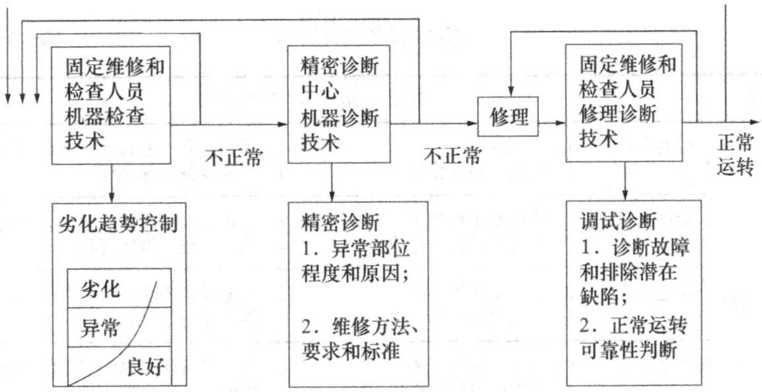

图14-9 诊断及维修方式流程

14.2.2 智能建筑设备的运行和维修管理

1．智能建筑的运行管理

智能建筑只有在日常运行使用中，才能体现出较传统建筑无法比拟的使用和管理效率。确保智能化系统各项功能持之以恒高效率的正常运行才是建造智能化大厦的真正目的。智能建筑及智能化系统的运行是一门新兴的学科。如何对智能化系统的日常运行进行科学原理，目前现成的可供利用与借鉴的经验和系统运行管理资料较少。

物业管理公司领导在工程施工阶段就应考虑到这一问题，责成工程部、物业管理处，要求在实践摸索逐步完善的基础上，制定一整套行之有效的系统运行管理方案。为此，工程部、物业管理处应组织多次不同形式的技术讨论和技术分析，结合本公司项目实际运行经验，做以下几方面的工作。

（1）工程部各专业工程师全程参与大厦智能化系统施工、调试和验收，使这些人员得到一次智能化系统专业知识的强化培训和提高。

（2）大厦智能化系统施工、调试时，工程师及时消化系统技术资料，参与施工图的深入设计及部分系统的翻译，注重系统各类测试数据、原始施工资料的收集、汇总和分析，初步了解各个系统工作原理、使用功能和运行规律。

（3）为规范系统设备的日常运行管理，落实系统设备的日常运行维护，工程部、物业管理处成立专门的班子，认真研读设备和系统资料，逐步积累经验，摸索草拟出《大厦设备运行维护、检修计划及材料人工消耗一览表》及《单项设备维护台账》，而且要不断进行修订完善。

（4）针对智能化大厦系统较为完善的特点，为实现对大厦日常运行的科学管理，还应编写一整套较为完善的运行管理制度，如《岗位责任制》《设备系统操作规程》《运行记录规程》《值班制度》《事故紧急处理程序》《大厦设备系统维修基金测算》《设备系统维护制度》等。

（5）完善的原始施工资料、系统技术资料和系统竣工资料，是系统运行管理的必要条件。

智能建筑设备基础资料　　表14-4

施工资料	建筑平面图、建筑结构图
系统技术资料	暖通专业：1. 暖通竣工图　2. 暖通设备产品说明书和使用指导书　3. 暖通设备操作规程　4. 暖通设备维保规程
	给排水专业：1. 给排水工程竣工图　2. 给排水设备产品说明书和使用指导书　3. 给排水设备操作规程　4. 给排水设备维保规程
	强电专业：1. 强电工程竣工图　2. 强电设备产品说明书和使用指导书　3. 强电设备操作规程　4. 强电设备维保规程
	弱电专业：1. 弱电工程竣工图　2. 弱电设备产品说明书和使用指导书　3. 弱电设备操作规程　4. 弱电设备维保规程
	机电专业：1. 机电工程竣工图　2. 机电设备产品说明书和使用指导书　3. 机电设备操作规程　4. 机电设备维保规程
系统竣工资料	1. 建设工程规划验收合格证　2. 建筑工程竣工验收书　3. 单位工程竣工验收书　4. 消防工程竣工验收书　5. 消防工程竣工验收移交登记目录　6. 电梯准用证　7. 电梯运行许可证　8. 房地产开发经营项目交付使用证

（6）落实员工的岗位技术培训。特别是针对智能化系统管理人员、操作人员的实习培训专门编写实习大纲。不间断的技术培训、专业考核，使得员工已经初步胜任相应的技术岗位。

总之，公司建立了这样一整套较为完善的运行管理制度，系统手册及设备运行维护检测计划，规范了大厦系统设备的日常运行管理、操作和维护，提高了系统运行管理的水平。

2. **智能建筑的维修管理**

1）智能建筑的维修管理的内容

（1）维护保养

智能建筑的维护保养包括：日常维护保养、定期维护保养、设备点检。

设备日常维护保养包括每班维护保养和周末保养，由设备操作者进行。设备定期维护保养以维修工为主操作工为辅进行。设备的点检就是对设备有针对性的检查。

（2）计划检修（故障理论的运用）

根据运行规律及计划点检的结果对设备确定间隔期，以检修间隔期为基础，编制检修计划，对设备进行预防性修理，这就是计划检修。实行计划检修，可以在设备发生故障之前就对其进行修理，使设备始终处于完好能用状态。

2）智能建筑的维修方法的选择

维修方式主要有如下四种基本方式：

（1）事后维修（breakdown maintenance，BM）它是设备在发生故障或性能下降到合格水平以下时采取的非计划性维修方式，其过程如图所示。图14-10中曲线表示设备在使用过程中性能逐渐下降，到达B_1点，设备因故障而停机修理。经过一段时间修理后，性能恢复至B_2点（一般比新的差一些）。在B_1到B_2时间内，设备不能使用。

（2）预防维修（preventive maintenance，PM）：它是一种以时间为基准的预防维修方式，称为定期维修（periodic maintenance）。这种方式强调以预防为主，在设备使用时，做好维护保养，加强检查，在设备尚未发生故障前就进行修理。图14-11表示其进行过程。图14-11中P_2点是根据历年设备磨损统计资料和平时的检查分析，预测其发生故障的日期。P_1点是计划修理期，它是在P_2点前找一个较少影响服务的日期进行修理，使故障不发生，服务就不致停顿。定期维修避免了事后维修的缺点，但由于预计故障发生的时间难以算准，往往过早就进行修理，造成过剩维修。因而它适用于已经掌握大量设备磨损规律和可统计开动时数的主要设备。

预防维修是以时间为基准的维修方式（time-based maintenance，TBM），即定期维修。它是以过去设备的故障数据的统计分析为依据，从而规定每相隔一定时间进行一次修理。

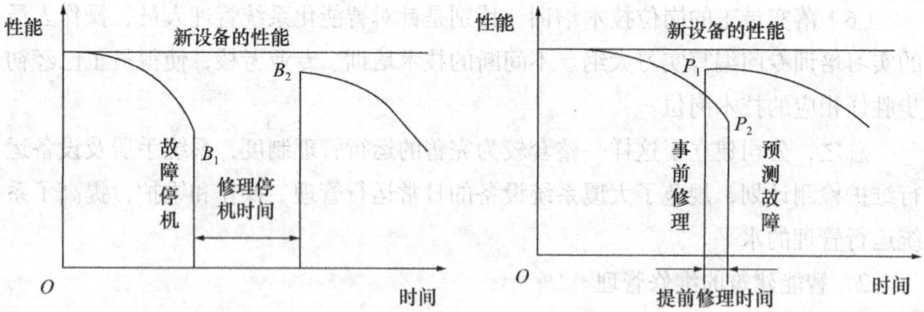

图14-10　事后维修过程图

图14-11　定期预防维修过程图

（3）状态监测维修（condition-based maintenance，CBM）

状态监测维修简称状态维修或监测维修。它是随着设备诊断技术的发展而产生的以状态为基准的维修方式。这种维修方式不规定修理间隔期，而是根据设备监测技术和诊断技术监测设备有无劣化和故障，在必要时刻进行必要的维修。由于它对设备修理时机掌握及时，所以兼有事后维修与定期维修的优点，又避免了两者的缺点，因此是一种较理想的维修方式。但进行状态监测要花一定的费用，故适用于利用率高且状态监测费用不太大的重要设备。

（4）无维修设计（design-out maintenance，DOM）

20世纪60年代初，出现了“可靠性和维修性工程”这门学科，从而产生了设备无维修的设想。这是一种理想的维修策略，目前应用于两种情况：一是家用机电设备，如电视机、电冰箱、空调机、录音录像设备等，因家庭用户最厌恶日常维护和修理，另一种是故障率要求趋近零、可靠性要求特高的设备，如航天器等。至于其他如故障停机或工件报废后损失极大的设备，也在努力向无维修设计方向发展。在实现中有困难时，则努力向易维修方向发展。除以上四种基本维修方式外，尚有一种不普遍采用的维修方式，称为时机维修（opportunity maintenance，OM），它是指在进行事后维修、定期维修或监测维修的同时，在原定项目之外顺便安排的修理任务。这种修理方式特别适用于很难更换零部件或需连续运行、停机损失又相当大的项目。

为了提高维修的技术质量和经济性，有必要选择各种设备或部件的最佳维修方式。影响选择维修方式的因素主要考虑以下三方面：

① 设备（或部件）因素：主要指设备的故障特性（如故障类型、故障模式、平均寿命等）和维修特性（如易更换性、平均修理时间等）两方面。

② 经济因素：包括故障停机损失、定期更换费用、备品配件储存费用、修理材料及人工费用、监测费用等。

③ 安全因素：指故障后对人身安全、环保卫生等方面的影响。

3）智能建筑设备维修日常操作流程

（1）报修流程

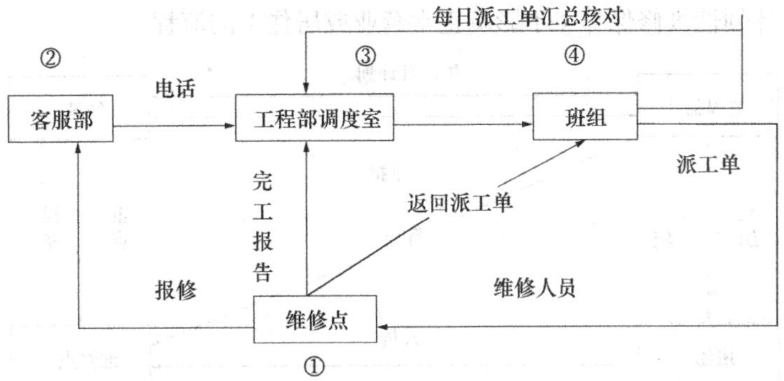

图14-12 报修流程图

（2）巡检流程

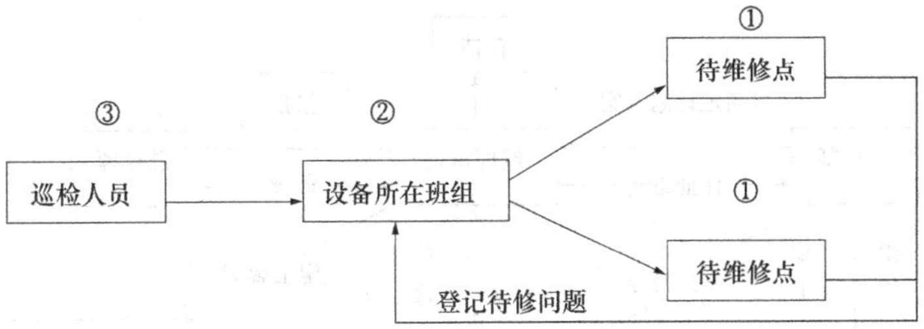

图14-13 巡检流程图

（3）设备故障处理流程

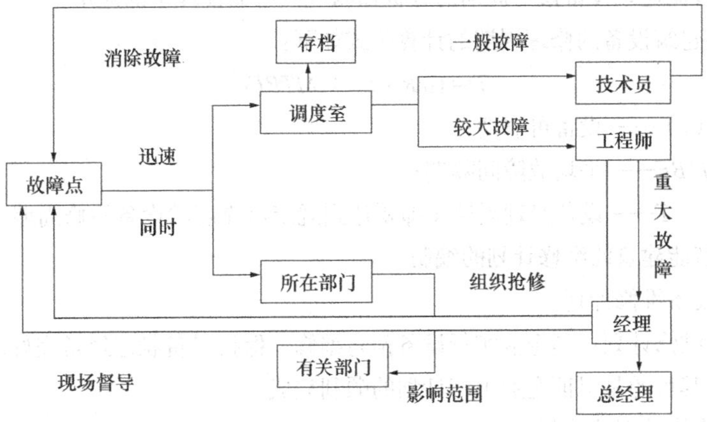

图14-14 设备故障处理流程图

（4）VIP接待保障运行流程

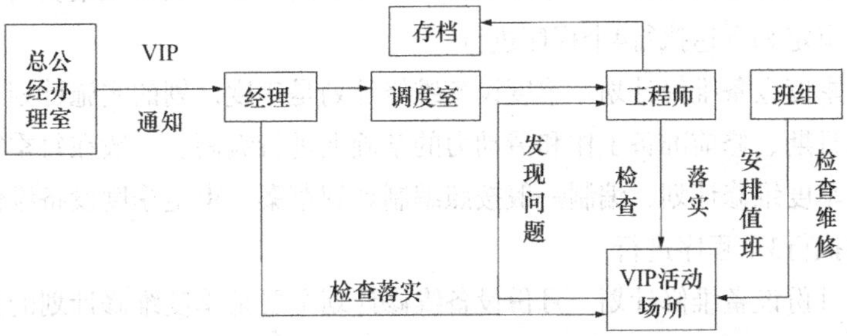

图14-15 VIP接待保障运行流程图

（5）计划性维修保养（不影响正常营业或居住）的流程

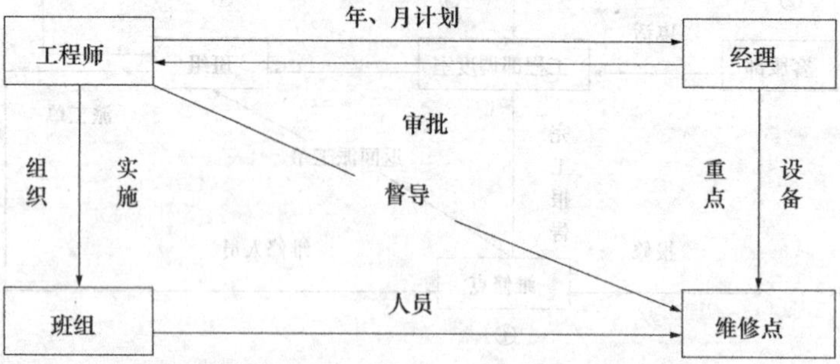

图14-16 计划性维修保养（不影响正常营业或居住）的流程图

（6）计划性维修或施工（影响正常营业或居住）的流程

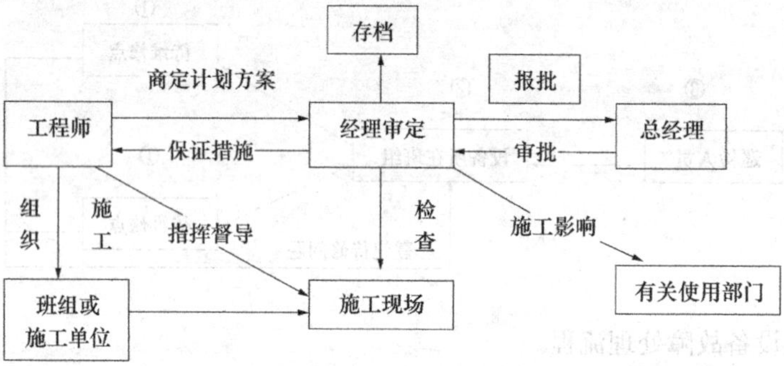

图14-17 计划性维修或施工（影响正常营业或居住）的流程图

3．智能建筑设备修理周期的分析预测——可靠性理论的应用

智能建筑设备的修理周期的计算公式如下：

$$T=\ln R(t)\times MTBF \quad (14\text{-}10)$$

式中 $R(t)$——设备可靠度；

$MTBF$——平均故障间隔期；

T——设备修理周期（即要达到规定可靠度的设备检修周期）。

4．智能建筑的维修计划的编制

1）设备维修计划

设备维修计划：是企业实行设备预防维修、保持设备状态经常完好的具体实施计划，其目的是保证企业生产计划的顺利完成。

2）维修计划的编制

设备维修计划的编制包括：

（1）年度设备修理计划。年度设备修理计划的编制一般按收集资料、编制草案、平衡审定和下达执行4个程序进行。

（2）季度设备维修计划。季度设备维修计划是年度计划的实施计划，必须在落实停修日期、修前准备工作和劳动力的基础上进行编制。一般在每季第三个月初编制下季度维修计划，编制一般按照编制计划草案、审定季度设备维修计划草案、下达执行3个程序进行。

（3）月份设备维修计划。月份设备维修计划主要是季度维修计划的分解，此外还包括使用单位临时申请的小修计划。一般，在每月中旬编制下月份设备维修计划。

（4）年度设备大修、项修计划。经过充分调查研究，从技术上和经济上综合分析了必要性、可能性和合理性后制定的，必须认真执行，但在执行中由于某些难以克服的问题，必须对原定大、项修计划作修改的，应按规定程序进行修改。

3）设备维修计划管理工作

设备维修计划管理工作主要包括：根据当前产品及新产品对设备的技术要求和设备技术劣化程度、编制设备维修计划并认真组织实施。在保证维修质量的前提下，完成维修计划，缩短停修时间和降低维修费用。

5. 智能建筑设备大修费用管理

智能建筑设备大修理费用管理就是对智能建筑设备大修理全过程的费用计划与审批、费用筹备、费用支出控制，费用核算与报告等各个经济环节的管理。

智能建筑设备大修理费用由于不在物业管理费用范畴之内，故由物业公司自行承担的设备大修理项目费用包括：参加大修理的专业技术人员和修理工人的工资及福利、备品配件费、材料费、外委加工费、调试能源费、公司管理费、利润、税费。若对外委托设备大修理，则费用为委托合同费、调试能源费、公司管理费。

智能建筑设备大修理费用一般由设备大修理基金或设备专用基金支出，当基金费用不足时由全体业主分摊。

1）设备大修理基金

大修理基金的计算公式如下：

$$\text{设备大修理基金年提取额}=\text{设备预期使用年限内大修理费用之和}/\text{设备预期使用年限} \tag{14-11}$$

$$\text{设备大修理基金月提存额}=\text{设备大修理基金年提存额}/12 \tag{14-12}$$

要计算设备大修理基金年提存额，首先应确定每台设备的预期使用年限，一般可取设备的分类折旧年限作为预期使用年限。再确定该设备在预期使用年限中需要大修的次数和每次大修理的预测费用，大修次数可由各类设备的修理周期结构或技术经济分析得出，而大修理费用则有较多不确定因素。其测算方法有定额法、技术测算法和经验类比法，这里不详细叙述。一般物业公司都将大型的、较复杂的设备委托给专业公司进行大修理，这时委托合同费（可事先调查或查询得知）加上公司的管理费和修理能源费就是该设备的大修理费。

另有一种计算大修理基金的方法是先计算大修理基金提存率，再用提存率乘以设备资产原值求出年提存额，具体计算式为：

$$\text{大修理基金年提存率}=\frac{\text{预计使用年限内大修理费用总额}}{\text{设备预计使用年限}\times\text{设备原价}}\times 100\% \tag{14-13}$$

$$\text{大修理基金月提存率}=\text{大修理基金年提存率}/12 \tag{14-14}$$

设备大修月提存率＝设备原价（大修理基金月提存率）（14–15）

上述大修理基金提存率，是按照单一固定资产项目计算的。它较能符合各项固定资产的具体特点。但是工作量较大，而且大修理基金在使用时，也不是按项提存、按项使用的。所以它的实用意义不大。企业一般都采用按固定资产类别计算分类提存率，或按全部固定资产计算的综合提存率。其计算公式是：

$$\text{年大修基金综合（分类）提存率}=\frac{\begin{array}{c}\text{历史来平均每年}\\\text{支出的大修费用}\end{array}}{\begin{array}{c}\text{历年来平均每年}\\\text{提存的折旧额}\end{array}}\times\text{固定资产年折旧率}\qquad(14\text{–}16)$$

对于整幢楼宇全部设备的大修理基金年提存额之和就是该楼宇的设备大修理基金年（月）提存额，再按建筑面积（计入容积率的建筑面积）分摊到业主用户，按月收取，立专用账户保存即可。

2）智能建筑设备大修理费用计划

智能建筑设备大修理费用计划是楼宇设备大修理计划内容中的一部分，包括对单台设备提出的年度费用计划及对全部设备提出的年度总费用计划。所以，智能建筑设备年度大修理计划及大修理费用计划是一项计划中的两个内容，是由设备管理人员一并完成的。

由于智能建筑设备大修理费用是由楼宇设备大修理基金支出，故智能建筑设备年度大修理费用计划一定要以建筑物为单位编制，不能将几栋楼宇费用混合在一起，一般可在本年度末编制来年设备大修理计划。

3）设备大修理费用运作管理

设备大修理费用运作管理主要是指对费用筹备、费用控制和费用核算过程的管理。包括费用筹备和费用控制两部分。

14.2.3 物业管理公司设备维修保养管理的流程

公司设备维修保养管理的流程见图14–18。

几点说明：

（1）日常检查监测、检查和计划维修按计划进行，做好记录，资料按同种设备统一归档，要统一管理。

（2）可靠度分析：首先可靠性是设备在规定时间内，规定的条件下，完成规定功能的性能。可靠度是定量表示和测定设备可靠性的标准。因此，可靠度是用来表示设备在规定时间内，规定的条件下，毫无故障地完成其规定功能的概率。可靠度就是对可靠性的概率度量。

（3）维修度分析：首先维修性是在规定的时间和规定的条件下，按规定方式和方法进行维修时，能保持和恢复其良好的技术状态的可能性，或表示对可维修设备所进行的维修难易程度。维修度是描述维修性的尺度，是可修设备、零部件等，在规定的条件下，利用特定的资源进行维修时，在规定时间内能被修复到规定性能状态的概率。

（4）维修计划的编制：运用经济学、运筹学的原理，制定设备维修资源最优化配置的经济性计划。

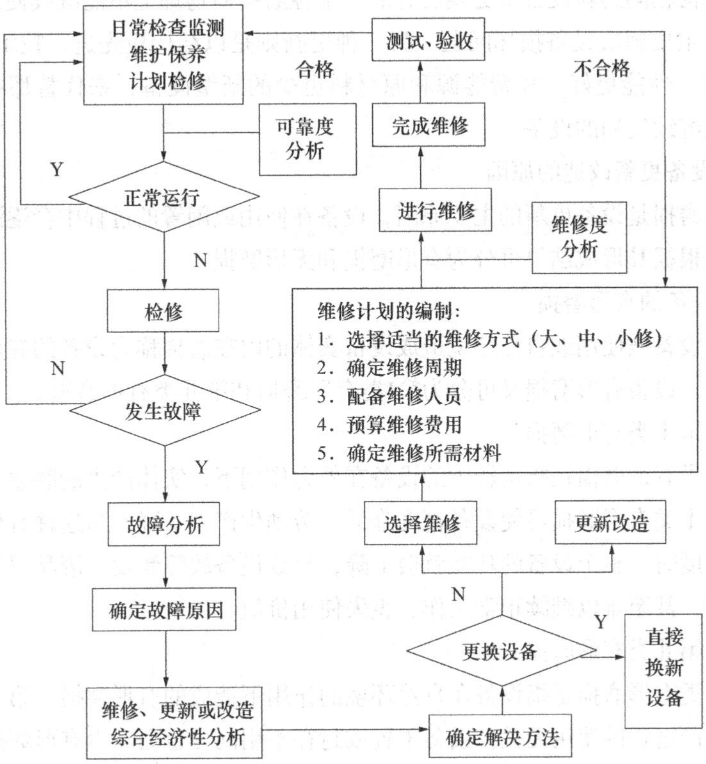

图14-18 设备维修保养管理流程图

14.3 智能建筑设备的后期管理——更新、改造与报废

14.3.1 智能建筑设备更新改造的概念

1．智能建筑设备更新改造的含义

随着设备在生产中使用年限的延长，设备的有形磨损和无形磨损日益加剧，故障率增加，可靠性相对降低，导致使用费上升。其主要表现为，设备大修理间隔期逐渐缩短，使用费用不断增加，设备性能和生产率降低。当设备使用到一定时间以后，继续进行大修理已无法补偿其有形磨损和无形磨损；虽然经过修理仍能维持运行，但很不经济。解决这个问题的途径是进行设备的更新和改造。

从广义上讲，补偿因综合磨损而消耗掉的机械设备，就叫设备更新。它包括总体更新和局部更新，即设备大修理、设备更新和设备现代化改造。从狭义上讲，是以结构更加先进、技术更加完善、生产效率更高的新设备去代替物理上不能继续使用，或经济上不宜继续使用的设备，同时旧设备又必须退出原生产领域。

根据目的不同，设备更新分为两种类型：一种是原型更新，即简单更新。也就是用结构相同的新设备来更换已有的严重性磨损而物理上不能继续使用的旧机器设备，主要解决设备损坏问题。另一种更新则是以结构更先进、技术更完善、效率更高、性能更好、耗费能源和原材料更少的新型设备，来代替那些技术陈旧，不宜继续使用的设备。

2．设备更新改造的原因

设备磨损是设备更新的主要原因，设备在使用或闲置的过程中会逐渐发生磨损，磨损根据其形成结果可分为有形磨损和无形磨损。

1）设备的有形磨损

由于设备被使用或自然环境造成设备实体的内在磨损称为设备的有形磨损或物质磨损。设备有形磨损又可分为第Ⅰ类有形磨损和第Ⅱ类有形磨损。

（1）第Ⅰ类有形磨损

第Ⅰ类有形磨损是指运转中的设备在外力作用下，实体产生的磨损、变形和损坏。第Ⅰ类有形磨损可使设备精度降低，劳动生产率下降。当这种有形磨损达到一定程度时，整个设备的功能就会下降，导致设备故障频发、废品率升高、使用费剧增，甚至难以继续正常工作，丧失使用价值。

（2）第Ⅱ类有形磨损

第Ⅱ类有形磨损是指设备在自然环境的作用下造成的有形磨损。第Ⅱ类有形磨损与生产过程的使用无关，设备闲置或封存不用同样也会产生有形磨损，如金属件生锈、腐蚀，橡胶件老化等。可见设备闲置时间长了，会自然丧失精度和工作能力，失去使用价值。

2）设备的无形磨损

设备无形磨损是由于社会经济环境变化造成的设备价值的贬值。无形磨损不是由于生产过程中的使用或自然力的作用造成的，所以它不表现为设备实体的变化和损坏。设备无形磨损也可分为第Ⅰ类无形磨损和第Ⅱ类无形磨损。

（1）第Ⅰ类无形磨损

第Ⅰ类无形磨损是由于设备制造工艺不断改进，成本不断降低，劳动生产率不断提高，生产同种设备所需的社会必要劳动减少，因而设备的市场价格降低了，这样就使原来购买的设备相应地贬值了。这种无形磨损的后果只是现有设备原始价值部分贬值，设备本身的技术特性和功能即使用价值并未发生变化，故不会影响现有设备的使用。

（2）第Ⅱ类无形磨损

第Ⅱ类无形磨损是由于技术进步，社会上出现了结构更先进、技术更完善、生产效率更高、耗费原材料和能源更少的新型设备，而使原有机器设备在技术上显得陈旧落后。它的后果不仅是使原有设备价值降低，还会使原有设备局部或全部丧失其使用功能。这是因为，虽然原有设备的使用期还未达到其物理寿命，能够正常工作，但由于技术上更先进的新设备的发明和应用，使原有设备的生产效率大大低于社会平均生产效率，如果继续使用，有可能使产品成本明显高于社会平均成本，所以原有设备价值应视为已降低，甚至应被淘汰。

第Ⅱ类无形磨损导致原有设备使用功能降低的程度与技术进步的具体形式有关。当技术进步表现为不断出现性能更完善、效率更高的新设备，但加工方法没有原则性变化时，将使原有设备的使用功能大幅度降低；当技术进步表现为采用新的加工对象如新材料时，则原有设备的使用功能完全丧失，加工旧材料的设备必然要被淘汰；当技术进步表现为改变原有生产工艺，采用新的加工方法时，则为旧工艺服务的原有设备也将失去使用功能；当技术进步表现为产品的更新换代时，不能适用于新产品生产的原有设备也要丧失使用功能，即被淘汰。

3. **智能建筑设备更新改造工作流程**

智能建筑设备更新改造通常按照如下程序进行：提出项目理由→调查研究→项目审查→编制计划→工程施工→竣工验收→总结、反馈。详见图14-19：

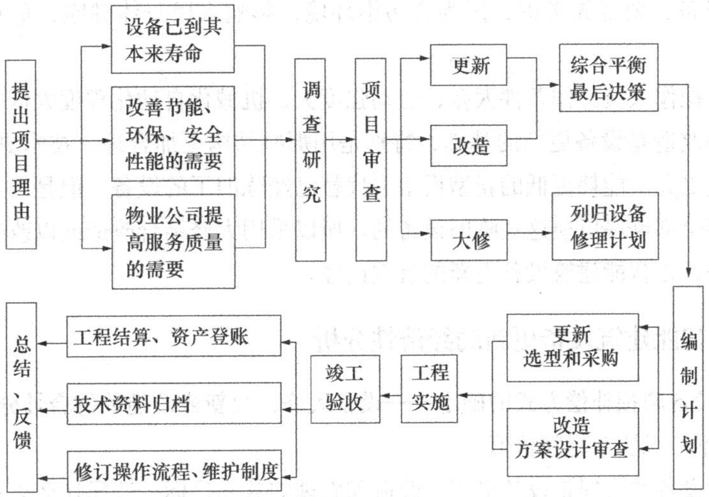

图14-19 设备改造和更新工作流程图

14.3.2 智能建筑设备更新改造的重点

设备更新改造应围绕满足企业的产品更新换代、提高产品质量、降低产品能耗、物耗、达到设备综合效能最高为目标，所以设备更新改造的重点应该是下述几方面内容。

1. 对满足产品更新换代和提高产品质量要求的关键设备更新改造这类设备时，应尽量提高设备结构的技术水平，扩大生产能力。

2. 对严重浪费能源的设备，这些设备应作为更新改造的重点，其中有些是报废型号的产品，有些虽尚未达到报废程度，但超过有关规定的指标。对于能耗大的动力设备，按规定能源利用率低于以下界限，就必须进行更新和改造。

（1）凡蒸发量≥1t/h，4t/h、10t/h的锅炉，其热效率分别低于55%、60%、70%的。

（2）通风机、鼓风机效率低于70%。

（3）离心泵、轴流泵效率低于60%。

（4）电热设备效率低于40%。

还有一些虽然设计效率不低，但由于受使用条件限制，长期大马拉小车或空载运行，出力得不到充分利用的设备，也应根据生产特点结合企业情况进行工艺调整或改造。

3．对于经过经济分析、评价，经济效益太差的设备。

（1）设备损耗严重，大修后性能不能满足规定工艺要求的设备。

（2）设备损耗虽在允许范围之内，但技术上已陈旧落后，技术经济效果很差的设备。

（3）设备服役时间过长，大修虽能恢复技术性能，但经济上不如更新的设备。

（4）严重污染环境和不能保证生产安全的设备。对那些跑、冒、滴、漏严重的老旧设备，要优先考虑，因为它污染环境，影响人民身体健康，危及工农业生产。

（5）操作人员工作条件太差，劳动强度大，机械化自动化程度太低的设备。

设备改造是设备更新的基础，特别是用那些结构更加合理、技术更加先进、生产效益更高、能耗更低的新型设备去代替已经陈旧了的设备。但是，实际情况是不可能全部彻底更换这些陈旧设备的。所以采用大修结合改造或以改造为主的更新设备，是智能建筑设备更新的有效途径。

14.3.3 智能建筑设备更新的经济性分析

1．设备磨损补偿方式的确定——设备大修、更新或改造的综合性分析

1）不考虑资金时间价值

补偿设备的磨损是设备更新、改造和修理的共同目标。选择什么方式进行补偿，决定于其经济分析，并应以划分设备更新、技术改造和大修理的经济界限为主。可以采用寿命周期内的总使用成本TC互相比较的方法来进行。

$$TC_O=L_{\infty}-L_{OT}+\sum_{j-1}^{T}M_{oj} \tag{14-17}$$

继续使用旧设备

$$TC_r=\frac{1}{\beta_T}\left(K_r-L_{\infty}-L_{rT}+\sum_{j-1}^{T}M_{rj}\right) \tag{14-18}$$

大修理

$$TC_m=\frac{1}{\beta_m}\left(K_m+L_{\infty}-L_{mT}+\sum_{j-1}^{T}M_{mj}\right) \tag{14-19}$$

技术改造

$$TC_n=\frac{1}{\beta_n}\left(K_n-L_{nT}+\sum_{j-1}^{T}M_{nj}\right) \tag{14-20}$$

更新

式中 L_∞——被更新设备在更新时的残值；

L_{OT}——在用设备第T年末的残值；

K_r、K_m、K_n——分别为设备的大修理、技术改造和更换（更换时为购置费）的投资；

L_o、L_r、L_m、L_n——分别为设备继续使用、大修理、技术改造和更换后第T年的维持费；

M_o、M_r、M_m、M_n——分别为设备继续使用、大修理、技术改造和更换后第j年的维持费；

β——生产效率系数。

在实际应用中，各年维持费的确定比较困难，原因是企业对维持费的统计资料不健全，以致不能在设备出厂时给出维持费的历年数据。因此，可假设各年维持费为等额增长。

为达到同一目的的更新的方案很多，选择的方法也不一样。这里建议采用追加投资回收期的方法来选择设备更新方案。以两个可行方案比较为例，设方案1和方案2的投资分别为K_1和K_2，且$K_1<K_2$，若第j年的维持费$M_{1j}\leqslant M_{2j}$，则方案1优。若$M_{1j}>M_{2j}$，则需计算年维持费的节约在规定年限内能否收回追加的投资，如果能够如期或提前收回，则方案2优，反之结论也相反。

2）考虑资金时间价值

在进行上述设备更新的经济分析中，不考虑资金的时间价值，显然是不够准确的，会给决策带来一定的误差。因此在确定投资方向与时间时，应充分考虑资金的时间价值。

考虑到资金的时间价值后，式（14–17）、式（14–18）、式（14–19）、式（14–20）应改写为：

$$TC_O=L_\infty-L_{OT}\left(\frac{P}{F,i,T}\right)+\sum_{j-1}^{T}M_{oj}\left(\frac{P}{F,i,j}\right) \tag{14-21}$$

$$TC_r=\frac{1}{\beta_r}\left[K_r+L_\infty-L_{rT}\left(\frac{P}{F,i,T}\right)+\sum_{j-1}^{T}M_{rj}\left(\frac{P}{F,i,j}\right)\right] \tag{14-22}$$

$$TC_m=\frac{1}{\beta_m}\left[K_m+L_\infty-L_{mT}\left(\frac{P}{F,i,T}\right)+\sum_{j-1}^{T}M_{mj}\left(\frac{P}{F,i,j}\right)\right] \tag{14-23}$$

$$TC_n=\frac{1}{\beta_n}\left[K_n-L_{nT}\left(\frac{P}{F,i,T}\right)+\sum_{j-1}^{T}M_{nj}\left(\frac{P}{F,i,j}\right)\right] \tag{14-24}$$

$$\left(\frac{P}{F,i,j}\right)=\frac{1}{(1+i)^j},\quad \left(\frac{P}{F,i,T}\right)=\frac{1}{(1+i)^T} \tag{14-25}$$

2．设备最佳更新周期的确定

设备寿命有物质寿命、技术寿命和经济寿命之分。

物质寿命是指从设备开始投入使用到报废所经过的时间。做好维修工作，可以延长物质寿命，但随着设备使用时间的延长，所支出的维修费用也日益增高。

经济寿命是指我们认识到依靠高额维修费用来维持设备的物质寿命是不经济的，因此必须根据设备的使用成本来决定设备是否应当淘汰。这种根据使用成本决定的设备寿命就称为经济寿命。过了经济寿命而勉强维持使用，在经济上是不合算的。

技术寿命是指由于科学技术的发展，经常出现技术经济更为先进的设备，使现有设备在物质寿命尚未结束以前就淘汰，这称之为技术寿命。这种在军事装备上尤其明显。

设备的经济寿命或最佳更新周期可以用下述几种方法求得。

1）最大总收益法

在一个系统中，比较系统的总输出和总输入，就可以评价系统的效率。对智能建筑设备的评价也是一样，人们通常以设备效率作为评价设备经济性的主要标准。即

$$\eta=Y_2/Y_1 \quad (14\text{-}26)$$

式中 Y_1——对设备的总输入；

Y_2——设备一生中的总输出。

对设备总输入就是设备的寿命周期费用。设备一生中的总输出，即设备一生中创造出来的总财富。

设备寿命周期费用主要包括设备的原始购入价格P_0和使用当中每年可变费用V。则设备寿命周期费用（即总输入Y_1）的方程式为：

$$Y_1=P_0+V_t \quad (14\text{-}27)$$

式中 t为设备的使用年限。

所谓设备一生的总输出Y_2是设备在一定的利用率A下，创造出来的总财富，可用下列简单公式表示：

$$Y_2=(AE^*)\,t \quad (14\text{-}28)$$

式中 E^*——年最大输出量（即$A=1$时的输出量）；

t——使用年限。

设备在不同使用期的可变费用并不是常量，而是随使用年限（役龄）的增长而逐渐增长的。

即
$$V=(1+ft)\,V_0 \quad (14\text{-}29)$$

式中 V_0——起始可变费用；

f——可变费用增长系数。

将上式代入式（14-27）得寿命周期费用方程

$$Y_1=fV_0t^2+V_0t+P_0 \quad (14\text{-}30)$$

这样，设备总收益Y的方程为

$$Y=Y_2-Y_1=AE^*t-(fV_0t^2+V_0t+P_0) \qquad (14\text{-}31)$$

如果要求Y_{max}值，可对t微分，并令其等于零，即可求出最大收益寿命。

【例1】 设某设备的实际数值和参数如下：$P_0=20000$元，$V_0=4000$元，$f=0.025$，$A=0.8$，$E^*=10000$元／年，暂不考虑资金时间因素。试求该设备的平衡点（即收支相抵），何时可得最大总收益?

【解】 将上列的参数代入式（14-31），得$Y=-100t^2+4000t-20000$

令$Y=0$，求t值（即平衡点），得$-t^2+40t-200=0$

即$t_1=5.85$年，$t_2=34.14$年

即第一平衡点是5.86年；第二平衡点是34.14年。

下面进一步分析利润函数，求最大总收益（利润）值。为此，总收益方程对t微分，并令其为零，得

$Y'=-200t+4000=0$ $\qquad (Y''=-200)$ $\qquad t=4000/200=20$年

即设备使用20年时收益最大，这时的最大总收益值为

$$Y_{max}=-100\times20^2+4000\times20-20000=20000\text{元}$$

由图14-20可以看出，当设备使用到第6年时设备开始收益；使用到第20年时，设备的经济收益为最大（20000元）；如果设备使用期超过20年，总收益反而降低，到第34年，总收益等于零。因此，当本设备使用期达20年左右时，更换设备较为恰当。

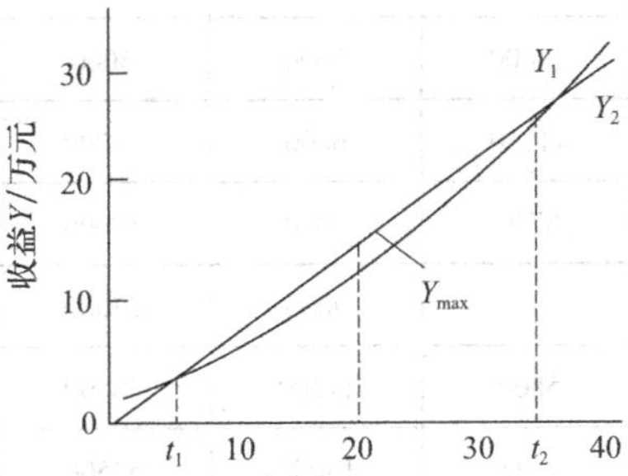

图14-20 设备总收益图

2）费用平均法

所谓费用平均法，就是在不考虑资金时间价值的基础上计算设备年平均总成本$\overline{C}_N$可通过计算不同使用年限的年等额总成本来确定设备的经济寿命。使$\overline{C}_N$为最小的N_0就是设备的经济寿命。

设备年等额成本计算公式为：

$$\overline{C}_N=\frac{P-L_N}{N}+\frac{1}{N}\sum_{t=1}^{N}C_t \qquad (14\text{-}32)$$

式中 $\overline{C}_N$——N年内设备的年平均使用成本；

P——设备目前实际价值；

C_t——第t年的设备运行成本；

L_N——第N年末的设备净残值。

在式（14-32）中，$\frac{P-L_N}{N}$为设备的平均年度资产消耗成本，$\frac{1}{N}\sum_{t=1}^{N}C_t$为设备的平均年度运行成本。

【例2】某设备目前实际价值为30000元，各年运行费用及年末残值见表14-5，试在不考虑资金时间价值的情况下求该设备的经济寿命。

设备年经营成本与年末残值数据（单位：元）　表14-5

继续使用年限t	1	2	3	4	5	6	7
年运行成本	5000	6000	7000	9000	11500	14000	17000
年末残值	15000	7500	3750	1875	1000	1000	1000

【解】为了计算方便，可采用列表的形式求解，计算过程及结果见表14-6。

设备经济寿命的计算过程（静态）（单位：元）　表14-6

使用年限N	资产消耗成本（$P-L_N$）	平均年消耗成本（3）=（2）/（1）	年度运行成本C_t	运行成本累计$\sum C_t$	平均年度运行成本（6）=（5）/（1）	年平均使用成本$\overline{C}_N$（7）=（3）+（6）
（1）	（2）	（3）	（4）	（5）	（6）	（7）
1	15000	15000	5000	5000	5000	20000
2	22500	11250	6000	11000	5500	16750
3	26250	8750	7000	18000	6000	14750
4	28125	7031	9000	27000	6750	13781
5	29000	5800	11500	38500	7700	13500
6	29000	4833	14000	52500	8750	13583
7	29000	4143	17000	69500	9920	14072

由计算结果可以看出，当设备使用到第5年末时，年平均使用成本13500元为最低。因此，此设备的经济寿命为5年。

3）劣化数值法

设备一方面，随着使用年数的增长，每年分摊的投资成本将逐渐减少；另一方面，设备的维修费用、燃料、动力消耗等使用费用又逐渐增加，这一过程叫做设备的低劣化。这种逐年递增的费用ΔC_t称为设备的低劣化。用低劣化数值表示设备损耗的方法称为低劣化数值法。如果每年设备的劣化增量是均等的，即$\Delta C_t=\lambda$，每年劣化呈线性增长。假设评价基准年（即评价第1年）设备的运行成本为C_1，则平均每年的设备使用成本$\overline{C}_N$可用下式表示：

$$\begin{aligned}\overline{C}_N&=\frac{P-L_N}{N}+\frac{1}{N}\sum_{t=1}^{N}C_t\\&=\frac{P-L_N}{N}+C_1+\frac{1}{N}[\lambda+2\lambda+3\lambda+\cdots+(N-1)\lambda]\\&=\frac{P-L_N}{N}+C_1+\frac{1}{2N}[N(N-1)\lambda]\\&=\frac{P-L_N}{N}+C_1+\frac{1}{2}[(N-1)\lambda]\end{aligned}\qquad(14\text{–}33)$$

要使$\overline{C}_N$为最小，对式（14–33）的N阶进行一阶求导，并令其导数为零，可得：

$$\frac{\mathrm{d}C}{\mathrm{d}N}=-\frac{P-L_N}{N^2}+\frac{1}{2}\lambda=0\qquad(14\text{–}34)$$

则经济寿命

$$N_0=\sqrt{\frac{2(P-L_N)}{\lambda}}\qquad(14\text{–}35)$$

【例3】 某设备的原始价值为8000元，设每年维护运行费用的平均超额支出（即劣化增加值）为320元，试求设备的最佳更换期。

设有一台设备，其目前实际价值$P=8000$元，预计残值$L_N=800$元，第1年的使用费$C_1=800$元，每年设备的劣化增量是均等的，年劣化值$\lambda=320$元，求该设备的经济寿命。

【解】 由式（14–35），可得$N_0=\sqrt{\frac{2\times(8000-800)}{300}}=7$（年）即该设备的经济寿命为7年。

4）最小年均费用法

上述以最大总收益来评价设备经济寿命的方法，对一些叫“非盈利”的设备，如小汽车、某些电气设备、家用设备、行政设备和军用设备等，很难求得收益函数。另外，该方法在计算上也较复杂。

年平均费用由年平均运行维护费用和年平均折旧费两部分组成。可由下式表示

$$C_i=\frac{\sum V+\sum B}{T}\qquad(14\text{–}36)$$

式中 C_i——i年的平均费用（平均使用成本）

$\sum V$——设备累积运行维护费；

$\sum B$——设备累积折旧费；

T——使用年份。

计算设备每年的平均使用成本值，观察各种费用的变化，平均使用成本取得最低值$C_{\min}$的年份即为最佳更换期，也为设备的经济寿命。

【例4】 某台设备，已知原值3000元，每年的残值及每年的运行维持费见表。则求该设备的最佳更换期。

需分四步：

1．根据表中的数据，首先计算出累计维修费；
2．计算设备使用到某年时折旧额（折旧额=原值－残值）；
3．计算总使用费（累计维修费+折旧费）；
4．最后计算平均每年使用费（总使用费/使用年份）。

某设备年净值和年运行费用　　表14-7

使用年份	1	2	3	4	5	6	7
残值（元）	2000	1333	1000	750	500	300	300
维修费（元）	600	700	800	900	1000	1200	1500

【解】 根据表14-7的数据按式（14-36）计算结果如表14-8。

计算表　　表14-8

使用年份T	1	2	3	4	5	6	7
累积维持费ΣV（元）	600	1300	2100	3000	4000	5200	6700
折旧费ΣB（元）	1000	1667	2000	2250	2500	2700	2700
总使用费$C=\Sigma V+\Sigma B$（元）	1600	2967	4100	5250	6500	7900	9400
平均每年使用费$C=(\Sigma V+\Sigma B)/T$（元）	1600	1483	1367	1312	1300	1317	1343

从表中可以看出，平均每年使用费最低的是1300元，故最佳更换期是第5年。再使用下去就不合算了。这里，我们首先假设设备每年所创造的价值相同，实际上设备使用期太长了，其效率必然会降低。

此外，图14-21曲线反映了年平均运行费用和年平均折旧费的变化，平均使用成本最低者为最佳更换期。

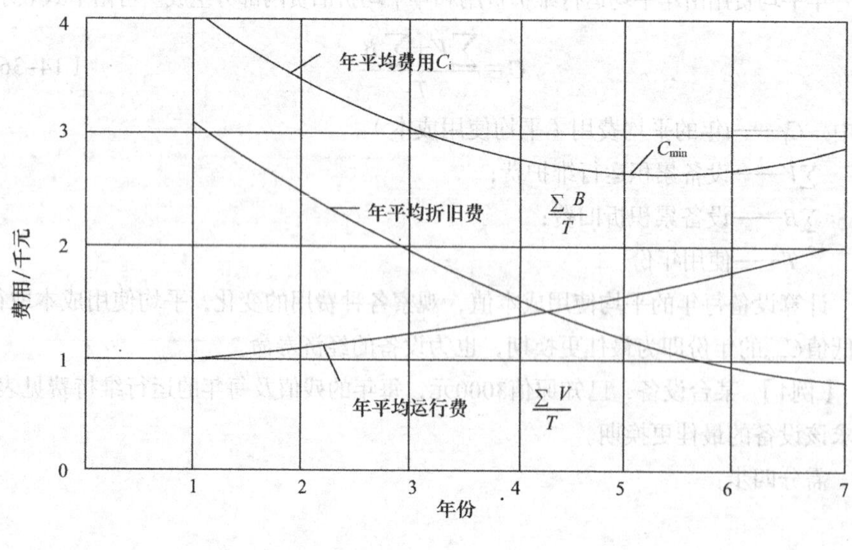

图14-21　平均使用成本曲线

5）折现法

以上几种方法都没有考虑各年费用的利息因素，折现法是将利息因素考虑在内的一种方法。其计算步骤如下：

① 各年的维修费用列于表中的第二列。

② 将各年的支出统一折算为现值，以便进行比较。各年的现值系数，列于表中的第三列。年维修费，乘以现值系数，得年维修费用的现值，列于表的第四列。

③ 将各年的维修费现值与目前所需支付的设备费用（残值＋折旧＝2000＋1000＝3000）相加，得到累积至各年的支出费用的现值总和，列于表的第五列。

④ 为使支出的现值，可以与每年由于更换而获得的利益相比较，需将支出的现值换算成为每年均等支出额。可用投资回收系数 $\frac{i(1+i)^n}{(1+i)^n-1}$，乘以支出的现值进行换算。投资回收系数的值，列于表中第六列。每年均等支出额，列于表中第七项。考虑利息因素，计算出的最佳更换期为6年，与不考虑利息因素的计算结果5年略有出入，但这种方法更为切合实际。

14.3.4 智能建筑设备的报废

1．设备报废条件

设备使用到一定的年限，由于其主要技术性能严重恶化，不能满足使用功能要求，或者效率低下继续使用不经济，且无修复价值，就应做报废处理。

通常，设备具有下列情况之一者，可做报废处理：

① 超过规定的使用年限，性能落后，能耗高，效率低，经济效益差；

② 主要结构和零部件严重磨损，无法修复，继续大修理后技术性能仍不能满足工艺要求和产品质量，无修复改造价值；

③ 重大事故或意外灾害受到严重损害，且无法修复；

④ 重影响环保、安全，容易引发人身安全和环境污染，修复改造不经济；

⑤ 按国家能源政策规定应淘汰的高耗能设备。

2．设备报废审批程序

设备报废审批程序如下：

（1）物业管理公司向业主委员会及政府管理部门提出设备报废申请报告，设备报废申请报告中应有设备性能鉴定、设备规定使用年限、设备修理类别次数状况、设备能耗状况、更新替代设备的技术经济评价等基本内容，并附有设备报废申请表，其式样举例如表14–9所示。

（2）政府行政主管部门组织业主委员会及职能部门对设备进行鉴定，对申请报告提出审查批复意见。

（3）将申请报告及鉴定批复意见提交业主大会讨论决策。

（4）向政府行政主管部门提出拨付设备维修专用基金用于设备更新款项的要

求，不足部门资金应交业主大会讨论确定由全体业主分摊。

（5）设备报废处理全套文件整理一式三份，一份交政府行政主管部门存档，一份由物业管理公司留存，一份交业主委员会存档。

设备资产报废申请表　　表 14-9

申请单位：　　申请日期：　年　月　日　　编号：

<table>
<tr><td>设备名称</td><td></td><td>制造（国）厂</td><td></td><td>安装年月</td><td></td><td>设备原值</td><td></td></tr>
<tr><td>资产编号</td><td></td><td>外形尺寸</td><td></td><td>已使用年限</td><td></td><td>设备残值</td><td></td></tr>
<tr><td>型号规格</td><td></td><td>总重量/t</td><td></td><td>安装地点</td><td></td><td>折旧年限</td><td></td></tr>
<tr><td colspan="8">报废原因：</td></tr>
<tr><td colspan="8">利用处理意见：</td></tr>
<tr><td colspan="4" rowspan="4">技术鉴定结果：

鉴定单位签字（章）：</td><td rowspan="4">相关单位意见</td><td>物业管理处</td><td colspan="2">签字（章）</td></tr>
<tr><td>技术鉴定部门</td><td colspan="2">签字（章）</td></tr>
<tr><td>业主委员会</td><td colspan="2">签字（章）</td></tr>
<tr><td>政府行政管理部门</td><td colspan="2">签字（章）</td></tr>
</table>

编制：

3．**报废设备处理**

通常报废设备应从现场拆除，使其不良影响降低到最低程度。同时做好报废设备的处理工作，做到物尽其有。一般情况下，报废设备只能拆除后利用其部分零件，其余作废品材料处理，处理费归入设备更新费用。

如果该设备尚有一定的使用价值，可考虑做价转让处理，其处理费用作为更新设备费用的补充，不能挪作他用。

按政策规定淘汰的设备不得转让处理，以免落后、陈旧、淘汰的设备再次投入社会使用。

设备报废后，设备部门应将批准报废单送交财务部门注销账卡。

本章小结

确保智能化系统各项功能持之以恒高效率的正常运行才是建造智能化大厦的真正目的。智能建筑及智能化系统的运行是一门新兴的学科。如何科学的对系统进行运行管理，直接关系到设备的功能的正常使用和效益的发挥。本章节主要介绍了智能建筑前期设备管理、运行中的管理以及更新与改造管理。首先对智能建筑设备的前期管理按照工作时间先后可分为规划、实施和总结评价三个阶段进行分析，同时对智能建筑设备的规划管理进行展开。接着对智能建筑设备的技术状态检查、监测、诊断进行了介绍，懂得智能建筑设备及其子系统的运行和维修的管理工作，非常重要。最后提出智能建筑设备更新改造的重点、有效途径，并对智能建筑设备的更新改造进行了经济性分析。

思考题

1. 通过对本章节的学习，你对智能建筑设备的前期管理是怎样理解的?
2. 智能建筑设备设计时应注意的问题有哪些?
3. 智能建筑设备安装验收全过程有哪些意义?
4. 什么是智能建筑设备技术状态检查? 它的类别有哪些?
5. 试述智能建筑设备技术状态检查的技术方法。
6. 如何诊断智能建筑设备的故障?
7. 智能建筑的维修管理的内容有哪些?
8. 如何对智能建筑进行维修? 影响维修方式的因素有哪些?
9. 常用的智能建筑设备维修的经济分析有哪些?
10. 什么是智能建筑设备的更新与改造?
11. 简述智能建筑设备更新的工作流程。
12. 设备寿命有哪几种类型?
13. 设备报废的条件是什么?
14. 简述智能物业设备更新改造的重点。

15 智能建筑中的消防预警系统（案例扩展）

学习目的

1. 了解现代智能建筑中消防预警系统的使用现状、系统构成；

2. 理解消防预警系统功能、运行原理、现代技术搭载以及消防预警系统的应用实例。

本章要点

本章节主要讲述了智能建筑中消防预警系统的调查现状，智能建筑消防预警系统的七大子系统的功能，四个运行阶段，消防预警系统所搭载的现代技术、各典型地区的使用案例。

15.1 北京数雨如歌智能科技有限公司介绍

北京数雨如歌智能科技有限公司致力于消防信息化研发，以智慧消防、智慧安防为核心，是集消防、安防物联网产品研发、生产、实施、服务及运营为一体的高新技术企业。

公司拥有完善的技术研发团队及运营、实施队伍，并与中国建筑科学研究院建筑防火研究所、北方工业大学、中国林业大学等高校和科研单位建立了“产、学、研、用”的合作关系，形成了一支由众多消防专家、安全专家、计算机及互联网领域专家组成的大型团队。

15.2 国内智能建筑消防预警系统应用现状

15.2.1 智能建筑消防预警系统的目的及意义

随着我国经济和技术的飞速发展，各类住宅、写字楼建筑规模也在不断发展，建筑的规模、层次、标准也越来越高。智慧城市的建设和发展得到了政府的高度重视，而作为从属模块的智慧消防也不断被关注。近几年来，我国平均每年发生火灾约30万起，死亡人数2000多人，受伤人数为3000～4000人，每年火灾造成的直接财产损失约40亿元。顾名思义，消防就是“消”和“防”的结合，目前火灾的发生多数是因为“防”不到位。如果把“防”做得更好，火灾的发生率和造成的损失必将大幅降低，人民的生命财产安全也将得到更大的保障。因此，住宅的火灾智能监控、自动报警、自动灭火系统和消防自动化网络管理系统，已成为不可或缺的重要组成部分。

对于写字楼、综合体、公寓等新型物业形态主要有以下几个特点：

（1）物业的地理位置好，一般多位于城市中心和交通便利的繁华地段，车辆指挥管理专业性要求程度高。

（2）物业档次高，整体形象好，业主、非业主使用人对物业管理提供的服务要求也较高。

（3）物业的机电设备设施多，技术含量高，除正常的供配电、给排水、电梯、消防系统外，还有中央空调、楼宇设备自动化控制系统、楼宇办公自动化系统、楼宇智能化管理系统等。

（4）业主、非业主使用人经营范围广泛，社交活动频繁，社会关系复杂。

（5）公共场所人流量大，安全管理责任大。

因为是办公场所，单个物业空间大，整层楼都是连通的，消防安全是物业管理的重点之一。写字楼对物业管理服务质量要求高，服务项目要求多，对服务人员的综合素质要求也高。正是因为有以上特征，给消防带来极大的困扰，其消防安全也是极为关键。一旦火灾发生其带来的后果将是难以估量的。

15.2.2 写字楼的智能消防预警管理及服务现状

北京市写字楼智能防火管理及服务现状　　表 15-1

企业或项目名称	微信公众号（功能介绍）	APP终端消防服务功能
北京金隅物业管理有限责任公司	金隅物业 新闻动态 服务导航	暂无
环球贸易中心	我们 乐活 畅享	暂无
金隅嘉华大厦	关于我们 商务助理 幸福宝典	暂无
北京鲁能物业公司	鲁能物业 感恩20年 生活助手	智生活APP
鲁能英大国际大厦	物业服务 精彩回顾 联系我们	鲁能·智生活APP 鲁能·智管家APP
北京中海物业管理有限公司	暂无	智能APP
北京圣瑞物业服务有限公司（尚都国际中心、首都大厦）	物业管家 物业信息 物业APP导航	暂无
北京金融街物业管理有限责任公司	只有微信公众账号，但无详细功能内容	Life金融街

1. 北京市写字楼智能防火管理及服务现状调查小结

从20世纪90年代以来，北京的写字楼市场一直呈现一种3＋X的发展态势，即CBD、金融街、中关村三大商圈始终领跑霸主地位，随着多年的发展，写字楼进入了多中心时代。但根据以上北京各大物业公司调查总结来看，微信端、APP都缺乏消防服务意识，基本没有对于消防应有的功能进行开发，在这些平台来看，各大物业公司并没有把消防作为一项服务提供给各大业主，但是对于鲁能康桥智慧社区APP将市政消防作为功能纳入APP的服务里面。

所以对大多数的写字楼来说，移动端智能消防预警系统的开发还停留在研究阶段，并没有真正开始。

上海市写字楼智能防火管理及服务现状　　表 15-2

企业或项目名称	微信公众号（功能介绍）	APP终端消防服务
中航物业管理有限公司上海分公司	公司简介 乐在物业 人才培养	暂无

续表

企业或项目名称	微信公众号（功能介绍）	APP终端消防服务
上海凯迪克大厦（中航物业）	公司概况 基础服务 进入大厦	暂无
上海明华物业	关于明华 走进明华 快乐明华	暂无
上海上房物业管理有限公司	资讯动态 关于我们 微官网	暂无
东洲物业经典项目之无锡保利广场保利悠悦荟	暂无	暂无
中创大厦	暂无	物业E点通
启瑞物业服务有限公司	启瑞微商城	暂无
陆家嘴物业	咨询公告 物业服务 更多服务	暂无

2. 上海市写字楼智能防火管理及服务现状调查小结

上海作为国际化的大都市，其商业发展领先于全国，上海的写字楼管理对我国其他地区也具有十分重要的指导意义。随着互联网的普及，写字楼移动端的应用将更加广泛，商户可以更加便捷地满足其物业需求。从上面的调查来看，没有哪个物业服务企业将消防纳入移动端智能系统的开发，PC端的安防系统很到位但依然没有和移动端进行结合，没有将移动智能化的服务提供给业主，在各物业服务企业或者项目并没有看到类似的服务，相反其微信端、APP的好大一部分都是在追求如何满足业主的便捷性、舒适性需求，而对于业主的安全性需求基本可以说是忽略。

广州市写字楼智能防火管理及服务现状　　表15-3

企业或项目名称	微信公众号（功能介绍）	APP终端消防服务功能
天力物业新视野	关于我们 天力资讯 社区热点	暂无
富力中心	最新状态 办事指南 我的生活	暂无
广州市喜洋洋物业管理有限公司	关于我们 了解我们 加入我们	暂无
广州龙能物业	合作 关于我们 联系我们	暂无
广州香江物业	首页	暂无

续表

企业或项目名称	微信公众号（功能介绍）	APP终端消防服务功能
香江物业	首页 我 香江好大夫	暂无
广州碧桂园	暂无	暂无
广州华庭物业发展有限公司	华庭物业 楼盘介绍 招租信息	暂无

3．广州市写字楼智能防火管理及服务现状调查小结

广州的写字楼建设起步较早，发展速度较快，甲级写字楼项目供应仍在增加，入驻率高，空置率低，发展前景乐观。随着互联网的进一步应用，写字楼、综合体、公寓移动端的应用将更加普及，用户使用一部手机就可以满足完成大部分的物业需求。服务智能化作为一种趋势来看，对于消防服务、消防监控、消防预警等移动端智能化服务现在来看，物业服务企业做的还不够完善，基本没有几家企业能够把消防列入移动端智能化服务。

深圳市写字楼智能防火管理及服务现状　　表 15-4

企业或项目名称	微信公众号（功能介绍）	APP终端消防服务功能
友银物业分行大厦	客户服务 业务办理 关于我们	暂无
深圳市国贸物业	智慧物管 其他功能	暂无
国贸物业酒店管理有限公司（北京）	国贸导航 2026北马 国贸建设	国贸圈
蓝堡国际项目	物业服务 办公服务 生活服务 个人中心	暂无
万科物业	万科物业 企业文化 万科商写	万科会 住这儿
金地物业	我们 合作 客服热线	令令开门
保利物业	公司简介 公司动态 联系我们	暂无

4．深圳市写字楼智能防火管理及服务现状调查小结

在当下互联网迅速发展的社会现实下，如果连接各项资源，实现资源共享这个问题也值得物业管理者思考，尤其是管理写字楼、商业大厦这类物业。

在写字楼、综合体、公寓等在移动端消防管理智能化上，现在很多公司还未进行实际行动，甚至有大片空白。管理者需要进行思考并进行开发，广州写字楼发展迅速，市场前景广阔。消防管理的资源如果进行共享将有利于增强物业公司的管理能力，降低管理成本，对业主生活将多了一层保障。

杭州市写字楼智能防火管理及服务现状　　表15-5

企业或项目名称	微信公众号（功能介绍）	APP终端消防服务功能
绿城物业	园区服务 绿城精选 其他活动	幸福绿城
南都物业	南都聚焦 南都生活	悦嘉家
浙江祥生物业服务有限公司	幸福童年 幸福颐年 物业服务 幸福生活	幸福祥生APP
杭州佰全物业管理有限公司	只有公司介绍、无功能分类	暂无
开元物业	公司信息 开元之心 直通开元	暂无

5．杭州市写字楼智能防火管理及服务现状调查小结

杭州一共列举了五个物业公司，分别是：绿城物业、南都物业、幸福祥生物业、佰全物业、开元物业。每个物业公司管理类型都涉及公寓和写字楼。绿城物业和幸福祥生物业都有APP，服务的主要对象为小区业主。除公司规模较大的绿城，其他物业公司的微信公众号也缺乏具体服务功能开发，但这些企业有一个共同点就是都致力于打造便捷的物业服务、生活服务、邻里交流与商圈服务的社区生活服务平台。比如“悦嘉家”APP就是南都物业为了服务再升级，提高业主满意度，实现构建新型邻里关系以及创建智慧社区奠定基础，在这些移动端的开发使用中，基本都有移动端智能消防监控、预警等有关消防移动端的缺席。

厦门市写字楼智能防火管理及服务现状　　表15-6

企业或项目名称	微信公众号（功能介绍）	APP终端消防服务功能
厦门国贸物业	关于我们 悦服务 悦家园	暂无
厦门豪亿物业管理有限公司	企业文化 社区文化 亿豪APP	橙子生活
花开富贵物业	走进花开 加盟花开	暂无
厦门联发（集团）物业服务有限公司	我们 物业服务	暂无

6．厦门市写字楼智能防火管理及服务现状调查小结

写字楼物业管理也越来越智能化，手机APP、微信公众号的普及应用使得写字楼管理更加便捷，入驻商户的办公效率提高，信息化程度提高。

15.2.3 国内外写字楼智能防火管理及服务现状分析总结

1．国内写字楼智能防火管理及服务现状分析总结

写字楼物业管理也越来越智能化，手机APP、微信公众号的普及应用使得写字楼管理更加便捷，入驻商户的办公效率提高，信息化程度提高。

传统的消防预警通过一系列制度方案来约束业主和物业工作人员，尽可能降低火灾危险的发生，但是写字楼项目众多，管理水平难以统一，这使得每个写字楼、综合体、公寓管理标准不一，管理人员素质不一，防火等级参差不齐，而且即便有智能防火设备的参与，其智能设备所获取的数据，也大都是企业自己拥有分析，很难达到资源共享，这样就浪费了好大一部分的数据资源，对于应对突发性的火灾缺乏指导意义。除公司规模较大的物业公司，其微信公众号或者APP功能比较完善外，其他中小型物业公司的微信公众号也缺乏具体服务功能开发与改进，微信公众号的开发基本都是着眼于企业本身利益相关体的开发，在追逐利益的同时，是否考虑到业主的安全性问题。

虽然移动端智能化防火预警系统还在路上，并没有能担起防火的重任，但其发展前景依然美好，随着互联网的进一步应用，移动端的应用的更加普及，用户使用一部手机就可以满足完成大部分的物业需求，其移动端智能化防火预警系统也将会普及，我们的生活安全将会有更好的保障。

2．国外写字楼智能防火管理及服务现状分析总结

戴德梁行是国际房地产顾问“五大行”之一，戴德梁行的全球地产专业服务范围包括：环球企业服务、研究及顾问、物业管理、酒店管理和顾问服务、设施管理、估价及顾问、物业投资、写字楼代理、商铺顾问及代理服务、工业房地产投资服务、住宅服务、建筑顾问。以国际化的专业理念为企业、物业发展商及业主、物业投资商提供全方位的房地产顾问、咨询、管理服务。

第一太平戴维斯（Savills）是Savills plc 旗下物业服务子公司的商号名称。本公司为客户提供商业、零售、住宅和休闲式物业方面的咨询服务。其他服务包括公司财务咨询、地产和风险资本融资，以及一系列与物业相关的金融服务。全方位服务包括：代理及项目推广、商用物业、住宅租赁、住宅销售、商铺业务、日本业务、顾问服务、市场研究及开发顾问、投资、评估及专业服务、物业管理、资产管理。

世邦魏理仕是全球知名的综合性地产咨询服务公司，具体包括：物业租售的战略顾问及实施、企业服务、物业设施及项目管理、按揭融资、评估与估值、开发服务、投资管理、研究与策略顾问等。

仲量联行是惟一连续三年入选福布斯白金400强企业的房地产投资管理及服

务公司，所提供的专业房地产顾问及服务领域包括：商铺、住宅、写字楼、工业、物业管理服务、企业设施管理、投资、战略顾问、项目与开发服务以及市场研究等。主要客户包括不同的政府机构、跨国公司和开发商，以及高档住宅和商业物业的业主。

高力国际（Colliers International）在亚太区的业务是由加拿大Colliers Macaulay Nicolls（CMN）全资拥有，CMN是国际知名的房地产服务机构，致力为全球物业用家、业主及投资者提供全方位的房地产服务，包括物业代理、物业管理、酒店投资买卖及咨询、企业咨询服务、房地产估值、咨询及评估服务、银行按揭服务及市场调研等。

据了解五大行管理的写字楼、综合体项目等项目基本都为高端项目，管理专业规范，流程标准，其消防流程与国内物业公司基本类似，没有太大差距。针对智能防火管理及服务来说，其消防设备、消防系统更为完善，但其在移动端的智能化消防管理与国内对比来看，基本没有太大差距。在其自己的系统开发功能来看，也基本没有消防管理这一功能。

15.3 智能建筑消防预警系统的开发与应用

15.3.1 智能建筑消防预警系统构成及功能

1. 消防预警系统七大子系统

智能建筑消防预警系统的主要功能包括：决策支持、风险防控、灭火处置、工作管理。通过这四个功能的实现，达到在火灾发展的初期就及时发现报警，当发现火灾发展时，能够对火灾进行及时有效的处理，协调各方面的资源来扑灭火灾，对可能发现的火灾隐患进行风险预警，对日常的消防监督工作进行支持。系统的功能结构如图15-1所示。

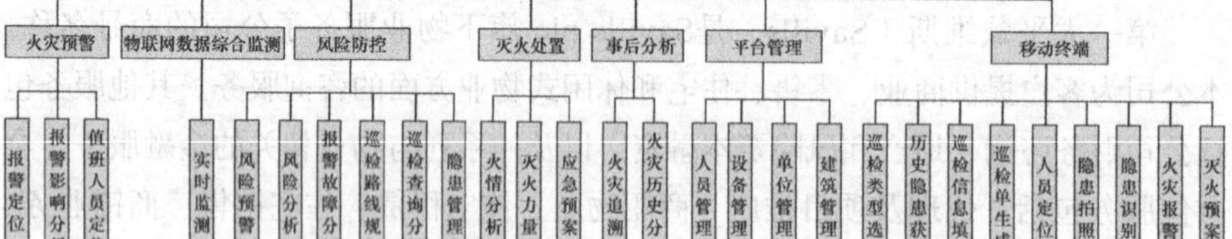

图15-1 火灾防控预警系统功能结构图

在该系统中，决策支持主要对地区的消防报警和故障信息进行实时监测，当发生报警时能够及时地进行提醒，并定位报警位置；对火情发展蔓延的趋势进行分析；对地区的灭火力量进行分析，提供决策服务；对不同的火情进行应急预案处理，提供决策支持；对报警和故障发生的建筑位置进行详细定位，定位到具体报警点；对已经发生的报警和故障进行分析，总结发生的规律和频率，为今后的监督工作提供依据；对已经发生的火灾进行全过程分析。

风险防控主要针对地区各个重点防控对象的现状进行分析，结合季节、天气等因素，对可能发生火灾的风险进行分析，并提供依据。对已经发生的报警和故障进行分析，结合已有的风险预警情况提出重点关注的地区和建筑。

工作管理主要针对该地区的消防监督检查，对各单位消防责任人和消防部门人员的位置进行定位，监督检查的流程；对检查中所发现的隐患进行分析和总结，提出重点关注的单位；通过对隐患的分析，智能规划检查单位和检查路线；对检查的历史记录进行查询和分析。

1）火灾预警系统及其功能

（1）报警定位

报警定位是指对报警发生的具体位置进行定位，最终定位到报警点所在的房间，这样能够及时确定报警发生的地点，通知该单位值班人员进行确认，并且能够准确地提供灭火力量和应急预案。

报警定位通过采用三维建模技术，对重点区域的重点建筑进行三维建模，详细展示建筑的内部结构、报警设施的位置、灭火设备的位置。通过展示建筑的内部结构，可以了解报警点的具体位置以及疏散通道的位置，为技术疏散人员提供依据；通过报警设施的位置，也可以获取报警点的具体位置，以及报警设备的类型；通过灭火设备的位置，可以了解报警点周围的灭火力量，消防人员可以更快地获取灭火设备，及时扑灭火情，如图15-2所示。

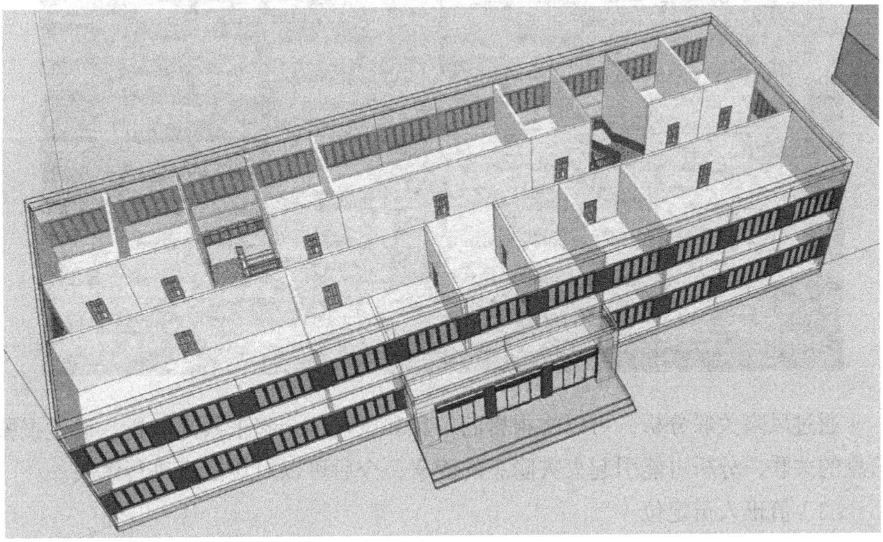

图15-2 报警定位功能示意图

（2）报警影响分析

当发生的火灾报警时，报警影响分析对火灾对周边单位的影响进行分析，以此来提醒各单位和消防机构注意，尽力减小火灾的影响。

例如，当未发生火灾报警时，各个单位的风险情况如图15-3所示：

图15-3 火灾报警未发生时风险图

此时，B单位火灾风险等级为黄色预警，表明发生火灾的概率升高。其他地区为正常。当发生火灾报警时，如图15-4所示：当A地区发生报警时，由于B单位距离报警点较近，极容易受到影响，因此这个地区的火灾风险等级提高，达到了橙色预警。此时，用户应对这个地区进行重点关注。

图15-4 火灾报警发生时风险变化图

通过风险关联分析，可以将报警的信息和风险结合起来共同分析。通过报警信息的关联，分析可能引起火灾隐患的因素，今后可以对该因素进行解决。

（3）值班人员定位

通过人员定位功能，对当前各个单位的消防负责人、值班人员以及消防部门人员的位置进行确定。通过为各单位的消防负责人、消防值班人员和消防部门人员配置移动终端，可以获得移动终端的GPS定位信息，从而确定该人员的位置。

人员定位功能可以在地图上实时显示这些人员的位置，可以对报警时人员跑点、工作人员到岗进行监督。

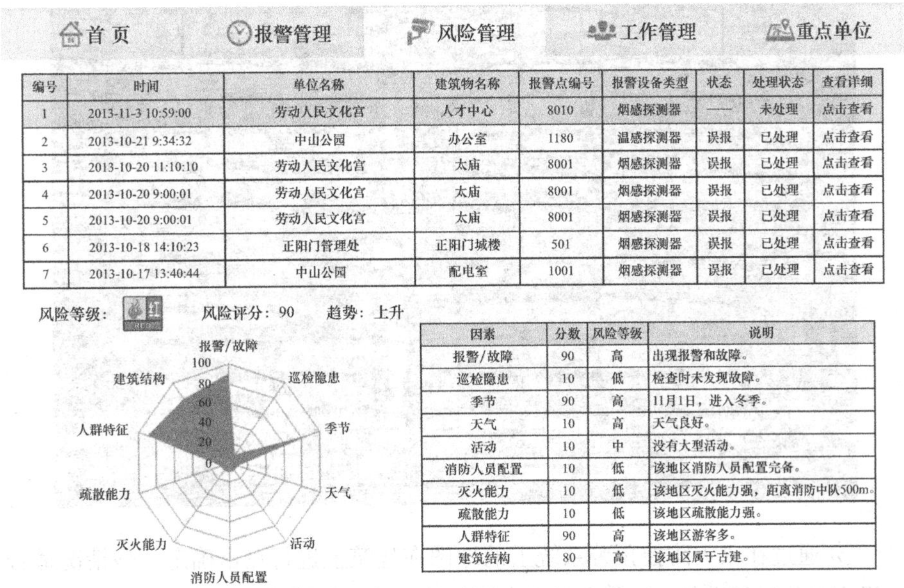

编号	时间	单位名称	建筑物名称	报警点编号	报警设备类型	状态	处理状态	查看详细
1	2013-11-3 10:59:00	劳动人民文化宫	人才中心	8010	烟感探测器	——	未处理	点击查看
2	2013-10-21 9:34:32	中山公园	办公室	1180	温感探测器	误报	已处理	点击查看
3	2013-10-20 11:10:10	劳动人民文化宫	太庙	8001	烟感探测器	误报	已处理	点击查看
4	2013-10-20 9:00:01	劳动人民文化宫	太庙	8001	烟感探测器	误报	已处理	点击查看
5	2013-10-20 9:00:01	劳动人民文化宫	太庙	8001	烟感探测器	误报	已处理	点击查看
6	2013-10-18 14:10:23	正阳门管理处	正阳门城楼	501	烟感探测器	误报	已处理	点击查看
7	2013-10-17 13:40:44	中山公园	配电室	1001	烟感探测器	误报	已处理	点击查看

因素	分数	风险等级	说明
报警/故障	90	高	出现报警和故障。
巡检隐患	10	低	检查时未发现故障。
季节	90	高	11月1日，进入冬季。
天气	10	高	天气良好。
活动	10	中	没有大型活动。
消防人员配置	10	低	该地区消防人员配置完备。
灭火能力	10	低	该地区灭火能力强，距离消防中队500m。
疏散能力	10	低	该地区疏散能力强。
人群特征	90	高	该地区游客多。
建筑结构	80	高	该地区属于古建。

图15-5　风险分析功能示意图

图15-6　人员定位功能示意图

2）物联网数据综合监测系统及其功能

火灾防控预警服务器通过社会单位的通信主机，对报警主机的状态进行实时监控，当末端烟感探测器、温感探测器等发生报警时，报警主机能够获得探测器的报警，通信主机将报警主机获得的报警信息发送给火灾防控预警服务器。

火灾报警实时监测的方式有三种：

① 通过报警设备自动监测，然后通过报警主机、通信主机发送到火灾防控预警服务器；

② 通过移动终端上报。该情况适合于没有安装报警设备的地点，工作人员发现火灾后，通过移动终端点击上报，移动终端将位置信息发送给火灾防控预警服务器；

图15-7 实时监测功能示意图

③ 通过在火灾防控预警系统上的地图在建筑上进行点击确定。该情况适合于没有安装报警设备，工作人员没有配备移动终端的情况，工作人员通过电话或视频的方式发现火情，然后通过电话上报给消防部门，消防部门可以在该系统的地图上发布火灾报警的信息。

实时监测的画面采用地图方式显示，在没有报警或故障的情况下，重点防火单位的状态显示为正常；当发生报警或故障的情况下，重点防火单位所处的位置显示为报警，并采用图标闪烁和声音的方式进行报警。地区政府、消防部门和社会单位可以立刻获知报警或故障的发生，并对发生报警的单位进行定位。

消防部门通过实时监测的功能发现报警或故障的同时，获得报警的社会单位的基本信息，基本信息包括：

报警社会单位基本信息表　　表15-7

序号	信息名称	说明
1	单位名称	发生报警的社会单位的名称
2	单位地址	发生报警的社会单位的具体地址
3	单位类别	发生报警的社会单位的使用类别，如：办公、公园、餐饮等
4	报警建筑名称	发生报警的报警点所处的建筑物的名称
5	建筑物结构类型	发生报警的建筑物的结构，如：钢筋混凝土、木制等
6	建筑物使用性质	发生报警的建筑物的使用性质，如：旅游景点、办公等
7	建筑物类别	发生报警的建筑物的类别：如：民用建筑等
8	职工人数	发生报警的社会单位所拥有的职工数量
9	监管等级	发生报警的社会单位的消防监管等级

续表

序号	信息名称	说明
10	占地面积	发生报警的建筑物的占地面积
11	建筑面积	发生报警的建筑物的建筑面积
12	所属消防队	发生报警的社会单位所处的消防队的名称
13	法人代表	发生报警的社会单位的法人代表人的姓名
14	法人代表联系方式	发生报警的社会单位的法人代表人的电话
15	消防安全责任人	发生报警的社会单位的消防安全责任人的姓名
16	消防安全责任人联系方式	发生报警的社会单位的消防安全责任人的电话
17	值班室电话	发生报警的社会单位的消防值班室的电话

消防部门通过基本信息同发生报警的社会单位的值班人员联系，确认报警或故障的真实情况。社会单位通过实时监测的功能定位发生报警的报警点的位置，并立刻进行现场确认，确认后可以通过实时监测功能确定报警或故障信息是真实还是误报。

3）风险防控系统及其功能

（1）风险预警

在风险预警方面，建立分级风险预警体系，例如：红色预警、橙色预警和黄色预警，其中红色最高。通过风险预警体系的建立，对社会单位可能发生的火灾进行评估和预测，实现在火灾设备报警前，尽早发现火灾发生概率高的地区。

在地图上，如果社会单位的风险预警为正常时，则显示为正常；当社会单位的风险预警为异常时，表明该单位可能出现火灾的概率增高，该单位存在消防隐患，则按照风险评估的等级显示不同的风险颜色，以此来提醒用户注意。用户可以根据风险的等级来安排消防监督的工作，例如：某社会单位当前处于红色预警的状态，消防部门可以督促该社会单位加强对消防隐患的注意，加强单位的巡检，消防部门也可以增加对该单位的巡检力度，避免火灾的发生，降低该单位的风险等级。

通过对可能引起火灾的多种因素建立模型，评估火灾风险的概率，通过对这些因素的分析，可能获得哪些因素对火灾发生的影响最大，以及目前哪些因素的风险较高，由此可以尽力解决容易引起火灾的因素，避免火灾发生。

对于影响火灾风险的因素主要包括动态因素和静态因素，动态因素是随着时间和空间发生变化的因素，例如：天气、游客数量等；静态因素是不随时间和空间发生变化的因素，一旦产生，不容易发生改变，例如：建筑结构、疏散能力等。主要的动态因素和静态因素包括：

图15-8 风险预警显示示意图

风险预警影响因素表 表15-8

序号	因素性质	因素名称	说明
1	动态因素	报警/故障	该单位是否发生了报警或故障
2	动态因素	巡检隐患	该单位在巡检监督的过程中是否发生了隐患
3	动态因素	季节	当前所处的季节
4	动态因素	天气	当前的天气，温度、湿度等
5	动态因素	活动	该单位是否举行了大型活动，导致人员聚集
6	静态因素	消防人员配置	该单位消防人员配置情况，例如：数量
7	静态因素	灭火能力	该单位的灭火能力，包括是否存在报警设备、灭火设备、距离消防队的距离等
8	静态因素	疏散能力	该单位的疏散能力，消防通道的情况
9	静态因素	人群特征	该单位的人群特征，例如：单位属于公园，游人较多
10	静态因素	建筑结构	该单位的建筑结构，是否属于古建

通过对这些因素的分析，为每一项因素打分，评价该因素的风险等级，通过风险评价模型，对总体进行评价和评级。对于动态因素，可以通过联网，获得各单位的报警/故障情况，通过巡检移动终端上传隐患，通过外部接口获得季节和天气，通过手动输入获得活动情况。静态因素主要根据人员输入信息，通过分析得到消防人员配置、灭火能力、疏散能力、人群特征和建筑建构的分数和等级。

（2）风险分析

按照单位或时间的分类，对风险进行分析。按照单位的风险分析，可以了解每个单位在一段时间内的风险变化情况，通过对每个单位的分析，可以了解该单位的日常消防管理情况；按照时间的风险分析，可以了解在一段时间内，地区消防工作的管理情况。通过这两种类型的分析，可以对各个单位的消防工作进行监督。

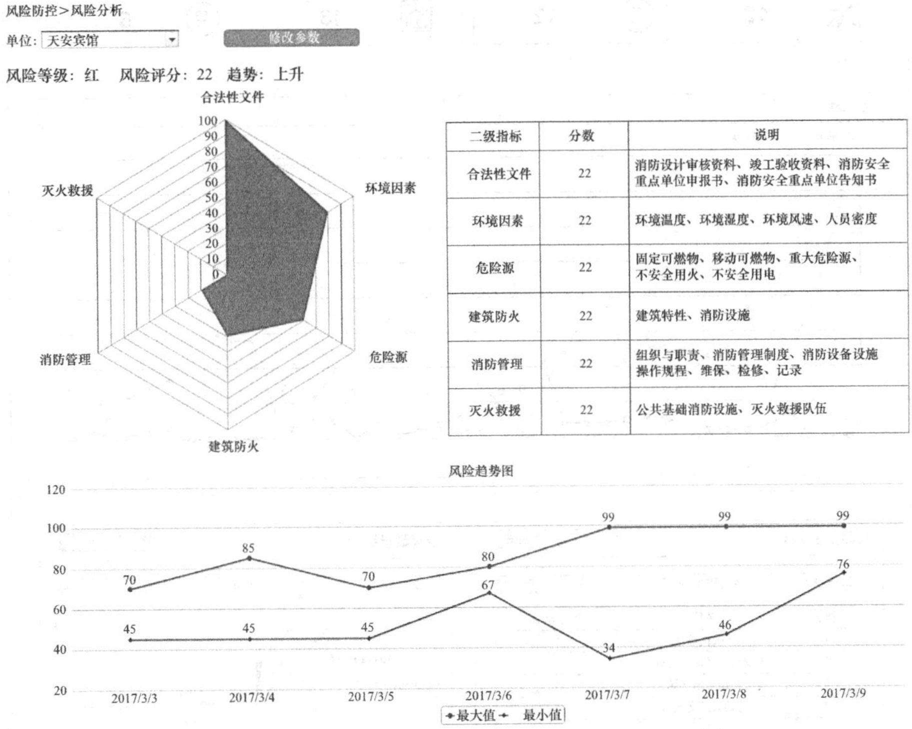

二级指标	分数	说明
合法性文件	22	消防设计审核资料、竣工验收资料、消防安全重点单位申报书、消防安全重点单位告知书
环境因素	22	环境温度、环境湿度、环境风速、人员密度
危险源	22	固定可燃物、移动可燃物、重大危险源、不安全用火、不安全用电
建筑防火	22	建筑特性、消防设施
消防管理	22	组织与职责、消防管理制度、消防设备设施操作规程、维保、检修、记录
灭火救援	22	公共基础消防设施、灭火救援队伍

图15-9　风险分析功能示意图

（3）报警/故障分析

报警/故障分析可以对所有已经发生的报警和故障进行多维度的分析，通过分析可以获得地区或各个社会单位的报警/故障发生的趋势，从而使消防部门对该社会单位进行重点关注。

通过分析能够了解任意时间段内发生报警/故障最为频繁的单位的顺序，以及发生报警的数量和百分比，通过这种方式，可以了解最经常发生报警和故障的单位。

① 如果报警信息是真实的，则表明该单位需要加强火灾检查和改善工作；

② 如果报警信息是误报，则需要考虑减少误报情况，增加对报警设备的检查；

③ 如果故障数量多，则需要考虑对报警设备进行检查，或对报警设备进行维护和更新。

报警/故障分析还可以对一段时间内各个单位发生报警和故障的趋势进行显示，通过了解报警和故障的变化趋势，可以了解该单位的消防现状的变化以及出现的问题，结合其他信息，如天气、活动等可以了解该单位消防存在的隐患和问题。例如：天安门城楼在大风天气时容易发生报警误报的情况，通过对误报的分析，结合实地的调查，可以了解在大风天气，由于城楼上灰尘较多，因此容易出现误报的情况。

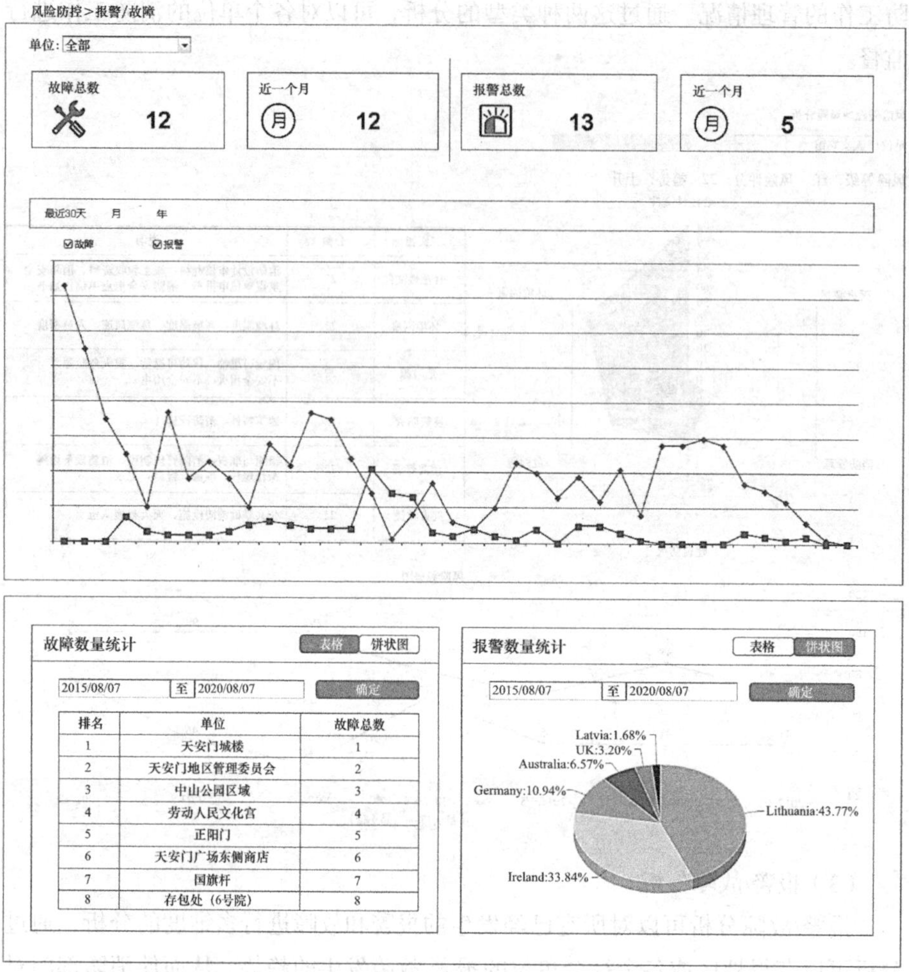

图15-10 报警/故障分析功能示意图

（4）巡检路线规划

巡检路线规划可以对消防部门和社会单位的消防责任人员的巡检工作进行规划，为消防部门设计巡检执行的日期和路线。根据消防部门例行巡检的周期，自动规划巡检的时间，并在时间达到的日期提供消防部门执行巡检任务。

另外，当社会单位的风险等级达到红色、橙色、黄色时，标明该单位需要重点关注，巡检路线规划可以根据风险处理的情况，自动对风险等级高的单位规划巡检路线，以此来提醒社会单位处理引起高风险的因素，降低火灾风险。

通过对时间的筛选，可以查看一段时间内所执行的巡检。通过对单位名称的筛选，可以查看该单位所执行的巡检，了解巡检的执行情况。通过对隐患类型的筛选，可以查看所发生的隐患的时间以及数量。通过对巡检类型的查询，可以了解不同类型巡检所发生的隐患。

巡检查询分析还可以对每一次发生的巡检的执行情况进行查看，查看每个单位在巡检的详细内容。根据当前消防部门的巡检单，巡检查询分析可以按照巡检单的格式自动生成。

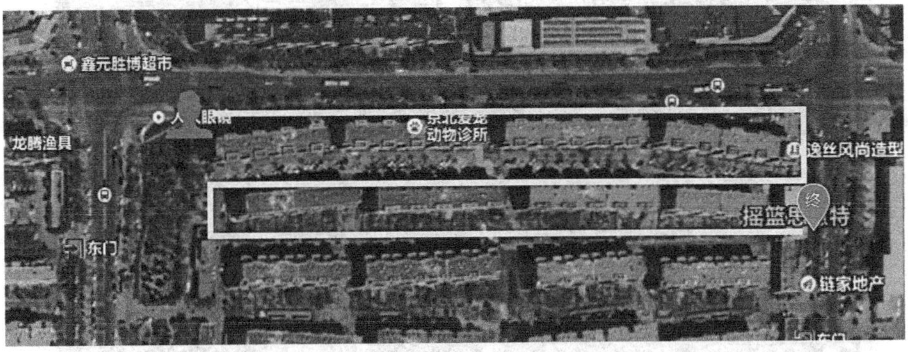

图15-11 图巡检路线规划功能示意图

单位：全部

巡检路线 | 今日巡检 | 巡检日历 | 巡检档案

全部单位

隐患数 12

今日巡检 9

序号	单号	巡检单位	巡检人员	巡检状态	巡检时间	操作
1	20160827D12X0009	×××××××	张大拿	巡检中	18:00——	查看
2	20160827D12X0008	×××××××	王大拿	巡检中	17:00——	查看
3	20160827D12X0007	×××××××	张大拿	已巡检	16:00——18:32	查看
4	20160827D12X0006	×××××××	张大拿	已巡检	15:00——18:32	查看
5	20160827D12X0005	×××××××	张大拿	已巡检	14:00——18:32	查看
6	20160827D12X0004	×××××××	张大拿	已巡检	13:00——18:32	查看
7	20160827D12X0003	×××××××	张大拿	已巡检	12:00——18:32	查看
8	20160827D12X0002	×××××××	张大拿	已巡检	11:00——18:32	查看

图15-12 巡检查询功能示意图

地区的消防人员通过移动终端，在移动终端中填写每次巡检的内容，移动终端中的应用程序将巡检内容发送给火灾防控预警服务器，服务器对每次巡检的内容进行分析，对类型和问题进行总结。

通过对单次的巡检的查询，可以了解每次巡检的执行情况和发现的问题，在地图上显示本次巡检的路线，以及检查的地点和结果。

按照时间查询分析档案功能说明：通过对时间的筛选，可以查看一段时间内所执行的巡检，了解巡检的执行情况。通过对隐患类型的筛选，可以查看所发生的隐患的时间以及数量。

（5）隐患管理

隐患管理可以对消防部门监督检查时所发现的火灾隐患进行分析和总结，在地图上显示存在隐患的社会单位。通过对所出现的隐患进行分类，可以获得经常出现隐患的类型，这样可以针对经常出现的隐患类型进行有针对性的检查，提高检查的效率。

对于经常出现隐患的社会单位可以加强监督检查的工作，对隐患的处理情况进行监督，督促社会单位处理隐患。

通过隐患管理，可以通过地图和列表的方式显示出现的隐患，通过选择不同类型的隐患，也可以过滤不喜欢显示的隐患，方便用户进行查询和处理。列表显示隐患功能说明：通过对消防部门监督检查时所发现的火灾隐患进行分析和总结，对所出现的隐患进行分类，针对经常出现的隐患类型进行有针对性的检查，并以列表的形式将隐患的信息显示出来。

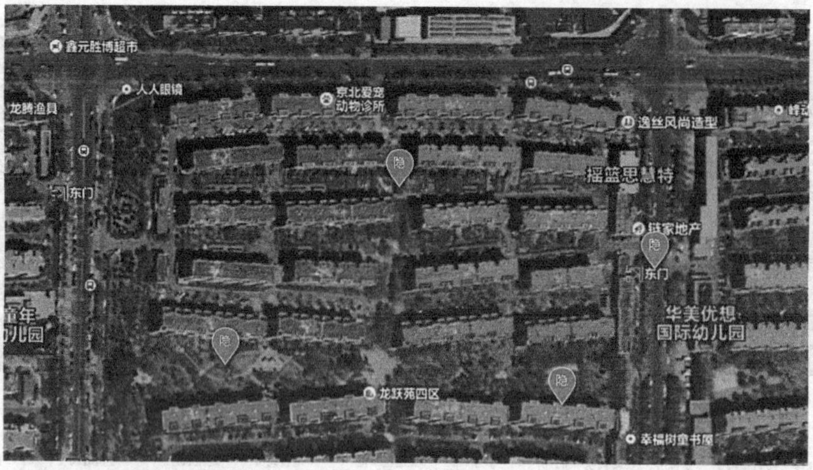

图15-13 隐患管理功能示意图

4）灭火处置系统及其功能

（1）火情分析

当社会单位发生报警时，在地图上显示发生火灾的具体建筑的位置。通过当前的风向、建筑特点，以及报警、故障、风险预测、巡检等综合因素，能够对火灾的发展趋势进行分析，高风险区域进行标识，这样可以提醒消防人员对高危地区进行保护，避免引起火灾的蔓延。当社会单位发生报警时，周围可能会存在一些危险建筑，例如厨房存在天然气或液化气罐、古建筑和古树、人员密集区域等，这些建筑或地点在发生火灾报警时需要对其重点关注，避免火灾蔓延到这些地区引起严重后果。

通过火情分析功能，能够有效地了解报警点周边地区的情况，为应急指挥提供依据。

图15-14 火情分析功能示意图

（2）灭火力量

通过灭火力量的功能，能够立刻获取报警点所在建筑周围灭火设施和人员的情况。在火灾防控预警系统中登录各个社会单位的消防设施的信息和人员的信息，包括位置、数量等，当发生火灾时，对报警点的位置进行定位，系统自动搜索报警点周围的消防设施和人员并提供给用户。

当社会单位发生报警时，显示出报警点周边的灭火力量，包括地下消防栓、地上消防栓、消防器材室、灭火器、水源的位置和报警点的距离，相邻单位位置和距离、相邻单位消防义务队员的数量等。通过得知这些信息，能够对该地区的消防力量进行可视化的显示，对该地区的消防设施进行评价，从而掌握灭火力量弱、隐患风险高的地点，对灭火时的协调指挥提供依据。

图15-15 灭火力量功能示意图

（3）应急预案

针对不同地点、不同类型火情的特点，系统可以提供最优的应急预案，更迅速地扑灭火灾。例如，当判断火情是由于油火引发的情况下，系统提出针对油火的灭火应急预案。在应急预案中，可以向用户提供火灾报警点周围最适合的灭火设施，例如：最近、最适合的消防栓的位置及其离报警点的距离。可以提供最适合消防车到达现场的路线，通过平时对消防通道的巡检，系统可以获得消防通道是否通畅，以此向消防车提供路线。还可以提供周围灭火消防人员的数量和距离，向灭火消防人员提供最适合到达报警点的路线。

通过向消防部门提供消防设施使用的方案、消防车行驶路线、灭火消防人员的数量和到达路线，消防部门可以对灭火的方案进行综合分析，地区政府机构可以对各个部门的灭火任务进行统筹调度和指挥，及时联络消防队和其他单位的灭火力量，快速有效地扑灭火灾。

5）事后分析系统及其功能

（1）火灾历史分析

火灾历史分析可以显示地区所有火灾发生的记录，并能够通过不同维度对火灾发生的地点、时间、原因、单位、建筑等进行查询。通过对不同因素的查询，得到火灾发生的原因。

（2）火灾追溯

火灾追溯可以显示每次火灾发生的全过程，从报警探测器发生报警到火灾发生，通过对火灾发生的过程的分析，可以了解火灾发生的规律，从而对及时发现火灾提供重要依据。

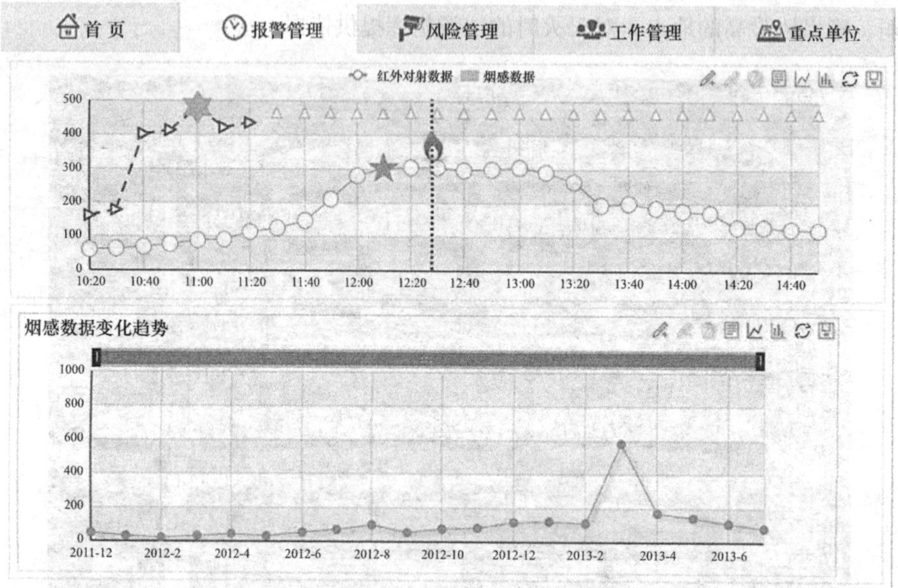

图15-16 火灾追溯功能示意图

6）平台管理系统及其功能

（1）人员管理

人员管理主要对当前各个单位的消防负责人、值班人员以及消防部门人员进行统一的管理，对他们进行统一而又有序的调度，记录每个人每天每个时段，在哪里都做了什么，并通知他们未来将要做的工作。通过上述信息对他们进行考核，对经常出现问题的人员进行警告等提示。

人员管理还会记录员工的基本信息，名字、年龄、出身地等。可以对员工进行增删改查的工作。人员管理最终会以表格的形式展示出来，表格中列有时间、单位、人员、设备等员工将要检查以及已经检查的数据信息。人员工作管理功能说明：对当前各个单位的消防负责人、值班人员以及消防部门人员进行统一的管理，对他们进行统一而又有序的调度，记录每个人每天每个时段，在哪里都做了什么，对不合格的人发送警告。

（2）设备管理

设备管理主要对当前各个单位的设备进行统一的管理，通过记录设备每天的检查信息，包括设备的名称、时间、存在的问题、会发生的隐患等信息，反馈给工作人员和系统。由此，可以获取该设备的重点关注信息，以及是否对该设备进行维修或更换。

设备管理还包括对设备基本信息的录入，对设备进行增删改查的操作，实现设备信息的可修改、可添加、可删除、可查询。

（3）单位管理

单位管理主要对当前各个单位进行统一的管理，通过记录各个单位，每个设备的存放地点，拥有何种设备、数量等信息，能够轻松地了解各单位的设备基本状况。

单位管理还包括对单位的一些相关的基本信息的记录，包括单位的结构（混凝土或木质等）、单位的地点、单位的名称、单位的历史火灾问题等。通过记录过程，同时也可以进行对上述内容的添加、修改、查询、删除等操作。实现单位信息的实时性。

（4）建筑管理

建筑管理主要对当前各个单位所拥有的建筑信息进行统一的管理，通过记录各个建筑地点，拥有何种设备、数量等信息，能够轻松地了解各建筑的设备基本状况。建筑管理还包括对单位的一些相关的基本信息的记录，包括建筑的结构（混凝土或木质等）、地点、单位的名称、建筑的历史火灾问题等。通过记录过程，同时也可以进行对上述内容的添加、修改、查询、删除等操作。实现单位信息的实时性。

7）移动终端系统及其功能

（1）巡检类型选择

技术原理：当用户登录成功后，服务器向移动终端推送用户需要执行的巡检任务，并在移动终端显示。移动终端获取到的任务类型包括：

① 大型群众性活动举办前的检查；

② 建设工程施工现场检查；

③ 对举报投诉的核查；

④ 复查；

⑤ 申请恢复施工、使用、生产、经营的检查；

⑥ 申请解除临时查封的检查；

⑦ 其他检查。

（2）巡检信息填写

技术原理：前面“用户登录”过程，在用户登录成功的同时，新开的线程会完成巡检任务工作单的下载。用户选择所要检查的社会单位，单位的地址、负责人及电话服务器解析后自动填充，然后填写监督检查的单据的其他内容。

对于监督检查的每一项内容，例如：消防通道、报警设备等，记录检查的内容，如果检查发现不正常，则可以选择出现的问题，也可以手动填写。

（3）巡检单生成

技术原理：对于每次填写的监督检查信息，服务器按照现有的监督检查单格式，自动生成电子版的单据，在移动终端显示并提供给用户进行确认。

（4）隐患拍照

技术原理：程序调用移动终端的摄像头，对每次监督检查时发现的隐患进行拍照记录，照片选择保存在本地或者上传服务器。

（5）人员定位

技术原理：程序调用移动终端的GPS定位功能，定位使用者的位置，然后将获得的定位信息暂存于终端中，以供其他功能模块获取用户当前位置信息。

（6）火灾报警

技术原理：当消防部门和各个单位的消防负责人在进行消防检查发现火情时，将在移动终端上自动获取的GPS定位信息或者手动选择的位置信息以及时间、描述信息等，发送给火灾防控预警服务器。

（7）灭火预案

功能说明：灭火的应急预案预先储存在移动终端中，当获取到火灾发生的地点、类型时，在移动终端上操作，通过离线的方式，确定火灾发生地点、类型，显示灭火的方案、灭火力量，以及影响等。

15.3.2 智能建筑消防预警系统运行

火灾防控预警包括风险防控、预警发现、灭火处置、事后分析四个阶段。

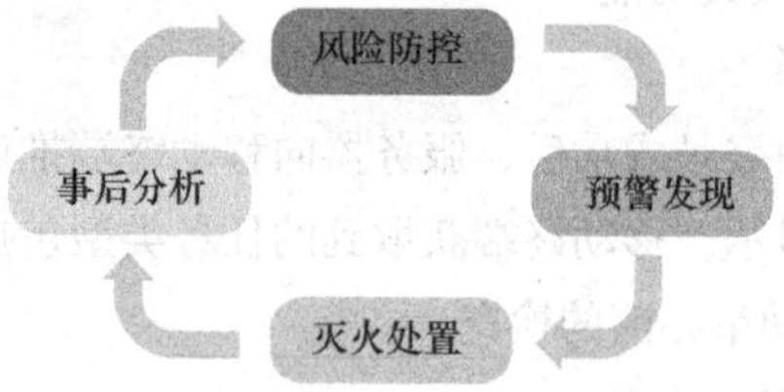

图15-17 火灾防控预警四个阶段

1．风险防控阶段：该阶段主要根据引起火灾的多种因素，对社会单位可能发生的火灾风险进行分析和评价，根据评价结果，在日常工作中，加强对社会单位的巡检和监管，尽可能避免火灾的发生。

2．预警发现阶段：当火灾无法避免时，能够通过多种手段及时发现火灾，报警并确认火灾的发生，对起火点进行准确定位，对火灾所影响的范围进行准确分析。

3．灭火处置阶段：对于发现的火灾，能够有针对性地提出应急预案，及时了解周围的灭火力量；对火情进行分析，了解火灾可能产生的影响和损失。

4．事后分析阶段：对于扑灭火灾后，能够通过信息化手段，追查起火原因。对火灾发生的原因进行分析，找到避免火灾的因素，并反馈到风险防控阶段，在日常工作中加强监督。

通过这四个阶段的实行达到闭环，不断优化火灾防控预警工作的方案，尽可能地减少火灾发生。

因此，火灾防控预警系统要求能够支持这四个阶段工作，对日常工作进行风险预测和分析，对火灾初期能够及时发现和评估影响范围，对灭火期间能够提供决策支持，对事后的火情进行分析。

15.3.3 智能建筑消防预警系统技术

1．建筑全3D建模

1）基于3D技术的建模技术

互联网的形态一直以来都是2D模式的，但是随着3D技术的不断进步，在未来的时间里，将会有越来越多的互联网应用以3D的方式呈现给用户，包括网络视讯、电子阅读、网络游戏、虚拟社区、电子商务、远程教育等等。体验的真实震撼程度要远超现在的2D环境。通过三维模型可以对地区的重点建筑进行建模，根据建筑的平面图以及高度，建立起三维模型，在三维模型中设置报警设备和灭火设备。将这些设备的信息和报警设备的信号连接起来，当消防报警设备产生报警时，可以迅速、准确地定位到该报警点所在房间，通过准确定位，可以实现对周围灭火力量的显示、对应急预案的执行。

2）基于三维技术的GIS技术

地理信息系统（GIS，geographic information system）是随着地理科学、计算机技术、遥感技术和信息科学的发展而发展起来的一个学科。基于JavaScript和HTML5WebGL技术实现三维GIS，WebGL技术提供的硬件加速渲染可借助系统显卡在浏览器流畅显示三维场景和模型，构建无插件、跨浏览器和跨操作系统的三维场景应用程序。

2．平面2.5D建模

2D（平面）与3D（立体）又称为二维与三维。实际上，图形本身是没有2.5D的。只是因为现代计算机技术发达，人才辈出。将2D与3D结合起来运用的技术早已得到实现。而这种技术取名为2D或3D显得没有新意，如果是在2D之前，则显得技术落后，如果是在3D之后，因其本身是2D＋3D的技术，所以根本没有超过3D的技术。于是聪明的人们就想出了一个介于2D和3D之间的名称，也就是2.5D。

3．建筑内部定位系统

基于Wi-Fi的无线局域网实时定位系统（Wi-Fi RTLS）结合无线网络、射频识别（RFID）和实时定位等多种技术，在无线局域网覆盖的地方，定位系统能够随时跟踪监控各种资产和人员，并准确找寻到目标对象，实现对资产和人员的实时定位和监控管理。无线局域网实时定位系统由定位标签、无线局域网接入点（AP）和定位服务器组成。

4．720° 云全景消防数字系统

全景，英文名（Panorama），又被称为3D实景，是一种新兴的富媒体技术，其与视频，声音，图片等传统的流媒体最大的区别是“可操作，可交互”。全景分为虚拟现实和3D实景两种。虚拟现实是利用maya等软件，制作出来的模拟现实的场景；3D实景是利用单反相机或街景车拍摄实景照片，经过特殊的拼合，处理，让作者立于画境中，让最美的一面展现出来。

5．数字化全局指挥系统

建立智能消防指挥系统，消防指挥中心可以通过该系统随时调度所属消防战士、消防安全员、各小区所属消防值班员，对监控区域内的各种消防情况了解和排查；如遇火情，可调动和指挥全区域灭火力量进行救援。

15.4 智能建筑消防预警系统应用实例

15.4.1 天安门地区火灾防控预警系统

1．系统建设必要性

天安门地区消防工作原本存在以下的问题：

（1）消防设施配备不齐：部分单位的防火范围大、古建和古树多，但是没有设立消防中控室。其他重点单位尽管已经设立消防中控室，但覆盖的范围不全面，很多古建没有安装火灾报警系统。

（2）报警不能及时发现：各单位火灾报警系统均为独立运行，当发生火灾报警时，由该单位的消防值班人员到现场进行确认，然后再主动通知天安门地区的消防部门。消防部门无法及时掌握现场情况并及时处理。

（3）有效监督不足：由于缺少火灾联网系统，消防部门对于该人员是否到达现场无法确定，有瞒报、误报的情况发生，一旦发生火灾将会造成对火灾处理的延误。

（4）指挥协调能力应需加强：火灾防控预警系统的建立，能够进一步加强该地区的统一指挥能力，提高防、控的管理水平。

2．系统建设情况

（1）规范性：系统的建设过程中遵循国家有关法律、法规，严格执行国家有关规范标准。

（2）可靠性：机房内的电源、网络布线、空调系统等具有极高的可靠性，确保了电力及空调供应的连续性，具有抵御自然灾害如地震、水灾、火灾、鼠虫害等的能力。

（3）先进性：机房采用目前国际先进的设备与技术，除满足当前需求，还兼顾了未来的发展扩充，能适应信息化的快速发展和高速的数据传输需要。

（4）安全性：在机房各项系统的规划和建设上特别加强了其安全、保密方面措施。

（5）环境保护：充分体现了环保的意识，加强环保措施，采用绿色环保材料，使其真正体现现代化机房的风范。

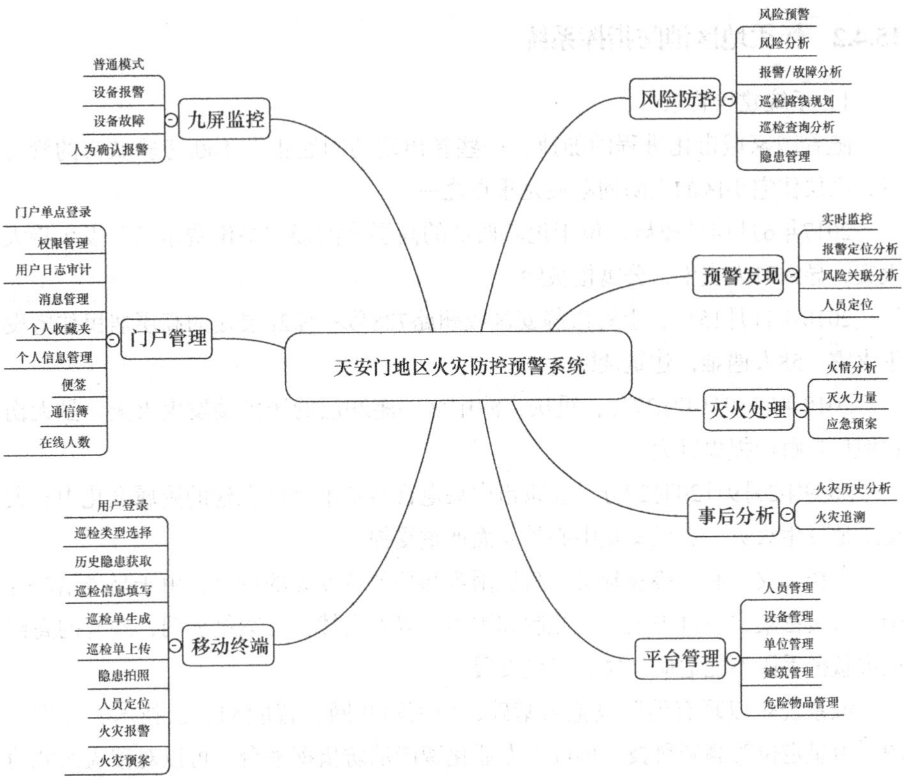

图15-18 天安门地区火灾防控预警系统图

3. 系统发挥的作用

1）提高报警效率，减少财产损失

天安门地区包括众多古建和古树，这些古建和古树都具有很高的价值，一旦发生火灾将造成无法估量的损失。通过火灾防控预警系统对火灾进行预警监控，能够减少发现火灾的时间，提高处理火情的速度，可以为天安门地区的人民生命安全和财产安全提供有力的保护。

2）提升管理水平，减少火灾隐患

该系统还可以对社会单位火灾自动报警设备等各种消防设施的运行以及值班人员工作状况进行监控，不仅可以警示联网单位，防止他们随意关闭报警控制设备，使建筑消防设施有效运营，还可以在巡检的过程中对设备故障及时发现并维修更换，确保消防设施更加完好。同时利用该系统的相关社会单位还可以对本单位内部的建筑消防设施运行状况及时掌握，发现故障，并对自身存在的安全隐患及时整改，切实实现“安全自查、隐患自除、责任自负”，是相关社会单位提高其预防火灾、抵御火灾的能力。

3）避免火灾发生，维护地区稳定

天安门地区属于敏感区域，该地区一旦发生火灾将引起巨大的不良影响。通过火灾防控预警系统对该地区整体进行监视和控制，在火灾还未发生就发现火灾可能出现的概率，极大地降低火灾发生的概率，为天安门地区创造良好的环境。

15.4.2 怀柔地区消防指挥系统

1. 系统建设背景

随着国家城市化进程的加速，一些新出现的问题正在不断考验城市的管理者，高层住宅小区的消防问题便是重点之一。

2017年6月14日凌晨，位于伦敦西部的高层公寓楼“格伦费尔塔”发生特大火灾，导致81人丧生，公寓楼被毁。

2010年11月15日，上海市静安区胶州路728号一幢28层楼的高层居民住宅发生火灾，58人遇难，建筑焚毁。

2010年8月9日4时27分，重庆市渝中区一座29层的居民楼发生火灾，虽无伤亡但住户财产损失巨大。

2009年2月9日20时27分，北京市中央电视台新址园区在建的附属文化中心大楼工地发生火灾，造成文化中心外立面严重受损。

高楼火灾具有火势蔓延快、疏散困难和扑救难度大的特点，由于高楼结构复杂、人员密集，一旦失火难以控制和逃离。以上高楼火灾案例表明，现有的高楼火灾救援手段不能适应高楼的建设发展。

该系统是以现有消防设施为基础，应用物联网、智能AI、云技术、三维地图、卫星定位等高新科技，形成的专业化智能消防指挥平台。可以对覆盖区域的消防状况进行全天候监视、综合性管理和全局化指挥。

该系统的应用能够使城市的消防安全得到巨大提升，从而使城市管理者获得与城市快速发展相匹配的管理能力，人民更加安居乐业，社会更加稳定繁荣。

2. 系统特色

（1）实时监控：将各小区的火灾自动报警设备和视频监控通过消防物联网接入本系统，形成综合的智能化消防安防系统，可以使消防指挥中心获得更加详细的现场信息。

（2）全局指挥：建立智能消防指挥系统，消防指挥中心可以通过该系统随时调度所属消防战士、消防安全员，以及各小区所属消防值班员，对监控区域内的各种消防情况进行了解和排查；如遇火情，可调动和指挥全区域灭火力量进行救援。

（3）数字化预案：为居住小区编制针对性的数字化消防预案，使消防灭火单位在突遇火情的情况下迅速掌握火场周边的详细信息，并作出相应部署。

（4）预警系统：建立消防预警体系，可以使消防指挥中心对各小区的消防火灾风险进行评估和预警，以便进行部署调整。

15.4.3 丰台开发公司消防安防一体化系统

1. 系统建设背景

从北京市丰台区城市建设综合开发公司地区的政务目标来看，该地区地处北京市政治核心区，北京在全国的政治、文化和社会建设中都具有无比的战略意义和政治意义。

因此，可以看出北京市丰台区城市建设综合开发公司地区急需构建立体、完备的火灾防控预警网络，使火灾风险始终在低水平上运行，确保政治核心区的消防安全。

2．系统建设情况

根据目前北京市丰台区城市建设综合开发公司地区火灾防控现状，项目建设需求包括：前端火灾报警采集设备的硬件升级和改造、基础网络建立、系统设计与开发以及系统支持相关工程建设（包括监控室和机房）。其中：

1）前端火灾报警采集设备的硬件升级和改造

针对现状中出现的问题，对建设范围内的重点单位、重点建筑的火灾报警设备进行完善和提升，通过硬件升级和改造建立系统的前端感知层。

2）基础网络建立

充分利用现有的网络，实现通信主机和系统服务器之间的通信链路的建立。

3）消防、安防一体化系统的开发

包括两个方面：监控平台的设计与开发、移动终端平台的设计与开发：

系统监控平台通过数据共享平台获得报警、故障信号，向用户发出报警、故障信息。对已经发生的报警和故障，分析对周边的影响，提供灭火力量所在的范围，提供灭火的应急预案。通过数据挖掘技术，对多种因素进行分析，提出各个单位的火灾风险。通过对巡检任务的分析，智能规划巡检路线，对巡检时发现的隐患进行查询和分析。

移动终端为各单位的消防负责人和消防值班人员提供了方便的工具。通过移动巡检终端，消防值班人员可以获得巡检的类型和路线，填写巡检的内容，并对发现的问题进行拍照并上传系统。各单位的消防负责人通过移动巡检终端了解本单位的消防值班人员及各类消防设施的工作状况，对本单位的消防工作进行监督管理。

3．系统发挥的作用

（1）系统覆盖了丰台开发公司下属的重点单位及各类小而杂的单位，各个单位的火灾报警系统统一连接到了该系统当中。

（2）资源整合、共享共建系统建设从全局出发，充分发挥了各下属单位已有的火灾报警设备和网络情况，合理利用资金，对各类消防资源进行全面整合，做到资源共享。

（3）针对众多小商铺、小会所、小作坊、小饭店等小微场所，通过视频监控、单点烟雾识别设备、可燃气体探测设备、电气火灾监控设备等达到早发现、早报警、早扑灭，帮助企业完善了火灾监测、火灾预警、分级处理体系，提高了火灾防控水平及应急救援速度。

15.4.4 湖南中石化全景消防系统

1．系统介绍

本系统利用先进的全景技术，结合中石化长沙油库的地理位置和实际情况，建设出实时火灾全景及数字化预案，真实场景结构与消防数据和消防设备相结合，可以达到对火灾发生前的事故提前准备和火灾发生时的整体调控，以提高油罐区的整体消防管控，降低油罐火灾概率。

图15-19 油库消防系统布局图

2．系统建设情况

（1）通过720° 全局视角，对区域内的设施信息、道路信息、灭火力量信息进行监测，实时规划灭火力量的配置，了解防火设施状态。

（2）重点部位布置了360° VR摄像头，对重点部位实时监控，并可利用VR设备做沉浸式观察。

（3）整合了消防信息资料，建立了查询库和动态报警策略，可即时查询，也可以在火灾发生时自动显示周围灭火力量和高危设施信息。

16

智能建筑物业项目管理系统的应用

学习目的

1. 了解智能建筑物业管理项目的现状和项目管理理论应用的意义；
2. 掌握智能建筑物业管理项目的特点、作用；
3. 了解智能建筑物业项目管理系统的应用案例：i家帮。

本章要点

本章着重介绍了项智能建筑物业项目管理的现状、意义和作用、智能建筑物业项目管理系统的应用案例："i家帮"物业项目管理系统。

16.1 智能建筑物业项目管理的现状、意义和作用

16.1.1 智能建筑物业项目管理的现状

1．传统物业项目组织结构形式

企业的组织形式一般有直线制、直线职能制、事业部制、矩阵制等。目前，一般物业管理公司的机构设置大都采用经理室管理层、职能部门层、项目管理处等三个层级的组织形式，有些全国性大型物业企业还设置区域分公司。企业的职能部门设置有人事部、财务部、行政部、市场营销部等企业管理职能部门，还包括品质部、项目管理部、工程部（专业分公司）等业务管理部门。

作为企业不管如何设置机构，都是为了实现有效管理职能、提高管理效率和实现企业的发展目标。然而对于一个物业管理项目，机构设置和企业的机构设置是完全不同的，项目组织机构设置的目的就是落实服务合同，把物业服务做好。现实中有许多企业却把企业机构和项目机构混淆了，很多项目设置了办公室、财务部、人事部、品质部这些公司的机构，服务机构也大多按照部门经理、主管、领班等形式来设置，这是目前物业企业采用形式较多的。

2．传统模式的优劣

这种模式的形成是有其原因的，物业项目的服务涉及服务区域大、服务内容广、服务时间长、服务人员多、客户沟通难等现实问题，有效解决好这些问题，采用直线职能制的管理模式，形成金字塔结构，执行上级指示，落实各项服务要求，是一种比较有效的方式，如图16-1所示。

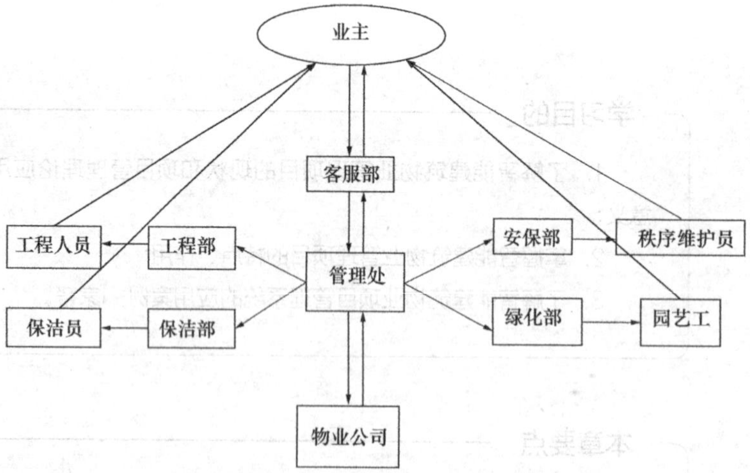

图16-1 传统物业管理模式

但是这种形式的弊端也很突出，由于是直线型管理，各部门的服务人员只听从其上级的指令，而对客户的服务要求不会直接应答，客户的需求信息通过客户服务传递到管理处，再到职能部门，然后到服务人员对客户进行服务。这个过程

流程长、环节多、效率低，更有责任心缺失，导致信息中断的情况，这也就是目前业主对物业服务不满意的主要原因之一。

3. 物业企业管理和项目管理的区别

在实践中，许多物业管理企业由于管理的项目少，不能分清企业管理与项目管理的区别，因而在管理体系、组织架构、流程管理、人员配置等方面造成混乱，资源浪费现象很多，权责不清，效率低下。

项目管理与企业管理有着明显的区别，主要表现在如下几个方面：

（1）管理对象不同，项目管理的对象是一个具体的一次性活动（项目），而企业管理的对象是一个持续稳定的经济实体（企业）；

（2）管理目标不同，项目管理是以具体项目的目标为目标，是临时的、短期的，企业的目标则是以持续稳定的利润为目标，其目标是长远的、稳定的；

（3）二者运行规律不同，项目管理的规律性是以项目发展周期和项目内在规律为基础的，而企业管理的规律性是以现代企业制度和企业经济活动内在规律为基础的；

（4）管理内容不同，项目管理是一种任务型的管理，是以某项任务的完成为目标的一个项目寿命周期内的管理，而企业管理则是一种实体型管理；

（5）实施的主体不同，项目管理的主体是多方面的，而企业管理实施的主体仅是企业自身。

4. 智能建筑物业项目管理的方法

智能建筑物业项目的管理内容是复杂的，管理好一个项目不能头疼医头脚疼医脚，项目管理的方法遵循计划、组织、控制和评估四个环节，这四个环节并没有先后顺序，他们是交叉进行的。

- 计划——是对未来活动如何进行的预先筹划。包括战略、目标、计划、标准、制度、程序等。
- 组织——为完成某项活动而进行的组织安排和资源调配工作，并协调组织内部、外部关系。
- 控制——依据计划检查衡量计划的执行情况，并根据偏差调整行动或调整计划。目的是要把握全过程。
- 评估——是对计划执行的好坏进行分析并提出改进方案的过程。

16.1.2 项目管理理论应用的意义

项目管理是一种科学的管理方式，项目管理贯穿于项目实施的全过程，对保证项目开展、实现项目目标具有重要意义。

项目管理就全世界范围而言已发展成为一门独立的学科。一个项目，从它的选定、可行性研究、规划、评估、审核、准备、组织、实施，直到最后完成是一个完整的过程。项目管理贯穿这个过程的始终。项目管理就是对项目全过程进行规划、组织、协调和控制。第二次世界大战结束70年来，项目活动变得越来越复杂，规模也越来越大。为了实施有效的项目管理，少数几个人，凭着一般的办事经验是绝对不行的。必须建立项目管理班子，并委派一名胜任的人员（项目经理），授予足够的权限，专职负责该管理班子。项目班子发挥集体的作用，对项目的范围、费用、时间、质量、资源、风险、环境同各有关方面的关系乃至项目班子自身的建设等诸多方面进行全方位的管理。在项目执行过程中要随时根据环境和项目自身的变化采取必要的措施，使项目取得最好的效果。项目完成之后，项目班子自身也成长了起来。

物业管理是房地产综合开发的延续和完善，又是现代化城市管理和房地产经营管理的重要组成部分。我国长期以来形成的封闭型的房产管理办法已远远不能满足现阶段我国市场经济的需求，采取开放型、社会化和专业化的管理模式势在必行。但是应当看到，我国的物业管理工作虽然经过了三十年的发展，无论是住宅物业服务市场还是智能建筑物业服务市场，运行还不是很规范，管理水平也比较低。怎样来改变这种局面呢？可以把项目管理的方法引进到物业管理中来，尤其是智能建筑物业项目，以提高物业管理水平，推动物业管理的发展。

1．作为一种管理经验，项目管理引入到我国已经有许多年了，在许多领域中都取得了显著的成果，尤其是在工程建设方面，更是获得了相当大的成功。由于其发展的时间比较长，所以引入到智能建筑物业管理中，就有许多经验可以遵循和参考，可以使智能建筑物业管理在发展和探索的过程中少走弯路，以保证我国的智能建筑物业管理沿着正确的道路健康发展。

2．项目管理法是一种集预测、计划、组织、指挥、协调和控制等工作于一体的优秀的管理方法。在项目的前期，通过预测和计划为企业制定目标，为企业正确地确认自己的市场地位提供依据。在项目的实施过程中，通过组织把各种设施安排在工作现场，使各项工作能够顺利开展，并对各项工作发出指令和进行协调，确保它们的贯彻和执行，使它们朝着一个共同的目标运作。在做好上述工作的同时，还应注意对各项工作的控制。判断其是否与原来的工作计划相一致，是否达到了原定目标的需求，必要时，采取补救措施或者修改计划。

3．项目管理使管理工作迈步走向现代化，通过工作结构划分，把一个项目划分成为若干个可执行活动，并对其编码，这些编码也可以用做控制工作中的成本编码。编码的引出，使各项工作均可用数字来代替，这就使管理工作中应用计算机成为了可能，可以通过编码的调用使几项活动或一项活动的几个部分同时得到协调或控制，这样就大大地节约了人力资源，大大地提高了管理工作的效率，推动了管理工作的现代化，为管理水平的进一步提高打下了坚实的基础。

智能建筑物业运用项目管理理论，使物业项目的各项服务的管理有了理论基础，从而避免工作的盲目性、片面性和随意性，保证服务按照既定的目标和要求落实。

16.1.3 智能建筑物业项目管理的作用

物业公司对于某个智能建筑项目进行物业管理服务，无论形式如何，有些是物业公司，有些是分公司，有些叫项目部等等，其实质都是进行项目管理，都是应用项目管理理论实施物业服务，所以项目管理的作用是显而易见的，具体表现在以下几方面：

1．提升整体形象

项目管理部门在提供管理服务的时候，代表物业公司的全部。客户会通过项目管理审视物业公司的企业实力、企业形象、管理水平、业务水平、员工素质等方面，然后，形成对企业的基础认识和整体评价，最终会影响到客户是否会成为公司的忠实客户的问题。

2．与物业使用人及业主沟通

物业公司管理某一项目是通过项目管理部门来实现的。而项目管理部门要贯彻或传递公司管理项目的意图、思路、模式、管理目标等，同时，它又要接受业主或使用人的意见、建议、想法、要求、监督、评价等。因此，项目管理起到了一个双向沟通的作用。

3．加强内部协调与沟通

物业管理项目需要对部门与部门之间，班组与班组之间，员工与员工之间以及与其他项目和公司之间进行沟通，处理各种问题。

4．制定和修改项目服务标准

每一个物业管理项目都具有其特殊性，必须注意，客户的需求在不断地变化，因此，不同的项目和同一个项目不同阶段的服务标准同样应该实时地变化。要么重新制定，要么适当修改，而这些工作只能通过项目管理来实现。

16.1.4 智能建筑项目管理的特点

1．统一性

作为整体的物业项目，涉及综合管理服务、基础服务、专业管理服务和特约服务，它们之间是相互关联的，虽然有些业务可以分包，但在管理上是不能分而治之的，客户统一面对的是物业公司，必须强调管理的统一性。

2．计划性

智能建筑物业的基础服务和专业管理服务，有自身的规律，在管理上完全可以根据项目特点，制定服务工作计划，包括服务标准、服务流程、岗位设置等，这是做好管理的基础。

3．实时性

物业服务的特点就是生产和消费同时发生，并且不可以储存，因此所有的服务都是实时发生的，因此管理也是实时进行的。

16.2 智能建筑物业项目管理的措施——互联网+项目管理

16.2.1 移动互联网技术应用的核心价值

互联网技术运用已经多年，移动互联网技术又蓬勃兴起。在互联网时代广泛应用的ERP系统，对于企业管理起到了很好的作用，但是它对于企业内部而言会起作用，对于外部而言作用就有限了。

移动互联网技术的发展，让我们进入了一个新的时代，社交、打车、购物、支付等等，现在已经在我们生活中无处不在了。那么，移动互联网的核心价值是什么？笔者认为主要有两点：一是需求与供给实时交互；二是服务标准化。有效地运用好移动互联网的这两个特点，就可以把物业服务过程中的弊端解决掉。

这里以北京天创智博企业管理有限公司（公司网站www.tczbmc.com）开发的"i家帮"物业项目管理系统为基础，介绍如何将管理技术和移动互联网技术结合起来运用到物业项目管理的实践中，如何提供管理效率，保证服务品质。

16.2.2 "i家帮"物业项目管理系统的设计理念

运用移动互联网的前提是要将物业企业管理和物业项目管理分开。物业项目只是一个项目，它不具备企业职能，因此企业的职能部门不要在项目里出现，应该由公司管理部门的工作也不要由项目管理。在此情况下，运用互联网技术做好项目管理，项目的组织结构也有较大变化，中间管理层将不会存在。

1. 移动互联网物业管理模式：减少层级、信息共享、全程督导、及时反馈。

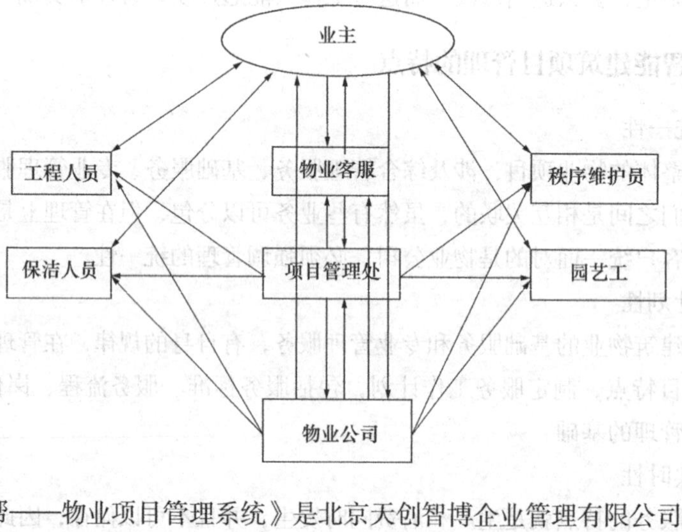

图16-2 移动互联物业管理模式

《i家帮——物业项目管理系统》是北京天创智博企业管理有限公司运用移动互联网技术开发的物业项目管理软件（网址：www.wuguan365.com），就是充分利用移动互联网的核心价值，把客户的需求信息直接送达服务人员，同时送达相关管理人员。服务人员根据其岗位职责，按照服务流程要求直接进行服务，彻底改变传统管理模式的弊端，减少管理人员数量，提高了服务效率。

2．项目管理交互界面设计

1）与业主的交互界面设计

传统的物业管理服务，对于与业主的沟通，一般是设立客服中心和客服电话，接待业主报修和投诉。对于物业服务事项，最常见的形式是发布书面通知，公共事项往往在小区或楼宇的出入口张贴，收费通知直接送达业主，实际上是经常贴在业主门口。有的物业企业设立楼宇客服专员，保持与业主能够经常进行面对面的沟通。随着技术的发展，很多企业也开始使用APP和微信技术进行沟通交流。

“i家帮”项目管理系统的业主沟通界面采用APP形式，并且作为整个项目管理系统的一个端口，实现双向交互，它不是简单进行报修的窗口，而是项目管理体系中的一环，让业主成为物业管理的参与者。

2）与服务人员的交互界面

对于大多数企业直线职能制是应用最多的管理方式，服务人员完全听从上级领导的指示和工作安排，在具体工作中按照要求填写各种表单和记录。“i家帮”项目管理系统将服务人员作为一个重要的角色，员工通过手机安装员工端APP，不仅仅是执行上级领导的指示，而是能够独立地完成客户报修、投诉，上报发现的问题，并接受指派的工作，接收管理信息，员工端APP成为服务人员执行工作的有效工具。

16.2.3 “i家帮”项目管理系统的主要功能及实现方式介绍

“i家帮”物业项目管理系统是由PC管理端SaaS平台、业主端APP和员工端APP组成。管理端SaaS平台，客户无须下载安装，登录www.wuguan365.com后进入各自项目账户即可使用，省却大量后期运行管理费用，业主端APP和员工端APP可在苹果商店和安卓市场下载安装。

1．项目管理端的主要功能

项目管理端的使用者为物业管理公司的管理者，其主要功能如表16-1所示。

项目管理端的主要功能　　表16-1

主要功能	具体说明
数据管理	楼宇数据、设备台账、业主名录、车辆信息
员工管理	组织架构管理、权限管理、考勤管理
材料管理	对项目服务过程中所使用的物料从进入、使用、库存全面的管理系统
收费管理	物业经理通过建立收费单，并发送给客户，进行收费明细查询
客户报修	服务人员直接获取客户报修信息，主动上门服务，客户与服务人员信息通畅，在线支付维修费用

续表

主要功能	具体说明
投诉报事	查看员工内部报事和业主投诉信息
通知	满意度调查、管理通知
数据统计	对管理过程中各项数据的汇总和分析
任务管理	设置常规任务、临时任务，任务告警，查看告警记录

2．业主端的主要功能

“i家帮”（业主版）是“i家帮”物业项目智能管理服务平台为业主和使用人提供服务的窗口。通过“i家帮”APP，业主或使用人可以对自己的房产进行实时动态管理，查看物业服务实际运行状况，及时反馈服务进程；一键报修，轻松预定各项服务，缴纳相关费用，随时接收各项服务信息；对物业服务提出意见和建议，让业主成为真正的主人。

其主要功能为房产管理、查看物业服务状况、提出物业服务意见和建议、接受服务信息、账单查询支付、一键报修、访客预约、订购特约服务等。

3．员工端的主要功能

“i家帮”（员工版）是为物业从业人员提供的业务信息管理系统。物业企业的员工或专业分包单位的服务人员，通过“i家帮”员工端APP，接收项目管理者指派的服务任务，并执行任务；通过申报表单，记录自己工作情况；对客户的报修使用抢单功能，及时为客户服务；对客户的投诉建议，第一时间回复处理，体现服务效率；利用内部报事报送服务过程中发现的问题；实时查询相关数据和客户信息，方便服务工作。“i家帮”员工端APP，改变了服务人员在物业服务过程中仅仅是个执行者的角色，变成了服务的主体，按照自己的岗位职责主动开展工作，并可以全过程记录，真正做到全程可追溯，提高服务效率。

项目管理者应用“i家帮”APP，可以全过程有效控制员工的执行状况，保证服务的及时性、有效性，保证服务品质。

其主要功能为任务管理、表单填报、内部报事、查询数据资料、接收客户报修服务信息、考勤管理、接收投诉建议、查询客户访客信息、接收公司通知信息。

参考文献

[1] 孙景芝，张铁东主编．楼宇智能化技术[M]．武汉：武汉理工大学出版社，2009，2.

[2] 赵望达．智能建筑概论[M]．北京：机械工业出版社，2016，2.

[3] 王可崇．建筑设备自动化系统[M]．北京：人民交通出版社，2003，8.

[4] 王喜富，陈肖然．智慧社区：物联网时代的未来家园北京[M]．北京：电子工业出版社，2015，1.

[5] 蔡大鹏．智慧社区建设及发展范例，北京[M]．北京：军事医学科学出版社，2015，1.

[6] 吴先琴．智慧城市智慧社区规划导则，北京[M]．北京：中国建材工业出版社，2015，4.

[7] 韩朝．智能建筑的物业管理[M]．北京：清华大学出版社，2008，3.

[8] 韦林．设备管理[M]，机械工业出版社，2015，5.

[9] 赵艳萍，姚冠新，陈骏．设备管理与维修（第二版）[M]．北京：化学工业出版社，2010，12.

[10] 张子慧．建筑设备管理系统[M]．北京：人民交通出版社，2009，2.

[11] 谢仲华，丁先云，谢今明．合同能源管理实务及风险防范[M]．上海：上海人学出版社，2011.

[12] 王光辉．合同能源管理：发展前景广阔亟待突破制约[J]．高科技与产业化，2010，1.

[13] 赵旭东．能源管理体系[J]．中国标准，2014，6.

[14] 李斌．大数据时代的企业能源管理[J]．北京：化学工业出版社，2014，10.

[15] 孙红．合同能源管理实务[J]．北京：中国经济出版社，2012，1.

[16] 沈瑞珠，杨连武．物业智能化管理[M]．上海：同济大学出版社，2004.

[17] 王可崇等．建筑设备自动化系统[M]．北京：人民交通出版社，2003.

[18] 周建华．物业智能化系统维护与管理[M]．北京：中国建筑工业出版社，2006.

[19] 张晓华，魏晓安．物业智能化管理[M]．武汉：华中科技大学出版社，2005.

[20] 魏立明．智能建筑消防与安防[M]．北京：化学工业出版社，2010，3.

[21] 吕景泉．楼宇智能化系统安装与调试[M]．北京：中国铁道出版社，2011，7.

[22] 李玉云．建筑设备自动化[M]．北京：机械工业出版社，2006，5.

[23] 王硕．计算机网络基础[M]．河南：河南科技出版社，2009.

[24] 刘彦舫，褚建立．网络综合布线实用技术[M]．第2版．北京：清华大学出版社，2010.

[25] GB 50311—2016，综合布线系统工程设计规范[S].

[26] GB 50312—2016，综合布线系统工程验收规范[S].

[27] http://www.fdcew.com/hypx/List_189.html

[28] 郭凤娟．智能楼宇安全信息管理平台在现代建筑中的应用[J]．智能建筑与城市信息，2016，3.

[29] 孙丽．智能建筑物业管理存在的问题及其对策研究[J]．民营科技，2015，1．
[30] 夏晓波，卢光天．在BIM中实现建筑物应用系统的全寿命管理[J].智能建筑，2015，8．
[31] 孙莺飞．与智慧城市相接轨的建筑运营管理平台[J]．智能建筑电气技术，2014，8．
[32] 吴强．BIM模型在物业管理及设备运维中的应用[J]．中国物业管理，2015，5．